工 程 计 价 实 务

覃爱萍　朱文华　主编

中国环境出版集团·北京

图书在版编目（CIP）数据

工程计价实务 / 覃爱萍，朱文华主编. —北京：中国环境出版集团，2018.8
ISBN 978-7-5111-3732-6

Ⅰ.①工…　Ⅱ.①覃…　②朱…　Ⅲ.①建筑工程–工程造价　Ⅳ.①TU723.32

中国版本图书馆CIP数据核字（2018）第161587号

出 版 人	武德凯
责任编辑	张于嫣
责任校对	任　丽
封面设计	宋　瑞

出版发行　中国环境出版集团

（100062　北京市东城区广渠门内大街16号）

网　　址：http://www.cesp.com.cn

电子邮箱：bjgl@cesp.com.cn

联系电话：010–67112765（编辑管理部）

010–67112739（建筑分社）

发行热线：010–67125803，010–67113405（传真）

印　　刷	北京市联华印刷厂
经　　销	各地新华书店
版　　次	2018年8月第1版
印　　次	2018年8月第1次印刷
开　　本	787×1092　1/16
印　　张	23.25
字　　数	503千字
定　　价	48.00元

【版权所有。未经许可，请勿翻印、转载，违者必究。】

如有缺页、破损、倒装等印装质量问题，请寄回本社更换。

前　言

　　本书以《建筑工程施工发包与承包计价管理办法》（住建部令　第 16 号）、《建筑安装工程费用项目组成》（建标〔2013〕44 号）、《建设工程工程量清单计价规范》（GB 50500—2013）和 9 个专业工程量计算规范、《关于做好建筑业营改增建设工程计价依据调整准备工作的通知》（建办标〔2016〕4 号）为依据，结合地方建筑装饰装修工程定额、地方建设工程工程量清单计价规范实施细则编写而成。

　　书中首先阐述了工程造价的基本知识与工程造价计价依据的原理及应用；其次围绕我国现行工程造价计价的两种计价模式：施工图预算计价和工程量清单计价，并分别阐述了其计量与计价的原理、方法、应用。

　　本书适用于建筑装饰工程与市政工程施工现场专业人员岗位培训和资格考试应试人员复习备考，也可作为建筑施工企业技术管理人员、工程监理人员以及高校土建类、管理类专业师生的学习参考用书。

　　本书由广西大学覃爱萍和广西壮族自治区定额总站朱文华主编。全书分绪论、建筑工程定额、建筑安装工程费用、建筑工程施工图预算、工程量清单计价、工程造价控制 6 章及 1 个附录。其中第一章、第二章、第三章、第五章由覃爱萍编写；第四章、第六章、附录由朱文华编写。

　　鉴于编者的水平有限，且时间仓促，难免有疏漏和不妥之处，敬请各位读者批评和指正。

编　者

2018 年 5 月

目 录

第一章 绪 论

第一节 基本建设概论

一、基本建设的含义

基本建设是国民经济各部门、各单位购置和建造新的固定资产的经济活动过程，以及与它有关的工作。简单地说，就是形成新的固定资产的过程。它为国民经济各部门的发展和人民物质文化生活水平的提高建立物质基础。基本建设通过新建、扩建、改建和重建等形式来完成。其中新建和扩建是其最主要的形式。

基本建设的最终成果表现为固定资产的增加，但是并非一切新增的固定资产都属于基本建设，对于那些低于规定数量或价值的零星固定资产购置和零星土建工程，一般作为固定资产的改造处理；对于用于各种专项拨款和企业基金进行挖潜、革新、改造项目，都不列入基本建设范围。

固定资产是指在社会再生产过程中，可供生产或生活较长时间使用，在使用过程中基本保持原有实物形态的劳动资料和其他物质资料。如建筑物、构筑物、建筑设备及运输设备等。为了便于管理和核算，目前在有关制度中规定，凡列为固定资产的劳动资料，一般应同时具备两个条件：① 使用期限在一年以上。② 单位价值在规定的限额以上。根据财政部［92］财工字第 61 号文件的规定：小型国营企业为 1 000 元以上，中型国营企业为 1 500 元以上，大型国营企业在 2 000 元以上的。不同时具备这两个条件的应列为低值易耗品。

基本建设是一种宏观的经济活动，它是通过建筑业的勘察、设计和施工等活动，以及其他有关部门的经济活动来实现的。它横跨于国民经济各部门，包括生产、分配、流通各个环节，既有物质生产活动，又有非物质生产活动。它包括的内容有：建筑工程，安装工程，设备、工具、器具的购置，以及其他基本建设工作。

二、基本建设的分类

从整个社会来看，基本建设是由一个个基本建设项目（以下简称建设项目）组成的。按照不同的分类标准，可将建设项目做如下分类。

1. 按建设项目不同的建设性质分类

（1）新建项目

新建项目是指新开始建设的项目，或对原有建设单位重新进行总体设计，经扩大建设规模后，其新增加的固定资产价值超过原有的固定资产价值 3 倍以上的建设项目。

（2）扩建项目

扩建项目是指原有建设单位，为了扩大原主要产品的生产能力或效益，或增加新产品生产能力，在原有固定资产的基础上新建一些主要车间或其他固定资产。

（3）改建项目

改建项目是指原有建设单位，为了提高生产效率、改进产品质量或改进产品方向，对原有设备、工艺流程进行技术改造的项目。另外，为了提高综合生产能力，增加一些附属和辅助车间或非生产性工程，也属于改建项目。

（4）恢复项目

恢复项目是指因重大自然灾害或战争遭受破坏的固定资产，按原来规模重新建设或在恢复的同时进行扩建的项目。

（5）迁建项目

迁建项目是指原有建设单位，由于各种原因迁到另外的地方建设的项目。

2. 按建设项目不同的建设阶段分类

（1）筹建项目

筹建项目是指在计划年度内，只作准备还不能开工的项目。

（2）施工项目

施工项目是指正在施工的项目。

（3）投产项目

投产项目是指可以全部竣工并已投产或交付使用的项目。

（4）收尾项目

收尾项目是指已经竣工验收投产或交付使用，设计能力全部达到，但还遗留少量扫尾工程的项目。

3. 按建设项目资金来源渠道的不同分类

（1）国家投资项目

国家投资项目是指国家预算计划内直接安排的投资项目。

（2）自筹资金项目

自筹资金项目是指各地区、各单位按照财政制度提留、管理和自行分配用于固定资产再生产的资金进行建设的项目。它包括为地方财政自筹、部门自筹和企业与事业单位自筹。

（3）银行信用筹建项目

银行信用筹建项目是指通过银行信用方式供应基本建设投资进行贷款建设的项目。其资金来源于银行自有资金、流通货币、各项存款和金融债券。

（4）引进外资项目

引进外资项目是指利用外资进行建设的项目。外资的来源有借用国外资金和吸引外国资本直接投资。

（5）长期资金市场筹资项目

长期资金市场筹资项目是指利用国家债券和社会集资（股票、国内债券、国内合资经营、国内补偿贸易）投资的项目。

4. 按建设项目总规模和投资额的多少分类

按建设项目建设总规模和投资额的多少可分为：大、中、小型项目。其划分标准各行各业并不相同，一般情况下，生产单一产品的企业，按产品的设计能力来划分；生产多种产品的，按主要产品的设计能力来划分；难以按生产能力划分的，按其全部投资额划分。

5. 按建设项目在国民经济中的用途不同分类

（1）生产性建设项目

生产性建设项目是指直接用于物质生产或满足物质生产需要的建设项目。它包括工业、建筑业、农业、林业、水利、气象、运输、邮电、商业或物质供应、地质资源勘探等建设项目。

（2）非生产性建设项目

非生产性建设项目一般是指用于满足人民物质文化生活需要的建设项目。它包括住宅、文教卫生、科学实验研究、公共事业以及其他建设项目。

三、基本建设工程项目的划分

基本建设工程中，建筑安装工程造价的计价比较复杂。为了能准确地计算出工程造价，必须把建筑安装工程的组成分解为简单的、便于计算的基本构成项目。用汇总这些基本项目的办法，求出工程造价。

基本建设工程，按照它组成的内容不同，从大到小，把一个建设项目划分为单项工程、单位工程、分部工程及分项工程等项目。

1. 建设项目

建设项目又称基本建设项目，一般是指具有一个设计任务书、按一个总体设计组织施工、经济上实行独立核算、行政上有独立组织形式的建设单位。它由一个或几个单项工程组成。在工业建设中，一般是以一个工厂为一个建设项目，如一座汽车厂、一个机械制造厂等；在民用建设中，一般是以一个事业单位，以一所学校、一家医院等为一个建设项目；在农业建设中，一般是以一个拖拉机站、一座农场等为一个建设项目；在交通运输建设中，是以一条铁路或公路等为一个建设项目。

2. 单项工程

单项工程是建设项目的组成部分。

单项工程一般是指在一个建设项目中，具有独立的设计文件，建成后可以独立发挥生产能力或使用效益的项目。如一座工厂中的各个车间、办公楼、礼堂及住宅等，一所医院中的病房楼、门诊楼等。

单项工程是具有独立存在意义的、一个完整的建筑及设备安装工程，也是一个很复杂的综合体。为了便于计算工程造价，单项工程仍需进一步分解为若干单位工程。

3. 单位工程

单位工程是单项工程的组成部分。

单位工程一般是指具有独立设计文件，可以独立组织施工和单独成为核算对象，但建成后一般不能单独进行生产或发挥效益的工程项目。如某车间的土建工程就是一个单位工程，该车间的设备安装工程也是一个单位工程等。一个单位工程，一般可按投资构成划分为：建筑工程、安装工程、设备和工器具购置等方面。

建筑设备安装工程是一个包括水暖、电卫及设备等单位工程的综合体，需要根据其中的各个组成部分的系统性和作用，分解为若干个单位工程。

（1）建筑工程通常包括的单位工程

1）一般土建工程。一切建筑物、构筑物的结构工程和装饰工程均属于一般土建工程。

2）电气照明工程。如室内外照明设备、灯具的安装、室内外线路敷设等工程。

3）给排水及暖通工程。如给排水工程、采暖通风工程、卫生器具安装等工程。

4）工业管道工程。如供热及动力等管道工程。

（2）建筑设备安装工程通常包括的单位工程

1）机械设备安装工程。如各种机床的安装、锅炉汽机等安装工程。

2）电气设备安装工程。如变配电及电力拖动设备安装调试的工程。

每一个单位工程仍然是一个比较大的综合体，对单位工程还可以按工程的结构形式、工程部位等进一步划分为若干分部工程。

4. 分部工程

分部工程是单位工程的组成部分。

分部工程一般是按单位工程的结构形式、工程部位、构件性质、使用材料、设备种类等的不同而划分的工程项目。例如，一般土建工程可以划分为土石方工程、桩基础工程、砌筑工程、混凝土及钢筋混凝土工程、金属结构工程、屋面工程、楼地面工程、门窗工程等；电气照明工程可划分为配管安装、灯具安装等分部工程。

分部工程中，影响工料消耗的因素仍然很多。如同样是砖石工程，由于工程部位不同，如外墙、内墙及墙体厚度等，则每一计量单位砖石工程所消耗的工料有差别，因此，还必须把分部工程按照不同的施工方法、不同的材料（设备）等，进一步划分为若干分项工程。

5. 分项工程

分项工程是分部工程的组成部分。

分项工程一般是按选用的施工方法、所使用材料及结构构件规格的不同等因素划分的，用较为简单的施工过程就能完成的，以适当的计量单位就可以计算工料消耗的最基本构成项目。如砖石工程，根据施工方法、材料种类及规格等因素的不同，可进一步划分为：砖基础、内墙、外墙、女儿墙、保护墙、空心砖墙、砖柱、小型砖砌体、墙勾缝等分项工程。

分项工程是单项工程组成部分中最基本的构成因素。每个分项工程都可以用一定的计量单位（如墙的计量单位为 $10\ m^3$，墙面勾缝的计量单位为 $10\ m^2$）计算，并能求出完成相应计量单位分项工程所需消耗人工、材料、机械台班的数量及其预算价值。

综上所述，一个建设项目是由一个或几个单项工程组成的，一个单项工程是由几个单位工程组成的，一个单位工程又可划分为若干分部工程，一个分部工程又可划分成许多分项工程。

建筑工程及设备安装工程造价的计算就是从最基本构成因素开始的。首先，把建筑及设备安装工程的组成分解为简单的便于计算的基本构成项目；其次，根据国家现行统一规定的工程量计算规则和地方主管部门制定的完成一定计量单位相应基本构成项目的单价，对每个基本构成项目逐一计算出工程量及其相应价值；这些基本构成项目价值的总和就是建筑及设备安装工程的直接费；再根据直接费（定额工资总额）和有关部门规定的各项费用标准计取间接费、利润和税金；上述各项费用总和即为建筑及设备安装工程造价。

四、基本建设程序

基本建设程序是指在基本建设项目从决策、设计、施工到竣工验收的全过程中，各项工作必须遵循的先后顺序。

基本建设是把投资转化为固定资产的经济活动，是一种多行业、各部门密切配合的综合性比较强的经济活动。完成一项建设项目，要进行多方面的工作，其中有些是需要前后衔接的，有些是横向、纵向密切配合的，还有些是交叉进行的。对这些工作必须遵循一定的科学规律，有步骤、有计划地进行。实践证明，基本建设只有按工作程序办事，才能加快建设速度，提高工程质量，降低工程造价，提高投资效益。否则，欲速则不达。

1. 前期工作阶段

基本建设前期工作是指从提出建设项目建议书到列入年度基建计划期间的工作，即开工建设以前进行的工作。前期工作阶段主要包括以下内容：

（1）项目建议书

拟定项目建议书是基本建设程序中最初阶段的任务，是各部门根据发展规划要求，结合工程所在地区自然资源、生产力布局状况以及产品市场预测等，经过调查研究、分析，向国家有关部门提出具体工程项目建议的必要性。项目建议书是国家选择建设项目和有计划地进行可行性研究的依据。

（2）可行性研究

根据国民经济发展的总体设想及项目建议书的建议事项，对建设项目进行可行性研究。

可行性研究实际上就是运用多种研究成果，对建设项目投资决策前进行的技术经济论证。其主要任务是研究建设项目在技术上是否先进适用，在经济上是否合理，以便减少项目决策的盲目性，使建设项目决策建立在科学可靠的基础上。

据国家有关文件规定，建设项目可行性研究的具体内容随行业不同而有所差别，但一般应包括以下内容：总论；市场需求情况和拟建规模；资源、原材料、燃料及公用设施情况；厂址方案和建厂条件；项目设计方案；环境保护；生产组织、劳动定员和人员培训；投资估算和资金筹措；财务评价和国民经济评价；风险分析等。

可行性研究阶段的投资估算相当于建设项目的总概算，投资估算的误差一般在±20%左右。

可行性研究，是由建设项目的主管部门或地区委托勘察设计单位、工程咨询单位按基本建设审批规定要求进行的。

（3）编制设计任务书

设计任务书是确定建设项目或建设方案的基本文件，是在可行性研究的基础上编制的，也是编制设计文件的主要依据。所有新建、改建、扩建项目都按项目的隶属关系，由主管部门组织计划、设计或筹建单位提前编制设计任务书，再由主管部门审查上报。

设计任务书的内容对不同类型的建设项目不尽相同。对于大中型项目一般应包括以下内容：建设的目的和根据；建设规模、产品方案及生产工艺要求；矿产资源、水文、地质、燃料、动力、供水、运输等协作配套条件；资源综合利用和"三废"治理的要求；建设地点和占地面积；建设工期和投资估算；人员编制和劳动力资源；要求达到的经济指标和技术水平。非工业大中型建设项目设计任务书的内容，各地区可根据上述基本要求，结合各类建设项目的特点加以补充和删改。

编制设计任务书时，必须慎重确定建设地点。它是生产力布局的根本环节，也是进行设计的前提。选址的原则是：

1）靠近主要原材料、燃料供应区和产品销售区。

2）自然条件和占地面积符合建设和生产工艺流程的要求。

3）满足交通、电力等协作条件的要求。

4）满足环境保护的要求。

选择建设地点的工作，由主管部门组织勘察、设计单位和所在地区有关部门共同进行。选址报告，对于大型项目，需报住房和城乡建设部审批；中小型项目，应按项目隶属关系由国务院主管部门或省、市、自治区审查批准。

（4）编制设计文件

设计文件是安排建设项目和组织施工的主要依据。建设项目的设计任务书和建设地点，按规定程序审批后，建设单位可以委托具有设计许可证的设计单位编制设计文件，可以组织设计招标。

设计文件一般分为初步设计和施工图设计两个阶段。对于大型的、技术上复杂而又缺乏设计经验的建设项目，可分为三个设计阶段，即初步设计、技术设计和施工图设计。

经过批准的初步设计，可用作主要材料（设备）的订货和施工准备工作，但不能作为施工的依据。施工图设计是在经过批准的初步设计和技术设计基础上，设计和绘制更加具体详细的图纸，以满足施工的需要。

初步设计应编制设计概算（总概算），技术设计编制修正设计概算，它们是控制建设项目总投资和控制施工图预算的依据，施工图设计应编制施工图预算，它是确定工程造价、实行经济核算和考核工程成本的依据，也是建设银行划拨工程价款的依据。

（5）制订年度计划

建设项目的初步设计和总概算经过审查批准后，项目即列入国家年度基本建设计划。经过批准的年度建设计划，是进行基本建设拨款或贷款、订购材料和设备的主要依据。

2. 施工阶段

施工阶段就是按照设计文件的规定，确定实施方案，将建设项目的设计变成可供人们进行生产和生活活动的建筑物、构筑物等固定资产。施工阶段主要包括以下几项内容：

（1）建设准备

当建设项目列入年度计划后，就可以进行主要材料、设备的订货，并组织大型专用设备预安排和施工准备。材料、设备申请订货，以设计文件审定的数量、品种、规格、型号为准，向有关供应单位订货。施工准备的主要内容是：征地拆迁，建设场地"三通一平"，修建临时生产和生活设施，协调图纸和技术资料的供应等。

（2）组织施工

按照计划、设计文件的规定，确定实施方案，将建设项目的设计变成可供人们进行生产和生活活动的建筑物、构筑物等固定资产。

在建设项目开工之前，建设单位应按规定办理开工手续，取得当地建设主管部门颁发的建设施工许可证，通过施工招标选择施工单位，方可进行施工。

施工阶段一般包括：土建、给水排水、采暖通风、电气照明、动力配电、工业管道以及设备安装等工程项目。为了确保工程质量，施工必须严格按照施工图纸、施工验收规范等要求进行，按照合理的施工顺序组织施工。

（3）生产准备

在建设项目竣工投产前，由建设单位有计划、有步骤地做好各项生产准备工作，以保证及时投产，并尽快达到生产能力。生产准备的内容包括：组织强有力的生产指挥机构；制定必要的管理制度和安全生产操作规程；招收和培训生产人员；组织生产人员进行设备安装、调试和工程验收；落实生产所需原材料、燃料、水电等的来源；组织工具、器具等的订货等。

3. 竣工验收、交付使用阶段

建设项目按批准的设计文件所规定的内容建完后，便可以组织竣工验收，验收合格后，施工单位应向建设单位办理工程移交和竣工结算手续，使其由基本建设系统转入生产系统，并交付使用。

竣工验收的程序一般可分两步进行：

1）单项工程验收。一个单项工程已按设计施工完毕，并能满足生产要求或具备使用条件，即可由建设单位组织验收。

2）全部验收。在整个项目全部工程建成后，则必须根据国家有关规定，按工程不同情况，由负责验收的单位组织建设、施工和设计单位，以及建设银行、环境保护和其他有关部门共同组成验收委员会进行验收。

竣工项目验收前，建设单位要组织设计、施工等单位进行初验，向主管部门提出竣工验收报告。竣工验收报告的内容包括：竣工决算和工程竣工图，隐蔽工程自检记录，工程定位测量记录，建筑物、构筑物各种验收记录，质量事故处理报告等技术资料。同时应做好财务清理结算工作。

竣工验收后，建设单位要及时办理工程竣工决算，分析概算的执行情况，考虑基本建设投资经济效益。

第二节 工程概预算

一、工程概预算的概念

基本建设预算，是基本建设设计文件的重要组成部分。它是根据不同设计阶段的具体内容，国家（或地方主管部门）规定的定额、指标和各项费用取费标准，预先计算和确定每项新建、扩建、改建和重建工程，从筹建到竣工验收全过程所需投资额的经济文件。它是国家对基本建设进行科学管理和监督的重要手段之一。

建筑安装工程概算和预算是建设预算的重要组成部分。它是根据不同设计阶段的具体内容，国家规定的定额、指标和各项费用取费标准，预先计算的确定基本建设中建筑安装工程部分所需的全部投资额的文件。

建设预算所确定的每一个建设项目、单项工程或其中单位工程的投资额，实质上就是相应工程的计划价格。在实际工作中称其为概算造价或预算造价。在基本建设中，用编制基本建设预算的方法来确定基建产品的计划价格，是由建筑工业产品及生产不同于一般工业的技术经济特点和社会主义商品经济规律所决定的。

建筑产品及生产具有如下技术经济特点：

1）建筑产品建造地点在空间上的固定性。

必须根据当地自然条件进行建筑、结构、暖通等设计，材料和构件等物质的选用、施工方法和施工机械等的确定，也必须因地制宜。由于某些费用的取费标准因地区而异，从而影响工程造价。同时，产品的固定性还导致建筑生产的地区性和流动性，施工队伍常常在不同的工地、不同的建筑地区之间转移，势必会使费用增加。

2）建筑产品的多样性和生产的单件性。

建筑产品的多样性和固定性，导致生产的单件性。为了适应不同的用途，建筑工程的设计就必须在总体规划、内容、规模、标准、造型、结构、装饰等诸方面各不相同。即使是同一类型的工程，按同一标准设计来建设，其工程的总构造、结构和施工方法等方面也会因建造时间、地点的不同而发生变化，例如，按照同一标准设计的两个厂房，由于甲乙两地的地耐力不同，其基础断面就要因地制宜地进行修正，工程越复杂，自然和技术经济条件越不同，所引起工程造价的差异就越大。

3）建筑产品的形体庞大和生产的露天性。

由于建筑产品的空间固定性和形体庞大，导致其生产露天进行，即使其生产的装配化、工厂化、机械化程度达到很高的水平，也需要在指定地点露天完成最终的建筑产品。由于气候的变化，要相应采取防寒、防冻、防暑降温、防风、防雨和防汛等措施和不同的施工方法，从而引起费用的增加，使不同工程的造价各不相同。

4）建筑工程生产周期长，程序复杂，环节多，涉及面广，社会合作关系复杂。

这种特殊的生产过程，决定了建筑工程价值的构成不可能一样。因此，必然影响着每个工程的造价，为了对建筑工业产品价格进行有效管理，国家主管部门和各省、直辖市、自治区采取了一些行之有效的、具有法定性的科学措施，即制定了编制建设预算的统一的依据（统一的基础定额、概算定额和预算定额，统一的各项费用取费标准和统一的工程量计算规则），制定了统一的编制建设预算的方法，建立健全了建设预算的各项制度，从而实现了对建筑工业产品用单独编制建设预算的方法确定预算造价。

二、工程概（预）算的分类及作用

根据我国的设计、概（预）算文件编制和管理办法，并结合建设工程概（预）算编制的程序做如下分类。

1. 概（预）算文件按其所计算的对象分类

（1）建设项目总概算书

建设项目总概算书是确定一个建设项目从筹建到竣工验收交付使用全过程的全部建设费用的文件，它是由该建设项目的各个工程项目综合概算书，以及其他工程和费用概算书综合而成。

（2）单项工程综合概（预）算书

单项工程综合概（预）算书是确定各个单项工程（如某一生产车间、独立建筑物或构筑物）全部建设费用的文件，它是由该工程项目内的各单位工程概（预）算书综合而成。在一个建设项目只有一个单项工程时，则与该工程有关的其他工程费用也列入该单项工程综合概（预）算书中。在这种情况下，单项工程概（预）算书，实际上就是一个建设项目的总概算书。

（3）单位工程概（预）算书

单位工程概（预）算书是确定某一个生产车间、独立建筑物或构筑物中的一般土建工程、卫生工程、工业管道工程、特殊构筑物工程、电气照明工程、机械设备及安装工程、电气设备及安装工程等各单位工程建设费用的文件。

单位工程概（预）算书是根据设计图纸和概算指标、概算定额、预算定额、费用定额和国家有关规定等资料编制的。

（4）工程建设其他费用概（预）算书

工程建设其他费用概（预）算书，是确定建筑工程、设备及其安装工程之外的，与整个建设工程有关的其他费用，如征地费、拆迁工程费、工程勘察设计费、建设单位管理费、生产工人技术培训费、科研试验费、试车费、固定资产投资方向调节税等费用的文件。这些费用均应在建设投资中支付，并列入建设项目总概算或工程项目综合概算的其他工程费用文件中，根据设计文件和国家、各省、直辖市、自治区主管部门规定的取费标准以及相应的计算方法进行编制。

其他费用概（预）算书，以独立的项目列入总概算或综合概算书中。

（5）分部工程预算书

分部工程预算书，是根据设计图纸计算的工程量和预算定额、材料预算价格、取费标准及其有关文件进行计算和编制而成的，用以确定某一分部工程预算造价的文件。分部工程预算书一般是作为单位工程预算书的组成部分，不单独编制。但在专业施工（如机械施工）或专业分包工程中，其工程内容一般较为集中在某一专业分部，所编制的有关预算文件的实质是属于分部工程预算。

2. 按不同建设阶段编制要求分类

依据建设程序，工程概（预）算的编制要求与工程建设阶段性工作的深度相适应。一般分为如下 7 个阶段：

（1）在项目建议书阶段，按照有关规定编制初步投资估算。

初步投资估算可以根据类似工程预（决）算等资料进行编制，经有权部门批准，作为拟建项目列入国家中长期计划和开展前期工作的控制造价。

（2）在可行性研究阶段，按照有关规定编制投资估算。

投资估算一般是指在项目建议书、可行性研究或计划任务书阶段，建设单位向国家或主管部门申请基本建设投资时，为了确定建设项目计划任务书的投资总额而编制的经济文件。它是国家或主管部门审批或确定基本建设投资计划的重要文件。投资估算主要根据估算指标、概算指标或类似工程预（决）算等资料进行编制。投资估算经有权部门批准，即为该项目国家计划控制造价。

（3）在初步设计阶段，按照有关规定编制初步设计总概算。

设计概算，是指在初步设计或扩大初步设计阶段，由设计单位根据初步设计图纸、概算定额或概算指标、设备预算价格，各项费用的定额或取费标准，建设地区的自然、技术经济条件等资料，预先计算建设项目由筹建至竣工验收、交付使用全部建设费用的经济文件。

设计概算的主要作用是：

① 国家确定和控制建设项目总投资的依据。未经规定的程序批准，不能突破总概算的这一限额。

② 编制基本建设计划的依据。每个建设项目，只有当初步设计和概算文件被批准后，才能列入基本建设计划。

③ 进行设计概算、施工图预算和竣工决算"三算"对比的基础。

④ 实行投资包干和招标承包制的依据，也是建设银行办理工程拨款、贷款和结算，以及实行财政监督的重要依据。

⑤ 考核设计方案的经济合理性，选择最优设计方案的重要依据。利用概算对设计方案进行经济性比较，是提高设计质量的重要手段之一。

（4）在施工图设计阶段，按规定编制施工图预算。

施工图预算，是指在施工图设计阶段，设计全部完成并经过会审，单位工程开工之前，施工单位根据施工图纸，施工组织设计，预算定额，各项费用取费标准，建设地区的自然、技术经济条件等资料，预先计算和确定单项工程和单位工程全部建设费用的经济文件。

施工图预算的主要作用是：

① 确定建筑安装工程预算造价的具体文件。

② 签订建筑安装工程施工合同、实行工程预算包干、进行工程竣工结算的依据。

③ 建设银行拨付工程价款的依据。

④ 施工企业加强经营管理，搞好经济核算，实行对施工预算和施工图预算"两算对比"的基础，也是施工企业编制经营计划、进行施工准备和投标报价的依据。

⑤ 设计阶段控制工程造价的重要环节，是控制施工图设计不突破设计概算的重要措施。

（5）以施工图预算为基础招标投标的工程，承包合同价以中标价为依据确定。

（6）在工程实施阶段，合理确定工程结算。

工程结算，是指一个单项工程、单位工程、分部工程或分项工程完工，并经建设单位及有关部门验收或验收点交后，施工企业根据施工时现场实际情况记录、设计变更通知书、现场签证、预算定额、材料预算价格和各项费用取费标准等资料，在概算范围内和施工图预算的基础上编制的向建设单位办理结算工程价款，取得收入，用以补偿施工过程中的资金耗费，确定施工盈亏的经济文件。

工程结算一般有定期结算、阶段结算、竣工结算等方式。其作用是：

① 施工企业取得货币收入，用以补偿资金耗费的依据。

② 进行成本控制和分析的依据。

（7）在竣工验收阶段，编制竣工决算。

竣工决算是指竣工验收阶段，当一个建设项目完工并经验收后，建设单位编制的从筹建到竣工验收、交付使用全过程实际支付的建设费用的经济文件。其内容由文字说明和决算报表两部分组成。

竣工决算的主要作用是：

① 国家或主管部门验收小组验收时的依据。

② 全面反映基本建设经济效果、核定新增固定资产和流动资产价值、办理交付使用的依据。

基本建设程序、建设预算和其在建设阶段编制的相应技术经济文件之间的相互关系，如图 1-1 所示。由图 1-1 中看出，估算、概算、预算、结算、决算均以价值形态贯穿整个基本建设过程中，从申请建设项目，确定和控制基本建设投资，到确定基建产品计划价格，进行基本建设经济管理和施工企业经济核算，最后以决算形成企、事业单位的固定资产。总之，这些经济文件反映了基本建设中的主要经济活动，它们是基本建设经济活动的血液，这是一个有机整体，缺一不可。申请项目要编估算，设计要编概算，施工要编预算，竣工要编结算和决算。同时，国家要求决算不能超过预算，预算不能超过概算。

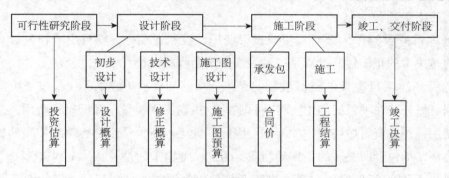

图 1-1　建设程序和各阶段造价确定示意图

第三节　工程造价管理

一、工程造价的含义

工程造价是指工程产品的建造价格，工程泛指一切建设工程。

在市场经济条件下，工程造价有两种含义：

工程造价的第一种含义是指建设一项工程预期开支或实际开支的全部固定资产投资费用，也就是一项工程通过建设形成相应的固定资产、无形资产所需用一次性费用的总和。显然，这一含义是从投资者——业主的角度来定义的。投资者选定一个投资项目，为了获得预期的效益，就要通过项目评估进行决策，然后进行设计招标、工程招标，直至竣工验收等一系列投资管理活动，在投资活动中所支付的全部费用形成了固定资产和无形资产，所有这些开支就构成了工程造价。从这个意义上说，工程造价就是工程投资费用，建设项目工程造价就是建设项目固定资产投资。

工程造价的第二种含义是指工程价格，即为建成一项工程，预计或实际在建设各阶段（土地市场、设备市场、技术劳务市场以及有形建筑市场等）交易活动中所形成的工程价格之和。显然，工程造价的第二种含义是以市场经济为前提的，以工程发包与承包的价格为基础。承发包价格是工程造价中一种重要的也是最典型的价格形式。由需求主体（投资者）和供给主体（建筑商）共同认可确认的价格。由于建筑安装工程价格在项目固定资产中占 50%～60%的份额，是工程建设中最活跃的部分，建筑企业又是工程项目的实施者并处于建筑市场的主体地位，工程承发包价格被界定为工程造价的第二种含义，具有现实意义。

工程造价的两种含义是对客观存在的概括。它们既是共生于一个统一体，又是相互区别的。最主要的区别在于需求主体和供给主体在市场追求的经济利益不同，因而管理的性质和管理目标不同。从管理性质看，前者属于投资管理范畴，后者属于价格管理范畴，但二者又互相交叉。

从管理目标看，作为项目投资或投资费用，投资者在进行项目决策和项目实施中首先追求的是决策的正确性。投资是一种为实现预期收益而垫付资金的经济行为，项目决策是重要的一环。项目决策中投资数额的大小、功能和价格（成本）比是投资决策的最重要的依据。另外，在项目实施中完善项目功能，提高工程质量，降低投资费用，按期或提前交付使用，是投资者始终关注的问题。因此降低工程造价是投资者始终如一的追求。作为工程价格，承包者所关注的是高额利润，为此，他追求的是较高的工程造价。

总之，不同的管理目标，反映投资者与承包者不同的经济利益，但他们都要受支配价格运动的那些经济规律的影响和调节。他们之间的矛盾正是市场的竞争机制和利益风险机制的必然反映。

二、工程造价的特点

1. 工程造价的大额性

能够发挥投资效用的任何一项工程，不仅实物形体庞大，而且造价高昂，动辄数百万元、数千万元、数亿元、数十亿元人民币，特大的工程项目造价可达数百亿元、数千亿元人民币。工程造价的大额性使它关系到有关各方面的重大经济利益，同时也会对宏观经济产生重大影响。这就决定了工程造价的特殊地位，也说明了工程造价管理的重要意义。

2. 工程造价的个别性、差异性

任何一项工程都有其特定的用途、功能、规模。因此对每一项工程的结构、造型、空间分割、设备配置和内外装饰都有具体的要求，形成了每项工程的实物形态具有个别性，也就是项目具有一次性特点。建筑产品的个别性、建筑施工的一次性决定了工程造价的个别性、差异性。同时，每项工程所处地区、地段的不同，也使这个特点得到强化。

3. 工程造价的动态性

任何一项工程从决策到竣工交付使用，都有一个较长的建设期，而且由于不可预测因素的影响，在预计工期内，许多影响工程造价的动态因素，如工程设计变更、设备材料价格、工资标准、利率、汇率等变化，必然会影响到造价的变动。所以，工程造价在整个建设期中处于动态状况，直至竣工决算后才能最终确定工程的实际造价。

4. 工程造价的层次性

工程造价的层次性取决于工程的层次，一个工程项目往往含有多项能够独立发挥设计效能的单项工程（如车间、写字楼、住宅楼等）。一个单项工程又是由能够各自发挥专业效能的多个单位工程（如土建工程、水暖安装及电气安装工程等）组成。与此相适应，工程造价有三个层次：建设项目总造价、单项工程造价和单位工程造价，如果专业分工更细，单位工程（如土建工程）的组成部分——分部分项工程也可以成为交换对象，如大型土（石）方工程、桩基础工程、装饰工程等，这样工程造价的层次就增加分部工程和分项工程而成为五个层次。即使从造价的计算和工程管理的角度看，工程造价的层次性也是非常突出的。

5. 工程造价的兼容性

造价的兼容性首先表现在它具有两种含义，其次表现在造价构成因素的广泛性和复杂性。在工程造价中，首先是成本因素非常复杂，其中为获得建设工程用地支出的费用、项目可行性研究和规划设计费用、与政府一定时期政策（特别是产业政策和税收政策）相关的费用占有相当的份额。其次，盈利的构成也较为复杂，资金成本较大。

三、工程造价的作用

工程造价涉及国民经济各部门、各行业，涉及社会再生产中的各个环节，也直接关系到人民群众的生活和城镇居民的居住条件，它的作用范围和影响程度都很大。其作用主要表现在以下几点：

1. 建设工程造价是项目决策的工具

建设工程投资大、生产和使用周期长等特点决定了项目决策的重要性。工程造价决定着项目的一次投资费用。投资者是否有足够的财务能力支付这笔费用，是否认为值得支付这项费用，是项目决策中要考虑的主要问题。财务能力是一个独立的投资主体必须首先要解决的。如果建设工程的价格超过投资者的支付能力，就会迫使他放弃拟建的项目；如果项目投资的效果达不到预期目标，他也会自动放弃拟建的工程。因此在项目决策阶段，建设工程造价就成为项目财务分析和经济评价的重要依据。

2. 建设工程造价是制订投资计划和经济评价的有效工具

投资计划是按照建设工期、工程进度和建设工程价格等逐年分月加以制定的。正确的投资计划有助于合理有效地使用资金。工程造价在控制投资方面的作用非常明显。工程造价是通过多次性预测、估算，最终通过竣工决算确定下来的。每一次估算的过程就是对造价的控制过程，而每一次估算对下一次估算又都是对造价严格的控制，具体来说后一次估算不能超过前一次估算的一定幅度。这种控制是在投资者财务能力的限度内为取得既定的投资效益所必需的。建设工程造价对投资的控制也表现在利用制定各类定额、标准和参数，对建设工程造价的计算依据进行控制。在市场经济利益风险机制的作用下，造价对投资的控制作用成为投资的内部约束机制。

3. 建设工程造价是筹集建设资金的依据

投资体制的改革和市场经济的建立，要求项目的投资者必须有很强的筹资能力，以保证工程建设有充足的资金供给。工程造价基本决定了建设资金的需要量，从而为筹集资金提供了比较准确的依据。当建设资金来源于金融机构的贷款时，金融机构在对项目的偿贷能力进行评估的基础上，也需要依据工程造价来确定给予投资者的贷款数额。

4. 建设工程造价是合理利益分配和调节产业结构的手段

工程造价的高低，涉及国民经济各部门和企业间的利益分配。在计划经济体制下，政府为了用有限的财政资金建成更多的工程项目，总是趋向于压低建设工程造价，使建设中的劳动消耗得不到完全补偿，价值不能得到完全实现。而未被实现的部分价值则被重新分配到各个投资部门，为项目投资者所占有。这种利益的再分配有利于各产业部门按照政府的投资导向加速发展，也有利于按照宏观经济的要求调整产业结构。但是也会严重损坏建筑施工等企业的利益，长时间的这种恶性循环将会造成建筑业萎缩和建筑企业长期亏损的后果，从而使建筑业的发展长期处于落后状态，与整个国民经济发展不相适应。在市场经济中，工程造价也无例外地受供求状况的影响，并在围绕价值的波动中实现对建设规模、产业结构和利益分配的调节。加上政府正确的宏观调控和价格政策导向，工程造价在这方面的作用会充分发挥出来，是合理利益分配和调节产业结构的手段。

5. 工程造价是评价投资效果的重要指标

建设工程造价是一个包含着多层次工程造价的体系，就一个工程项目来说，它既是建设项目的总造价，又包含单项工程的造价和单位工程的造价，同时也包含单位生产能力的造价，或单位建筑面积的造价等。所有这些，使工程造价自身形成了一个指标体系。所以它能够为评价投资效果提出多种评价指标，并能够形成新的价格信息，为今后类似项目的投资提供参照体系，是评价投资效果的重要指标。

四、工程造价管理及管理体制

工程造价管理不同于企业管理或财务会计管理，工程造价管理具有管理对象的不重复性、市场条件的不确定性、施工企业的竞争性、项目实施活动的复杂性和整个建设周期都存在变化及风险等特点。

（一）工程造价管理的含义

工程造价有两种含义，工程造价管理也有两种管理。一是建设工程投资费用管理；二是工程价格管理。工程造价依据的管理和工程造价专业队伍建设的管理是为这两种管理服务的。

作为建设工程的投资费用管理，它属于投资管理范畴。更明确地说，它属于工程建设投资范畴。管理，是为了实现一定的目标而进行的计划、预测、组织、指挥、监控等系统活动。工程建设投资管理，就是为了达到预期的效果（效益）对建设工程的投资行为进行计划、预测、组织、指挥、监控等系统活动。但是，工程造价第一种含义的管理侧重于投资费用的管理，而不是侧重于工程建设的技术方面。建设工程投资费用管理的含义是，为了实现投资的预期目标，在拟定的规划、设计方案的条件下，预测、计算、确定和监控工程造价及其变动的系统活动。这一含义既涵盖了微观的项目投资费用的管理，也涵盖了宏观层次的投资费用的管理。

作为工程造价第二种含义的管理，即工程价格管理，属于价格管理范畴。在社会主义市场经济条件下，价格管理分两个层次。在微观层次上，是生产企业在掌握市场价格信息的基础上，为实现管理目标而进行的成本控制、计价、定价和竞价的系统活动。它反映了微观主体按支配价格运动的经济规律，对商品价格进行能动的计划、预测、监控和调整，并接受价格对生产的调节。在宏观层次上，是政府根据社会经济发展的要求，利用法律手段、经济手段和行政手段对价格进行管理和调控，以及通过市场管理规范市场主体价格行为的系统活动。工程建设关系国计民生，同时政府投资公共、公益性项目今后仍然会有相当份额。所以国家对工程造价的管理，不仅承担一般商品价格的调控职能，而且在政府投资项目上也承担着微观主体的管理职能。这种双重角色的双重管理职能，是工程造价管理的一大特色。区分两种管理职能，进而制定不同的管理目标，采用不同的管理方法是必然的发展趋势。

（二）我国传统的工程造价管理模式

1. 我国传统的工程造价管理模式

长期以来，我国建筑工程造价管理实行的是基本建设概预算定额管理模式，在这种模式下，由国家的建设工程主管部门（建设部、国家计委、财政部等）制定和颁发一系列建筑工程定额和工程取费标准等工程造价管理文件（包括《建筑工程全国统一劳动定额》《建筑工程全国统一预算定额》《建筑工程全国统一工程量计算规则》《建筑安装工程费用组成的若干规定》等文件），宏观上指导各省、直辖市、自治区的概（预）算编制工作。各地区依据全国统一标准，结合本地区人工、材料、机械设备的具体情况，制定相应的建筑工程预算定额、概算定额、概算指标等，进行本地区概（预）算的指导和管理工作。

工程造价确定的过程是依据国家或地区的工程量计算规则和建筑工程图纸计算工程量，并且套用法定概（预）算定额和取费标准，最终确定工程造价。

在这种管理模式下，工程预算定额就成为编制施工图设计预算、编制建设工程招标标底、投标报价以及签订工程承包合同的法定依据，任何单位和个人在使用中必须严格执行，不能违背定额所规定的原则。工程定额的指令性过强、指导性不足，反映在具体表现形式上，主要是施工手段消耗部分统得过死，把企业的技术装备、施工手段、管理水平等本应属于竞争内容的活跃因素固定化了。

随着市场经济体制的建立，我国在工程施工发包与承包中开始贯彻执行招投标制度，但无论是业主编制标底，还是施工企业投标报价，在计价的规则上也还都没有超出定额规定的范畴。招投标制度本来引入的是竞争机制，可是因为定额的限制，企业缺乏自主权，不能形成很强的竞争意识。所以说，定额管理模式是计划经济时代的产物，所形成的价格是建筑工程计划价格。这种量价合一、工程造价静态管理的模式，在特定的历史条件下还是起到了确定和衡量工程造价标准的作用。

2. 工程造价的动态管理

随着经济体制改革的深入，我国基本建设概（预）算定额管理模式发生了很大的变化。主要表现在工程造价从过去的"静态"管理向"动态"管理过渡。为了适应建设市场改革的要求，针对工程预算定额编制和使用中存在的问题，提出了"控制量、指导价、竞争费"的改革措施，工程造价管理由静态管理模式逐步转变为动态管理模式。其中对工程预算定额改革的主要思路是量价分离，即工程预算定额中的人工、材料、机械台班的消耗量与相应的单价分离。人工、材料、机械台班的消耗量由国家根据有关规范、标准以及社会的平均水平来确定；价格则是根据市场情况，由各级工程造价管理机构定期公布各种设备、材料、工资和机械台班的价格指数以及各类工程造价指数，提供指导价格。与此同时，进一步明确了建设工程产品也是商品，以价值为基础，改革建设工程和建筑安装工程的造价构成；全面推行招标投标承发包制度，择优选择工程承包公司、设计单位、施工企业和设备材料供应单位，使工程造价管理逐渐与国际惯例接轨；更加重视项目决策阶段的投资估算工作，切实发挥其控制建设项目总造价的作用；强调设计阶段概预算工作必须能动地影响设计、优化设计，充分发挥其控制工程造价、促进合理使用建设资金的作用。这些措施在建筑市场经济中起到了积极的作用。

3. 市场经济计价模式——工程量清单计价

随着我国市场化经济的基本形成，建设工程投资多元化的趋势已经出现。在经济成分中不仅包含国有经济、集体经济，私有经济、"三资"经济、股份经济等也纷纷把资金投入建筑市场。企业作为市场的主体，必须是价格决策的主体，并应根据其自身的生产经营状况和市场供求关系决定其产品价格，这就要求企业必须具有充分的定价自主权，再用过去那种工程造价管理方式已不能完全适应我国建设市场的快速发展。随着招标投标制、合同制的全面推行，以及加入 WTO 与国际接轨的要求，一场国家取消定价，把定价权交给企业和市场，由市场形成价格的工程造价改革已势在必行。

2003 年 7 月 1 日，经建设部批准，《建设工程工程量清单计价规范》（GB 50500—2003）（以下简称《计价规范》）作为强制性标准，在全国统一实施。《计价规范》规定全部使用国有资金或国有资金投资为主的大中型建设工程应按计价规范规定执行，明确了工程量清单是招标文件的组成部分，并规定了招标人在编制工程量清单时必须遵守的规则。

工程量清单是表现拟建工程的分部分项工程项目、措施项目及其他项目名称和相应数量的明细清单。它是由招标人按照《计价规范》中规定的项目编码、项目名称、计量单位和工程量计算规则进行编制的。

为进一步适应建设市场计量、计价的需要，《计价规范》经过两次修编，现行标准为《建设工程工程量清单计价规范》（GB 50500—2013）。

（三）工程造价管理的目标和任务

1. 工程造价管理的目标

工程造价管理的目标是按照经济规律的要求，根据社会主义市场经济的发展形势，利用科学管理方法和先进管理手段，合理地确定造价和有效地控制造价，以提高投资效益和建筑安装企业经营效果。

2. 工程造价管理的任务

工程造价管理的任务是加强工程造价的全过程动态管理，强化工程造价的约束机制，维护有关各方的经济利益，规范价格行为，促进微观效益和宏观效益的统一。

（四）工程造价管理的基本内容

工程造价管理的基本内容就是合理确定和有效控制工程造价。

1. 工程造价的合理确定

所谓工程造价的合理确定，就是在建设程序的各个阶段，合理确定投资估算、概算造价、预算造价、承包合同价、结算价、竣工决算价。

（1）在项目建议书阶段，按照有关规定，应编制初步投资估算。经有权部门批准，作为拟建项目列入国家中长期计划和开展前期工作的控制造价。

（2）在可行性研究阶段，按照有关规定编制的投资估算，经有权部门批准，即为该项目控制造价。

（3）在初步设计阶段，按照有关规定编制的初步设计总概算，经有权部门批准，即作为拟建项目工程造价的最高限额。对初步设计阶段，实行建设项目招标承包制签订承包合同协议的，其合同价也应在最高限价（总概算）相应的范围内。

（4）在施工图设计阶段，按规定编制施工图预算，用以核实施工图阶段预算造价是否超过批准的初步设计概算。

（5）对施工图预算为基础招标投标的工程，承包合同价也是以经济合同形式确定的建筑安装工程造价。

（6）在工程实施阶段要按照承包方实际完成的工程量，以合同为基础，同时考虑因物价上涨所引起的造价提高，考虑到设计中难以预计的而在实施阶段实际发生的工程和费用，合理确定结算价。

（7）在竣工验收阶段，全面汇集在工程建设过程中实际花费的全部费用，编制竣工决算，如实体现该建设工程的实际造价。

2. 工程造价的有效控制

所谓工程造价的有效控制，是指在优化建设方案、设计方案的基础上，在建设程序的各个阶段，采用一定的方法和措施把工程造价的发生控制在合理的范围和核定的造价限额以内。具体来说，要用投资估算价控制设计方案的选择和初步设计概算造价；用概算造价控制技术设计和修正概算造价；用概算造价或修正概算造价控制施工图设计和预算造价。以求合理使用人力、物力和财力，取得较好的投资效益。控制造价在这里强调的是控制项目投资。

（五）工程造价管理的组织

工程造价管理的组织，是指为了实现工程造价管理目标而进行的有效组织活动，以及与造价管理功能相关的有机群体。它是工程造价动态的组织活动和相对静态的造价管理部门的统一。具体来说，主要是指国家、地方、部门和企业之间管理权限和职责范围的划分。

工程造价管理组织有三个系统：

1. 政府行政管理系统

政府在工程造价管理中既是宏观管理主体，也是政府投资项目的微观管理主体。从宏观管理的角度，政府对工程造价管理有一个严密的组织系统，设置了多层管理机构，规定了管理权限和职责范围。

2. 企、事业机构管理系统

企、事业机构对工程造价的管理，属微观管理的范畴。设计机构和工程造价咨询机构，按照业主或委托方的意图，在可行性研究和规划设计阶段合理确定和有效控制建设项目的工程造价，通过限额设计等手段实现设定的造价管理目标；在招投标工作中编制标底，参加评标、议标；在项目实施阶段，通过对设计变更、工期、索赔和结算等项管理进行造价控制。设计机构和造价咨询机构，通过在全过程造价管理中的业绩，赢得自己的信誉，提高市场竞争力。承包企业的工程造价管理是企业管理中的重要组成，设有专门的职能机构参与企业的投标决策，并通过对市场的调查研究，利用过去积累的经验，研究报价策略，提出报价；在施工过程中，进行工程造价的动态管理，注意各种调价因素的发生和工程价款的结算，避免收益的流失，以促进企业赢利目的的实现。

当然承包企业在加强工程造价管理的同时，还要加强企业内部的各项管理，特别要加强成本控制，才能切实保证企业有较高的利润水平。

3. 中国建设工程造价管理协会

它是造价管理组织的第三个系统。

（六）中国建设工程造价管理协会

1. 协会的产生

中国建设工程造价管理协会成立于 1990 年 7 月。它的前身是 1985 年成立的"中国工程建设概预算委员会"。随着我国经济建设的发展，投资规模的扩大，使工程造价管理成为投资管理的重要内容，合理、有效地使用投资资金也成为国家发展经济的迫切要求。社会主义商品经济的发展和市场经济体制的确立，改革、开放的深入，要求工程造价管理理论和方法都要有所突破。广大概、预算工作者也迫切要求相互之间能就专业中的问题，尤其是能对新形势下出现的新问题，进行切磋和交流，以及上下沟通。所有这些，都要求成立一个协会来协助主管部门进行工程造价管理，中国建设工程造价管理协会应运而生。

2. 协会的宗旨和性质

（1）协会的宗旨：坚持党的基本路线，遵守国家宪法、法律、法规和国家政策，遵守社会道德风尚，遵循国际惯例，按照社会主义市场经济的要求，组织研究工程造价行业发展和管理体制改革的理论和实际问题，不断提高工程造价专业人员的素质和工程造价的业务水平，为维护各方的合法权益，遵守职业道德，合理确定工程造价，提高投资效益，以及促进国际间工程造价机构的交流与合作服务。

（2）协会的性质：由从事工程造价管理与工程造价咨询服务的单位及具有造价工程师注册资格和资深的专家、学者自愿组成的具有社会团体法人资格的全国性社会团体，是对外代表造价工程师和工程造价咨询服务机构的行业性组织。经建设部批准，民政部核准登记，协会属非营利性社会组织。

（3）协会的业务范围：

1）研究工程造价管理体制的改革，行业发展、行业政策、市场准入制度及行为规范等理论与实践问题。

2）探讨提高政府和业主项目投资效益、科学预测和控制工程造价，促进现代化管理技术在工程造价咨询行业的运用，向国家行政主管部门提供建议。

3）接受国家行政主管部门委托，承担工程造价咨询行业和造价工程师执业资格及职业教育等具体工作，研究提出与工程造价有关的规章制度及工程造价咨询行业的资质标准、合同范本、职业道德规范等行业标准，并推动实施。

4）对外代表我国造价工程师组织和工程造价咨询行业与国际组织及各国同行组织建立联系与交往，签订有关协议，为会员开展国际交流与合作等对外业务服务。

5）建立工程造价信息服务系统，编辑、出版有关工程造价方面刊物和参考资料，组织交流和推广先进工程造价咨询经验，举办有关职业培训和国际工程造价咨询业务研讨活动。

6）在国内外工程造价咨询活动中，维护和增进会员的合法权益，协调解决会员和行业间的有关问题，受理关于工程造价咨询执业违规的投诉，配合行政主管部门进行处理，并向行政主管部门和有关方面反映会员单位和工程造价咨询人员的建议和意见。

7）指导各专业委员会和地方造价协会的业务工作。

8）组织完成政府有关部门和社会各界委托的其他业务。

（七）造价工程师

造价工程师是指全国统一考试合格，取得造价工程师执业资格证书，并经注册从事建设工程造价业务活动的专业技术人员。造价工程师的执业资格是履行工程造价管理岗位职责与业务的准入资格。造价工程师执业资格制度是工程造价管理的一项基本制度。该制度规定，凡是从事工程建设活动的建设、设计、施工、工程咨询等单位和部门，必须在相关的岗位配备有造价工程师执业资格的专业技术人员。

1. 造价工程师的执业范围

（1）建设项目投资估算的编制，审核及项目经济评价；

（2）工程概算、预算、结（决）算、标底价、投标投价的编审；

（3）工程变更及合同价款的调整和索赔费用的计算；

（4）建设项目各阶段工程造价控制；

（5）工程经济纠纷的鉴定；

（6）工程造价计价依据的编审；

（7）与工程造价业务有关的其他事项。

2. 造价工程师的职责

（1）凡需报批和审查的工程造价成果文件，应由造价工程师签字并加盖执业专用章，在注明单位名称和加盖单位公章后方属有效。

（2）造价工程师的执业范围不得超越其所在单位的业务范围，并且只能受聘于一个单位。

（3）依法签订聘任合同，依法解除聘任合同。

3. 造价工程师的素质要求

（1）思想道德方面的素质。由于造价工程师的工作涉及诸多方面的经济利益关系，所以要求其必须具有良好的思想修养和职业道德，既能维护国家利益，又能公正、客观地维护有关各方的合理权益，绝不能以权谋私。

（2）文化方面的素质。由于造价工程师的工作涉及自然科学和社会科学的诸多知识领域，所以要求其必须具有深厚的文化基础，并且能够不断充实和完善自己的知识体系。在当今信息化水平很高和改革开放的形势下，具备相当的计算机和外语水平也是十分重要的。

（3）专业方面的素质。造价工程师应具有以专业知识和技能为基础的工程造价管理方面的实际工作能力，即发现问题、分析问题和解决问题的能力，这需要造价工程师具有深厚的专业知识和从事工程造价管理的丰富实践经验。其应掌握的专业知识包括相关的经济理论、项目投资管理和融资、建筑经济与企业管理、财政税收与金融实务、市场与价格、招投标与合同、工程造价管理、工作方法与动态研究、综合工业技术与建筑技术、建筑制图与识图、施工技术与施工组织、相关法律法规和政策、计算机应用和信息管理、现行各类计价依据以及《全国造价工程师执业资格考试大纲》要求的内容和工程实践能力。

（4）身体方面的素质。造价工程师应具有良好的身体素质，以适应紧张繁忙的造价管理工作，同时还应具有积极进取的精神面貌。

五、《建设工程工程量清单计价规范》（GB 50500—2013）广西壮族自治区实施细则

为了更好地贯彻实施《建设工程工程量清单计价规范》（GB 50500—2013），以规范建设工程计价行为，维护建设市场正常秩序，结合广西壮族自治区工程造价管理工作的实际，广西制定了《〈建设工程工程量清单计价规范〉（GB 50500—2013）广西壮族自治区实施细则》，其具体内容见附录。

第二章 建筑工程定额

第一节 建筑工程定额概述

一、建筑工程定额的概念和性质

1. 建筑工程定额的概念

（1）定额的概念

定额就是规定的数额或额度，是社会物质生产部门在生产经营活动中，根据一定时期的生产水平和产品质量要求，为完成一定数量的合格产品所需消耗的人力、物力和财力的数量标准。这个标准是国家权力机关或地方权力机关制定的。

（2）建筑工程定额的概念

建筑工程定额是指在正常的施工生产条件下，为完成一定计量单位的合格的建筑产品所消耗的人工、材料、机械和资金的数量标准。"正常的施工生产条件"是指绝大多数企业和施工队组，在合理的劳动组织、合理地使用材料和机械的条件下进行生产，施工过程遵守国家现行的施工规范、规程和标准。"计量单位"是指定额子目中的单位，如钢筋制作安装的单位是吨（t），砌墙的单位是米^3（m^3）等。"合格建筑产品"是指施工生产提供的产品必须符合国家或行业现行施工及验收和质量评定标准的要求。

（3）定额水平

定额水平是指规定消耗在单位产品上的劳动、机械和材料数量的多寡，是按照一定施工程序和工艺条件下规定的施工生产中活劳动和物化劳动的消耗水平。定额的水平应直接反映劳动生产率水平，反映劳动和物质消耗水平。定额水平与劳动生产率水平变动方向一致，与劳动和物质消耗水平变动方向相反。

2. 定额的性质

（1）真实性和科学性

定额的真实性，表现为建设工程定额应真实地反映和评价客观的工程造价。工程造价作为国民经济的综合反映，它受到经济活动中各种因素的影响，每一因素的变化都会通过定额直接或间接地反映出来。定额必须和生产力发展水平相适应，反映工程建设中生产消费的客观规律。

定额的科学性，首先，用科学的态度制定定额，尊重客观实际，力求定额水平合理；

其次，制定定额的技术方法上，利用现代科学管理的成就，形成一套系统的、完整的、在实践中行之有效的方法；最后，定额制定和贯彻的一体化，制定是为了提供贯彻的依据，贯彻是为了实现管理的目标，也是对定额的信息反馈。

（2）系统性和统一性

定额的系统性，表现在建设工程定额是由各种内容结合而成的有机整体，有鲜明的层次和明确的目标。按其主编单位和执行范围的不同，我国的定额可分为全国统一定额、各专业部的定额、各地区的定额、各建设项目及各企业的定额等。系统性是由工程建设的特点决定的。

定额的统一性，主要是由国家宏观调控职能决定的。从定额的制定、颁布和贯彻使用来看，统一性表现为有统一的程序、统一的原则、统一的要求和统一的用途。

（3）权威性和强制性

定额的权威性，是指建设工程定额经过一定的程序和一定授权单位审批颁发，具有较强的权威性。这种权威性在一些情况下具有经济法规性质和执行的强制性。权威性反映统一的意志和统一的要求，也反映信誉和信赖。强制性反映刚性约束，反映定额的严肃性。

定额权威性的客观基础是它的科学性。对于相对比较稳定的定额，如工程量计算规则、工料机定额消耗量，赋予其一定的强制性，不论使用者和执行者主观上是否愿意，都必须按规则和定额执行；而对于相对比较活跃的定额，如基础单价、各项费用取费率，赋予其一定的指导性，可以在一定的变化幅度内参照执行。

强制性有相对的一面。在竞争机制引入工程建设的情况下，建筑工程定额水平必然会受到市场供求状况的影响，从而产生一定的浮动。准确地说，这种强制性不过是一种限制，一种对生产消费水平的合理限制，而不是对降低生产消费的限制，不是限制生产力的发展。

（4）稳定性和时效性

定额的稳定性，是指任何一种建设工程定额都是一定时期技术发展和管理水平的反映，因而在一段时期内都表现出稳定的状态。不同的定额，稳定的时间有长有短。一般来讲，工程量计算规则比较稳定，能保持十几年；工料机定额消耗量相对稳定在 5 年左右；基础单价、各项费用取费率等相对稳定的时间更短一些。保持稳定性是维护权威性所必需的，是有效地贯彻定额所必需的。

稳定性是相对的。当定额与已经发展了的生产力不相适应时，它的作用就会逐步减弱以致消失。所以，定额在具有稳定性特点的同时，也具有显著的时效性。当定额不再能起到促进生产力发展的作用时，就要重新编制或修订了。

二、建筑工程定额的分类

在我国，建筑工程定额可按不同的原则和方法进行分类。

1. 按生产要素分类

（1）劳动消耗定额

劳动消耗定额也称人工定额，它是指在正常施工技术条件和合理劳动组织条件下为生产单位合格产品所需消耗的工作时间标准，或在一定的工作时间中应该生产的产品数量标准。

（2）材料消耗定额

材料消耗定额是指在正常的施工条件和合理使用材料的条件下，生产单位质量合格的建筑产品，必须消耗一定品种、规格的建筑材料（包括半成品、燃料、配件、水、电等）的数量标准。

（3）机械台班定额

机械台班定额指在正常施工条件下，某种机械为生产单位合格产品（工程实体或劳务）所需消耗的机械工作时间标准，或在单位时间内该机械应该完成的产品数量标准。

2. 按定额编制程序和用途分类

（1）施工定额

施工定额是以同一性质的施工过程或工序为测定对象，确定建筑安装工人在正常的施工条件下，为完成某种单位合格产品的人工、材料和机械台班消耗的数量标准。施工定额由劳动定额、材料消耗定额、机械台班消耗定额组成。施工定额是施工企业组织生产和加强内部管理使用的一种定额，属于生产性定额。

（2）预算定额

预算定额也称消耗量定额，它是指在正常的施工生产条件下，为完成一定计量单位的合格的分项工程或结构构件所消耗的人工、材料、机械的数量标准，是一种计价性定额。预算定额是编制施工图预算的依据，也是编制概算定额的基础，还可作为制定招标标底、企业定额和投标报价的基础。

（3）概算定额

概算定额是指生产一定计量单位的合格的扩大分项工程或结构构件所需消耗的人工、材料、机械台班消耗的数量标准，它是综合扩大的消耗量定额，也是一种计价性定额。概算定额是初步设计阶段编制设计概算的依据，也可作为编制概算指标和估算指标的依据。

（4）概算指标

概算指标是在概算定额的基础上进一步综合扩大，通常以 $100\ m^2$（建筑面积）或座、米（构筑物）为计量单位，规定所需人工、材料及机械台班消耗的数量标准。它可作为初步设计阶段编制设计概算、可行性研究阶段编制投资估算的依据。

（5）估算指标

估算指标比概算指标更加综合扩大，往往是以独立的单项工程或完整的工程项目为测定对象。估算指标是项目建议书和可行性研究阶段编制投资估算的依据，是合理确定项目投资的基础。

（6）工期定额

工期定额是指在一定生产技术条件和自然条件下，完成某个单项工程平均需用的天数标准。工期定额是评价工程建设进度、编制施工计划、签订承包合同、评价优质工程的可靠依据。

3. 按编制单位和执行范围分类

（1）全国统一定额

全国统一定额是由国家建设行政主管部门综合全国工程建设中技术和施工组织管理的情况编制，并在全国范围内普遍执行的定额。在现阶段，全国统一定额为满足全国范围内对各类工程建设资源的合理配置和实行量与价分离的需要，国家建设主管部门已颁布了如《全国统一建筑工程基础定额》《全国统一建筑安装工程劳动定额》等定额标准。全国统一定额反映一定时期社会生产力水平的一般状况，作为编制地区单位估价表、确定工程造价、编制招标工程标底的基础，也可作为制定企业定额和投标报价的参考。

（2）行业统一定额

行业统一定额是考虑到各行业部门专业工程技术特点（如生产工艺或其使用要求特殊）以及施工生产和管理水平编制的，由国务院行业主管部门发布。一般只在本行业部门内和相同专业性质的范围内使用，如矿井建设工程定额、铁路建设工程定额。

（3）地区统一定额

地区统一定额是指各省、自治区、直辖市编制颁发的定额。地区统一定额主要是考虑地区性特点，对全国统一定额水平做适当调整补充编制的。由于各地区不同的气候条件、经济技术条件、物质资源条件和交通运输条件等，构成对定额项目、内容和水平的影响，是地区统一定额存在的客观依据。地区统一定额，如《广西壮族自治区建筑装饰装修工程消耗量定额》，只能在本行政区划内使用。

（4）企业定额

企业定额是指由施工单位考虑本企业具体情况，参照国家、部门或地区定额的水平制定的定额。此类定额的制定与编制需经一定的审批程序，报主管业务部门备案，企业定额只在本企业内部使用，也可用于投标报价，是企业素质的一个标志。企业定额水平一般应高于国家现行定额，只有这样，才能满足生产技术发展、企业管理和市场竞争的需要。

（5）补充定额

补充定额是指随着设计、施工技术的发展，现行定额不能满足需要的情况下，为了补充缺项所编制的定额。有地区性补充定额和一次性补充定额两种。补充定额需要按照一定的编制原则、程序和方法进行编制，并且只能在一定的范围内使用，其中地区性补充定额可以作为以后修订地区统一定额的依据。

4. 按费用性质分类

（1）建筑工程定额

建筑工程定额是建筑工程施工定额、建筑工程消耗量定额、概算定额和概算指标的统称。它是对房屋、构筑物等项目建造过程中完成规定计量单位工程所消耗的人工、材料、机械台班的数量标准。

（2）安装工程定额

安装工程定额是安装工程施工定额、安装工程消耗量定额、概算定额和概算指标的统称。它是指设备安装过程中安装规定计量单位产品所消耗的人工、材料、机械台班的数量标准。

（3）建筑安装工程费用定额

建筑安装工程费用定额是指对建筑安装工程的费用组成、计算程序、取费条件、取费费率等所规定的标准。它是作为计算消耗量定额以外的与建筑安装工程费用组成有关的现场经费、间接费、利润、税金等费用的依据。

第二节　施工定额

一、施工定额的概述

1. 施工定额的概念及性质

施工定额是以同一性质的施工过程或工序为测定对象，确定建筑安装工人在正常的施工条件下，为完成某种单位合格产品的人工、材料和机械台班消耗的数量标准。施工定额属于生产性定额。

施工定额是直接用于施工管理中的一种定额，是建筑安装企业的生产定额，它是国家、省、直辖市、自治区业务主管部门或施工企业，在定性和定量分析施工过程的基础上，采用技术测定方法制定出统一劳动消耗、机械台班消耗和材料消耗的一种定额。它是按照一定程序颁发执行的。

施工定额按其组成内容包括劳动定额、机械台班使用定额和材料消耗定额三部分。

2. 施工定额的作用

施工定额是建筑安装企业管理工作的基础，它的主要作用表现在以下几个方面：

（1）施工定额是企业编制施工预算、进行工料分析和"两算"对比的基础。

（2）施工定额是编制施工组织设计、施工作业计划的依据。

（3）施工定额是加强企业成本管理的基础。

（4）施工定额是建筑安装企业投标报价的基础。

（5）施工定额是组织和指挥施工生产的有效工具。

（6）施工定额是计算工人劳动报酬的依据，也为提高工人劳动积极性创造了条件。

3. 施工定额的编制原则

施工定额能否在施工管理中促进企业生产力水平的提高，主要取决于施工定额的编制质量。衡量定额质量的主要标志为定额水平和定额的内容及形式。为此，编制施工定额必须遵循以下原则：

（1）平均先进水平原则

所谓平均先进水平是指在正常条件下，多数生产者经过努力可以达到，少数生产者可以接近，个别生产者可以超过的水平。一般情况下，它低于先进水平而略高于平均水平。可以说它是一种鼓励先进、勉励中间、鞭策后进的定额水平，是编制施工定额的理想水平。

（2）简明适用原则

简明适用原则是在适用基础上的简明。它主要针对施工定额的内容和形式而言，它要求施工定额的内容较丰富，项目较齐全，适用性强，能满足施工组织与管理和计算劳动报酬等多方面的要求。同时要求定额简明扼要，容易为工人和业务人员所理解、掌握，便于查阅和计算等。

（3）专群结合，以专为主的原则

施工定额的编制工作必须由施工企业中经验丰富、技术与管理知识全面、懂国家技术经济政策的专门队伍完成。同时还要有工人群众相配合，因为工人是施工定额的直接执行者，他们熟悉施工过程，了解实际消耗水平，知道定额在执行过程中的情况和存在的问题。

二、劳动定额

1. 劳动定额的概念

劳动定额，也称人工定额。它是指在正常施工技术条件和合理劳动组织条件下为生产单位合格产品所需消耗的工作时间标准，或在一定的工作时间中应该生产产品的数量标准。

劳动定额的表现形式可分为时间定额和产量定额两种。

（1）时间定额

时间定额是完成单位产品所必需消耗的工时，它以正常的施工技术和合理的劳动组织为条件，以一定技术等级的工人小组或个人完成质量合格的产品为前提。

时间定额以一个工人 8 h 工作日的工作时间为 1 个"工日"单位。例如，某定额规定：人工挖土方工程，工作内容包括挖土、装土、修整底边等全部操作过程，挖 1 m³ 较松散的二类土壤的时间定额是 0.192 工日。

时间定额的计算方法是：

$$单位产品的时间定额（工日）=\frac{1}{每工产量}$$

如果以小组来计算，则为

$$单位产品的时间定额（工日）=\frac{小组成员工日数总和}{小组班产量}$$

时间定额以工日/m³、工日/m²、工日/t 等为单位，完成不同的工作内容都具有相同的时间单位，便于计算完成某一分部（项）工程所需的总工日数，便于核算工资，便于编制施工进度计划和计算分项工期。

（2）产量定额

产量定额是以正常的施工技术和合理的劳动组织为条件，以一定技术等级的工人小组或个人单位时间（一个工日）内完成质量合格的产品的数量标准。

产量定额的计算方法是：

$$每工的产量定额=\frac{1}{单位产品时间定额（工日）}$$

如果以小组来计算，则为

$$每班产量定额=\frac{小组成员工日数总和}{单位产品的时间定额（工日）}$$

产量定额以 m³/工日、t/工日、m²/工日等为单位，数量较为形象、直观、具体，因此，产量定额便于分配施工任务，考核工人劳动效率和签发任务单。

从以上公式可以看出，时间定额与产量定额互为倒数的关系。即

$$时间定额=\frac{1}{产量定额}$$

2. 劳动定额的内容及应用

表 2-1 为全国《建筑安装工程统一劳动定额》中砌体工程示例。表中数据为各项目的时间定额。

表 2-1 每 1 m³ 砌体的劳动定额

单位：工日

项目		双面清水			单面清水					序号
		1 砖	1.5 砖	2 砖及 2 砖以外	0.5 砖	0.75 砖	1 砖	1.5 砖	2 砖及 2 砖以外	
综合	塔吊	1.27	1.20	1.12	1.52	1.48	1.23	1.14	1.07	一
	机吊	1.48	1.41	1.33	1.73	1.69	1.44	1.35	1.28	二
砌砖		0.726	0.653	0.568	1.00	0.956	0.684	0.593	0.52	三
运输	塔吊	0.44	0.44	0.44	0.434	0.437	0.44	0.44	0.44	四
	机吊	0.652	0.652	0.652	0.642	0.645	0.652	0.652	0.652	五
调制砂浆		0.101	0.106	0.107	0.085	0.089	0.101	0.106	0.107	六
编号		4	5	6	7	8	9	10	11	
项目		混水内墙				混水外墙					序号
		0.5 砖	0.75 砖	1 砖	1.5 砖及以外	0.5 砖	0.75 砖	1 砖	1.5 砖及以外	2 砖及 2 砖以外	
综合	塔吊	1.38	1.34	1.02	0.994	1.5	1.44	1.09	1.04	1.01	一
	机吊	1.59	1.55	1.24	1.21	1.71	1.65	1.3	1.25	1.22	二
砌砖		0.865	0.815	0.482	0.448	0.98	0.915	0.549	0.491	0.458	三
运输	塔吊	0.434	0.437	0.44	0.44	0.434	0.437	0.44	0.44	0.44	四
	机吊	0.642	0.645	0.654	0.654	0.642	0.645	0.652	0.652	0.652	五
调制砂浆		0.085	0.089	0.101	0.106	0.085	0.089	0.101	0.106	0.107	六
编号		12	13	14	15	16	17	18	19	20	

注：工作内容：包括砌墙面艺术形式、墙垛、平碹模板，梁板头砌砖，梁板下塞砖，楼梯间砌砖，留楼梯踏步斜槽，留孔洞，砌各种凹进处，山墙泛水槽，安放木砖、铁件，安装 50 kg 以内的预制混凝土门窗过梁、隔板、垫块以及调整立好后的门窗框。

【例 2-1】某工程经计算已知砌筑 1 砖厚双面混水外墙（机吊）共 50 m³，完成该砖墙工程量，需要综合工日、砖工、灰浆工各多少工日？

解：查表 2-1 可知，砌每 1 m³ 1 砖厚双面混水外墙（机吊）综合时间定额为 1.3 工日，砌砖时间定额 0.549 工日，调制砂浆时间定额 0.101 工日。

完成该砖墙综合用工 = 50 × 1.3 = 65（工日）

用砖工 = 50 × 0.549 = 27.45（工日）

用灰浆工 = 50 × 0.101 = 5.05（工日）

3. 劳动定额的编制方法

（1）技术测定法

技术测定法是指用计时观察法或其他方法获得工时消耗数据，进而制定劳动消耗定额。技术测定法一般先测算分析出完成单位产品所消耗的定额时间，定额时间包括基本工作时间、辅助工作时间、不可避免中断时间、准备与结束的工作时间以及休息时间，它的计时单位可以是秒、分钟或小时等。然后根据定额时间计算出劳动定额单位产品消耗的时间定额（工日）。

【例 2-2】人工挖土方（土壤系潮湿的黏性土，按土壤分类属二类土）测时资料表明，挖 1 m³ 消耗基本工作时间 60 min，辅助工作时间占工作班延续时间的 2%，准备与结束工作时间占 2%，不可避免中断时间占 1%，休息时间占 20%。确定时间定额和产量定额。

解：定额时间 $= \dfrac{60 \times 100}{100 - (2+2+1+20)} = \dfrac{6\,000}{75} = 80$ min

时间定额 $= \dfrac{80}{8 \times 60} = 0.166$ 工日/m³

根据时间定额可计算出产量定额为 $\dfrac{1}{0.166} = 6.02 \approx 6$ m³/工日

（2）比较类推法

比较类推法是以某种精确测定好的同类型或相似类型的典型定额为依据，经分析比较类推出同类型其他相邻项目的定额的方法。例如，已知挖一类土地槽在不同槽深和槽宽的时间定额，根据各类土耗用工时的比例来推算挖二、三、四类土地槽的时间定额；又如，已知架设单排脚手架的时间定额，推算架设双排脚手架的时间定额。

比较类推的计算公式为

$$t = p \times t_0$$

式中：t——比较类推同类相邻定额项目的时间定额；

p——各同类相邻项目耗用工时的比例（以典型项目为 1）；

t_0——典型项目的时间定额。

【例 2-3】已知挖一类土地槽在 1.5 m 以内槽深和不同槽宽的时间定额及各类土耗用工时的比例（见表 2-2），推算挖三类土地槽的时间定额。

表 2-2 挖地槽时间定额推算表

单位：工日/m³

土壤类别	耗工时比例 P	挖地槽（深在 1.5 m 以内）		
		上口宽度		
		0.8 m 以内	1.5 m 以内	3 m 以内
一类土（典型项目）	1.00	0.167	0.144	0.133
二类土	1.43	0.238	0.205	0.192
三类土	2.50	0.417	0.357	0.338
四类土	3.75	0.629	0.538	0.500

解：求挖三类土、上口宽度为 0.8 m 以内地槽的时间定额 t_3 为

$$t_3 = p_3 \times t_0 = 2.50 \times 0.167 = 0.417 （工日/m³）$$

（3）统计分析法

统计分析法就是将以往施工中所累积的同类型工程项目的工时耗用量加以科学的分析、统计，并考虑施工技术与组织变化的因素，经分析研究后制定劳动定额的一种方法。

采用统计分析法需有准确的原始记录和统计工作基础，并且选择正常的及一般水平的施工单位与班组，同时还要选择部分先进和落后的施工单位与班组进行分析和比较。

【例 2-4】有工时消耗统计数组：30，40，70，50，70，70，40，50，40，50，90。试求平均先进值。

解：上述数组中 90 是明显偏高的数，应删去。删去 90 后，求算术平均值：

$$算术平均值 = \frac{30+40+70+50+70+70+40+50+40+50}{10} = 51$$

选数组中小于算术平均值 51 的数求平均先进值：

$$平均先进值 = \frac{30+3\times40+3\times50}{7} = 42.9$$

平均先进值也可按如下方法计算：

$$平均先进值 = \frac{30+3\times40+3\times50+3\times51}{10} = 45.3$$

计算所得平均先进值，也就是定额水平的依据。

（4）经验估工法

经验估工法就是由定额技术人员和具有较丰富施工经验的工程技术人员、技术工人，根据施工实践经验，结合图纸分析、现场观察，考虑施工工艺分解、组织条件和操作方法，直接估计定额指标的一种方法。

采用经验估工法时，必须挑选有丰富经验的、秉公正派的工人和技术人员参加，并且要在充分调查和征求群众意见的基础上确定。在使用中要统计实耗工时，当与所制定的定额相比差异幅度较大时，说明所估计的定额不具有合理性，要及时修订。

以上四种制定劳动定额的方法，在实际工作中常常是相互结合采用的。

三、施工机械消耗定额

1. 施工机械消耗定额的概念及表现形式

施工机械消耗定额，是指在正常施工条件下，某种机械为生产单位合格产品（工程实体或劳务）所需消耗的机械工作时间，或在单位时间内该机械应该完成的产品数量。它是以一台施工机械工作一个 8 h 工作班为计量单位，所以又称为施工机械台班定额。

施工机械消耗定额有如下三种表现形式。

（1）机械时间定额

在正常的施工条件和合理的劳动组织下，完成单位合格产品所必需的机械台班数，按下列公式计算：

$$机械时间定额（台班）= \frac{1}{机械台班产量定额}$$

（2）机械台班产量定额

在正常的施工条件和合理的劳动组织下，每一个机械台班时间中必须完成的合格产品数量，按下列公式计算：

$$机械台班产量定额 = \frac{1}{机械时间定额（台班）}$$

机械台班产量定额与机械时间定额互为倒数关系。

（3）配合机械的人工时间定额

配合机械的人工时间定额是按照每个机械台班内配合机械工作的工人班组总工日数及完成的合格产品数量来确定。

完成单位合格产品所必需消耗的工作时间，按下列公式计算：

$$单位产品的时间定额 = 班组总工日数 \times 机械时间定额$$

或

$$单位产品的时间定额（工日）= \frac{班组总工日数}{一个机械台班的产量}$$

表 2-3 为《全国建筑安装工程统一劳动定额》混凝土楼板梁、连系梁等安装的定额示例。

表 2-3　混凝土楼板梁、连系梁、悬臂梁、过梁安装每台班的劳动定额

单位：根

项目		施工方法	楼板梁（t以内）			连系梁、悬臂梁、过梁（t以内）			序号
			2	4	6	1	2	3	
高度安装（层以内）	三	履带式	$\frac{0.220}{59}$13	$\frac{0.271}{48}$13	$\frac{0.317}{41}$13	$\frac{0.217}{60}$13	$\frac{0.245}{53}$13	$\frac{0.277}{47}$13	一
		轮胎式	$\frac{0.26}{50}$13	$\frac{0.317}{41}$13	$\frac{0.317}{35}$13	$\frac{0.255}{51}$13	$\frac{0.289}{45}$13	$\frac{0.325}{40}$13	二
		塔式	$\frac{0.191}{68}$13	$\frac{0.236}{65}$13	$\frac{0.277}{47}$13	$\frac{0.881}{69}$13	$\frac{0.213}{61}$13	$\frac{0.241}{54}$13	三
	六	塔式	$\frac{0.210}{62}$13	$\frac{0.250}{52}$13	$\frac{0.302}{43}$13	$\frac{0.232}{56}$13	$\frac{0.260}{50}$13	$\frac{0.310}{42}$13	四
	七		$\frac{0.232}{56}$13	$\frac{0.283}{46}$13	$\frac{0.342}{38}$13				五
编号			676	677	678	679	680	681	

注：工作内容：包括 15 t 以内构件移位、绑扎起吊、对正中心线、安装在设计位置上、校正、垫好垫铁。

表 2-3 中，机械台班定额是以一个单机作业的定额定员人数（台班工日）完成的台班产量和时间定额来表示的。其表现形式为

$$\frac{时间定额}{台班产量} \quad 或 \quad \frac{时间定额}{台班产量}（台班工日）$$

现通过举例，说明机械台班定额的应用。

【例 2-5】某 6 层砖混结构办公楼，塔式起重机安装楼板梁，每根梁尺寸为 6.0 m×0.7 m×0.3 m。试求吊装楼板梁的机械时间定额、人工时间定额和人工产量定额（工人配合）。

解：每根楼板梁自重 6.0×0.7×0.3×2.5 t=3.15 t

由表 2-3 可知，编号 677 序号四，劳动定额为 $\frac{0.250}{52}$13，则

$$台班产量定额=52 根/台班$$

$$机械时间定额=1/52=0.019 台班/根$$

$$人工时间定额=13/52=0.25 工日/根$$

$$人工产量定额（工人配合）=1/0.25=4 根/工日$$

2. 施工机械台班定额的编制

制定施工机械台班定额时，首先应拟定机械工作的正常施工条件、确定机械的正常生产率和机械正常工作的台班，从而计算机械的时间定额和产量定额等。

（1）拟定施工机械的正常条件

机械工作和人工操作相比，劳动生产率在更大的程度上要受到施工条件的影响，编制定额时更应重视确定出机械工作的正常条件。拟定机械工作的正常施工条件，主要是拟定工作地点的合理组织和合理的工人编制。

（2）确定机械纯工作 1 h 正常生产率

机械纯工作时间是指机械必须消耗的时间，包括在满载和有根据地降低荷载下的工作时间，不可避免的无负荷工作时间和必要的中断时间。机械纯工作 1 h 正常生产率，是在正常施工组织条件下，由具有必需的知识和技能的技术工人操纵机械工作 1 h 的生产率。

（3）确定施工机械的正常利用系数

施工机械的正常利用系数指机械在工作班内对工作时间的利用率。机械的利用系数与机械在工作班内的工作状况有着密切的关系。

机械正常利用系数的计算公式如下：

$$机械正常利用系数=\frac{机械在一个工作班内纯工作时间}{一个工作班延续时间（8h）}$$

（4）计算施工机械定额

确定了机械工作正常条件、机械纯工作 1 h 正常生产率和机械正常利用系数之后，采用下列公式计算施工机械定额：

施工机械台班产量定额=机械纯工作 1 h 正常生产率×工作班纯工作时间

或　施工机械台班产量定额=机械纯工作 1 h 正常生产率×工作班延续时间×机械正常利用系数

对于一次循环时间大于 1 h 的施工过程，则按下列公式计算：

$$施工机械台班产量定额=\frac{工作延续时间}{机械一次循环时间}×机械每次循环产量×机械正常利用系数$$

$$施工机械时间定额=\frac{1}{机械台班产量定额}$$

【例 2-6】某搅拌机搅拌混凝土，每罐一次的搅拌时间为：上料 0.5 min，出料 0.5 min，搅拌 2 min。机械时间利用系数为 0.875，搅拌一次的产量为 0.25 m³。工作方法是人工上料，单轮车运输。劳动组织（12 人）其中：后台运砂 3 人、运碎石 5 人、运水泥 1 人、配料 1 人；前台出料 1 人、操纵搅拌机 1 人。试求机械纯 1 h 正常生产率、机械台班产量定额、机械时间定额、配合机械人工时间定额。

解： 机械纯 1 h 正常生产率 $=\dfrac{60}{0.5+0.5+2}×0.25=5（ m^3/h ）$

机械台班产量定额=5×8×0.875=35（m³/台班）

机械时间定额=1/机械台班产量定额=1/35=0.028 6（台班/m³）

配合机械人工时间定额=12×0.028 6=0.343（工日/m³）

四、材料消耗定额

1. 材料消耗定额的概念

材料消耗定额是指在正常的施工条件和合理使用材料的条件下，生产单位质量合格的建筑产品，必须消耗一定品种、规格的建筑材料（包括半成品、燃料、配件、水、电等）的数量标准。

在我国建筑工程的直接成本中，材料费平均占 70%左右。材料消耗量多少，消耗是否合理，关系到资源的有效利用，对建筑工程的造价确定和成本控制有着决定性影响。

根据材料使用次数的不同，建筑材料可分为直接性材料（也称非周转性材料，指在建筑工程施工中，一次性消耗并直接构成工程实体的材料）和周转性材料（不能直接构成建筑安装工程的实体，但是完成建筑安装工程合格产品所必需的工具性材料）。

施工中材料的消耗，可分为必需消耗的材料和损失的材料两类。

必需消耗的材料数量，是指在合理用料的条件下，生产合格产品所需消耗的材料数量。它包括直接用于建设工程的材料、不可避免的施工废料和不可避免的材料损耗。其中：直接用于建设工程的材料数量，称为材料净用量；不可避免的施工废料和材料损耗数量，称为材料损耗量。用公式表示如下：

$$材料总消耗量=材料净用量+材料损耗量$$

材料损耗量是不可避免的损耗，例如，场内运输及场内堆放在允许范围内不可避免的损耗、加工制作中的合理损耗及施工操作中的合理损耗等。常用计算方法是：

$$材料损耗量=材料净用量×材料损耗率$$

材料的损耗率通过观测和统计而确定，见表 2-4。

表 2-4 部分建筑材料、成品、半成品损耗率参考表

材料名称	工程项目	损耗率/%	材料名称	工程项目	损耗率/%
普通黏土砖	实砖墙	2	水泥砂浆	地面、屋面、构筑物	1
普通黏土砖	圆砖柱	7	混凝土（预制）	柱、基础梁	1.5
白瓷砖		3.5	混凝土（现浇）	地面	1.5
混凝土板		1.5	钢筋（预应力）	先张高强丝	6

2. 材料消耗定额的制定

制定材料消耗定额有以下几种方法：

（1）观测法

观测法也称现场测定法，是在合理使用材料的条件下，在施工现场按一定程序对完成合格产品的材料耗用量进行测定，通过分析、整理，最后得出一定的施工过程单位产品的材料消耗定额。

利用现场测定法主要是编制材料损耗定额，也可以提供编制材料净用量定额的数据。其优点是能通过现场观察、测定，取得产品产量和材料消耗的情况，为编制材料定额提供技术根据。

观测法的首要任务是选择典型的工程项目，其施工技术、组织及产品质量，均应符合技术规范的要求；材料的品种、型号、质量也应符合设计要求；产品检验合格，操作工人能合理使用材料和保证产品质量。

在观测前要充分做好准备工作，如选用标准的运输工具和衡量工具，采取减少材料损耗措施等。

观测的成果是取得施工过程单位产品的材料消耗量。观测中要区分不可避免的材料损耗和可以避免的材料损耗，后者不应包括在定额损耗量内。必须经过科学地分析研究以后，确定确切的材料消耗标准，列入定额。

（2）试验法

试验法是指在材料试验室中进行试验和测定数据。例如，以各种原材料为变量因素，求得不同强度等级混凝土的配合比，从而计算出每立方米混凝土的各种材料耗用量。

利用试验法，主要是编制材料净用量定额。通过试验，能够对材料的结构、化学成分和物理性能及按强度等级控制的混凝土、砂浆配比做出科学的结论，为编制材料消耗定额提供有技术根据的、比较精确的计算数据。

但是，试验法不能取得在施工现场实际条件下，由于各种客观因素对材料耗用量影响的实际数据，这是该法的不足之处。

试验室试验必须符合国家有关标准规范，计量要使用标准容器和称量设备，质量要符合施工与验收规范要求，以保证获得可靠的定额编制依据。

（3）统计法

统计法是指通过现场进料、用料的大量统计资料进行分析计算，获得材料消耗的数据。这种方法由于不能分清材料消耗的性质，因而不能作为确定材料净用量定额和材料损耗定额的精确依据。

对积累的各分部分项工程结算的产品所耗用材料的统计分析，是根据各分部分项工程拨付材料数量、剩余材料数量及总共完成产品数量来进行计算。

采用统计法，必须要保证统计和测算的耗用材料和相应产品一致。在施工现场中的某些材料，往往难以区分用在各个不同部位上的准确数量。因此，要有意识地加以区分，才能得到有效的统计数据。

（4）理论计算法

理论计算法是根据施工图，运用一定的数学公式，直接计算材料耗用量。计算法只能计算出单位产品的材料净用量，材料的损耗量仍要在现场通过实测取得。理论计算法比较准确可靠，对很多分项工程都可适用。

用理论计算法确定材料的用量举例如下：

计算 1 m^3 不同厚度墙体标准砖（普通黏土砖）和砂浆用量。

设 1 m^3 墙净用砖 A 块，净用砂浆 $B\text{m}^3$，则

$$1 \text{ m}^3 = A \times （一块带砂浆的砖体积）$$
$$一块带砂浆的砖体积 = （砖长+灰缝）\times（砖厚+灰缝）\times 砖宽$$

以标准砖为例，分析砖宽与墙厚的关系，见表 2-5。

表 2-5　砖宽与墙厚的关系表

墙厚/mm	115	240	365	490
墙厚砖数	半砖	一砖	一砖半	两砖
砖宽数	1 块	2 块	3 块	4 块

由上可得

$$砖宽=墙厚/砖宽数=墙厚/（墙厚砖数×2）$$

因此：

$$A=\frac{1×墙厚砖数×2}{（砖长＋灰缝）×（砖厚＋灰缝）×墙厚}$$

$$砂浆净用量\ B=1\ m^3-A×砖长×砖宽×砖厚$$

【例2-7】求一砖半厚的砖墙的标准砖、砂浆的净用量。

解：标准砖的净用量 $A=\dfrac{1×1.5×2}{（0.24＋0.01）（0.053＋0.01）×0.365}=522（块）$

$$砂浆净用量\ B=1-522×0.24×0.115×0.053=0.237（m^3）$$

（5）周转性材料消耗量确定

建设工程施工中除了直接消耗于工程实体上的各种材料、成品、半成品，还要消耗一部分工具性材料，如脚手架、模板、挡土板等。这些材料在施工过程中不是属通常的一次性消耗材料，而是可多次周转使用，称为周转性材料，在使用中要经过修理、补充，直至达到规定的使用次数，才能报废，报废的材料还有残值，要按规定折价回收。

周转性材料消耗的定额量是指每使用一次摊销的数量，其计算必须考虑一次使用量、周转使用量、回收价值和摊销量之间的关系。

下面以模板为例介绍周转性材料摊销量的计算方法。

1）现浇构件周转性材料（木模板）用量计算。

① 一次使用量的计算。一次使用量是指周转性材料一次使用的基本量，即一次投入量。周转性材料的一次使用量根据施工图计算，其用量与各分部分项工程部位、施工工艺和施工方法有关。

例如，现浇钢筋混凝土构件模板的一次使用量的计算，需先求构件混凝土与模板的接触面积，再乘以该构件每平方米模板接触面积所需要的材料数量。

② 周转使用量的计算。周转使用量是指周转性材料在周转使用和补损的条件下，每周转一次的平均需用量，根据一定的周转次数和每次周转使用的损耗量等因素来确定。

周转次数是指周转性材料从第一次使用起可重复使用的次数。周转次数的确定要经现场调查、观测及统计分析，取平均合理的水平。正确规定周转次数，对准确计算用料，加强周转性材料管理和经济核算起重要作用。

损耗量是周转性材料使用一次后由于损坏而需补损的数量，故在周转性材料中又称"补损量"，按一次使用量的百分数计算，该百分数即为损耗率。

投入使用总量是指周转性材料在其由周转次数决定的全部周转过程中使用的总量，按下列公式计算：

投入使用总量=一次使用量+（周转次数－1）×一次使用量×损耗率

因此，周转使用量根据下列公式计算：

$$周转使用量=\frac{投入使用总量}{周转次数}$$

$$=\frac{一次使用量+一次使用量×（周转次数－1）×损耗率}{周转次数}$$

$$=一次使用量×\left[\frac{1+（周转次数－1）×损耗率}{周转次数}\right]$$

③ 周转回收量计算。周转回收量是指周转性材料在周转使用后除去损耗部分的剩余数量，即尚可以回收的数量。其计算式为

$$周转回收量=\frac{周转使用最终回收量}{周转次数}$$

$$=\frac{一次使用量－（一次使用量×损耗率）}{周转次数}$$

$$=一次使用量×\left(\frac{1－损耗率}{周转次数}\right)$$

④ 摊销量的计算。摊销量是指完成一定计量单位产品，一次消耗周转性材料的数量。其计算公式为

摊销量=周转使用量－周转回收量×回收折价率

对于各种周转材料，可根据不同施工部位、周转次数、损耗率、回收折价率，计算周转使用量和摊销量。表 2-6 为有关木模板计算数据。

表 2-6　木模板计算数据

项目名称	周转次数	补损率/%	摊销量系数	备注
圆柱	3	15	0.291 7	
异形梁	5	15	0.235 0	
整体楼梯、阳台、栏板等	4	15	0.256 3	施工制作损耗率均取为5%
小型构件	3	15	0.291 7	
支撑材、垫板、拉杆	15	10	0.13	
木楔	2	—	—	

2）周转材料消耗量计算举例。

【例 2-8】某工程带形基础毛石混凝土 100 m³，其模板接触面积 354 m²，每 1 m² 用木材 0.063 m³，周转次数 8 次，损耗率 10%，回收折价率 50%。试计算木模板的摊销量。

解：一次使用量=354×0.063=22.30（m³）

$$周转使用量=22.30×\frac{1+(8-1)×10\%}{8}=4.74（m^3）$$

$$周转回收量=22.30×（1-10\%）/8=2.51（m^3）$$

$$摊销量=4.74-2.51×50\%=3.49（m^3）$$

第三节　预算定额

一、预算定额的概述

1. 预算定额的概念

预算定额，又称消耗量定额，是指在正常的施工生产条件下，为完成一定计量单位的合格的分项工程或结构构件所消耗的人工、材料、机械的数量标准。预算定额是国家及地区编制和颁发的一种法令性的指标，是一种计价性定额。

2. 预算定额的作用

预算定额的作用主要有以下几个方面：

① 预算定额是编制施工图预算、确定建筑安装工程造价的基础。

② 预算定额是对设计方案进行技术经济比较和技术经济分析的依据。

③ 预算定额是施工单位进行经济活动分析的依据。

④ 预算定额是合理编制招标标底、投标报价的基础。

⑤ 预算定额是建设单位和银行拨付建设资金、工程进度款和编制竣工结算的依据。

⑥ 预算定额是编制概算定额的基础。

3. 预算定额与施工定额的区别

预算定额是以施工定额为基础编制的，都规定了完成单位合格产品，所需的人工、材料、机械台班的数量标准。但这两种定额是不同的。

预算定额与施工定额的区别主要表现在：

（1）产品标定对象不同

预算定额是以分项工程或结构构件为标定对象，施工定额是以同一性质施工过程为标定对象。前者在后者基础上，在标定对象上进行了科学和综合扩大。

（2）编制单位和使用范围不同

预算定额是由国家、行业或地区建设行政主管部门编制，是国家、行业或地区建设工程造价计价的法规性标准。施工定额是由施工企业编制，是企业内部使用的定额。

（3）编制考虑的因素不同

预算定额编制时考虑的是一般情况，考虑了施工过程中，对前面施工工序的检验，对后继施工工序的准备，以及相互搭接中的技术间歇、零星用工等人工、材料和机械台班消耗数量的增加等因素。施工定额考虑的是企业施工中的特殊情况。所以预算定额比施工定额考虑的因素更多、更复杂。

（4）编制水平不同

预算定额采用了社会平均水平，施工定额采用企业平均先进水平。一般情况下，在人工消耗数量方面，预算定额比施工定额多 10%～15%。

二、预算定额的编制原则和依据

1. 预算定额的编制原则

为了保证预算定额的质量，充分发挥预算定额的作用及其使用的简便，在编制预算定额时应遵循以下原则：

（1）按社会平均水平确定预算定额的原则

社会平均水平是指在正常施工条件下，在平均劳动熟练程度和劳动强度下，在平均的技术装备水平条件下，完成单位合格产品所需的劳动消耗量的定额水平。定额水平与各项消耗成反比，与劳动生产率成正比。定额水平高，完成单位产品的人工、材料和机械台班消耗少，劳动生产率高。

预算定额的水平以大多数施工单位的施工定额水平为基础。但是，预算定额绝不是简单地套用施工定额的水平。首先，在比施工定额的工作内容综合扩大了的预算定额中，包含了更多的可变因素，需要保留合理的幅度差，例如，人工幅度差、机械幅度差、材料的超运距、辅助用工及材料堆放、运输、操作损耗和由细到粗综合后的量差等。其次，预算定额是平均水平，而施工定额是平均先进水平，两者相比，预算定额水平要相对低一些，但应限制在一定范围内。

（2）简明适用的原则

简明适用是指在编制预算定额时，对于那些主要的、常用的、价值量大的项目，分项工程划分宜细；次要的、不常用的、价值量相对较小的项目则可以放粗一些。

简明适用，还要求合理确定预算定额的计量单位，简化工程量的计算，尽可能避免同一种材料用不同的计量单位和一量多用。尽量减少定额附注和换算系数。

（3）技术先进，经济合理的原则

技术先进是指定额项目的确定、施工方法和材料的选择等，能够反映建设技术的水平，及时采用已成熟并得到普遍推广的新技术、新材料、新工艺，以促进生产的提高和建设技术的发展。

（4）坚持统一性和差别性相结合原则

所谓统一性，就是从培育全国统一市场规范计价的行为出发，计价定额的制定规划和组织实施，由国务院建设行政主管部门归口，并负责全国统一定额制定或修订，颁发有关工程造价管理的规章制度办法等。这样，就有利于通过定额和工程造价管理实现建筑安装工程价格的宏观调控。通过编制全国统一定额，使建筑安装工程有一个统一的计价依据，也使考核设计和施工的经济效果具有一个统一的尺度。所谓差别性，就是在统一性的基础上，各部门和省、自治区、直辖市主管部门可以在自己的管辖范围内，根据本部门和本地区具体情况，制定部门和地区性定额，补充性制度和管理办法，以适应我国地区间、部门间发展不平衡的实际情况。

2. 预算定额的编制依据

① 现行劳动定额和施工定额。

② 现行设计规范、施工及验收规范、质量评定标准和安全操作规程。

③ 具有代表性的典型工程施工图及有关标准图。

④ 成熟推广的新技术、新结构、新材料和新工艺。

⑤ 施工现场的测定资料、实验资料和统计资料。

⑥ 现行的预算定额、材料预算价格及有关文件规定等。

三、预算定额消耗量指标的确定

表 2-7 为 1995 年《全国统一建筑工程基础定额》砖石结构工程分部部分砖墙项目的示例。《全国统一建筑工程基础定额》是按预算定额编制原则进行编制的，内容包括人工、材料、机械三个要素的消耗量，反映的是社会平均水平的原则。下面以《全国统一建筑工程基础定额》为例介绍预算定额消耗量指标的确定方法。

表 2-7 砖墙定额示例

单位：10 m^3

定额编号			4—2	4—4	4—5	4—8	4—10	4—11
项目		单位	单面清水砖墙			混水砖墙		
			半砖	一砖	一砖半	半砖	一砖	一砖半
人工	综合工日	工日	21.97	18.87	17.83	20.14	16.08	15.63
材料	水泥砂浆 M5	m^3	—	—	—	1.95	—	—
	水泥砂浆 M10	m^3	1.95	—	—	—	—	—
	水泥混合砂浆 M2.5	m^3	—	2.25	2.40	—	2.25	2.40
	普通黏土砖	千块	5.641	5.314	5.350	5.641	5.314	5.350
	水	m^3	1.13	1.06	1.07	1.13	1.06	1.07
机械	灰浆搅拌机 200L	台班	0.33	0.38	0.40	0.33	0.38	0.40

注：工作内容：调、运、铺砂浆，运砖；砌砖包括窗台虎头砖、腰线、门窗套；安放木砖、铁件等。

1. 人工工日消耗量确定

人工的工日数可以有两种确定方法：一种是以劳动定额为基础确定；另一种是以现场测定资料为基础计算。

（1）以劳动定额为基础计算人工工日数的方法

预算定额中人工工日消耗量是由分项工程所综合的劳动定额各个工序的基本用工、其他用工以及劳动定额与预算定额工日消耗量的幅度差三部分组成的。

1）基本用工。指完成单位合格产品所必需消耗的技术工种用工。按综合取定的工程量和相应劳动定额进行计算。计算公式如下：

$$基本用工=\sum（综合取定的工程量×劳动定额）$$

2）其他用工。通常包括：

① 超运距用工。超运距是指劳动定额中已包括的材料、半成品场内水平搬运距离与预算定额所考虑的现场材料、半成品堆放地点到操作地点的水平运输距离之差。

$$超运距用工=\sum（超运距材料数量×超运距劳动定额）$$
$$超运距=预算定额取定运距-劳动定额已包括的运距$$

② 辅助用工。指技术工种劳动定额内不包括而在预算定额内又必须考虑的用工。如机械土方工程配合用工、材料加工（筛砂、洗石、淋石灰膏）等。计算公式如下：

$$辅助用工=\sum（材料加工数量×相应的加工劳动定额）$$

3）人工幅度差。即预算定额与劳动定额的差额，主要是指劳动定额中未包括而在正常施工情况下不可避免但又很难准确计量的用工和各种工时损失。人工幅度差计算公式如下：

$$人工幅度差=（基本用工+超运距用工+辅助用工）×人工幅度差系数$$

人工幅度差系数一般为 10%～15%。人工消耗量确定以后，将人工消耗量指标乘以相应的人工单价就可以得出相应的人工费。

（2）以现场测定资料为基础计算人工工日数的方法

当遇到劳动定额缺项的，需要进行测定项目，可采用现场工作日写实等测时方法来计算定额的人工消耗量。

2. 机械台班消耗量的确定

预算定额中的机械台班消耗量是指在正常施工条件下，生产单位合格产品（分部分项工程或结构件）必需消耗的某种型号施工机械的台班数量。它由分项工程综合的有关工序劳动定额确定的机械台班消耗量以及劳动定额与预算定额的机械台班幅度差组成。

确定预算定额中的机械台班消耗量指标，一般是按《全国统一建筑安装工程劳动定额》中各种机械施工项目所规定的台班产量加机械幅度差进行计算。

（1）综合工序机械台班

综合劳动定额机械耗用台班=∑（各工序实物工程量×相应的施工机械台班定额）

（2）机械台班幅度差

机械台班幅度差是指全国统一劳动定额规定范围内没有包括而实际中必须增加的机械台班消耗量。一般包括正常施工组织条件下不可避免的机械空转时间、施工技术原因的中断及合理停置时间、因供电供水故障及水电线路移动检修而发生的运转中断时间、因气候变化或机械本身故障影响工时利用的时间、施工机械转移及配套机械相互影响损失的时间、配合机械施工的工人因与其他工种交叉造成的间歇时间、因检查工程质量造成的机械停歇的时间、工程收尾和工作量不饱满造成的机械间歇时间等。

机械幅度差系数为：土方机械 25%，打桩机械 33%，吊装机械 30%。砂浆、混凝土搅拌机由于按小组配用，以小组产量计算机械台班产量，不另增加机械幅度差。其他分部工程中如钢筋加工、木材、水磨石等各项专用机械的幅度差为 10%。

综上所述，预算定额的机械台班消耗量按下式计算：

预算定额机械耗用台班=综合劳动定额机械耗用台班×（1+机械幅度差系数）

占比重不大的零星小型机械按劳动定额小组成员计算出机械台班使用量，以"机械费"或"其他机械费"表示，不再列台班数量。

【例 2-9】用水磨石机械施工配备 2 人，查劳动定额可知产量定额为 4.76 m²/工日，考虑机械幅度差为 10%，计算每 100 m² 水磨石机械台班使用量。

解：台班使用量 $= \dfrac{100}{4.76 \times 2}(1+10\%) = 11.55$（台班/100 m²）

3. 材料消耗量的确定

（1）材料消耗量的分类

完成单位合格产品所必需的材料，按用途可以分以下四种：

1）主要材料。指直接构成工程实体的材料，其中包括原材料、成品、半成品。

2）辅助材料。指构成工程实体的辅助性材料。如垫木、钉子、铅丝、垫块等。

3）周转性材料。指钢管、模板、夹具等多次周转使用的材料。这些材料是按多次使用、分次摊销的方式计入预算定额的。

4）其他材料。指用量少、难以计量，且不构成工程实体，但需配合工程的零星用料。如棉纱、编号用油漆等。

（2）材料消耗量的计算方法

1）按规范要求计算：凡有规定标准的材料，按规范要求计算定额计量单位消耗量，如砖、防水卷材、块料面层等。

2）按设计图纸计算：凡设计图纸有标注尺寸及下料要求的，按设计图纸尺寸计算材料净用量，如门窗制作用材料等。

3）用换算法计算：各种胶结、涂料等材料的配合比用料，可以根据要求换算，得出材料用量。

4）按测定方法计算：包括试验室试验法和现场观测法。各种强度等级的混凝土及砌筑砂浆配合比要求耗用原材料的数量，须按规范要求试配，经过试压合格后，并经必要的调整得出水泥、砂子、石子、水的用量。

各地区、各部门都在合理测定和积累资料的基础上编制了材料的损耗率表。材料的消耗量、净用量、损耗率之间的关系如下：

$$材料消耗量=净用量+损耗量=材料净用量×（1+损耗率）$$

工程中各种材料消耗量确定以后，将其分别乘以相应材料价格汇总，就可以得出预算定额中相应的材料费。材料费在工程中所占的比重较大，材料数量和其价格的取定，必须慎重并合理确定。

四、基础单价

1. 人工工资单价

合理确定人工工资标准，是正确计算人工费和工程造价的前提和基础。按现行有关标准规定，人工工资单价分计时工资单价和计件工资单价。计时工资单价一般按日工资单价考虑，是指按日工资标准和工作时间（8 h/工日）支付给生产工人的劳动报酬。计件工资单价是指按计件单价和完成工作量支付给生产工人的劳动报酬。

根据住房和城乡建设部、财政部《关于印发〈建筑安装工程费用项目组成〉的通知》（建标〔2013〕44 号）规定，结合广西建筑市场以及自治区有关规定，广西目前人工工资单价的组成内容包括：基本工资、工资性补贴、生产工人辅助工资、职工福利费、劳动保护费及按规定应由个人缴纳的社会保险费（包括养老保险费、医疗保险费、失业保险费）和住房公积金。

1）基本工资。指发放给生产工人的基本工资。根据有关规定，生产工人基本工资执行岗位工资和技能工资制度。

2）工资性补贴。是指为了补偿工人额外或特殊的劳动消耗及为了保证工人的工资水平不受特殊条件影响，而以补贴形式支付给工人的劳动报酬，它包括按规定标准发放的物价补贴，煤、燃气补贴，交通费补贴，住房补贴，流动施工津贴及地区津贴等。

3）辅助工资。是指生产工人年有效施工天数以外非作业天数的工资，包括职工学习、培训期间的工资，调动工作、探亲、休假期间的工资，因气候影响的停工工资，女工哺乳期间的工资，病假在 6 个月以内的工资及产、婚、丧假期的工资。

4）职工福利费。是指按规定标准计提的职工福利费。

5）生产工人劳动保护费。是指按规定标准发放的劳动保护用品的购置费及修理费，徒工服装补贴，防暑降温费，在有碍身体健康环境中施工的保健费用等。

6）社会保险费和住房公积金。是指按规定应由个人缴纳的养老保险费、医疗保险费、失业保险费和住房公积金。

人工工资单价组成内容，在各部门、各地区并不完全相同，但其中每一项内容都是根据有关法规、政策文件的精神，结合本部门、本地区的特点，通过反复测算最终确定的。

2. 材料单价

（1）材料单价的组成及计算

预算定额中的材料单价，是指材料从来源地或交货地运至工地仓库或施工现场存放经保管后出库时的价格。在建筑工程中，材料费占工程总造价的 60%～70%。材料费是根据材料消耗量和材料单价计算出来的。因此，正确编制材料单价，有利于合理确定和有效控制工程造价。

根据住建部、财政部《关于印发〈建筑安装工程费用项目组成〉的通知》（建标〔2013〕44 号）规定，材料单价包括：材料原价、运杂费、运输损耗费、采购及保管费。

1）材料原价。是指材料出厂价或商家供应价格。

在确定原价时，凡同一种材料因来源地、交货地、供货单位、生产厂家不同，而有几种价格（原价）时，根据不同来源地供货数量比例，采取加权平均的方法确定其综合原价。计算公式如下：

$$加权平均原价 = \frac{K_1 C_1 + K_2 C_2 + \cdots + K_n C_n}{K_1 + K_2 + \cdots + K_n}$$

式中：K_1，K_2，$\cdots$，K_n——各不同供应点的供应量或各不同使用地点的需求量；

C_1，C_2，$\cdots$，C_n——各不同供应地点的原价。

2）运杂费。是指材料由来源地或交货地运至施工工地仓库或堆放处的全部过程中所支出的一切费用。材料的运杂费包括车船费、出入库费、装卸费、搬运费、堆叠费等。运杂费的取费标准，应根据材料的来源地、运输里程、运输方法、运输工具等，根据国家有关部门或地方政府交通运输管理部门的有关规定结合当地交通运输市场情况确定。

同一种材料有若干个来源地，材料运杂费应加权平均计算。计算公式如下：

$$加权平均运杂费 = \frac{K_1 T_1 + K_2 T_2 + \cdots + K_n T_n}{K_1 + K_2 + \cdots + K_n}$$

式中：K_1，K_2，…，K_n——各不同供应点的供应量或各不同使用地点的需求量；

$\qquad$ T_1，T_2，…，T_n——各不同供应地点的运杂费。

3）运输损耗费。是指材料在运输装卸过程中不可避免的损耗。其计算方法如下：

$$材料运输损耗费＝（材料原价＋材料运杂费）×运输损耗率（\%）$$

材料的运输损耗率，不同的材料各不相同，如某地区材料的运输损耗为：木材 0.5%，袋装水泥 1.0%，砖 1.5%，砂、石 1.5%。

4）采购及保管费。是指为组织采购、供应、保管材料过程中所需的各项费用。采购及保管费包括采购费、仓储费、工地保管费、仓储损耗等，具体的费用项目有人工费、差旅及交通费、办公费、固定资产使用费、工具用具使用费、仓储损耗及其他。采购及保管费一般按材料到库价格以费率取定，其计算公式如下：

$$采购及保管费＝（材料供应价＋材料运杂费＋运输损耗费）×采购及保管费率（\%）$$

以 2013 年《广西壮族自治区建筑装饰装修工程人工材料配合比机械台班基期价》定额为例：

采购及保管费费率：材料的采购及保管费率一般为 2.5%；凡向生产厂家购买的金属构件、混凝土预制构件、木构件、铝合金制品、钢门窗、塑料门窗、塑钢门窗、每吨超过 1 万元的材料，采保费率为 1%。

承发包双方采购及保管费率的分摊：建设单位将材料供到施工现场的，施工单位只收 40%；对于建设单位将材料运到施工现场所在地甲方仓库或车站、码头，施工单位只收 60%；由建设单位付款订货，施工单位负责提运至施工现场，施工单位收 80%；建设单位指定购货地点，施工单位负责付款的，建设单位不得收取采购保管费。

（2）材料单价确定举例

【例 2-10】某工程需用白水泥，选定甲、乙两个供货地点，甲地出厂价 670 元/t，可供需要量的 70%；乙地出厂价 690 元/t，可供需要量的 30%。汽车运输，材料的装卸费为 16 元/t，运输单价为 0.4 元/（t·km），甲地离工地 80 km，乙地离工地 60 km。材料的运输损耗率为 1%。水泥纸袋回收率为 60%，纸袋回收值按 0.40 元/个计算。材料采购保管费率为 2.5%。求白水泥单价。

解：（1）材料原价，应按加权平均原价计：

$$670×70\%＋690×30\%＝676（元/t）$$

（2）运杂费。白水泥的运杂费为

$$16＋80×0.40×70\%＋60×0.40×30\%＝45.6（元/t）$$

（3）运输损耗费。白水泥的损耗费为

$$（676＋45.6）×1\%＝7.22（元/t）$$

（4）材料采购及保管费。白水泥的采购及保管费为

$$（676+45.6+7.22）×2.5\%=18.22（元/t）$$

（5）回收包装费。水泥纸袋包装费已包括在材料原价内，不另计算，但包装品回收价值应在材料预算价格中扣除。白水泥的包装费回收值为

$$20×60\%×0.4=4.8（元/t）$$

综上所述，白水泥的单价为

$$676+45.6+7.22+18.22－4.8=742.24（元/t）$$

3. 机械台班单价

施工机械台班单价是施工机械每个台班所必需消耗的人工、材料、燃料动力和应分摊的费用，每台班按 8 h 工作制计算。施工机械使用费是根据施工中耗用的机械台班数量和机械台班单价确定的。因此，正确制定施工机械台班单价是合理控制工程造价的一个重要方面。

施工机械台班单价应由下列 7 项费用组成。

（1）折旧费

折旧费是指施工机械在规定的使用年限内，陆续收回其原值及购置资金的时间价值。其计算公式如下：

$$台班折旧费=\frac{机械预算价格×（1－残值率）×贷款利息系数}{耐用总台班}$$

1）机械预算价格。国产机械预算价格是指机械出厂价格加上从生产厂家（或销售单位）交货地点运至使用单位机械管理部门验收入库的全部费用，包括出厂价格、供销部门手续费和一次运杂费。

进口机械预算价格是由进口机械到岸完税价格加上关税、外贸部门手续费、银行财务费以及由口岸运至使用单位机械管理部门验收入库的全部费用。

2）残值率。指施工机械报废时其回收的残余价值占机械原值（即机械预算价格）的比率，依据《施工、房地产开发企业财务制度》规定，残值率按照固定资产原值的 2%～5%确定。各类施工机械的残值率综合确定一般为：运输机械 2%，特、大型机械 3%，中、小型机械 4%，掘进机械 5%。

3）贷款利息系数。为补偿施工企业贷款购置机械设备所支付的利息，从而合理反映资金的时间价值，以大于 1 的贷款利息系数，将贷款利息（单利）分摊在台班折旧费中。

4）耐用总台班。指机械在正常施工作业条件下，从投入使用起到报废止，按规定应达到的使用总台班数。机械耐用总台班的计算公式为

$$耐用总台班=大修间隔台班×大修周期$$

大修间隔台班是指机械自投入使用起至第一次大修止或自上一次大修后投入使用起至下一次大修止，应达到的使用台班数。

大修周期即使用周期，是指机械在正常的施工作业条件下，将其寿命期（即耐用总台班）按规定的大修理次数划分为若干个周期。计算公式为

$$大修周期=寿命期大修理次数+1$$

（2）大修理费

大修理费是指施工机械按规定的大修理间隔台班进行必要的大修理，以恢复其正常功能所需的费用。其计算公式为

$$台班大修理费=\frac{一次大修理费×寿命期内大修理次数}{耐用总台班}$$

1）一次大修理费。指机械设备按规定的大修理范围和修理工作内容，进行一次全面修理所需消耗的工时、配件、辅助材料、油燃料以及送修运输等全部费用。

2）寿命期大修理次数。指机械设备为恢复原机功能按规定在使用期限内需要进行的大修理次数。

（3）经常修理费

经常修理费是指施工机械除大修理以外的各级保养和临时故障排除所需的费用。包括为保障机械正常运转所需替换设备与随机配备工具附具的摊销和维护费用，机械运转中日常保养所需润滑与擦拭的材料费用及机械停滞期间的维护和保养费用等。其计算公式为

$$台班经常修理费=\frac{\sum（各级保养一次费用×寿命期各级保养总次数）+临时故障排除费用}{耐用总台班}$$
$$+替换设备台班摊销费+工具附具台班摊销费+例保辅料费$$

（4）安拆费及场外运费

安拆费是指一般施工机械（不包括大型机械）在现场进行安装与拆卸所需的人工、材料、机械和试运转费用以及机械辅助设施的折旧、搭设、拆除等费用；场外运费是指一般施工机械（不包括大型机械）整体或分件自停放场地运至施工场地或由一施工场地运至另一施工场地的运输、装卸、辅助材料及架线等费用。其计算公式为

$$台班安拆费=\frac{机械一次安拆费×年平均安拆次数}{年工作台班}+台班辅助设施摊销费$$
$$台班辅助设施摊销费=［辅助设施一次费用×（1-残值率）］÷辅助设施耐用台班$$
$$台班场外运费=［（一次运输及装卸费+辅助材料一次摊销费+一次架线费）$$
$$×年平均场外运输次数］÷年工作台班$$

（5）人工费

人工费是指机上司机（司炉）和其他操作的工作日人工费及上述人员在施工机械规定

的年工作台班以外的人工费。

工作台班以外机上人员人工费用，以增加机上人员的工日数形式列入定额内，按下式计算：

$$台班人工费=定额机上人工工日×日工资单价$$

$$定额机上人工工日=机上定员工日×（1+增加工日系数）$$

$$增加工日系数=（年制度工日-年工作台班-管理费内非生产天数）÷年工作台班$$

增加工日系数取定为 0.25。

（6）燃料动力费

燃料动力费是指施工机械在运转作业中所消耗的固体燃料（煤、木柴）、液体燃料（汽油、柴油）及水、电等。计算公式为

$$台班燃料动力费=台班燃料动力消耗量×各省、直辖市、自治区规定的相应单价$$

（7）税费

税费指施工机械按照国家规定应缴纳的车船使用税、保险费及年检费等。其计算公式为

$$台班养路费及车船使用税=载重量（或核定吨位）×\{养路费[元/（t·月）]×12$$
$$+车船使用税[元/（t·a）]\}÷年工作台班$$

4. 建筑装饰装修工程人工材料配合比机械台班单价示例

以 2103 年《广西壮族自治区建筑装饰装修工程人工材料配合比机械台班基期价》（以下简称本基期价）为例，介绍基期价定额的内容及应用。

（1）有关规定

1）本基期价与 2013 年《广西壮族自治区建筑装饰装修工程消耗量定额》配套执行。

2）本基期价适用于工程量清单计价法和工料单价计价法。是编制设计概算、施工图预算、招标控制价（或标底价）、投标报价、合同价款调整、竣工结算，调解处理工程造价纠纷、鉴定工程造价的依据，是衡量投标报价合理性的基础。

3）基期价与各市建设工程信息价的关系：

① 材料（包括商品混凝土）信息价由各市建设工程造价管理站依据当地市场信息编制发布。

② 人工费由各市建设工程造价管理站依据当地市场信息收集报广西建设工程造价管理总站，经测算后发布调整系数。

③ 机械台班单价按本基期价执行，其中一类费用不得调整，人工按广西壮族自治区建设主管部门发布的调整系数调整，动力燃料费按当地建设工程造价信息价调整。

④ 配合比按本基期价执行，配合比的消耗量不得调整，配合比中的材料单价按当地建设工程造价信息价调整。

4）编制招标控制价（或标底价）时应按当地建设工程造价管理站发布的建设工程造价信息价计价；各地建设工程造价信息未发布的，可自行询价确定；以上两者均缺项的，按本基期价计算。

5）本基期价中注有"××以内"或者"××以下"者，均包括"××"本身；"××以外"或者"××以上"者，均不包括"××"本身。

（2）劳动力基期价

以广西壮族自治区为例，劳动力基期价包括普工、木工、钢筋工、混凝土工、架子工、砌筑工、抹灰工等 18 个工种。表 2-8 为广西壮族自治区 2013 年《广西壮族自治区建筑装饰装修工程人工材料配合比机械台班基期价》中部分劳动力基期价示例。表中建筑市场劳动力基期价是建筑市场零工价格，只作计日工价格参考，供计价时办理现场签证使用。

表 2-8　建筑市场劳动力基期价示例

序号	编码	材料名称规格	计量单位	单价/元
1	000301001	建筑、装饰工程普工	工日	105
2	000301002	木工（模板工）	工日	140
3	000301003	钢筋工	工日	125
4	000301004	混凝土工	工日	120
5	000301005	架子工	工日	125

（3）材料基期价

以广西壮族自治区为例，材料基期价包括金属、塑料、五金制品、水泥、砖瓦、木竹等 31 类 2 708 种材料。表 2-9 为广西壮族自治区 2013 年《建筑装饰装修工程人工材料配合比机械台班基期价》中部分材料基期价示例。材料基期价是各地区市测算材料价差调整系数的依据，也是预算定额基价编制的依据之一。

表 2-9　材料基期价示例

序号	编码	材料名称规格	计量单位	单价/元
		钢筋		
1	010102001	螺纹钢筋 HRB335 ϕ 10 以内（综合）	t	4 600.00
	010102002	螺纹钢筋 HRB335 ϕ 10 以上（综合）	t	4 499.00
	010103004	螺纹钢筋 HRB400 ϕ 10 以内（综合）	t	4 574.00
	010103005	螺纹钢筋 HRB400 ϕ 10 以上（综合）	t	4 398.00
		水泥		
2	040101001	水泥（综合）	t	345.00
	040105001	普通硅酸盐水泥 32.5 MPa	t	306.00
	040106001	普通硅酸盐水泥 42.5 MPa	t	352.00

（续表）

序号	编码	材料名称规格	计量单位	单价/元
		砂		
3	040201001	砂（综合）	m³	89.00
	040202001	细砂	m³	85.00
	040204001	中砂	m³	88.00
		砌砖		
4	040701001	页岩标准砖 240×115×53	m³	575.00
	040702001	中砖 240×115×90	m³	690.00
		锯材		
5	050201002	一等杉木板材	m³	1 227.00
	050201003	一等杉木枋材	m³	1 324.00
	050209001	周转板枋材	m³	969.00
		装饰石材及地板		
6	070103001	大理石板（综合）	m²	120.00
	070107012	花岗岩板（地面用）	m²	140.00
	070501001	文化石	m²	50.00

（4）配合比基期价

以广西壮族自治区为例，配合比期价包括砌筑砂浆、抹灰砂浆、特种砂浆、现场普通混凝土、现场防水混凝土等 11 类 761 项配合比。表 2-10 为广西壮族自治区 2013 年《建筑装饰装修工程人工材料配合比机械台班基期价》中部分配合比基期价示例。混凝土、砂浆等半成品的价格是确定分项工程基价的依据之一，它是根据预算定额的配合比用量和地区材料预算价格计算的。混凝土、砂浆的价格（基价）的计算公式如下：

$$基价 = \sum 定额配合比材料用量 \times 相应材料基期价$$

表 2-10　砌筑砂浆、抹灰砂浆、现场普通混凝土配合比表示例

（1）砌筑砂浆配合比　　　　　　　　　　　　　　　　　单位：m³

定额编号				880100004	880100005	880100006	880100007
项目				水泥石灰砂浆（中砂）			
				M5	M7.5	M10	M15
参考基价/元				212.39	212.26	212.15	212.11
编码	名称	单位	单价/元	数量			
040105001	水泥 32.5 MPa	t	306.00	0.201	0.245	0.285	0.338
040504005	石灰膏	m³	310.00	0.149	0.105	0.065	0.022
040204001	中砂	m³	88.00	1.180	1.180	1.180	1.180
310101065	水	m³	3.40	0.250	0.265	0.280	0.300

（2）抹灰砂浆配合比　　　　　　　　　　　　　　　　　　　　　　单位：m³

定额编号				880200001	880200002	880200003	880200004
项目				水泥砂浆			
				1∶1	1∶1.5	1∶2	1∶2.5
参考基价/元				303.11	284.14	271.41	260.43
编码	名称	单位	单价/元	数量			
040105001	水泥 32.5 MPa	t	306.00	0.765	0.644	0.557	0.490
040201001	砂（综合）	m³	89.00	0.764	0.967	1.123	1.230
310101065	水	m³	3.40	0.300	0.300	0.300	0.300

（3）现场普通混凝土配合比　　　　　　　　　　　　　　　　　　　单位：m³

定额编号				88050020	88050021	88050022	88050023
项目				砾石 GD40			
				中砂水泥 32.5			
				C15	C20	C25	C30
参考基价/元				185.14	193.50	209.72	223.24
编码	名称	单位	单价/元	数量			
040105001	水泥 32.5 MPa	t	306.00	0.265	0.303	0.371	0.429
040308005	砾石 10～40 mm	m³	62.00	0.815	0.823	0.820	0.817
040201001	中砂	m³	88.00	0.602	0.559	0.509	0.463
310101065	水	m³	3.40	0.160	0.165	0.165	0.170

使用配合比表，需要注意以下几点：

1）各种配合比包括组成配合比的材料用量，不包括制作所需人工、机械台班及辅助材料。

2）配合比表中的水泥按普通硅酸盐水泥考虑，如实际使用水泥品种不同时，不予调整。

3）本配合比表中对砂的使用，砌筑砂浆配合比中分别编排细砂和中砂两种配合比，如使用粗砂时套用中砂配合比；抹灰砂浆配合比、耐酸砂浆配合比、防腐砂浆及特种砂浆配合比、特种混凝土不分粗砂、中砂、细砂；混凝土分别编制粗砂、中砂、细砂配合比。

4）各种混凝土配合比的材料用量，均以拌合物的立方体积计算。抹灰砂浆配合比的材料用量以实际体积计算，使用时不得再增加虚实体积系数。

5）各种配合比，均包括原材料操作的损耗在内。

6）各项配合比，供编制工程计价使用，其材料用量、品种与实际不同时（包括外加剂），不得调整。在实际施工中，各项配合比应按试验部门提供的配合比进行制作。

（5）施工机械台班基期价

以广西壮族自治区为例，施工机械基期价包括：挖掘机械、桩工机械、混凝土及灰浆机械、铲土机水平运输机械、起重及垂直运输机械、压实及路面机械、清洗筛选及装修机械、钢筋及预应力机械、加工机械、木工机械、切割机打磨机械、焊接机械、冷切及热处理机械、环卫机械、破碎及凿岩机械、钻探机地下工程机械、动力及泵送机械、其他机械共 18 个分部 497 个子目。表 2-11 为 2013 年《广西壮族自治区建筑装饰装修工程人工材料配合比机械台班基期价》中部分施工机械基期价示例。

表 2-11 施工机械基期价示例

（1）挖掘机械 单位：台班

定额编号				990101002	990101003	990101004	990101005
项目				履带式单斗挖掘机（液压）			
				斗容量/m³			
				0.4	0.6	0.8	1.0
参考基价/元				993.87	1 239.02	1 425.14	1 592.25
	编码	名称	单位	单价/元	数量		
人	000301001	机械台班人工费	元	—	142.500	142.500	142.500	142.500
一类费用	992301001	折旧费	元	—	331.55	431.010	458.640	486.270
	992302001	大修理费	元	—	83.890	109.050	116.040	123.030
	992303001	经常修理费	元	—	187.910	244.270	244.840	259.590
	992304001	安拆费及场外运输费	元	—				
	992305001	其他费用	元	—				
动力燃料	120101003	汽油 93#	kg	10.69				
	120104001	柴油 0#	kg	9.22	26.900	33.680	50.230	63.00
	310101065	水	m³	3.40	—	—	—	—
	310101067	电	kW·h	0.91				
		停滞费	元	—	449.05	548.510	576.140	603.770

（2）起重及垂直运输机械 单位：台班

定额编号				990511001	990511002	990511003	990511004
项目				自升式塔式起重机			
				起重力矩/（kN·m）			
				150	250	400	600
参考基价/元				308.83	346.36	414.40	467.77
	编码	名称	单位	单价/元	数量		
人	000301001	机械台班人工费	元	—	142.500	142.500	142.500	142.500
一类费用	992301001	折旧费	元	—	43.420	65.130	108.540	130.250
	992302001	大修理费	元	—	5.010	8.350	13.360	20.050
	992303001	经常修理费	元	—	10.520	17.540	28.060	42.110
	992304001	安拆费及场外运输费	元	—				
	992305001	其他费用	元	—				

（续表）

动力燃料	120101003	汽油93[#]	kg	10.69	—	—	—	—
	120104001	柴油0[#]	kg	9.22	—	—	—	—
	310101065	水	m³	3.40	—	—	—	—
	310101067	电	kW·h	0.91	118.00	124.00	134.00	146.00
		停滞费	元	—	160.920	182.630	226.040	247.750

在执行施工机械台班基期价时，应注意以下几点：

1）本基期价不包括自升式塔式起重机固定式基础、施工电梯基础、混凝土搅拌站基础。

2）本基期价中人工费计算中，年制度工作日是按现行劳动制度 251 日计算的。

3）本基期价中油料损耗包括加油及过滤损耗，电力损耗包括由变电所或配电车间至机械之间线路的电力损失。其损耗、损失均包括在本台班含量内。

4）机械停滞费的计算方法：

机械停滞台班费=台班折旧费+台班人工费+台班其他费用

机械停滞费=机械停滞台班费×机械停滞台班数量

施工机械停滞费是指施工机械由于非施工企业自身原因停滞期间所发生的费用。机械停滞台班数量由建设单位和施工单位根据实际发生的机械停滞台班数量办理签证。在一个工程中，机械停滞费总额不得超过该机械的原值。台班停滞签证每台班机械每天不得超过一个台班。停工一年的，停滞台班签证每台班机械不得超过年工作台班数。

五、预算定额手册的内容

下面以 2013 年《广西壮族自治区建筑装饰装修工程消耗量定额》为例，介绍其内容组成。

2013 年《广西壮族自治区建筑装饰装修工程消耗量定额》分为上、下册，共包括土（石）方工程、桩与地基基础工程、砌筑工程、混凝土及钢筋混凝土工程等 22 章 3 648 个子目，其主要内容包括：总说明、工程量计算规则总则、建筑面积计算规则、各章节定额。

1. 总说明

1）《广西壮族自治区建筑装饰装修工程消耗量定额》（以下简称本定额）是完成规定计量单位建筑和装饰装修分部分项工程合格产品所需的人工费、材料和机械台班的消耗量标准。

2）本定额适用于广西壮族自治区辖区范围内新建、扩建和改建的工业与民用建筑工程。

3）本定额是编审设计概算、施工图预算、招标控制价（或标底价）、竣工结算，调解处理工程造价纠纷、鉴定工程造价的依据；是合理确定和有效控制工程造价、衡量投标报价合理性的基础；是编制企业定额、投标报价的参考。

4）本定额的编制依据：

①《广西壮族自治区建设工程造价管理办法》。

②《房屋建筑与装饰工程工程量计算规范》（GB 50854—2013）。

③《建筑工程建筑面积计算规范》（GB/T 50353—2005）。

④《全国统一建筑工程基础定额》（GJD-101—95）[①]和《全国统一建筑工程基础定额编制说明》（土建工程）。

⑤2005年《广西壮族自治区建筑工程消耗量定额》和2005年《广西壮族自治区装饰装修工程消耗量定额》以及有关补充定额。

⑥2004年《全国建筑安装工程统一劳动定额》及广西壮族自治区补充劳动定额。

⑦现行国家有关产品标准、设计规范、施工及验收规范、技术操作规程、质量评定标准和安全操作规程。

⑧其他法律、法规及有关建筑工程造价管理规定。

5）本定额是按照广西壮族自治区建筑施工企业正常施工条件、现有的施工机械装备水平、合理的施工工期、施工工艺和劳动组织为基础进行编制的，反映了社会平均消耗水平。

6）本定额的工作内容，扼要说明了主要施工工序，次要工序虽未说明，但均已包含在定额内。

7）本定额包括施工过程中所需的人工费、材料、半成品和机械台班数量，除定额中有规定允许调整外，不得因具体工程施工组织设计、施工方法及工、料、机等耗量与定额不同而进行调整换算。

8）本定额人工消耗量确定：

人工消耗量以实物量人工费表现，是完成规定计量单位建筑和装饰分部分项工程合格产品所需的人工费用。包括基本工资、工资性津贴、生产工人辅助工资、职工福利费、生产工人劳动保护费，以及按规定缴纳个人部分的住房公积金和社会保险费（养老保险费、医疗保险费、失业保险费、工伤保险费、生育保险费）。

9）本定额材料及配合比消耗量的确定：

①本定额采用的建筑装饰装修材料、成品、半成品均为符合国家质量标准和相应设计要求的合格产品。

②本定额中的材料消耗量包括施工中消耗的主要材料、辅助材料和零星材料等，并计算了相应的施工场内运输及施工操作的损耗。损耗的内容和范围包括：从工地仓库、现场集中堆放地点或现场加工地点至操作或安装地点的运输损耗、施工操作损耗、施工现场堆放损耗。

③用量少、占材料费比重很小的零星材料合并为其他材料费，以"元"表示。

---

① GJD-101—95，2015年3月4日已废止。

④ 施工措施性消耗部分，周转性材料按不同施工方法、不同材质分别以一次摊销量列出。

⑤ 本定额均已包括材料、成品、半成品，从工地仓库、现场集中堆放地点及现场加工地点至操作或安装地点的水平和垂直运输。如发生再次搬运的，按本定额 A.21 材料二次运输相应子目计算。

10）本定额的机械台班消耗量确定：是按正常合理的机械配备、机械施工工效、结合现场实际测算确定的。用量很少，占用机械费比重很小的其他机械合并为其他机械费，以"元"表示。

11）本定额的木种分类如下：

一类：红松、水桐木、樟子松。

二类：白松（支杉、冷杉）、杉木、柳木、杨木、椴木。

三类：青松（柞木）、黄花松、秋子松、马尾松、东北榆木、柏木、苦楝木、梓木、黄菠萝、椿木、楠木、柚木、樟木。

四类：栎木、檀木、色木、槐木、荔木、麻栗木（麻栎、青刚）、桦木、荷木、水曲柳、华北榆木。

12）本定额除脚手架、垂直运输定额已注明其适用高度外，均按建筑物檐口高度 20 m 以下编制；檐口高度超过 20 m 时，另按本定额 A.19 建筑物超高增加费相应子目计算。

13）本定额已综合了搭拆 3.6 m 以内简易脚手架用工及脚手架摊销材料，3.6 m 以上需搭设的装饰装修脚手架按本定额 A.15 脚手架工程相应子目执行。

14）使用预拌砂浆和干混砂浆。

按本定额中相应使用现场搅拌砂浆的子目进行套用和换算，并按以下办法对人工费、材料和机械台班消耗量进行调整。

① 使用预拌砂浆：

a. 使用机械搅拌的子目，每 1 m³ 砂浆扣减定额人工费 41.04 元；使用人工搅拌的子目，每 1 m³ 砂浆扣减定额人工费 50.73 元。

b. 将定额子目中的现场搅拌砂浆换算为预拌砂浆。

c. 扣除相应子目中的灰浆搅拌机台班。

② 使用干混砂浆：

a. 每 1 m³ 砂浆扣减定额人工费 17.10 元；

b. 每 1 m³ 现场搅拌砂浆换算成干混砂浆 1.75 t 和 0.29 m³。

c. 灰浆搅拌机台班不变，如用其他方式搅拌亦不增减费用。

15）本定额未列的子目，参照安装、市政、园林工程等定额的相应子目执行。

16）本定额注有"××以内"或"××以下"者，均包括××本身；"××以外"或

"××以上"者，则不包括××本身。

17）工程计价中如发生定额缺项需作补充的，可由建设单位和施工单位根据实际情况作一次性补充定额，报当地建设工程造价管理站审核，并由当地建设工程造价管理站报自治区建设工程造价管理总站备案。

18）本定额由广西壮族自治区建设工程造价管理总站统一管理、统一解释。

2．工程量计算规则总则

1）为统一工业与民用建筑的建筑装饰装修工程各分部分项工程量的计算尺度及标准，制定本规则。

2）本规则适用于使用本定额计算工业与民用建筑的建筑装饰装修工程各分部分项工程量。

3）建筑装饰装修工程工程量的计算除按本定额说明和各章节规则规定外，尚应依据以下文件：

①经审定的施工设计图纸及说明，以及设计文件规定采用的标准图集。

②经审定的施工组织设计或施工技术措施方案。

③施工及验收规范、经审定的其他有关技术经济文件。

4）本规则的计算尺寸，以设计图纸表示的尺寸为准。除另有规定外，工程量的计量单位应按下列规定计算：

①以体积计算的为米^3（m^3）。

②以面积计算的为米^2（m^2）。

③以长度计算的为米（m）。

④以重量计算的为吨或千克（t 或 kg）。

⑤以个（件、套或组）计算的为个（件、套或组）。

5）汇总工程量时，工程量的有效位数应遵循下列规定：

①以米^3（m^3）、米^2（m^2）、米（m）、千克（kg）为单位的，保留小数点后两位数字，第三位四舍五入。

②以吨（t）为单位的，保留小数点后三位数字，第四位四舍五入。

③以个（件、套或组）为单位的，取整数。

6）各分部分项工程量计算规则除定额中另有规定外，各章节之间的计算规则不得相互串用。

3．建筑面积计算规则（详见第四章）

4．各章节定额

2013 年《广西壮族自治区建筑装饰装修工程消耗量定额》包括 A.1 土（石）方工

程、A.2 桩与地基基础工程、A.3 砌筑工程、A.4 混凝土及钢筋混凝土工程、A.5 木结构工程、A.6 金属结构工程、A.7 屋面及防水工程、A.8 隔热防腐保温工程、A.9 楼地面工程、A.10 墙柱面工程、A.11 天棚工程、A.12 门窗工程、A.13 油漆涂料裱糊工程、A.14 其他装饰工程、A.15 脚手架工程、A.16 垂直运输工程、A.17 模板工程、A.18 混凝土运输及泵送工程、A.19 建筑物超高增加费、A.20 大型机械设备基础安拆及进退场费、A.21 材料二次运输、A.22 成品保护工程共 22 章。

消耗量定额中的每一章为一个分部工程，每一章的内容均包括：分部说明、工程量计算规则、定额表。

（1）分部说明

分部说明主要阐述：本分部的编制依据、适用范围；定额项目名称、定义、名词解释；不同情况下或条件下定额数据的增减或调整系数；规定本分部图纸与定额的材料、半成品不符时是否允许调整及调整办法；有关本分部工程资料等。

（2）工程量计算规则

工程量计算规则主要阐述本分部中各分项工程或构件的工程量计算规则。

（3）定额表

定额表是定额手册的主要内容：包括表头、定额子目表、附注。

1）表头。有工程内容及定额计量单位。工程内容虽然只列出主要施工内容，但应理解为包括所有为完成本分项工程合格产品的全部施工过程。定额单位为计算方便，按可按自然单位或扩大 10 倍、100 倍的扩大计量单位。

2）定额子目表。定额表中的每一个子目都对应一个定额编号，定额编号由三级编码组成，例如，A1-65，其中"A"表示建筑装饰装修工程专业，"1"表示第一章土（石）方工程，"65"表示具体的定额子目。

表中各子目项的参考基价=定额项目的人工费+定额项目的材料费+定额项目的机械费。其中：

人工费是按计件单价和完成工作量支付给生产工人的劳动报酬。

材料费=$\sum$（定额项目的材料消耗量×相应材料单价）。

机械费=$\sum$（定额项目的机械台班消耗量×相应台班单价）。

3）附注。某些定额表下有附注，符合附注条件时定额指标应按附注说明调整。

表 2-12～表 2-15 为 2013 年《广西壮族自治区建筑装饰装修工程消耗量定额》中人工挖土方、砖墙、钢筋混凝土、模板等定额表示例。

表 2-12　广西壮族自治区现行消耗量定额人工挖土方示例

单位：100 m³

定额编号				A1-3	A1-4	A1-5
项目				挖土方深度 1.5 m 以内		
				一、二类土	三类土	四类土
参考基价/元				901.92	1 631.04	2 499.84
其中	人工费			901.92	1 631.04	2 499.84
	材料费			—	—	—
	机械费			—	—	—
编码	名称	单位	单价/元	数量		

注：工作内容：挖土、装土、修整边底。

表 2-13　广西壮族自治区现行消耗量定额砖墙示例

单位：10 m³

定额编号				A3-4	A3-5	A3-6	A3-7
项目				标准砖 240×115×53 混水墙			
				墙体厚度			
				11.5 cm	17.8 cm	24 cm	36.5 cm
参考基价/元				4 971.67	4 855.18	4 705.80	4 593.52
其中	人工费			1 509.36	1 271.67	1 058.49	945.06
	材料费			3 795.65	3 670.08	3 611.95	3 612.19
	机械费			18.13	29.92	35.36	36.27
编码	名称	单位	单价/元	数量			
880100004	水泥石灰砂浆中砂 M5	m³	212.39	1.180	1.990	2.375	2.490
040701001	页岩标准砖 240×115×53	千块	575.00	6.158	5.641	5.398	5.365
310101065	水	m³	3.40	1.230	1.130	1.080	1.070
990317001	灰浆搅拌机（拌筒容量 200L）	台班	90.67	0.330	0.350	0.390	0.400

注：工作内容：调运砂浆、铺砂浆、运砖、砌砖、安放木砖、铁件等。

表 2-14　广西壮族自治区现行消耗量定额柱混凝土浇捣示例

单位：10 m³

定额编号				A4-18	A4-19	A4-20
项目				混凝土柱		
				矩形	圆形、多边形	构造柱
参考基价/元				3 069.13	3 093.58	3 196.36
其中	人工费			387.03	412.68	515.28
	材料费			2 666.89	2 665.69	2 665.87
	机械费			15.21	15.21	15.21
编码	名称	单位	单价/元	数量		
041401026	砾石 GD40 商品普通混凝土 C20	m³	262.00	10.150	10.150	10.150
310101065	水	m³	3.40	0.910	0.740	0.820
021701001	草袋	m²	4.50	1.000	0.860	0.840
J06090102	插入式振捣器	台班	12.27	1.240	1.240	1.240

注：工作内容：清理、润湿模板、浇捣、振捣、养护。

表 2-15　广西壮族自治区现行消耗量定额模板工程示例

单位：100 m²

定额编号				A17-49	A17-50	A17-51	A17-52
项目				矩形柱			
				组合钢模板	胶合板模板		木模板
				钢支撑		木支撑	
参考基价/元				3 620.60	2 759.45	3 132.96	3 608.62
其中	人工费			2 220.15	1 726.53	1 730.52	2 058.84
	材料费			1 288.05	858.16	137 453.70	1 495.72
	机械费			112.40	74.76	48.74	54.06
编码	名称	单位	单价/元	数量			
011521006	组合钢模板	kg	4.20	72.702	—	—	—
050305004	胶合板模板 1830×915×18	m²	32.00	—	15.063	15.063	—
013103010	模板支撑钢管及扣件	kg	5.80	43.671	37.790		
050209003	周转板材	m³	1 037.00	0.064			0.577
050209002	周转枋材	m³	969.00	0.173	0.173	0.674	0.674
013103020	零星卡具	kg	6.20	66.740	—		
031901001	铁钉（综合）	kg	5.07	1.800	8.572	19.692	24.615
032301001	铁件（综合）	kg	6.36			11.420	11.420
021702001	草板纸 80#	张	1.80	30.000	—	—	—
120405004	嵌缝料	kg	2.80		10.000	10.000	10.000
111101045	隔离剂	kg	1.40	10.000	10.000	10.000	10.000
03271001	其他材料费	元	1.00	4.480	3.860	4.100	4.830
990409004	载货汽车（载重质量 4 t）	台班	415.89	0.135	0.095	0.090	0.100
990509001	汽车式起重机（提升质量 5 t）	台班	605.64	0.090	0.040		
991002001	木工圆锯机（直径 500 mm）	台班	28.99	0.060	0.380	0.390	0.430

注：工作内容：1. 胶合板模板、木模板的制作；2. 模板安装、拆除、整理堆放及场内外运输等；3. 清理模板黏结物及模内杂物、刷隔离剂等。

六、预算定额的应用

1. 学习、理解、熟记定额

为了正确地运用消耗量定额编制预算、办理结算，应认真学习消耗量定额。

首先，要浏览一下目录，了解定额分部、分项工程是如何划分的，不同的定额，分部分项工程划分方法是不一样的。有的以材料、工种及施工顺序划分；有的以结构性质和施工顺序划分，且分项工程的含义也不完全相同。掌握定额分部、分项工程划分方法，了解定额分项工程的含义，是正确计算工程量、编制预算的前提条件。

其次，要学习消耗量定额的总说明、分部说明。说明中指出的编制原则、依据、适用范围、已经考虑和尚未考虑的因素以及其他有关问题的说明，是正确套用定额的前提条件。由于建筑安装产品的多样性，且随着生产力的发展，新结构、新技术、新材料不断涌现，现有定额已经不能完全适用，就需要补充定额或对原有定额作适当修正（换算），总说明、分部说明则为补充定额、换算定额提拱了依据，指明了路径。因此，必须认真学习，深刻理解。

再次，要熟悉定额项目表，能看懂定额项目表内的"量"和"价"的确切含义（如材料消耗量是指材料总的消耗量，包括净用量和损耗量或摊销量。又如材料单价是指材料预算价格的取定价等），对常用的分项工程定额所包括的工程内容，要联系工程实际，逐步加深印象，对项目表下的附注，要逐条阅读。

最后，要认真学习，正确理解，实践练习，掌握建筑面积计算规则和分部、分项工程量计算规则。

只有在学习、理解、熟记上述内容的基础上，才会依据设计图纸和定额，不漏项也不重复地确定工程量计算项目，正确计算工程量，准确地选用定额或正确地换算定额或补充定额，以编制工程预算，这样才能运用定额做好其他各项工作。

2. 定额的应用

使用定额包括两方面的内容：一是根据定额分部、分项工程划分方法和工程量计算规则，列出需计算的工程项目名称，并正确地计算项目的工程量。这一部分在工程概（预）算编制方法中会作详细介绍。二是正确选用定额（套定额），并且在必要时换算定额或补充定额，这是本节要重点介绍的内容。

要学会正确选用定额，必须首先了解定额分项工程所包括的工程内容。应从总说明、分部说明、项目表表头工程内容栏中去了解分项工程的工程内容，甚至可以从项目表中的工、料消耗量去琢磨分项工程的工程内容，只有这样才能对定额分项工程的含义有深刻的了解。

在选用定额时，常碰到以下三种情况：

（1）直接套用

施工图设计要求和施工方案与定额工程内容完全一致时，采用"对号入座，直接套用"。

【例 2-11】 某土方工程为三类土，人工开挖，深度 1.2 m，根据广西壮族自治区现行定额计算开挖 100 m³ 土方的基价。

解： 查 2013 年《广西壮族自治区建筑装饰装修工程消耗量定额》A.1，见表 2-12，直接套用 A1-4 子目，即挖土方深度 1.5 m 以内（三类土），参考基价=1 631.04（元/100 m³）。

（2）换算、调整定额

预算定额的换算就是将分项工程定额中与设计要求不一致的内容进行调整，取得一致的过程。预算定额的换算的基本思路是将设计要求的内容拿进来，把设计不需要的内容

（原定额内容）拿出去，从而确定与设计要求一致的分项工程基价。预算定额的调整是指设计内容或施工方案与定额规定的内容不同，在原定额的基础上进行人工、材料、机械台班消耗量的增减。

当施工图设计要求或施工方案与定额内容基本一致，但有部分不同，此时又有几种情况：

1）定额规定不允许换算。为了强调定额的权威性，在总说明和各分部说明中均提出若干条不准调整的规定。如"本定额包括施工过程中所需的人工、材料、半成品和机械台班数量，除定额中有规定允许调整外，不得因具体工程施工组织设计、施工方法及工、料、机等耗用与定额不同而进行调整换算"。这类规定首先确定了定额的依据及合理性，同时明确几种不准调整定额的规定，为定额顺利执行提供了必要条件。

2）定额允许换算、调整。为了使用方便，适当减少其子目，定额对一些工、料、机消耗基本相同，只在某一方面有所差别的项目，采用在定额中只列常用做法项目，另外规定换算和调整方法。如"在挡土板支撑下挖土方时，按实挖体积，人工乘以系数1.2"，又如"砌体子目中砌筑砂浆标号为 M5，设计要求不同时可以换算"。

定额换算、调整的类型很多，下面主要介绍实际应用中常见的换算、调整方法：

① 混凝土、砂浆换算

当设计砂浆、混凝土配合比或强度等级与定额不同时，定额规定可以换算，换算的公式为

$$换算后的基价=原定额基价+定额消耗量×（换入单价-换出单价）$$

式中，定额消耗量是指砂浆、混凝土的消耗量；单价是指砂浆、混凝土的单价。

【例 2-12】某工程有 M7.5 水泥石灰砂浆中砂砌 1 砖厚标准砖混水墙 10 m³，根据广西壮族自治区现行定额确定其基价。

解：查 2013 年《广西壮族自治区建筑装饰装修工程消耗量定额》A.3，见表 2-13，套用 A3-6 子目，即标准砖混水墙，墙厚 24 cm，M5 水泥石灰砂浆，参考基价=4 705.80（元/10 m³），砂浆消耗量 2.375 m³。

查《广西壮族自治区建筑装饰装修工程人工材料配合比机械台班基期价》，见表 2-10，套用 880100005，M7.5 混合砂浆参考价为 212.26 元/m³。则：

A3-6（换），换算后的基价=4 705.80+2.375×（212.26-212.39）=4 705.49（元/10 m³）

【例 2-13】某工程有现浇钢筋混凝土圈梁 3.76 m³，设计混凝土用砾石 GD40 中砂水泥 42.5 现场普通混凝土 C15（泵送），根据广西壮族自治区现行定额确定该圈梁混凝土浇捣的工料机费。

解：查 2013 年《广西壮族自治区建筑装饰装修工程消耗量定额》A.4，见表 2-16。套用 A4-24 子目，即现浇混凝土圈梁，参考基价=3 154.49（元/10 m³）。定额用砾石 GD40

商品普通混凝土 C20，消耗 10.15 m³，单价 262.00 元/m³。

查《广西壮族自治区建筑装饰装修工程人工材料配合比机械台班基期价》，砾石 GD40 中砂水泥 42.5 现场普通混凝土 C15 参考基价为 188.94 元/ m³，则：

A4-24（换），换算后的基价=3 154.49+10.15×（188.94 – 262.00）=2 412.93 元/10 m³

该圈梁混凝土浇捣的工料机费=3.76×2 412.93/10=907.26 元

表 2-16　广西壮族自治区现行消耗量定额梁混凝土浇捣示例

单位：10 m³

定额编号				A4-24	A4-25	A4-26
项目				混凝土梁		
				圈梁	过梁	拱形梁
参考基价/元				3 154.49	3 305.85	3 195.09
其中		人工费		442.89	530.62	466.926
		材料费		2 702.15	759.847	2 713.4
		机械费		9.45	15.34	15.34
编码	名称	单位	单价/元	数量		
041401026	砾石 GD40 商品普通混凝土 C20	m³	262.00	10.150	10.150	10.150
310101065	水	m³	3.40	1.670	4.990	2.730
021701001	草袋	m²	4.50	8.260	18.570	9.980
J06090102	插入式振捣器	台班	12.27	0.77	1.25	1.25

注：工作内容：清理、润湿模板、浇捣、振捣、养护。

② 厚度换算

$$换算后的基价=基本定额基价+增减厚度定额的基价×n$$

式中：n 为厚度增加层的个数。

【例 2-14】根据广西壮族自治区现行定额确定 30 mm 厚 1：3 水泥砂浆找平层（在混凝土基层上）的基价。

解：查 2013 年《广西壮族自治区建筑装饰装修工程消耗量定额》A.9，见表 2-17。套用 A9-1 子目，即水泥砂浆找平层（混凝土基层上）20 mm，参考基价=1 054.75 元/100 m²，A9-3 子目，即水泥砂浆找平层（每增减 5 mm），参考基价 2 18.24 元/100 m²。则：

A9-1+2×A9-3，换算后的基价=1 054.75+2×218.24=1 491.23 元/100 m²

③ 乘系数换算

【例 2-15】某土方工程为三类土，人工开挖，深度 2.2 m，施工方案采用挡土板支撑。根据广西壮族自治区现行定额计算开挖 100 m³ 的基价。

解：查 2013 年《广西壮族自治区建筑装饰装修工程消耗量定额》A.1，见表 2-12，套用 A1-4 子目，即挖土方深度 1.5 m 以内（三类土），参考基价=1 631.04（元/100 m³）。

表 2-17 广西壮族自治区现行消耗量定额找平层示例

单位：100 m²

定额编号					A9-1	A9-3
项目					水泥砂浆找平层（100 m²）	
					混凝土或硬基层上 20 mm	每增减 5 mm
参考基价/元					1 054.75	218.24
其中	人工费				499.89	90.06
	材料费				524.03	120.02
	机械费				30.83	8.16
编码	名称	单位	单价/元		数量	
880200029	素水泥浆	m³	465.97		0.100	—
880200005	水泥砂浆 1:3	m³	235.34		2.020	0.510
310101065	水	m³	3.40		0.600	—
990317001	灰浆搅拌机	台班	90.67		0.34	0.09

注：工作内容：1. 清理基层、调运砂浆、抹平、压实。2. 刷素水泥浆。

分部说明有规定：人工挖土深度以 1.5 m 为准，如超过 1.5 m 者，需用人工将土运至地面，应按相应定额子目人工费乘以表 A.1-1 所列系数（不扣除以 1.5 m 内深度和工程量）；在挡土板支撑下挖土方时，按实挖体积，人工费乘以系数 1.2。

表 A.1-1 系数表

深度	深 2 m 以内	深 4 m 以内	深 6 m 以内	深 8 m 以内	深 10 m 以内
系数	1.08	1.24	1.36	1.50	1.64

A1-4（换），调整后基价=1 631.04+1 631.04×（0.24+0.2）=2 348.70 元/100 m³

【例 2-16】某框架结构建筑，建筑面积 5 000 m²，垂直运输高度 20 m 以内，施工方案配塔吊、卷扬机，采用泵送混凝土。根据广西壮族自治区现行定额确定该建筑垂直运输的工料机费。

解：查 2013 年《广西壮族自治区建筑装饰装修工程消耗量定额》A.16，见表 2-18，套用 A16-4 子目，即建筑物垂直运输高度 20 m 以内（框架结构、塔吊、卷扬机），参考基价=1 778.30（元/100 m²）。

定额说明规定：如采用泵送混凝土时，定额子目中塔吊机械台班应乘以系数 0.8。因此 A16-4（换），调整后基价=1 778.30－2.04×308.83+2.04×0.8×308.83=1 652.30（元/100 m²）。

垂直运输工料机费=5 000×1 652.30÷100=8 2615 元。

【例 2-17】某地面细石混凝土垫层工程量为 2 600 m²，设计厚度为 80 mm，采用砾石 GD20 商品普通混凝土 C10（非泵送），已知砾石 GD20 商品普通混凝土 C10 的单价为 210.00 元/m³。根据广西壮族自治区现行定额确定该垫层的工料机费。

表 2-18　广西壮族自治区现行消耗量定额建筑物垂直运输示例

单位：100 m²

定额编号				A16-1	A16-2	A16-3	A16-4
项目				建筑物垂直运输高度 20 m 以内			
				混合结构	框架结构	混合结构	框架结构
				卷扬机		塔吊、卷扬机	
参考基价/元				1 756.21	2 206.53	1 586.93	1 778.30
其中	人工费			—	—	—	—
	材料费			—	—	—	—
	机械费			1 756.21	2 206.53	1 586.93	1 778.30
编码	名称	单位	单价/元	数量			
990531002	电动卷扬机（牵引力 10 kN）	台班	109.45	9.360	11.760	5.100	6.120
990521001	卷扬机架（架高 40 m 以内）	台班	78.18	9.360	11.760	5.100	6.120
990511001	自升式塔式起重机（250 kN·m）	台班	308.83	—	—	2.040	2.040

注：工作内容：单位工程在合理工期内完成全部工程所需的卷扬机、塔吊、外用电梯等机械台班和通信联络配备的人工。

解： 查 2013 年《广西壮族自治区建筑装饰装修工程消耗量定额》A.9，见表 2-19，套用 A9-4+8×A9-5（换）子目，80 mm 细石混凝土垫层，原参考基价 1542.19+8×191.65=3075.39（元/100 m²）。

根据附注规定：当采用非泵送混凝土时，A9-4 子目人工费乘以系数 1.22，A9-5 子目人工费乘以系数 1.2。

人工费调整后=431.49×1.22+8×57.57×1.2=1 079.09 元/100 m²

材料费换算后=（1 107.12+8×133.62）+（4.04+8×0.510）×（210.0−262.0）=1 753.84 元/100 m²

机械费=3.58+8×0.46=7.26 元/100 m²

因此，换算后基价=1 079.09+1 753.84+7.26=2 840.19 元/100 m²

该垫层工料机费=2 600×2 840.19÷100=73 844.94 元

表 2-19　广西壮族自治区现行消耗量定额找平层示例

单位：100 m²

定额编号		A9-4	A9-5	A9-6	A9-7
		细石混凝土找平层		沥青砂浆找平层	
		40 mm	每增减 5 mm	30 mm	每增减 5 mm
参考基价/元		1 542.19	191.65	5 267.41	9 595.36
其中	人工费	431.49	57.57	903.45	226.29
	材料费	1 107.12	133.62	4 363.96	733.07
	机械费	3.58	0.46	—	—

（续表）

编码	名称	单位	单价/元	数量			
880200009	素水泥浆	m³	465.97	0.100	—	—	—
041401015	碎石 GD20 商品普通混凝土 C20	m³	263.00	4.040	0.510	—	—
880300002	普通沥青砂浆	m³	1 148.17	—	—	3.030	0.510
310101065	水	m³	3.40	0.600	—	—	—
051108007	木柴	kg	0.50	—	—	1 770.00	295.00
990311001	混凝土振捣器（平板式）	台班	11.54	0.310	0.040	—	—

注　工作内容：1. 清理基层、刷素水泥浆、混凝土捣平压实。2. 熬制沥青砂浆、抹平。
　　当采用非泵送混凝土时，A9-4 子目人工费乘以系数 1.22，A9-5 子目人工费乘以系数 1.2。

第三章　建筑安装工程费用

第一节　建筑安装工程费用的组成

一、建设工程造价的理论构成

工程造价是以货币形式表现的建设工程产品的价值。商品的价格由两部分组成：一是商品生产中消耗掉的生产资料价值 C；二是生产过程活劳动所创造的价值。活劳动所创造的价值又由两部分组成：一部分是补偿劳动力的价值，即劳动者为自己创造的价值 V；另一部分是剩余价值 m，在社会主义条件下，是劳动者为社会创造的价值。工程造价由以下三部分组成。

1. 建设物质消耗支出（C）

建设物质消耗支出，主要包括：

（1）建设材料的价格

建设材料的价格由一次性使用材料价格和周转性使用材料价格组成。

1）一次性使用材料价格：即构成产品实体的材料价格。包括建设过程中使用的建筑工程材料价格、安装工程材料价格、装饰装修工程材料价格、市政工程材料价格和园林绿化工程材料价格。以上材料价格，也称材料预算价格，由其购置原价和包装、装卸、运输、运输损耗和采购及保管费组成。

2）周转性使用材料价格：即提供建设条件，能在建设中多次使用的材料的价格。这些材料包括脚手架材料、混凝土钢模板、建设中使用的钢丝绳等。周转性使用材料价格由其摊销量乘以相应预算价格组成。

（2）施工机械价格

施工机械价格主要由施工机械台班价格、其他机械价格、安装拆除价格、施工机械进出场价格等组成。

（3）设备、工器具价格

设备、工器具价格由其购置原价和运杂费构成。

建设物质消耗支出，还包括施工企业和相关单位投入工程除去人工工资以外的物质消耗支出。如施工企业在建筑安装工程费中计取的临时设施费、管理费和财务费等费用中的物质消耗支出。

2. 建设劳动工资报酬支出（V）

建设劳动工资报酬是劳动者为自己的劳动所创造价值的货币表现。如建设单位、设计单位、施工单位、监理单位等建设参与单位对职工的工资、奖金、费用等。

3. 盈利（m）

盈利是劳动者为社会劳动所创造的价值的货币表现。如建设、设计、施工、监理等建设参与单位的利润和税金。

C+V 构成建设工程产品的生产成本，是价格形成的主要部分的货币表现。m 则表现为价格中所包含的利润和税金，是社会扩大再生产的资金来源。

理论上工程造价的基本构成如表 3-1 所示。

表 3-1　工程造价的基本构成

工程造价	物质消耗支出	土地的价格； 设备、工器具的价格； 建设材料、构件的价格； 施工机械台班的价格等
	劳动报酬	勘察设计人员的工资、奖金和费用； 施工企业职工的工资、奖金和转移费用； 建设参与单位职工的工资、奖金和费用等
	盈利	设计单位的利润和税金； 施工企业的利润和税金； 建设参与单位的利润和税金

二、现行建筑安装工程费用的组成

1. 建标〔2013〕44 号规定的造价组成

依据住房和城乡建设部、财政部《关于建筑安装工程费用项目组成的通知》（建标〔2013〕44 号）的规定，我国现行建筑安装工程费用划分有两种形式：一是按费用构成要素组成划分，如图 3-1 所示；二是按工程造价形成顺序划分，如图 3-2 所示。

2. 《建设工程工程量清单计价规范》（GB 50500—2013）规定的工程造价

根据《建设工程工程量清单计价规范》（GB 50500—2013）的统一规定，建筑安装工程造价由分部分项工程费、措施项目费、其他项目费、规费和税金 5 个部分组成，如图 3-2 所示。

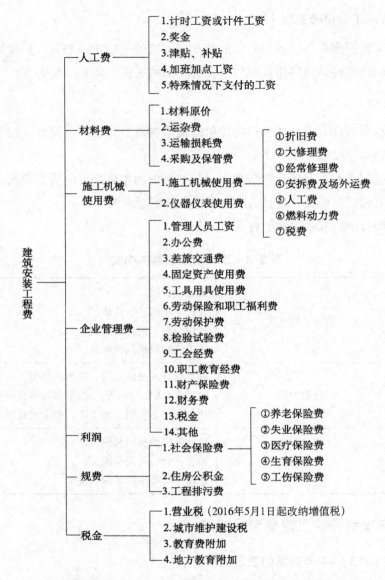

图 3-1　按构成要素划分的建筑安装工程费

3. 广西壮族自治区现行建筑装饰装修工程费用的组成

为了满足建设工程计价的需要，合理确定和有效控制建设工程造价，根据国家标准《建设工程工程量清单计价规范》（GB 50500—2013）、《广西壮族自治区建设工程造价管理办法》、住房城乡建设部和财政部《关于印发〈建筑安装工程费用项目组成〉的通知》（建标〔2013〕44 号）及有关法律、法规、规章的规定，给合广西的实际情况，由广西住房和城乡建设厅组织编制了 2013 版的各专业工程费用定额，如 2013 年《广西壮族自治区建筑装饰装修工程费用定额》，各专业费用定额与各专业消耗量定额配套使用。

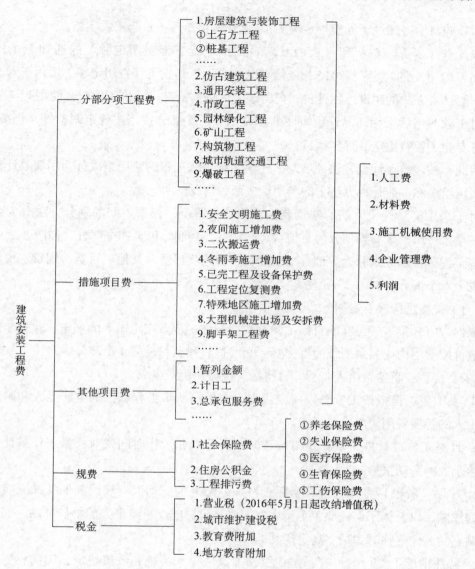

图 3-2 按造价形成顺序划分的建筑安装工程费

2016 年 5 月，财政部、国家税务总局发布了《关于全面推开营业税改征增值税试点的通知》（财税〔2016〕36 号），通知规定："自 2016 年 5 月 1 日起，在全国范围内全面推开营业税改征增值税试点，建筑业、房地产业、金融业、生活服务业等全部营业税纳税人，纳入试点范围，由缴纳营业税改为缴纳增值税。"为适应国家税制改革要求，满足建筑业营业税改征增值税后建设工程计价需要，根据住房城乡建设部办公厅《关于做好建筑业营改增建设工程计价依据调整准备工作的通知》（建办标〔2016〕4 号）等文件要求，结合广西建设工程计价的实际情况，由广西住房和城乡建设厅组织编制了 2016 年

《广西壮族自治区建设工程费用定额》，自 2016 年 5 月 1 日起正式实施。

按《关于颁布 2016 年〈广西壮族自治区建设工程费用定额〉的通知》（桂建标〔2016〕16 号）的规定："2016 年《广西壮族自治区建设工程费用定额》适用于营改增后采用一般计税方法的建设工程计价，与营改增后调整的有关计价依据配套使用"。

对于营改增后采用简易计税方法的建设工程，除部分费用按规定调整外，仍按 2013 版的各专业工程费用定额规定执行。

因此，按建筑业计税方法的不同，建筑装饰装修工程的费用组成分为用简易计税方法下的费用组成和一般计税方法下的费用组成两种情况。

对于采用简易计税方法的建筑装饰装修工程造价，根据不同的划分方法分为两种构成，一是按费用构成要素划分为直接费、间接费、利润和税金四个部分，如图 3-3 所示；二是按工程造价形成划分为分部分项工程费、措施项目费、其他项目费、规费、税前项目费和税金 6 个部分，如图 3-4 所示。

（1）按费用构成要素划分

根据 2013 年《广西壮族自治区建筑装饰装修工程费用定额》的规定，建筑装饰装修工程造价按费用构成要素划分为直接费、间接费、利润和税金 4 个部分。

1）直接费：直接费由人工费、材料费、机械使用费组成。

① 人工费：是指按工资总额构成规定，支付给从事工程施工的生产工人和附属生产单位工人的各项费用。内容包括：

a. 计时工资或计件工资：是指按计时工资标准和工作时间或对已做工作按计件单价支付给个人的劳动报酬。

b. 津贴、补贴：是指为了补偿职工特殊或额外的劳动消耗和因其他特殊原因支付给个人的津贴，以及为了保证职工工资水平不受物价影响支付给个人的物价补贴。如流动施工津贴、高温作业临时津贴、高空津贴等。

c. 特殊情况下支付的工资：是指根据国家法律、法规和政策规定，因病、工伤、产假、计划生育假、婚丧假、事假、探亲假、定期休假、停工学习、执行国家或社会义务等原因按计时工资标准或计时工资标准的一定比例支付的工资。

② 材料费：是指施工过程中耗费的原材料、辅助材料、构配件、零件、半成品或成品的费用和周转使用材料的摊销（或租赁）费用。内容包括：

a. 材料原价：是指材料、工程设备的出厂价格或商家供应价格。

b. 运杂费：是指材料自来源地运至工地仓库或指定堆放地点所发生的全部费用。

c. 运输损耗费：是指材料在运输装卸过程中不可避免的损耗。

d. 采购及保管费：是指为组织采购、供应和保管材料的过程中所需要的各项费用。包括采购费、仓储费、工地保管费、仓储损耗。

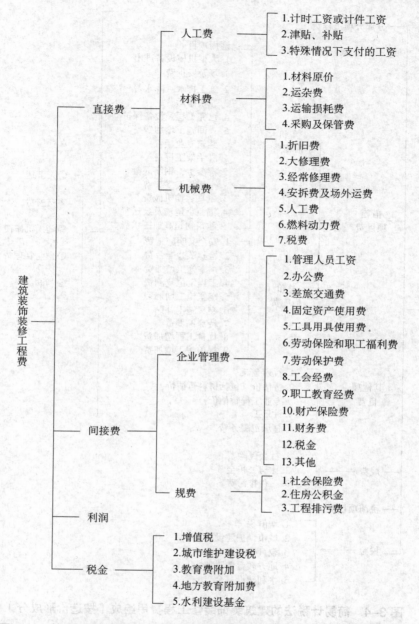

图 3-3　简易计税方法的建筑装饰装修工程费用组成（按构成要素分）

③ 机械费：是指施工作业所发生的施工机械使用费以及机械安拆费和场外运输费或其租赁费。由下列 7 项费用组成：

a. 折旧费：是指施工机械在规定的使用年限内，陆续收回其原值的费用。

b. 大修理费：是指施工机械按规定的大修理间隔台班进行必要的大修理，以恢复其正常功能所需的费用。

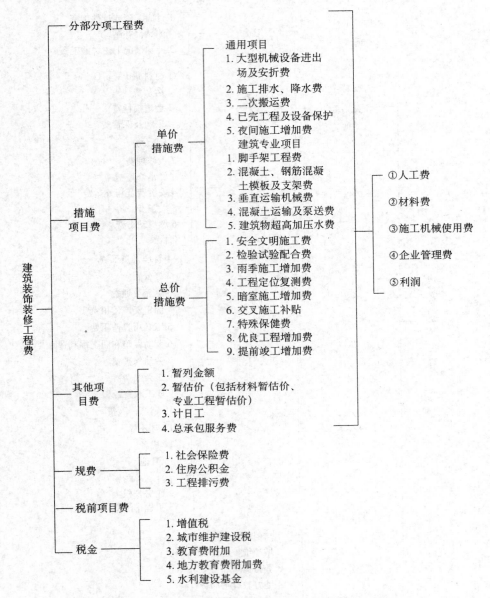

图3-4 简易计税法的建筑装饰装修工程费用组成（按造价形成分）

c. 经常修理费：是指施工机械除大修理以外的各级保养和临时故障排除所需的费用。包括为保障机械正常运转所需替换设备与随机配备工具附具的摊销和维护费用，机械运转中日常保养所需润滑与擦拭的材料费用及机械停滞期间的维护和保养费用等。

d. 安拆费及场外运费：安拆费指施工机械（大型机械另计）在现场进行安装与拆卸所需的人工、材料、机械和试运转费用以及机械辅助设施的折旧、搭设、拆除等费用；场外运费指施工机械整体或分体自停放地点运至施工现场或由一施工地点运至另一施工地点的运输、装卸、辅助材料及架线等费用。

　　e. 人工费：是指机上司机和其他操作人员的人工费。

　　f. 燃料动力费：是指施工机械在运转作业中所消耗的各种燃料及水、电等。

　　g. 税费：是指施工机械按照国家规定应缴纳的车船使用税、保险费及年检费等。

　　2）间接费：间接费由企业管理费和规费组成。

　　① 企业管理费：是指建筑安装企业组织施工生产和经营管理所需的费用。内容包括：

　　a. 管理人员工资：是指按规定支付给管理人员的计时工资、奖金、津贴补贴、加班加点工资及特殊情况下支付的工资等。

　　b. 办公费：是指企业管理办公用的文具、纸张、账表、印刷、邮电、书报、办公软件、现场监控、会议、水电、烧水和集体取暖降温（包括现场临时宿舍取暖降温）等费用。

　　c. 差旅交通费：是指职工因公出差、调动工作的差旅费、住勤补助费，市内交通费和午餐补助费，职工探亲路费，劳动力招募费，职工退休、退职一次性路费，工伤人员就医路费，工地转移费以及管理部门使用的交通工具的油料、燃料等费用。

　　d. 固定资产使用费：是指管理和试验部门及附属生产单位使用的属于固定资产的房屋、设备、仪器等的折旧、大修、维修或租赁费。

　　e. 工具用具使用费：是指企业施工生产和管理使用的不属于固定资产的工具、器具、家具、交通工具和检验、试验、测绘、消防用具等的购置、维修和摊销费。

　　f. 劳动保险和职工福利费：是指由企业支付的职工退职金、按规定支付给离休干部的经费，集体福利费、夏季防暑降温、冬季取暖补贴、上下班交通补贴等。

　　g. 劳动保护费：是企业按规定发放的劳动保护用品的支出。如工作服、手套、防暑降温饮料以及在有碍身体健康的环境中施工的保健费用等。

　　h. 工会经费：是指企业按《工会法》规定的全部职工工资总额比例计提的工会经费。

　　i. 职工教育经费：是指按职工工资总额的规定比例计提，企业为职工进行专业技术和职业技能培训，专业技术人员继续教育、职工职业技能鉴定、职业资格认定以及根据需要对职工进行各类文化教育所发生的费用。

　　j. 财产保险费：是指施工管理用财产、车辆等的保险费用。

　　k. 财务费：是指企业为施工生产筹集资金或提供预付款担保、履约担保、职工工资支付担保等所发生的各种费用。

　　l. 税金：是指企业按规定缴纳的房产税、车船使用税、土地使用税、印花税等。

　　m. 其他：包括技术转让费、技术开发费、投标费、业务招待费、绿化费、广告费、公证费、法律顾问费、审计费、咨询费、保险费等。

② 规费：是指按国家法律、法规规定，由省级政府和省级有关权力部门规定必须缴纳或计取的费用。包括：

a. 建筑安装工程劳动保险费：是指企业按照规定标准为职工缴纳的养老保险费、失业保险费、医疗保险费；服务和保障建筑业务工人员合法权益，符合劳动保障政策的其他相关费用。

b. 生育保险费：是指企业按照规定标准为职工缴纳的生育保险费。

c. 工伤保险费：是指企业按照规定标准为职工缴纳的工伤保险费。

d. 住房公积金：是指企业按照规定标准为职工缴纳的住房公积金。

e. 工程排污费：是指企业按规定缴纳的施工现场工程排污费。

3）利润：利润是指施工企业完成所承包工程获得的盈利。

4）税金：税金是指国家税法规定的应计入建筑安装工程造价内的营业税、城市维护建设税、教育费附加以及地方教育费附加、水利建设基金。

（2）按工程造价形成划分

根据 2013 年《广西壮族自治区建筑装饰装修工程费用定额》的规定，建筑装饰装修工程造价按工程造价形成划分为分部分项工程费、措施项目费、其他项目费、规费、税前项目费和税金六个部分，其中分部分项工程费、措施项目费、其他项目费包含人工费、材料费、施工机具使用费、企业管理费和利润。

1）分部分项工程费：分部分项工程费是指施工过程中，建筑装饰装修分部分项工程应予列支的各项费用。分部分项工程划分见现行国家建设工程工程量计算规范，如房屋建筑与装饰工程划分为土石方工程、地基处理与桩基工程、砌筑工程、混凝土及钢筋混凝土工程等。

综合单价：是指完成一个分部分项工程项目所需的人工费、材料费、施工机械使用费、管理费、利润以及一定的风险费用。

2）措施项目费：措施项目费是指为完成工程项目施工，发生于该工程施工准备和施工过程中的技术、生活、安全、环境保护等方面的非工程实体项目，包括单价措施费和总价措施费。

① 单价措施费：措施项目中以单价计算的项目，即根据施工图（含设计变更）和相关工程现行国家计量规范及广西壮族自治区计量规范实施细则规定的工程量计算规则进行计量，与相应综合单价进行价款计算的项目。内容包括：

a. 脚手架工程费：是指施工需要的各种脚手架搭、拆、运输费用以及脚手架购置费的摊销（或租赁）费用。

b. 垂直运输机械费：在合理工期内完成单位工程全部项目所需的垂直运输机械台班费用。

c. 混凝土、钢筋混凝土模板及支架费：混凝土施工过程中需要的各种模板及支付的支、拆、运输费用和模板及支架的摊销（或租赁）费用。

d. 混凝土运输及泵送费：混凝土从搅拌站或混凝土制品厂运至工地及泵送所发生的费用。

e. 大型机械设备进出场及安拆费：是指机械整体或分体自停放场地运至施工现场或由一个施工地点运至另一个施工地点，所发生的机械进出场运输及转移费用及机械在施工现场进行安装、拆卸所需的人工费、材料费、机械费、试运转费和安装所需的辅助设施的费用。

f. 二次搬运费：是指因施工场地条件限制而发生的材料、构配件、半成品等一次运输不能到达堆放地点，必须进行二次或多次搬运所发生的费用。

g. 已完工程及设备保护：是指竣工验收前，对已完工程及设备采取的必要保护措施所发生的费用。

h. 施工排水、降水费：为确保工程在正常条件下施工，采取各种排水、降水措施所发生的各种费用。

i. 建筑物超高加压水费：是指建筑物地上超过 6 层或设计室外标高至檐口高度超过 20 m 以上，水压不够，需增加加压水泵而发生的费用。

j. 夜间施工增加费：是指因夜间施工所发生的夜班补助费、夜间施工降效、夜间施工照明设备摊销及照明用电等费用。

② 总价措施费：措施项目中以总价计价的项目，即此类项目在现行国家计量规范及广西壮族自治区计量规范实施细则中无工程量计算规则，以总价（或计算基础乘以费率）计算的项目。内容包括：

a. 安全文明施工费：

- 环境保护费：是指施工现场为达到环保部门要求所需要的各项费用。
- 文明施工费：是指施工现场文明施工所需要的各项费用。
- 安全施工费：是指施工现场安全施工所需要的各项费用。
- 临时设施费：是指施工企业为进行建设工程施工所必须搭设的生活和生产用的临时建筑物、构筑物和其他临时设施费用。包括临时设施的搭设、维修、拆除、清理费或摊销费等。

b. 检验试验配合费：施工单位按规定进行建筑材料、构配件等试样制作、封样、送检和其他保证工程质量进行的检验试验所发生的费用。

c. 雨季施工增加费：是指在雨季施工期所增加的费用。包括防雨措施、排水、工效降低等费用。

d. 工程定位复测费：是指工程施工过程中进行全部施工测量放线和复测工作的费用。

e. 暗室施工增加费：是指在地下室（或暗室）内进行施工时所发生的照明费、照明设备摊销费及人工降效费。

f. 交叉施工补贴：是指建筑装饰装修工程与设备安装工程进行交叉作业而相互影响的费用。

g. 特殊保健费：是指在有毒有害气体和有放射性物质区域范围内施工人员的保健费，与建设单位享有同等特殊保健津贴。

h. 优良工程增加费：是指招标人要求承包人完成的单位工程质量达到合同约定为优良工程所必须增加的施工成本费。

i. 提前竣工增加费：在工程发包时发包人要求压缩工期天数超过定额工期的 20%或在施工过程中发包人要求缩短合同工期，由此产生的应由发包人支付的费用。

j. 其他：根据各专业、地区及工程特点补充的施工组织措施费用项目。

3）其他项目费：其他项目费是指因招标人的特殊要求而发生的与拟建工程有关的其他费用。内容包括：

① 暂列金额：暂列金额是指招标人在工程量清单中暂定并包括在合同价款中的一笔款项。用于施工合同签订时尚未确定或者不可预见的所需材料、设备、服务的采购，施工中可能发生的工程变更、合同约定的调整因素出现时的工程价款调整以及发生的索赔、现场签证确认等费用。暂列金额由发包人暂定并掌握。

② 暂估价：暂估价是指招标人在工程量清单中提供的用于支付必然发生暂时不能确定的材料的单价以及专业工程的金额。

暂估价是招标阶段预见肯定要发生，只是因为标准不明确或需要由专业承包人完成，暂时又无法确定具体价格时采用。它包括材料暂估价、专业工程暂估价。

③ 计日工：计日工是指施工过程中，承包人完成发包人提出的工程合同范围以外的零星项目或工作，按合同约定的单价计价的一种方式。计日工综合单价包含了除税金以外的全部费用。

计日工包括完成该项作业的人工、材料、施工机械台班等，计日工的数量按完成发包人发出的计日工指令的数量确定，计日工的单价由投标人通过投标报价确定。

④ 总承包服务费：总承包服务费是指总承包人为配合协调发包人进行的专业工程发包，对发包人自行采购的材料等进行保管以及施工现场管理、竣工资料汇总整理等服务所需的费用。一般包括总分包管理费、总分包配合费、甲供材的采购保管费。

a. 总分包管理费：是指总承包人对分包工程和分包人实施统筹管理而发生的费用，

一般包括涉及分包工程的施工组织设计、施工现场管理协调、竣工资料汇总整理等活动所发生的费用。

b. 总分包配合费：是指分包人使用总承包人的现有设施所支付的费用。一般包括脚手架、垂直运输机械设备、临时设施、临时水电管线的使用，提供施工用水电及总包和分包约定的其他费用。

c. 甲供材的采购保管费：是指发包人供应的材料需总承包人接受及保管的费用。

⑤ 停工窝工损失费：建筑施工企业进入施工现场后，由于设计变更、停水、停电累计超过 8 h（不包括周期性停水、停电）以及按规定应由建设单位承担责任的原因造成的、现场调剂不了的停工、窝工损失费用。

⑥ 机械台班停滞费：非承包商责任造成的机械停滞所发生的费用。

4）规费：定义同前。

5）税前项目费：税前项目费是指在费用计价程序的税金项目前，根据市场交易习惯按市场价格进行计价的项目费用。税前项目的综合单价不按定额和清单规定程序组价，而按市场规则组价，其内容为包含了税金以外的全部费用。

6）税金：定义同前。

对于采用一般计税方法的建筑装饰装修工程造价，根据不同的划分方法分为两种构成，一是按费用构成要素划分为直接费、间接费、利润和增值税 4 个部分，如图 3-5 所示；二是按工程造价形成划分为分部分项工程费、措施项目费、其他项目费、规费、税前项目费和增值税 6 个部分，如图 3-6 所示。图示各项费用的价格不包含增值税进项税额。

将图 3-5、图 3-6（下称后者）与图 3-3、图 3-4（下称前者）进行对比，主要的不同点有：

① 工程费用按构成要素划分为直接费、间接费、利润和增值税（前者为税金）4 个部分，各项费用的价格均不包含增值税进项税额，而前者中各项费用的价格均包含增值税进项税额。

② 工程费用按工程造价形成划分为分部分项工程费、措施项目费、其他项目费、规费、税前项目费和增值税（前者为税金）6 个部分，其中分部分项工程费、措施项目费、其他项目费包含人工费、材料费、施工机具使用费、企业管理费和利润。各项费用的价格不包含增值税进项税额，而前者中各项费用的价格均包含增值税进项税额。

③ 将前者"税金"中的城市维护建设税、教育费附加、地方教育费附加以及水利建设基金综合列入到企业管理费中。因此，后者企业管理费的第 12 项税金表述为："是指企业按规定缴纳的房产税、非施工机械车船使用税、土地使用税、印花税、城市维护建设税、教育费附加、地方教育费附加以及水利建设基金等。"

④增值税定义为：是指国家税法规定的应计入建设工程造价内的增值税。增值税为当期销项税额。

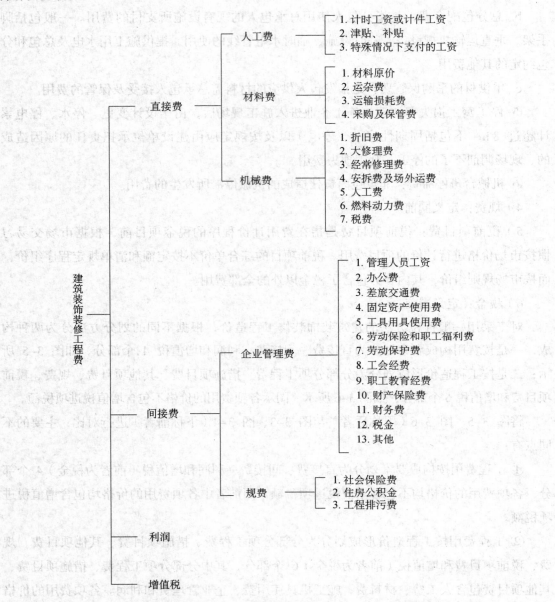

图 3-5　一般计税方法的建筑装饰装修工程费用组成（按构成要素分）

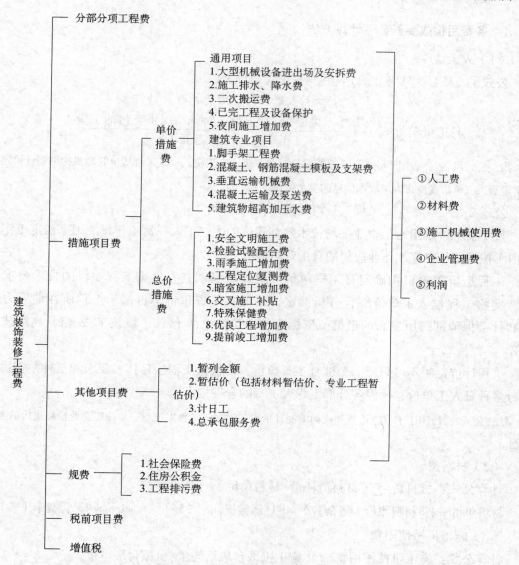

图 3-6　一般计税方法的建筑装饰装修工程费用组成（按工程造价形成分）

第二节　我国现行建筑安装工程费用的计算

一、我国现行建筑安装工程费用的计算

依据住房和城乡建设部、财政部《关于建筑安装工程费用项目组成的通知》（建标〔2013〕44 号）规定，建筑安装工程费用参考计算方法如下。

1. 各费用构成要素参考计算方法

（1）人工费

公式1：人工费=∑（工日消耗量×日工资单价）

$$日工资单价 = \frac{生产工人平均月工资（计时、计件）+平均月（奖金+津贴补贴+特殊情况下支付的工资）}{年平均每月法定工作日}$$

注：公式 1 主要适用于施工企业投标报价时自主确定人工费，也是工程造价管理机构编制计价定额确定定额人工单价或发布人工成本信息的参考依据。

公式2：人工费=∑（工程工日消耗量×日工资单价）

日工资单价是指施工企业平均技术熟练程度的生产工人在每工作日（国家法定工作时间内）按规定从事施工作业应得的日工资总额。

工程造价管理机构确定日工资单价应通过市场调查、根据工程项目的技术要求，参考实物工程量人工单价综合分析确定，最低日工资单价不得低于工程所在地人力资源和社会保障部门所发布的最低工资标准的：普工 1.3 倍、一般技工 2 倍、高级技工 3 倍。

工程计价定额不可只列一个综合工日单价，应根据工程项目技术要求和工种差别适当划分多种日人工单价，确保各分部工程人工费的合理构成。

注：公式 2 适用于工程造价管理机构编制计价定额时确定定额人工费，是施工企业投标报价的参考依据。

（2）材料费

计算公式：材料费=∑（材料消耗量×材料单价）

材料单价 = {（材料原价+运杂费）×[1+运输损耗率（%）]}×[1+采购保管费率（%）]

（3）施工机械使用费

计算公式：施工机械使用费=∑（施工机械台班消耗量×机械台班单价）

机械台班单价=台班折旧费+台班大修费+台班经常修理费+台班安拆费及场外运费+台班人工费+台班燃料动力费+台班车船税费

注：工程造价管理机构在确定计价定额中的施工机械使用费时，应根据《建筑施工机械台班费用计算规则》结合市场调查编制施工机械台班单价。施工企业可以参考工程造价管理机构发布的台班单价，自主确定施工机械使用费的报价，如租赁施工机械，公式为：施工机械使用费=∑（施工机械台班消耗量×机械台班租赁单价）。

（4）企业管理费

计算公式：企业管理费=计算基础×企业管理费费率

1）以分部分项工程费为计算基础：

$$企业管理费费率（\%）=\frac{生产工人年平均管理费}{年有效施工天数\times人工单价}\times人工费占分部分项工程费比例（\%）$$

2）以人工费和机械费合计为计算基础：

$$企业管理费费率（\%）=\frac{生产工人年平均管理费}{年有效施工天数\times（人工单价+每一工日机械使用费）}\times100\%$$

3）以人工费为计算基础：

$$企业管理费费率（\%）=\frac{生产工人年平均管理费}{年有效施工天数\times人工单价}\times100\%$$

注：上述公式适用于施工企业投标报价时自主确定管理费，是工程造价管理机构编制计价定额确定企业管理费的参考依据。

工程造价管理机构在确定计价定额中企业管理费时，应以定额人工费或（定额人工费+定额机械费）作为计算基数，其费率根据历年工程造价积累的资料，辅以调查数据确定，列入分部分项工程和措施项目中。

（5）利润

1）施工企业根据企业自身需求并结合建筑市场实际自主确定，列入报价中。

2）工程造价管理机构在确定计价定额中利润时，应以定额人工费或（定额人工费+定额机械费）作为计算基数，其费率根据历年工程造价积累的资料，并结合建筑市场实际确定，以单位（单项）工程测算，利润在税前建筑安装工程费的比重可按不低于 5%且不高于 7%的费率计算。利润应列入分部分项工程和措施项目中。

（6）规费

1）社会保险费和住房公积金：社会保险费和住房公积金应以定额人工费为计算基础，根据工程所在地省、自治区、直辖市或行业建设主管部门规定费率计算。

社会保险费和住房公积金=∑（工程定额人工费×社会保险费和住房公积金费率）

式中：社会保险费和住房公积金费率可以每万元发承包价的生产工人人工费和管理人员工资含量与工程所在地规定的缴纳标准综合分析取定。

2）工程排污费：工程排污费等其他应列而未列入的规费应按工程所在地环境保护等部门规定的标准缴纳，按实计取列入。

（7）税金

税金计算公式：税金=税前造价×综合税率（%）

综合税率。

1）纳税地点在市区的企业：

$$综合税率（\%）=\frac{1}{1-3\%-(3\%\times7\%)-(3\%\times3\%)-(3\%\times2\%)}-1$$

2）纳税地点在县城、镇的企业：

$$综合税率（\%）=\frac{1}{1-3\%-(3\%\times5\%)-(3\%\times3\%)-(3\%\times2\%)}-1$$

3）纳税地点不在市区、县城、镇的企业：

$$综合税率（\%）=\frac{1}{1-3\%-(3\%\times1\%)-(3\%\times3\%)-(3\%\times2\%)}-1$$

4）实行营业税改增值税的，按纳税地点现行税率计算。

2. 建筑安装工程计价参考计算方法

（1）分部分项工程费

计算公式：分部分项工程费=∑（分部分项工程量×综合单价）

式中：综合单价包括人工费、材料费、施工机具使用费、企业管理费和利润以及一定范围的风险费用（下同）。

（2）措施项目费

1）国家计量规范规定应予计量的措施项目，其计算公式为

措施项目费=∑（措施项目工程量×综合单价）

2）国家计量规范规定不宜计量的措施项目计算方法如下：

① 安全文明施工费

安全文明施工费=计算基数×安全文明施工费费率（%）

计算基数应为定额基价（定额分部分项工程费+定额中可以计量的措施项目费）、定额人工费或（定额人工费+定额机械费），其费率由工程造价管理机构根据各专业工程的特点综合确定。

② 夜间施工增加费

夜间施工增加费=计算基数×夜间施工增加费费率（%）

③ 二次搬运费

二次搬运费=计算基数×二次搬运费费率（%）

④ 冬雨季施工增加费

冬雨季施工增加费=计算基数×冬雨季施工增加费费率（%）

⑤ 已完工程及设备保护费

已完工程及设备保护费=计算基数×已完工程及设备保护费费率（%）

上述②～⑤项措施项目的计费基数应为定额人工费或（定额人工费+定额机械费），其费率由工程造价管理机构根据各专业工程特点和调查资料综合分析后确定。

（3）其他项目费

1）暂列金额由建设单位根据工程特点，按有关计价规定估算，施工过程中由建设单位掌握使用、扣除合同价款调整后如有余额，归建设单位。

2）计日工由建设单位和施工企业按施工过程中的签证计价。

3）总承包服务费由建设单位在招标控制价中根据总包服务范围和有关计价规定编制，施工企业投标时自主报价，施工过程中按签约合同价执行。

（4）规费和税金

建设单位和施工企业均应按照省、自治区、直辖市或行业建设主管部门发布标准计算规费和税金，不得作为竞争性费用。

二、广西壮族自治区现行建筑安装工程费用的计算

以广西壮族自治区为例，当建筑安装工程采用简易计税法时，将建筑安装工程费用按造价形成划分为分部分项工程费、措施项目费、其他项目费、规费、税前项目费和税金。当采用一般计税法时，将建筑安装工程费用按造价形成划分为分部分项工程费、措施项目费、其他项目费、规费、税前项目费和增值税。根据广西壮族自治区现行费用定额的规定，建筑装饰装修工程费用的计算程序、计算方法和取费率按下列规定执行。

1. 费用计算程序

在广西，现行建筑装饰装修工程费用计算有两种方式：一是工程量清单计价；二是工料单价法计价。对应两种计价方式有两种计价程序：一是工程量清单计价程序，见表3-2；二是工料单价法计价程序，见表3-3。

2. 费用计算及取费标准

（1）分部分项工程及单价措施项目费

分部分项工程及单价措施项目费按下列公式计算：

分部分项工程及单价措施项目费=分部分项工程、单价措施项目工程量×相应综合单价

式中，分部分项工程、单价措施项目的工程量计算按图纸和相应的工程量计算规则计算。

综合单价的组成及计算按 2013 年《广西壮族自治区建筑装饰装修工程费用定额》规定，见表3-4、表3-5。

在计算综合单价时，管理费、利润的取费费率按 2013 年《广西壮族自治区建筑装饰装修工程费用定额》规定计取，见表3-6。

表 3-2　工程工程量清单计价程序

序号	项目名称	计算程序
1	分部分项工程量清单及单价措施项目清单计价合计 其中：	Σ（分部分项工程量清单及单价措施项目清单工程量×相应综合单价）
1.1	人工费	Σ（分部分项工程量清单及单价措施项目清单工程量×相应消耗量定额人工费）
1.2	材料费	Σ（分部分项工程量清单及单价措施项目清单工程量×相应消耗量定额材料费）
1.3	机械费	Σ（分部分项工程量清单及单价措施项目清单工程量×相应消耗量定额机械费）
2	总价措施费清单计价合计	按有关规定计算
3	其他项目费计价合计	按有关规定计算
4	规费	<4.1>+<4.2>+<4.3>
4.1	社会保险费	<1.1>×相应费率
4.2	住房公积金	<1.1>×相应费率
4.3	工程排污费	（<1.1>+<1.2>+<1.3>）×相应费率
5	税前项目费	
6	税金	（（<1>+<2>+<3>+<4>+<5>））×相应费率
7	工程总造价	<1>+<2>+<3>+<4>+<5>+<6>

注：此表适用于简易计税法。当采用一般计税法时，表中税金改为增值税，各项费用的价格均不包含增值税进项税额。

表 3-3　工料单价法计价程序

序号	项目名称	计算程序
1	分部分项工程及单价措施项目费用计价合计 其中：	Σ（分部分项及单价措施项目工程量×相应综合单价）
1.1	人工费	Σ（分部分项及单价措施项目定额工程量×相应消耗量定额人工费）
1.2	材料费	Σ（分部分项及单价措施项目定额工程量×相应消耗量定额材料费）
1.3	机械费	Σ（分部分项及单价措施项目定额工程量×相应消耗量定额机械费）
2	总价措施项目费	按有关规定计算
3	其他项目费用计价合计	按有关规定计算
4	规费	<4.1>+<4.2>+<4.3>
4.1	社会保险费	<1.1>×相应费率
4.2	住房公积金	<1.1>×相应费率
4.3	工程排污费	（<1.1>+<1.2>+<1.3>）×相应费率
5	税前项目费	
6	税金	（<1>+<2>+<3>+<4>+<5>）×相应费率
7	工程总造价	<1>+<2>+<3>+<4>+<5>+<6>

注：此表适用于简易计税法。当采用一般计税法时，表中税金改为增值税，各项费用的价格均不包含增值税进项税额。

表 3-4　工程量清单综合单价组成表

序号	工程量清单综合单价					
	组成内容	计算程序	序号	费用项目组成	计算方法
					以"人工费+机械费"为计算基数
A	人工费	$\dfrac{<1>}{清单项目工程量}$	1	人工费	<1>=Σ（分部分项工程量清单工程内容的工程量×相应消耗量定额中人工费）
B	材料费	$\dfrac{<2>}{清单项目工程量}$	2	材料费	<2>=Σ（分部分项工程量清单工程内容的工程量×相应消耗量定额中材料含量×相应材料单价）
C	机械费	$\dfrac{<3>}{清单项目工程量}$	3	机械费	<3>=Σ（分部分项工程量清单工程内容的工程量×相应消耗量定额中机械含量×相应机械单价）
D	管理费	$\dfrac{<4>}{清单项目工程量}$	4	管理费	<4>=（<1>+<3>）×管理费费率
E	利润	$\dfrac{<5>}{清单项目工程量}$	5	利润	<5>=（<1>+<3>）×利润费率
	小计			A+B+C+D+E	

注：此表适用于简易计税法。当采用一般计税法时，表中相应材料单价改为相应材料除税单价，相应机械单价改为相应机械除税单价。

表 3-5　工料单价法综合单价组成表

序号	工料单价法综合单价	
	组成内容	计算方法
		以"人工费+机械费"为计算基数
A	人工费	消耗量定额子目人工费
B	材料费	Σ（消耗量定额子目材料含量×相应材料单价）
C	机械费	Σ（消耗量定额子目机械含量×相应机械单价）
D	管理费	<4>=（A+C）×管理费费率
E	利润	<5>=（A+C）×利润费率
	小计	A+B+C+D+E

注：此表适用于简易计税法。当采用一般计税法时，表中相应材料单价改为相应材料除税单价，相应机械单价改为相应机械除税单价。

表 3-6　建筑工程及装饰装修工程的管理费与利润费率表

编号	项目名称	计算基数	管理费率/%	利润费率/%
1	建筑工程	Σ（分部分项、单价措施项目人工费+机械费）	32.15～39.29	0～20
2	装饰装修工程		26.79～32.75	0～16.67
3	土石方及其他工程		8.46～10.34	0～5.26
4	地基基础及桩基础工程		13.39～16.37	0～8.30

在表 3-6 中，项目划分为建筑工程、装饰装修工程、土方及其他工程、地基基础及桩基础工程 4 类，各类费用的适用范围规定如下：

1）建筑工程。是指适用于工业与民用新建、改建、扩建的建筑物、构筑物工程。包括各种房屋、设备基础、烟囱、水塔、水池、站台、围墙工程等。但建筑工程中的装饰装修工程、土石方及其他工程、地基基础及桩基础工程单列计费，具体划分见表 3-7。

表 3-7　适用范围与消耗量定额章节对应表

序号	名称	建筑装饰装修消耗量定额章节
1	建筑工程	A.3、A.4、A.5、A.6、A.7、A.8、A.15、A.17、A.19.1、A.20.1
2	装饰装修工程	A.9、A.10、A.11、A.12、A.13、A.14、A.19.1、A.19.2、A.22
3	土石方及其他工程	A.1、A.16、A.18、A.19.3、A.20.2、A.20.3、A.21
4	地基基础及桩基础工程	A.2

注：表中 A.1 为土（石）方工程、A.2 为桩与地基基础工程、A.3 为砌筑工程、A.4 为混凝土及钢筋混凝土工程、A.5 为木结构工程、A.6 为金属结构工程、A.7 为屋面及防水工程、A.8 为隔热防腐保温工程、A.9 为楼地面工程、A.10 为墙柱面工程、A.11 为天棚工程、A.12 为门窗工程、A.13 为油漆涂料裱糊工程、A.14 为其他装饰工程、A.15 为脚手架工程、A.16 为垂直运输工程、A.17 为模板工程、A.18 为混凝土运输及泵送工程、A.19 为建筑物超高增加费、A.20 为大型机械设备基础安拆及进退场费、A.21 为材料二次运输、A.22 为成品保护工程。

2）装饰装修工程。是指适用于工业与民用新建、改建、扩建的建筑物、构筑物等的装饰装修工程。

3）土石方及其他工程。是指适用于建筑和构筑物的土石方工程（包括爆破工程）、垂直运输工程、混凝土运输及泵送工程、建筑物超高增加加压水泵台班、大型机械安拆及进退场费、材料二次运输。

4）地基基础及桩基础工程。地基基础及桩基础工程是指适用于工业与民用建筑物、构筑物等的地基基础及桩基础工程。

（2）总价措施项目费

总价措施项目费是以一定的计算基数和费率计算，其计算公式：

$$总价措施项目费=规定的计算基数×相应费率或按有关规定计算$$

根据广西壮族自治区现行标准规定，总价措施费的计算基数是以分部分项及单价措施费中的"人工费+材料费+机械费"为基数。

总价措施费中各项费用的费率按 2013 年《广西壮族自治区建筑装饰装修工程费用定额》规定计取，见表 3-8、表 3-9。

表 3-8　安全文明施工费费率表

项目名称		计算基数	费率/%或标准					
			市区		城（镇）		其他	
			1	2	1	2	1	2
安全文明施工费	$S<10\ 000\ \mathrm{m}^2$	Σ（分部分项、单价措施项目人工费+材料费+机械费）	6.75	7.36	5.75	6.27	4.72	5.14
	$10\ 000\ \mathrm{m}^2 \leqslant S \leqslant 30\ 000\ \mathrm{m}^2$		5.92	6.45	5.04	5.49	4.14	4.51
	$S>30\ 000\ \mathrm{m}^2$		5.08	5.54	4.33	4.72	3.56	3.88

注：1. 表中 S 表示单位工程的建筑面积。

2. 费率取值栏中"1"表示采用简易计税法时；"2"表示采用一般计税法时。

3. 单独承包土石方工程的，简易计税法时费率按 1.94% 计算；一般计税法时费率按 2.5% 计算。

表 3-9　其他费率表

编号	项目名称	计算基数	费率/%或标准	
			简易计税时	一般计税时
1	检验试验配合费	Σ（分部分项、单价措施项目人工费+材料费+机械费）	0.1%	0.11%
2	雨季施工增加费		0.49%	0.53%
3	优良工程增加费		2.91%～4.85%	3.17%～5.29%
4	提前竣工费		按经审定的赶工措施方案计算	
5	工程定位复测费		0.05%	0.05%
6	暗室施工增加费	暗室施工定额人工费	25%	
7	交叉施工补贴	交叉部分定额人工费	10%	
8	特殊保健费	厂区（车间）内施工项目定额人工费	厂区内：10.00%　车间内：20.00%	
9	夜间施工增加费	夜间施工工日数（工日）	18.00 元/工日	
10	其他		按有关规定	

（3）其他项目费

其他项目费包括暂列金额、暂估价、总承包服务费等，各费用的计算方法如下：

1）暂列金额。暂列金额是招标人在工程量清单中暂定并包括在合同价款中的一笔款项，由发包人暂定并掌握。

2）暂估价。暂估价是招标阶段预见肯定要发生，只是因为标准不明确或需要由专业承包人完成，暂时又无法确定具体价格时采用。它包括材料暂估价、专业工程暂估价，费用按实际发生计算。

3）计日工。计日工包括完成该项作业的人工、材料、施工机械台班等。计日工的计算公式：

$$计日工 = 暂定工程量 \times 相应单价$$

工程结算时，计日工的数量按完成发包人发出的计日工指令的数量确定，计日工的单价由投标人通过投标报价确定。

4）总承包服务费。包括总分包管理费、总分包配合费和甲供材的采购保管费，总承包服务费以分包工程造价为基数乘以一定费率计算，其计算公式：

$$总承包服务费=分包工程合同价×相应费率$$

5）机械台班停滞费。机械台班停滞费按签证的停滞台班数乘以机械停滞台班费，其计算公式：

$$机械台班停滞费=签证停滞台班数×机械停滞台班费×1.1$$

6）停工窝工人工补贴。停工窝工人工补贴按停工窝工工日数乘以日停工窝工补贴标准，其计算公式：

$$停工窝工人工补贴=停工窝工工日数×日停工窝工补贴标准$$

按现行费用定额规定，建筑装饰装修工程其他项目费各项费用的费率按表 3-10 规定执行。

表 3-10　其他项目费费率表

编号		项目名称		计算基数	费率/%或标准	
					简易计税时	一般计税时
1		暂列金额		Σ（分部分项工程费+措施项目费）	5%～10%	
2		总承包服务费				
其中	2.1	总分包管理费		分包工程造价	1.5%	1.67%
	2.2	总分包配合费			3.5%	3.89%
	2.3	甲供材的采购保管费			按规定计算	
3	暂估价	材料暂估价		按实际发生计算		
		专业工程暂估价				
4		计日工		按暂定工程量×相应单价		
5		机械台班停滞费		签证停滞台班×机械台班停滞费	系数 1.10	系数 1.25
6		停工窝工补贴		停工窝工工日数（工日）	45.00 元/工日	

注：采用信息价的计日工（包含人工、材料、机械），简易计税时计日工综合单价 = 计日工相应信息价×综合费率 1.3；一般计税时计日工综合单价=相应除税信息价×综合费率 1.35。

（4）规费

规费包括建安劳保费、生育保险费、工伤保险费、住房公积金、工程排污费，按规定的计算基数乘以相应的费率计算，其计算公式：

$$规费=规定的计算基数×相应费率$$

按现行费用定额规定，建筑装饰装修工程规费中各项费用的费率按表 3-11 执行。

表 3-11　规费费率表

编号		项目名称	计算基数	费率/%	
				简易计税时	一般计税时
1		社会保险费	Σ（分部分项及单价措施项目人工费）	29.35	
其中	1.1	养老保险费		17.22	
	1.2	失业保险费		0.34	
	1.3	医疗保险费		10.25	
	1.4	生育保险费		0.64	
	1.5	工伤保险费		0.90	
2		住房公积金		1.85	
3		工程排污费	Σ（分部分项及单价措施费定额人工费+材料费+机械费）	0.23~0.39	0.25~0.43

注：建筑面积 < 10 000 m² 取高值，10 000 m² ≤ 建筑面积 ≤ 30 000 m² 取中值，建筑面积 > 30 000 m² 取低值。

（5）税金

按现行费用定额规定，当建筑安装工程采用简易计税法时，造价内税金包括增值税、城市维护建设税、教育费附加、地方教育费附加及水利建设基金；当建筑安装工程采用一般计税法时，造价内税金是指增值税，是该工程当期的销项税额。税金的计算公式：

税金=（分部分项工程费+措施项目费+其他项目费+规费+税前项目费）×相应税率

税率按现行费用定额及相关税收文件规定计取，当建筑安装工程采用简易计税法时，税率按表 3-12 规定费率表执行；当建筑安装工程采用一般计税法时，税率按表 3-13 规定费率表执行。

表 3-12　简易计税方法下税费税率

定额编号	项目名称	计算基数	费率/%		
			市区	城（镇）	其他
合计	税费	分部分项及单价措施清单计价合计＋总价措施清单计价合计＋其他项目清单计价合计＋规费＋税前项目清单计价合计（或分部分项工程和单价措施项目费用计价合计＋总价措施费用计价合计＋其他项目费计价合计＋规费＋税前项目费计价合计）	3.46	3.40	3.28
1	增值税		3.00	3.00	3.00
2	城市维护建设税		0.21	0.15	0.03
3	教育费附加		0.09	0.09	0.09
4	地方教育费附加		0.06	0.06	0.06
5	水利建设基金		0.10	0.10	0.10

注：简易计税方法下的直接工程费、措施费、企业管理费、利润和规费的各项费用中，均包含增值税进项税额。

表 3-13　一般计税方法下税费取费费率表

编号	项目名称	计算基础	税率
1	增值税	分部分项工程费及单价措施项目费计+总价措施项目费+其他项目费＋税前项目费＋规费	10%

3．费用计算举例

【例 3-1】某建筑工程采用一般计税法计算工程造价，已知有现浇钢筋混凝土有梁板 25 m³，设计采用泵送商品混凝土 C25。设 C25 商品混凝土除税单价为 269.76 元/m³，管理费及利润的费率取中值，广西现行现浇板消耗量定额如表 3-14 所示，按现行取费标准计算现浇有板项目的合价。

表 3-14　广西现行现浇板消耗量定额表

单位：10 m³

定额编号			A4-31	
项　　目			混凝土有梁板	
参考基价/元			含税	除税
			3 023.15	2 936.60
其中	人　工　费/元		287.76	287.76
	材　料　费/元		2 720.39	2 635.46
	机　械　费/元		15.00	13.38
编码	名称	单位	含税单价	除税单价	数　　量
041401026	砾石 GD40 商品普通混凝土 C20	m³	262.00	254.37	10.150
310101065	水	m³	3.40	3.30	3.420
021701001	草袋	m²	4.50	3.85	10.990
990506001	混凝土振捣器（平板式）	台班	11.54	10.34	0.630
990506002	插入式振捣器	台班	12.27	10.91	0.630

注：工作内容：清理、润湿模板、浇捣、振捣、养护。

解：

采用一般计税法时应取除税价格

套 A4-31 换　换算后的基价=2 936.60+10.15×（269.76-254.37）=3 092.81 元/10 m³

管理费率=（31.10%+38.00%）÷2=34.55%；利润率=（0%～18.80%）÷2=9.4%

管理费=（人工费+机械费）×管理费费率=（287.76+13.38）×34.55%=104.04 元/10 m³

利润=（人工费+机械费）×利润率=（287.76+13.38）×9.4%=28.31 元/10 m³

综合单价=（3 092.81+104.04+28.31）/10=322.52 元/ m³

有梁板混凝土浇捣合价=25×322.52=8 063（元）

【例3-2】某装饰工程采用简易法计算工程造价，已知有水泥砂浆地面 600 m²，设计做法为 1：2 水泥砂浆 20 mm 厚。设管理费及利润的费率取中值，广西现行楼地面整体面层消耗量定额如表 3-15 所示，按现行取费标准计算水泥砂浆面层项目的合价。

表3-15　广西现行楼地面整体面层消耗量定额

单位：100 m²

定额编号						A9-10	
项　目						水泥砂浆整体面层 楼地面 20 mm	
参考基价/元						含税	除税
						1 431.47	1 353.44
其中	人　工　费/元					690.24	690.24
	材　料　费/元					706.77	629.38
	机　械　费/元					34.46	33.82
编码	名称	单位	含税单价	除税单价	数　量		
801101001	素水泥浆	m³	465.97	398.48	0.100		
800102003	水泥砂浆 1：2	m³	271.41	243.71	2.020		
023301001	草袋	m³	4.50	3.85	22.000		
341101001	水	m³	3.40	3.30	3.800		
990509001	灰浆搅拌机（拌筒容量200L）	台班	101.36	99.46	0.340		

注：工作内容：清理基层、调运砂浆、刷素水泥浆、抹面、压光、养护。

解：

采用简易计税法时应取含税价格

套 A9-10　基价=1 431.47 元/100 m²

管理费率=（25.45+31.11）÷2=28.28%；利润率=（0+15.84）÷2=7.92%

管理费及利润=（690.24+34.46）×（28.28%+7.92%）=262.34 元/100 m²

综合单价=（1 431.47+262.34）/100=16.94 元/m²

水泥砂浆面层合价=600×16.94=10 164 元

【例 3-3】某工程有一单价措施项目：扣件式钢管里脚手架（3.6 m 以内），计价人员进行该项目综合单价分析，已知广西现行里脚手架消耗量定额如表 3-16 所示。设管理费及利润的费率取中值，按广西现行取费标准，比较采用简易计税和采用一般计税时扣件式钢管里脚手架的综合单价。

表 3-16　广西现行里脚手架消耗量定额

单位：100 m²

定额编号			A15-1	
项　　目			扣件式钢管里脚手架	
			3.6 m 以内	
参考基价/元			含税	除税
			386.62	372.78
其中	人　工　费/元		284.49	284.49
	材　料　费/元		80.80	69.27
	机　械　费/元		21.33	19.02
编码	名称	单位	含税单价	除税单价	数　　量
350303001	脚手架焊接钢管 Φ48.3×3.6	t	5 100.00	4 358.97	0.006
350302003	直角扣件	个	7.80	6.67	1.080
350302001	回转扣件	个	7.50	6.41	0.060
350307002	竹脚手板	m²	20.00	17.09	1.070
053501002	竹篾	百根	3.60	3.08	2.940
341508001	其他材料费	元	1.00	0.876	9.350
990704004	载货汽车（装载质量 4 t）	台班	426.58	380.34	0.050

注：工作内容有①架子搭设、铺板、拆除、钢管及管件维护；②场内外材料搬运及拆除后的材料整理堆放。

解：

采用简易计税法时应取含税价格

基价=386.62 元/100 m²

管理费率=（30.54%+37.33%）÷2=33.935%；利润率=（0+19%）÷2=9.5%

综合单价=386.62+（284.49+21.33）×（33.935%+9.5%）=519.45 元/100 m²

采用简一般税法时应取除税价格

基价=372.78 元/100 m²

管理费率=（31.10%+38.00%）÷2=34.55%；利润率=（0%～18.80%）÷2=9.4%

综合单价=372.78+（284.49+19.02）×（34.55%+9.4%）=506.17 元/100 m²

【例 3-4】 某一般纳税人建筑企业承包了市区住宅建筑工程，建筑面积为 8 000 m²，包工包料。经施工图计算可得表 3-17 数据。

表 3-17　分部分项工程及单价措施项目工、料、机数据

项目名称	人工费	材料费	机械费
分部分项工程费	30 万元	60 万元	10 万元
单价措施费	5 万元	20 万元	3 万元

设工程管理费率取 35%，利润率取 10%；总价措施项目包括安全文明施工费、检验

试验配合费、雨季施工增加费、工程定位复测费；其他项目费包括暂列金额，费率取8%。根据已知条件和广西现行费用标准计算该工程总造价。

解： 各项费用计算如下：

（1）分部分项工程费用合计=30+60+10+（30+10）×（35%+10%）=118 万元

（2）措施项目费=31.6+10.304=41.904 万元

① 单价措施费用合计=5+20+3+（5+3）×（35%+10%）=31.6 万元

② 总价措施费合计=9.421+0.141+0.678+0.064=10.304 万元

　　安全文明施工费=（30+60+10+5+20+3）×7.36%=9.421 万元

　　检验试验配合费=（30+60+10+5+20+3）×0.11%=0.141 万元

　　雨季施工增加费=（30+60+10+5+20+3）×0.53%=0.678 万元

　　工程定位复测费=（30+60+10+5+20+3）×0.05%=0.064 万元

（3）其他项目费合计=12.792 万元

　　暂列金额=（118+41.904）×8%=12.792 万元

（4）规费合计=10.273+0.648+0.550=11.471 万元

　　社会保险费=（30+5）×29.35%=10.273 万元

　　住房公积金=（30+5）×1.85%=0.648 万元

　　工程排污费=（30+60+10+5+20+3）×0.43%=0.550 万元

（5）增值税=（118+41.904+12.792+11.471）×10%=18.417 万元

（6）工程总造价=118+41.904+12.792+11.471+18.417=202.584 万元

【例 3-5】 某小规模纳税人装饰公司承包了市区教学楼装饰装修工程，建筑面积为7 000 m²，包工包料。经施工图计算可得表 3-18 数据。

表 3-18　分部分项工程及单价措施项目工、料、机数据（除铝合金门窗）

项目名称	人工费	材料费	机械费
分部分项工程费	100 元	420 万元	80 万元
单价措施费	50 万元	100 万元	15 万元

工程铝合金门窗部分专业分包，分包合同价 90 万元。管理费率取 30%，利润率8%。总价措施项目包括安全文明施工费、检验试验配合费、雨季施工增加费、工程定位复测费；其他项目费包括总分包管理费、总分包配合费。根据已知条件和广西现行费用标准计算该工程总造价。

解： 各项费用计算如下

（1）分部分项工程及单价措施费用合计=100+420+80+（100+80）×（30%+8%）+50+100+15+（50+15）×（30%+8%）=858.1 万元

（2）总价措施项目费合计=51.638+0.765+3.749+0.383=56.535 万元

安全文明施工费=（100+420+80+50+100+15）×6.75%=51.638 万元

检验试验配合费=（100+420+80+50+100+15）×0.1%=0.765 万元

雨季施工增加费=（100+420+80+50+100+15）×0.49%=3.749 万元

工程定位复测费=（100+420+80+50+100+15）×0.05%=0.383 万元

（3）其他项目费合计=1.35+3.15=4.5 万元

总分包管理费=90×1.5%=1.35 万元

总分包配合费=90×3.5%=3.15 万元

（4）规费合计=44.025+2.775+2.984=49.784 万元

社会保险费=（100+50）×29.35%=44.025 万元

住房公积金=（100+50）×1.85%=2.775 万元

工程排污费=（100+420+80+50+100+15）×0.39%=2.984 万元

（5）税费=（858.1+56.535+4.5+49.784）×3.46%=33.525 万元

（6）工程总造价=858.1+56.535+4.5+49.784+33.525=1 002.444 万元

第四章 建筑工程施工图预算

第一节 概 述

施工图预算是施工图设计完成后，以施工图纸为依据，根据消耗量定额和设备、材料预算价格等进行编制而得的预算造价文件。在广西施工图预算属于工料单价法计价模式，也称定额计价法。

建筑工程施工图预算又分为一般土建工程预算、给排水工程预算、暖通工程预算、电气照明工程预算、工业管道工程预算和特殊构筑物工程预算。本章仅介绍一般土建工程施工图预算的编制。

一、施工图预算的编制依据

通常情况下，在进行施工图预算的编制时应掌握、依据下列文件资料：

1. 施工图纸及其说明

施工图纸及其说明，是编制预算的主要工作对象和依据。施工图纸必须要经过建设、设计和施工单位共同会审确定后，才能着手进行预算编制，使预算编制工作既能顺利地开展，又可避免不必要的返工计算。

2. 现行预算定额或地区单位估价表

广西壮族自治区现行的预算定额为消耗量定额，它是编制预算的基础资料。编制施工图预算，划分分部分项工程、计算分项工程量、人材机价格的取定，都必须以消耗量定额为标准和依据。

3. 施工组织设计或施工方案

施工组织设计或施工方案，是建筑工程施工中的重要文件，它对工程施工方法、施工机械选择、材料构件的加工和堆放地点都有明确的规定。这些资料直接影响计算工程量和选套预算单价。

4. 费用定额及取费标准

各省、直辖市、自治区都有本地区的建筑工程费用定额和各项取费标准，它是计算工程造价的重要依据。

5. 预算工作手册和建材五金手册

各种预算工作手册和五金手册上载有各种构件工程量及钢材重量等，是工具性资料，可供计算工程量和进行工料分析参考。

6. 批准的初步设计及设计概算

设计概算是拟建工程确定投资的最高限额，一般预算价值不得超过概算价值，否则要调整初步设计。

7. 地区人工工资、材料及机械台班预算价格

预算定额中的工资标准仅限定额编制时的工资水平，在实际编制预算时应结合当时当地的相应工资单价调整。同样，在一段时期内，材料价格和机械费都可能变动很大，必须按照当地规定调整价差。

二、施工图预算的编制步骤

1. 收集资料

（1）施工图纸及其说明。设计图纸要求成套不缺，附带说明书以及必要的通用设计图集。

（2）现行计价依据、材料价格、人工工资标准、施工机械台班使用定额以及有关费用调整文件。

（3）招标文件、工程协议或合同。

（4）施工组织设计（施工方案）或技术组织措施等。

（5）工程计价手册。如各种材料手册、常用计算公式和数据、概算指标等各种资料。

2. 熟悉图纸和现场

（1）熟悉施工图纸。施工图纸是编制预算的基本依据。只有熟悉图纸，才能了解设计意图，正确地选用定额，从而准确地计算出工程量。对建筑物的造型、平面布置、结构类型、应用材料以及图注尺寸、说明及其构配件的选用等方面的熟悉程度，将直接影响到能否准、全、快地编制预算。

（2）了解现场情况和施工组织设计资料。应全面了解现场施工条件、施工方法、技术组织措施、施工设备、器材供应情况，并通过踏勘施工现场补充有关资料。例如，预算人员了解施工现场的地质条件、周围环境、土壤类别情况等，就能确定建筑物的标高，土方挖、填、运的状况和施工方法，以便能正确地确定工程项目的单价，达到预算正确，真正起到控制工程造价的作用。同时，预算人员应和施工人员相配合，按照施工需要，分层分段计算工程量，为编制材料供应计划，制订月、季度施工形象进度计划和安排全年施工任务提

供方便，避免重复劳动。

3. 列出工程项目并计算工程量

在熟悉图纸和预算定额的基础上，根据预算定额的项目划分，列出所需计算的分部分项工程项目名称。如果预算定额没有列出图纸上表示的项目，则需补充该项目。一般应首先按预算定额分部工程项目的顺序进行排列，初学者更应这样，否则容易出现漏项或重项。

工程量是编制预算的原始数据，计算工程量是一项既繁重又细致的工作，不仅要求认真、细致、及时和准确，而且要按照一定的计算规则和顺序进行，从而避免和防止重算与漏算等现象的产生，同时也便于校对和审核。

4. 套消耗量定额计算分部分项工程费和单价措施费

（1）套定额

当分项工程量计算完成并经自检无误后，就可按顺序在表中逐项填写定额编号、项目名称、计量单位、工程量及综合单价等。

应注意的是，在选用定额单价时，分项工程的名称、材料品种、规格、配合比及做法等必须与预算定额中所列的内容相符合。在确定综合单价及定额编号的过程中，常有以下三种情况：

① 直接套用。如果分项工程的名称、材料品种、规格、配合比及做法等与定额取定内容完全相符，就可直接套用定额单价。

② 换算单价。如果分项工程的名称、材料品种、规格、配合比及做法与定额取定不完全相符，定额规定又允许换算者，则可将查得的分项工程单价进行换算，并在定额编号后添"换"字。

③ 补充单价。如果分项工程的名称、材料品种、规格、配合比及做法等与定额取定内容不相符，且定额表中没有相应项目，则应进行估工估料，结合地区工资标准、材料和机械台班预算价格，编制补充单价。补充单价的定额编号可写"补"字。

（2）计算分部分项工程费及单价措施费

① 将预算表内每一分项工程的工程量乘以相应综合单价得出的积数，称为"合价"或"复价"，即为分项工程费，其计算公式为

合价（即分项工程费和单价措施费）=分项工程量×相应综合单价

② 将预算表内某一分部工程中各个分项工程的合价相加所得的和数，也称为"小计"，即分部工程费。其计算公式为

小计（即分部工程费和单价措施费）=∑分项工程费及单价措施费合价

③ 汇总各分部小计得"合计",即单位工程各分部分项工程费和单价措施费总和。

5. 编制工料分析表

根据各分部分项工程的实物工程量和相应定额中的项目所列的用工工日数及材料数量,计算出各分部分项工程所需的人工及材料数量,相加汇总得出单位工程各类用工和材料用量。

6. 套费用定额计算单位工程造价

按费用定额规定的各项费用的计算程序、计算方法和取费标准计算出措施项目费、规费、其他项目费和税金等,汇总得预算总造价。

7. 复核

预算编制出来之后,由预算编制人所在单位的其他预算专业人员进行检查核对工作。其内容主要是核查分项工程项目有无漏项或多余项;工程量有无少算、多算或错算;预算综合单价、换算综合单价或补充综合单价是否选用合适;各项费用及取费标准是否符合规定。

8. 编制说明

工程量和预算表编制完成后,还应填写编制说明。其目的是使有关单位了解预算的编制依据、施工方法、材料差价以及其他编制情况等。预算编制说明无统一内容和格式,一般应包括以下内容:

（1）施工图名称及编号。

（2）预算编制所依据的预算定额。

（3）预算编制所依据的费用定额和取费标准。

（4）是否已考虑设计修改或图纸会审记录。

（5）有哪些遗留项目或暂估项目。

（6）存在的问题及处理的办法、意见等。

9. 装订签章

将工料单价法的各个计算表格,按规定格式及顺序编排装订成册。

在已装订成册的预算书上,预算编制人应填写封面内容并签字,加盖资格证号的印章,经有关负责人审阅签字后,加盖公章,至此完成了预算编制工作。

三、施工图预算（工料单价法计价）的表格格式

根据《〈建设工程工程量清单计价规范〉（GB 50500—2013）广西壮族自治区实施细则》规定,工料单价法计价应采用统一格式。

工料单价法计价格式应由下列内容组成:

表 1　封面

表 2　总说明: 1) 工程概况: 依据计价内容, 应说明建设规模、工程特征、计划工期、合同工期、实际工期、施工现场及变化情况、施工组织设计的特点、自然地理条件、环境保护要求等。2) 计价依据及其他需要说明的问题。

表 3　工程项目费用汇总表

表 4　单项工程费用汇总表

表 5 (a)　单位工程费用汇总表 (适用于一般计税法)

表 5 (b)　单位工程费用汇总表 (适用于简易计税法)

表 6　分部分项工程和单价措施项目费用表

表 7　总价措施费用表

表 8　其他项目费用表

表 8.1　暂列金额明细表

表 8.2　材料 (工程设备) 暂估单价及调整表

表 8.3　专业工程暂估价及结算表

表 8.4　计日工表

表 8.5　总承包服务费计价表

表 9　税前项目费表

表 10 (a)　规费、增值税汇总表 (适用于一般计税法)

表 10 (b)　规费、税金汇总表 (适用于简易计税法)

表 11　发包人提供主要材料和工程设备一览表

表 12　承包人提供主要材料和工程设备一览表 (适用于造价信息差额调整法)

表 13　承包人提供主要材料和工程设备一览表 (适用于价格指数差额调整法)

表 1　封面

工 程 预 (结) 算 书

工程名称:

建设单位:	工程造价:
施工单位:	建筑面积:
编制单位:	单方造价:
审核单位:	编制日期:
编 制 人:	编制人证号:
审 核 人:	审核人证号:

表 2   总说明

工程名称：   第　页共　页

表 3   工程项目费用汇总表

工程名称：   第　页共　页

序号	单项工程名称	金额/元	其中/元	
			暂估价	安全文明施工费
	招标控制价/投标报价合计			

表 4   单项工程费用汇总表

工程名称：   第　页共　页

序号	单位工程名称	金额/元	其中/元	
			暂估价	安全文明施工费
	招标控制价/投标报价合计			

表 5（a）   单位工程费汇总表（适用于一般计税法）

工程名称：   第　页共　页

序号	费用内容	金额/元	备注
1	分部分项工程和单价措施项目费用计价合计		
1.1	其中：暂估价		
2	总价措施项目费用计价合计		
2.1	其中：安全文明施工费		
3	其他项目费用计价合计		
4	税前项目费用计价合计		
5	规费		
6	增值税		
7	工程总造价=1+2+3+4+5+6		

表5（b） 单位工程费汇总表（适用于简易计税法）

工程名称： 第 页共 页

序号	费用内容	金额/元	备注
1	分部分项工程和单价措施项目费用计价合计		
1.1	其中：暂估价		
2	总价措施项目费用计价合计		
2.1	其中：安全文明施工费		
3	其他项目费用计价合计		
4	税前项目费用计价合计		
5	规费、税金计价合计		
5.1	其中：增值税		
6	工程总造价=1+2+3+4+5		

表6 分部分项工程和单价措施项目费用表

工程名称： 第 页共 页

定额编号	定额名称	单位	工程量	单价/元	合价/元	单价分析/元					
						人工费	材料费	机械费	管理费	利润	其中：暂估价
	合　计										
	∑人工费										
	∑材料费										
	∑机械费										
	∑管理费										
	∑利润										

表7 总价措施项目费用表

工程名称： 第 页共 页

序号	项目名称	计算基础	费率/%或标准	金额/元	备注
1	安全文明施工费				
2	检验试验配合费				
3	雨季施工增加费				
4	工程定位复测费				
5	暗室施工增加费				
6	交叉施工补贴				
7	特殊保健费				
8	优良工程增加费				
9	提前竣工增加费				
10	其他				
	合计				

注：以项计算的总价措施，无"计算基础"和"费率"的数值，可只填"金额"数值，但应在备注栏说明施工方案出处或计算方法。

表 8　其他项目费用表

工程名称：　　　　　　　　　　　　　　　　　　　　　　　　第　页共　页

序号	项目名称	计算公式	金额/元
1	暂列金额	详见表 8.1	
2	材料暂估价	详见表 8.2	
3	专业工程暂估价	详见表 8.3	
4	计日工	详见表 8.4	
5	总承包服务费	详见表 8.5	
	合计		

表 8.1　暂列金额明细表

工程名称：　　　　　　　　　　　　　　　　　　　　　　　　第　页共　页

序号	项目名称	计量单位	暂定金额/元	备注

表 8.2　材料暂估单价及调整表

工程名称：　　　　　　　　　　　　　　　　　　　　　　　　第　页共　页

序号	材料名称、规格、型号	计量单位	数量		暂估价/元		确认/元		差额±/元		备注
			暂估	确认	单价	合价	单价	合价	单价	合价	
	合计										
	其中：甲供材										

　　注：此表由招标人填写"暂估单价"，投标人应将上述材料、工程备暂估价计入工程量清单综合单价报价中。如为甲供材需在备注中说明"甲供材"。

表 8.3　专业工程暂估价及结算表

工程名称：　　　　　　　　　　　　　　　　　　　　　　　　　　　　　第　页共　页

序号	工程名称	工程内容	暂定金额/元	结算金额/元	备注
	合计				

注：此表"暂定金额"由招标人填写，投标人应将"暂估金额"计入投标总价中。结算时按合同约定结算金额填写。

表 8.4　计日工表

工程名称：　　　　　　　　　　　　　　　　　　　　　　　　　　　　　第　页共　页

序号	项目名称	单位	暂定数量	综合单价/元	合价/元
一	人工				
1					
2					
二	材料				
1					
2					
三	施工机械				
1					
2					
	总计				

注：1. 此表项目名称、暂定数量由招标人填写，编制招标控制价时，单价由招标人按有关计价规定确定。
　　2. 投标时，单价由投标人自主报价，按暂定数量计算合价计入投标总价中。
　　3. 计日工单价包含除税金以外所有费用。

表 8.5　总承包服务费计价表

工程名称：　　　　　　　　　　　　　　　　　　　　　　　　　　　　　第　页共　页

序号	项目名称	计算基础/元	服务内容	费率/%	金额/元
1	发包人发包专业工程				
2	发包人提供材料				
	合计				

注：此表项目名称、服务内容由招标人填写，编制招标控制价时，费率及金额由招标人按有关规定确定；投标时，费率及金额由投标人自主报价，计入投标总价中。此表项目价值在结算时，计算基础按实计取。

表9 税前项目费表

工程名称：第　页共　页

序号	项目编号	项目名称及项目特征描述	计量单位	工程量	金额/元	
					单价	合价
		合计				

注：税前项目包含除税金之外的所有费用。

表10（a）　规费、增值税汇总表（适用于一般计税法）

工程名称：第　页共　页

序号	项目名称	计算基础	费率/%	金额/元
1	规费			
1.1	社会保险费			
1.1.1	养老保险费			
1.1.2	失业保险费			
1.1.3	医疗保险费			
1.1.4	生育保险费			
1.1.5	工伤保险费			
1.2	住房公积金			
1.3	工程排污费			
2	增值税			
3	合计			

表10（b）　规费、税金汇总表（适用于简易计税法）

工程名称：第　页共　页

序号	项目名称	计算基础	费率/%	金额/元
1	规费			
1.1	社会保险费			
1.1.1	养老保险费			
1.1.2	失业保险费			
1.1.3	医疗保险费			
1.1.4	生育保险费			
1.1.5	工伤保险费			
1.2	住房公积金			
1.3	工程排污费			
2	税金			
3	合计			

表 11 发包人提供主要材料和工程设备一览表

工程名称：

编号：

序号	材料（工程设备）名称、规格、型号	单位	数量	单价/元	发货方式	送达地点	备注
	合计						

注：此表由招标人填写，供投标人在投标报价、确定总承包服务费时参考。

表 12 承包人提供主要材料和工程设备一览表（适用于造价信息差额调整法）

工程名称：

编号：

序号	名称、规格、型号	单位	数量	风险系数/%	基准单价/元	投标单价/元	确认单价/元	价差/元	合计差价
	合计								

注：1. 此表由招标人填写除"投标单价"栏的内容，投标人在投标时自主确定投标单价。
　　2. 招标人应优先采用工程造价管理机构发布的单价作为基准单价，未发布的，通过市场调查确定其基准单价。

表 13 承包人提供主要材料和工程设备一览表（适用于价格指数差额调整法）

工程名称：

编号：

序号	名称、规格、型号	变值权重 B	基本价格指数 F_0	现行价格指数 F_1	备注
	定值权重 A		—	—	—
	合计	1	—	—	—

注：1. 此"名称、规格、型号""基本价格指数"栏由招标人填写，基本价格指数应首先采用工程造价管理机构发布的价格指数，没有时，可采用发布价格代替。如人工、机械费也可采用本法调整，由招标人在"名称"栏填写。
　　2. "变值权重"栏由招标人根据项目人工、机械费和材料、工程设备价值在投标总报价中所占的比例填写，1减去其比例为定值权重。
　　3. "现行价格指数"按约定的付款证书相关周期最后一天的前 42 天的各项目价格指数填写，该指数应首先采用工程造价管理机构发布的价格指数，没有时，可采用发布的价格代替。

第二节　工程量计算

工程量是以自然计量单位和物理计量单位所表示的各分项工程量或结构构件数量。

一、工程量计算的意义、原则、步骤

1. 正确计算工程量的意义

1）工程量是编制施工图预算的重要基础数据。工程量计算准确与否，将直接影响到工程造价的准确性。

2）工程量是施工企业编制施工作业计划、合理安排施工进度、调配进入施工现场的劳动力、材料、设备等生产要素的重要依据。

3）工程量是加强成本管理、实行承包核算的重要依据。

2. 工程量计算的原则

为了准确地计算工程量，提高施工图预算编制的质量和速度，防止工程量计算中出现错算、漏算和重复计算。工程量计算时，通常要遵循以下原则：

（1）计算口径要一致

计算工程量时，根据施工图列出的分项工程的口径（指分项工程所包括的内容和范围）应与预算定额中相应分项工程的口径相一致。例如，广西预算定额中人工挖土方分项工程，包括挖土、装土、修整边底等。因此，在计算工程量列项时，装土等就不应再列项，否则为重复列项。

（2）工程量计算规则要一致

按施工图纸计算工程量，必须与预算定额工程量的计算规则一致。如砌筑工程，标准砖一砖半的墙体厚度，不管施工图中所标注的尺寸是"360"还是"370"，均应以预算定额计算规则规定的"365"计算。

（3）计量单位要一致

按施工图纸计算工程量时，所列各分项工程的计量单位，必须与定额中相应项目的计量单位一致。例如，砖砌墙体工程量的计量单位是米^3（m^3），而不是以米^2（m^2）计。

（4）计算工程量要遵循一定的顺序进行

计算工程量时，为了快速准确，不重不漏，一般应遵循一定的顺序进行。

3. 工程量计算的步骤

工程量计算依次列出分项工程项目名称、计量单位、工程数量、计算式等，如表 4-1

所示。

表 4-1 工程量计算表

序号	分项工程名称	单位	工程数量	计算式

（1）列出分项工程名称

根据施工图纸及定额规定，按照一定计算顺序，列出单位工程施工图预算的分项工程项目名称。

（2）列出计量单位、计算公式

按定额要求，列出计量单位和分项工程项目的计算公式。计算工程量，采用表格形式进行，可使计算步骤清楚，部位明确，便于核对，减少错误。

（3）汇总列出工程数量

计算出的工程量同类项目汇总后，填入工程数量栏内，作为计取工程直接费的依据。

二、建筑面积计算

广西壮族自治区于 2004 年 1 月 1 日正式执行《广西壮族自治区建筑装饰装修工程消耗量定额》（2013 版）（以下简称《广西建筑工程消耗量定额》），《广西建筑工程消耗量定额》中的"建筑面积计算规则"按《建筑工程建筑面积计算规范》（GB/T 50353—2005）编制。但根据住房和城乡建设部《关于印发〈2012 年工程建设标准规范制订修订计划〉的通知》（建标〔2012〕5 号）的要求，经广泛调查研究，认真总结经验，对 2005 年规范进行了修订。自 2014 年 7 月 1 日起实施新的国家标准《建筑工程建筑面积计算规范》（GB/T 50353—2013），原《建筑工程建筑面积计算规范》（GB/T 50353—2005）同时废止。广西壮族自治区定额应按新规范执行。

新规范的主要技术内容是：① 总则；② 术语；③ 计算建筑面积的规定。修订的主要技术内容为：① 增加了建筑物架空层的面积计算规定，取消了深基础架空层；② 取消了有永久性顶盖的面积计算规定，增加了无围护结构有围护设施的面积计算规定；③ 修订了落地橱窗、门斗、挑廊、走廊、檐廊的面积计算规定；④ 增加了凸（飘）窗的建筑面积计算要求；⑤ 修订了围护结构不垂直于水平面而超出底板外沿的建筑物的面积计算规定；⑥ 删除了原室外楼梯强调的有永久性顶盖的面积计算要求；⑦ 修订了阳台的面积计算规定；⑧ 修订了外保温层的面积计算规定；⑨ 修订了设备层、管道层的面积计算规定；⑩ 增加了门廊的面积计算规定；⑪ 增加了有顶盖的采光井的面积计算规定。

1. 建筑面积计算规范

1 总 则

1.0.1 为规范工业与民用建筑工程建设全过程的建筑面积计算，统一计算方法，制定本规范。

1.0.2 本规范适用于新建、扩建、改建的工业与民用建筑工程建设全过程的建筑面积计算。

1.0.3 建筑工程的建筑面积计算，除应符合本规范外，尚应符合国家现行有关标准的规定。

2 术 语

2.0.1 建筑面积 construction area

建筑物（包括墙体）所形成的楼地面面积。

2.0.2 自然层 floor

按楼地面结构分层的楼层。

2.0.3 结构层高 structure story height

楼面或地面结构层上表面至上部结构层上表面之间的垂直距离。

2.0.4 围护结构 building enclosure

围合建筑空间的墙体、门、窗。

2.0.5 建筑空间 space

以建筑界面限定的、供人们生活和活动的场所。

2.0.6 结构净高 structure net height

楼面或地面结构层上表面至上部结构层下表面之间的垂直距离。

2.0.7 围护设施 enclosure facilities

为保障安全而设置的栏杆、栏板等围挡。

2.0.8 地下室 basement

室内地平面低于室外地平面的高度超过室内净高的 1/2 的房间。

2.0.9 半地下室 semi-basement

室内地平面低于室外地平面的高度超过室内净高的 1/3，且不超过 1/2 的房间。

2.0.10 架空层 stilt floor

仅有结构支撑而无外围护结构的开敞空间层。

2.0.11 走廊 corridor

建筑物中的水平交通空间。

2.0.12 架空走廊 elevated corridor

专门设置在建筑物的二层或二层以上，作为不同建筑物之间水平交通的空间。

2.0.13 结构层 structure layer

整体结构体系中承重的楼板层。

2.0.14　落地橱窗　french window

突出外墙面且根基落地的橱窗。

2.0.15　凸窗（飘窗）　bay window

凸出建筑物外墙面的窗户。

2.0.16　檐廊　eaves gallery

建筑物挑檐下的水平交通空间。

2.0.17　挑廊　overhanging corridor

挑出建筑物外墙的水平交通空间。

2.0.18　门斗　air lock

建筑物入口处两道门之间的空间。

2.0.19　雨篷　canopy

建筑出入口上方为遮挡雨水而设置的部件。

2.0.20　门廊　porch

建筑物入口前有顶棚的半围合空间。

2.0.21　楼梯　stairs

由连续行走的梯级、休息平台和维护安全的栏杆（或栏板）、扶手以及相应的支托结构组成的作为楼层之间垂直交通使用的建筑部件。

2.0.22　阳台　balcony

附设于建筑物外墙，设有栏杆或栏板，可供人活动的室外空间。

2.0.23　主体结构　major structure

接受、承担和传递建设工程所有上部荷载，维持上部结构整体性、稳定性和安全性的有机联系的构造。

2.0.24　变形缝　deformation joint

防止建筑物在某些因素作用下引起开裂甚至破坏而预留的构造缝。

2.0.25　骑楼　overhang

建筑底层沿街面后退且留出公共人行空间的建筑物。

2.0.26　过街楼　overhead building

跨越道路上空并与两边建筑相连接的建筑物。

2.0.27　建筑物通道　passage

为穿过建筑物而设置的空间。

2.0.28　露台　terrace

设置在屋面、首层地面或雨篷上的供人室外活动的有围护设施的平台。

2.0.29　勒脚　plinth

在房屋外墙接近地面部位设置的饰面保护构造。

2.0.30 台阶 step

联系室内外地坪或同楼层不同标高而设置的阶梯形踏步。

3 计算建筑面积的规定

3.0.1 建筑物的建筑面积应按自然层外墙结构外围水平面积之和计算。结构层高在 2.20 m 及以上的，应计算全面积；结构层高在 2.20 m 以下的，应计算 1/2 面积。

3.0.2 建筑物内设有局部楼层时，对于局部楼层的二层及以上楼层，有围护结构的应按其围护结构外围水平面积计算，无围护结构的应按其结构底板水平面积计算。结构层高在 2.20 m 及以上的，应计算全面积；结构层高在 2.20 m 以下的，应计算 1/2 面积。

3.0.3 形成建筑空间的坡屋顶，结构净高在 2.10 m 及以上的部位应计算全面积；结构净高在 1.20 m 及以上至 2.10 m 以下的部位应计算 1/2 面积；结构净高在 1.20 m 以下的部位不应计算建筑面积。

3.0.4 场馆看台下的建筑空间，结构净高在 2.10 m 及以上的部位应计算全面积；结构净高在 1.20 m 及以上至 2.10 m 以下的部位应计算 1/2 面积；结构净高在 1.20 m 以下的部位不应计算建筑面积。室内单独设置的有围护设施的悬挑看台，应按看台结构底板水平投影面积计算建筑面积。有顶盖无围护结构的场馆看台应按其顶盖水平投影面积的 1/2 计算面积。

3.0.5 地下室、半地下室应按其结构外围水平面积计算。结构层高在 2.20 m 及以上的，应计算全面积；结构层高在 2.20 m 以下的，应计算 1/2 面积。

3.0.6 出入口外墙外侧坡道有顶盖的部位，应按其外墙结构外围水平面积的 1/2 计算面积。

3.0.7 建筑物架空层及坡地建筑物吊脚架空层，应按其顶板水平投影计算建筑面积。结构层高在 2.20 m 及以上的，应计算全面积；结构层高在 2.20 m 以下的，应计算 1/2 面积。

3.0.8 建筑物的门厅、大厅应按一层计算建筑面积，门厅、大厅内设置的走廊应按走廊结构底板水平投影面积计算建筑面积。结构层高在 2.20 m 及以上的，应计算全面积；结构层高在 2.20 m 以下的，应计算 1/2 面积。

3.0.9 建筑物间的架空走廊，有顶盖和围护结构的，应按其围护结构外围水平面积计算全面积；无围护结构、有围护设施的，应按其结构底板水平投影面积计算 1/2 面积。

3.0.10 立体书库、立体仓库、立体车库，有围护结构的，应按其围护结构外围水平面积计算建筑面积；无围护结构、有围护设施的，应按其结构底板水平投影面积计算建筑面积。无结构层的应按一层计算，有结构层的应按其结构层面积分别计算。结构层高在 2.20 m 及以上的，应计算全面积；结构层高在 2.20 m 以下的，应计算 1/2 面积。

3.0.11 有围护结构的舞台灯光控制室，应按其围护结构外围水平面积计算。结构层高在 2.20 m 及以上的，应计算全面积；结构层高在 2.20 m 以下的，应计算 1/2 面积。

3.0.12 附属在建筑物外墙的落地橱窗，应按其围护结构外围水平面积计算。结构层高在 2.20 m 及以上的，应计算全面积；结构层高在 2.20 m 以下的，应计算 1/2 面积。

3.0.13　窗台与室内楼地面高差在 0.45 m 以下且结构净高在 2.10 m 及以上的凸（飘）窗，应按其围护结构外围水平面积计算 1/2 面积。

3.0.14　有围护设施的室外走廊（挑廊），应按其结构底板水平投影面积计算 1/2 面积；有围护设施（或柱）的檐廊，应按其围护设施（或柱）外围水平面积计算 1/2 面积。

3.0.15　门斗应按其围护结构外围水平面积计算建筑面积。结构层高在 2.20 m 及以上的，应计算全面积；结构层高在 2.20 m 以下的，应计算 1/2 面积。

3.0.16　门廊应按其顶板水平投影面积的 1/2 计算建筑面积；有柱雨篷应按其结构板水平投影面积的 1/2 计算建筑面积；无柱雨篷的结构外边线至外墙结构外边线的宽度在 2.10 m 及以上的，应按雨篷结构板的水平投影面积的 1/2 计算建筑面积。

3.0.17　设在建筑物顶部的、有围护结构的楼梯间、水箱间、电梯机房等，结构层高在 2.20 m 及以上的应计算全面积；结构层高在 2.20 m 以下的，应计算 1/2 面积。

3.0.18　围护结构不垂直于水平面的楼层，应按其底板面的外墙外围水平面积计算。结构净高在 2.10 m 及以上的部位，应计算全面积；结构净高在 1.20 m 及以上至 2.10 m 以下的部位，应计算 1/2 面积；结构净高在 1.20 m 以下的部位，不应计算建筑面积。

3.0.19　建筑物的室内楼梯、电梯井、提物井、管道井、通风排气竖井、烟道，应并入建筑物的自然层计算建筑面积。有顶盖的采光井应按一层计算面积，结构净高在 2.10 m 及以上的，应计算全面积，结构净高在 2.10 m 以下的，应计算 1/2 面积。

3.0.20　室外楼梯应并入所依附建筑物自然层，并应按其水平投影面积的 1/2 计算建筑面积。

3.0.21　在主体结构内的阳台，应按其结构外围水平面积计算全面积；在主体结构外的阳台，应按其结构底板水平投影面积计算 1/2 面积。

3.0.22　有顶盖无围护结构的车棚、货棚、站台、加油站、收费站等，应按其顶盖水平投影面积的 1/2 计算建筑面积。

3.0.23　以幕墙作为围护结构的建筑物，应按幕墙外边线计算建筑面积。

3.0.24　建筑物的外墙外保温层，应按其保温材料的水平截面积计算，并计入自然层建筑面积。

3.0.25　与室内相通的变形缝，应按其自然层合并在建筑物建筑面积内计算。对于高低连跨的建筑物，当高低跨内部连通时，其变形缝应计算在低跨面积内。

3.0.26　对于建筑物内的设备层、管道层、避难层等有结构层的楼层，结构层高在 2.20 m 及以上的，应计算全面积；结构层高在 2.20 m 以下的，应计算 1/2 面积。

3.0.27　下列项目不应计算建筑面积：

　1　与建筑物内不相连通的建筑部件；

　2　骑楼、过街楼底层的开放公共空间和建筑物通道；

　3　舞台及后台悬挂幕布和布景的天桥、挑台等；

　4　露台、露天游泳池、花架、屋顶的水箱及装饰性结构构件；

　　5　建筑物内的操作平台、上料平台、安装箱和罐体的平台；

　　6　勒脚、附墙柱、垛、台阶、墙面抹灰、装饰面、镶贴块料面层、装饰性幕墙，主体结构外的空调室外机搁板（箱）、构件、配件，挑出宽度在 2.10 m 以下的无柱雨篷和顶盖高度达到或超过两个楼层的无柱雨篷；

　　7　窗台与室内地面高差在 0.45 m 以下且结构净高在 2.10 m 以下的凸（飘）窗，窗台与室内地面高差在 0.45 m 及以上的凸（飘）窗；

　　8　室外爬梯、室外专用消防钢楼梯；

　　9　无围护结构的观光电梯；

　　10　建筑物以外的地下人防通道，独立的烟囱、烟道、地沟、油（水）罐、气柜、水塔、贮油（水）池、贮仓、栈桥等构筑物。

2. 建筑面积计算规范条文说明

1　总　则

1.0.1　我国的《建筑面积计算规则》最初是在 20 世纪 70 年代制定的，之后根据需要进行了多次修订。1982 年国家经委基本建设办公室（82）经基设字 58 号印发了《建筑面积计算规则》，对 20 世纪 70 年代制定的《建筑面积计算规则》进行了修订。1995 年建设部发布《全国统一建筑工程预算工程量计算规则》（土建工程 GJD$_{GZ}$-101—95），其中含"建筑面积计算规则"，是对 1982 年的《建筑面积计算规则》进行的修订。2005 年建设部以国家标准的形式发布了《建筑工程建筑面积计算规范》（GB/T 50353—2005）。

　　此次修订是在总结《建筑工程建筑面积计算规范》（GB/T 50353—2005）实施情况的基础上进行的。鉴于建筑发展中出现的新结构、新材料、新技术、新的施工方法，为了解决由于建筑技术的发展产生的面积计算问题，本着不重算、不漏算的原则，对建筑面积的计算范围和计算方法进行了修改、统一和完善。

1.0.2　本条规定了本规范的适用范围。条文中所称"建设全过程"是指从项目建议书、可行性研究报告至竣工验收、交付使用的过程。

2　术　语

2.0.1　建筑面积包括附属于建筑物的室外阳台、雨篷、檐廊、室外走廊、室外楼梯等的面积。

2.0.5　具备可出入、可利用条件（设计中可能标明了使用用途，也可能没有标明使用用途或使用用途不明确）的围合空间，均属于建筑空间。

2.0.13　特指整体结构体系中承重的楼层，包括板、梁等构件。结构层承受整个楼层的全部荷载，并对楼层的隔声、防火等起主要作用。

2.0.14　落地橱窗是指在商业建筑临街面设置的下槛落地、可落在室外地坪也可落在室内首层地板，用来展览各种样品的玻璃窗。

2.0.15　凸（飘）窗既作为窗，就有别于楼（地）板的延伸，也就是不能把楼（地）板延伸出去的窗称为凸（飘）窗。凸（飘）窗的窗台应只是墙面的一部分且距（楼）地面应有一定的高度。

2.0.16　檐廊是附属于建筑物底层外墙有屋檐作为顶盖，其下部一般有柱或栏杆、栏板等的水平交通空间。

2.0.19　雨篷是指建筑物出入口上方、凸出墙面、为遮挡雨水而单独设立的建筑部件。雨篷划分为有柱雨篷（包括独立柱雨篷、多柱雨篷、柱墙混合支撑雨篷、墙支撑雨篷）和无柱雨篷（悬挑雨篷）。如凸出建筑物，且不单独设立顶盖，利用上层结构板（如楼板、阳台底板）进行遮挡，则不视为雨篷，不计算建筑面积。对于无柱雨篷，如顶盖高度达到或超过两个楼层时，也不视为雨篷，不计算建筑面积。

2.0.20　门廊是在建筑物出入口，无门，三面或二面有墙，上部有板（或借用上部楼板）围护的部位。

2.0.24　变形缝是指在建筑物因温差、不均匀沉降以及地震而可能引起结构破坏变形的敏感部位或其他必要的部位，预先设缝将建筑物断开，令断开后建筑物的各部分成为独立的单元，或者是划分为简单、规则的段，并令各段之间的缝达到一定的宽度，以能够适应变形的需要。根据外界破坏因素的不同，变形缝一般分为伸缩缝、沉降缝、抗震缝三种。

2.0.25　骑楼是指沿街二层以上用承重柱支撑骑跨在公共人行空间之上，其底层沿街面后退的建筑物。

2.0.26　过街楼是指当有道路在建筑群穿过时为保证建筑物之间的功能联系，设置跨越道路上空使两边建筑相连接的建筑物。

2.0.28　露台应满足四个条件：一是位置，设置在屋面、地面或雨篷顶，二是可出入，三是有围护设施，四是无盖，这四个条件须同时满足。如果设置在首层并有围护设施的平台，且其上层为同体量阳台，则该平台应视为阳台，按阳台的规则计算建筑面积。

2.0.30　台阶是指建筑物出入口不同标高地面或同楼层不同标高处设置的供人行走的阶梯式连接构件。室外台阶还包括与建筑物出入口连接处的平台。

3　计算建筑面积的规定

3.0.1　建筑面积计算，在主体结构内形成的建筑空间，满足计算面积结构层高要求的均应按本条规定计算建筑面积。主体结构外的室外阳台、雨篷、檐廊、室外走廊、室外楼梯等按相应条款计算建筑面积。当外墙结构本身在一个层高范围内不等厚时，以楼地面结构标高处的外围水平面积计算。

3.0.2　建筑物内的局部楼层见图1。

3.0.4　场馆看台下的建筑空间因其上部结构多为斜板，所以采用净高的尺寸划定建筑面积的计算范围和对应规则。室内单独设置的有围护设施的悬挑看台，因其看台上部设有顶盖且可供人使用，所以按看台板的结构底板水平投影计算建筑面积。"有顶盖无围护结构的场馆看台"中所称的"场馆"为专业术语，指各种"场"类建筑，如体育场、足球场、网球场、带看台的风雨操场等。

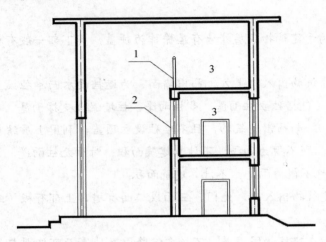

图1 建筑物内的局部楼层

1—围护设施；2—围护结构；3—局部楼层

3.0.5 地下室作为设备、管道层按规范第26条执行，地下室的各种竖向井道按规范第19条执行，地下室的围护结构不垂直于水平面的按规范第18条规定执行。

3.0.6 出入口坡道分为有顶盖出入口坡道和无顶盖出入口坡道，出入口坡道顶盖的挑出长度，为顶盖结构外边线至外墙结构外边线的长度；顶盖以设计图纸为准，对后增加及建设单位自行增加的顶盖等，不计算建筑面积。顶盖不分材料种类（如钢筋混凝土顶盖、彩钢板顶盖、阳光板顶盖等）。地下室出入口见图2。

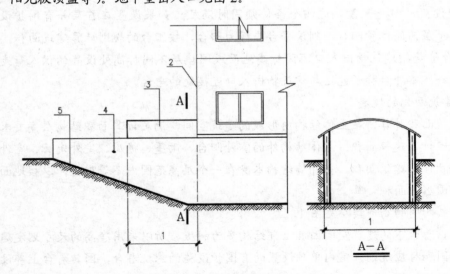

图2 地下室出入口

1—计算1/2投影面积部位；2—主体建筑；3—出入口顶盖；4—封闭出入口侧墙；5—出入口坡道

3.0.7　本条既适用于建筑物吊脚架空层、深基础架空层建筑面积的计算，也适用于目前部分住宅、学校教学楼等工程在底层架空或在二楼或以上某个甚至多个楼层架空，作为公共活动、停车、绿化等空间的建筑面积的计算。架空层中有围护结构的建筑空间按相关规定计算。建筑物吊脚架空层见图3。

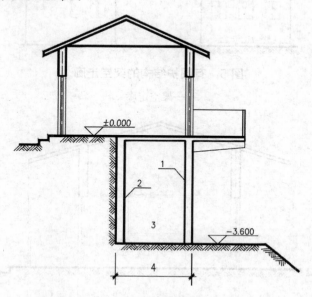

图3　建筑物吊脚架空层

1—柱；2—墙；3—吊脚架空层；4—计算建筑面积部位

3.0.9　无围护结构的架空走廊见图4。有围护结构的架空走廊见图5。

图4　无围护结构的架空走廊

1—栏杆；2—架空走廊

3.0.10　本条主要规定了图书馆中的立体书库、仓储中心的立体仓库、大型停车场的立体车库等建筑的建筑面积计算规定。起局部分隔、存储等作用的书架层、货架层或可升降的立体钢结构停车层均不属于结构层，故该部分分层不计算建筑面积。

3.0.14　檐廊见图6。

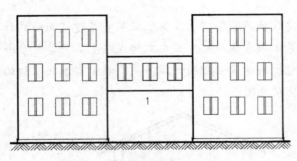

图 5　有围护结构的架空走廊

1—架空走廊

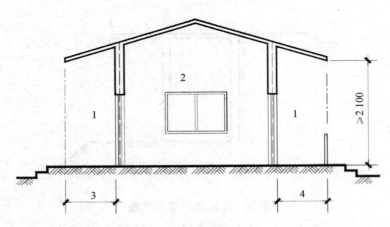

图 6　檐廊

1—檐廊；2—室内；3—不计算建筑面积部位；4—计算 1/2 建筑面积部位

3.0.15　门斗见图 7。

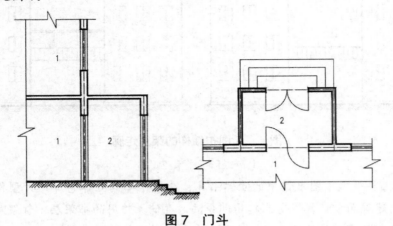

图 7　门斗

1—室内；2—门斗

3.0.16　雨篷分为有柱雨篷和无柱雨篷。有柱雨篷，没有出挑宽度的限制，也不受跨越层数的限制，均计算建筑面积。无柱雨篷，其结构板不能跨层，并受出挑宽度的限制，设计出挑宽度大于或等于 2.10 m 时才计算建筑面积。出挑宽度，系指雨篷结构外边线至外墙结构外边线的宽度，弧形或异形时，取最大宽度。

3.0.18　《建筑工程建筑面积计算规范》（GB/T 50353—2005）条文中仅对围护结构向外倾斜的情况进行了规定，本次修订后的条文对于向内、向外倾斜均适用。在划分高度上，本条使用的是结构净高，与其他正常平楼层按层高划分不同，但与斜屋面的划分原则一致。由于目前很多建筑设计追求新、奇、特，造型越来越复杂，很多时候根本无法明确区分什么是围护结构、什么是屋顶，因此对于斜围护结构与斜屋顶采用相同的计算规则，即只要外壳倾斜，就按结构净高划段，分别计算建筑面积。斜围护结构见图8。

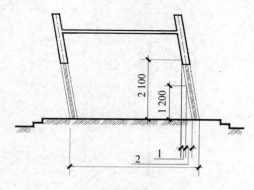

图8　斜围护结构

1—计算 1/2 建筑面积部位；2—不计算建筑面积部位

3.0.19　建筑物的楼梯间层数按建筑物的层数计算。有顶盖的采光井包括建筑物中的采光井和地下室采光井。地下室采光井见图9。

3.0.20　室外楼梯作为连接该建筑物层与层之间交通不可缺少的基本部件，无论从其功能还是工程计价的要求来说，均需计算建筑面积。层数为室外楼梯所依附的楼层数，即梯段部分投影到建筑物范围的层数。利用室外楼梯下部的建筑空间不得重复计算建筑面积；利用地势砌筑的为室外踏步，不计算建筑面积。

3.0.21　建筑物的阳台，不论其形式如何，均以建筑物主体结构为界分别计算建筑面积。

3.0.23　幕墙以其在建筑物中所起的作用和功能来区分。直接作为外墙起围护作用的幕墙，按其外边线计算建筑面积；设置在建筑物墙体外起装饰作用的幕墙，不计算建筑面积。

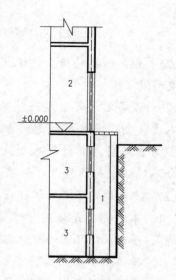

图9　地下室采光井

1—采光井；2—室内；3—地下室

3.0.24 为贯彻国家节能要求，鼓励建筑外墙采取保温措施，本规范将保温材料的厚度计入建筑面积，但计算方法较 2005 年规范有一定变化。建筑物外墙外侧有保温隔热层的，保温隔热层以保温材料的净厚度乘以外墙结构外边线长度按建筑物的自然层计算建筑面积，其外墙外边线长度不扣除门窗和建筑物外已计算建筑面积构件（如阳台、室外走廊、门斗、落地橱窗等部件）所占长度。当建筑物外已计算建筑面积的构件（如阳台、室外走廊、门斗、落地橱窗等部件）有保温隔热层时，其保温隔热层也不再计算建筑面积。外墙是斜面者按楼面楼板处的外墙外边线长度乘以保温材料的净厚度计算。外墙外保温以沿高度方向满铺为准，某层外墙外保温铺设高度未达到全部高度时（不包括阳台、室外走廊、门斗、落地橱窗、雨篷、飘窗等），不计算建筑面积。保温隔热层的建筑面积是以保温隔热材料的厚度来计算的，不包含抹灰层、防潮层、保护层（墙）的厚度。建筑外墙外保温见图 10。

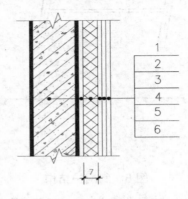

图 10　建筑外墙外保温

1—墙体；2—黏结胶浆；3—保温材料；4—标准网；
5—加强网；6—抹面胶浆；7—计算建筑面积部位

3.0.25 规范所指的与室内相通的变形缝，是指暴露在建筑物内，在建筑物内可以看得见的变形缝。

3.0.26 设备层、管道层虽然其具体功能与普通楼层不同，但在结构上及施工消耗上并无本质区别，且本规范定义自然层为"按楼地面结构分层的楼层"，因此设备、管道楼层归为自然层，其计算规则与普通楼层相同。在吊顶空间内设置管道的，则吊顶空间部分不能被视为设备层、管道层。

3.0.27 本条规定了不计算建筑面积项目：

1 本款指的是依附于建筑物外墙外不与户室开门连通，起装饰作用的敞开式挑台（廊）、平台，以及不与阳台相通的空调室外机搁板（箱）等设备平台部件；

2 骑楼见图 11，过街楼见图 12；

3 本款指的是影剧院的舞台及为舞台服务的可供上人维修、悬挂幕布、布置灯光及布景等搭设的天桥和挑台等构件设施；

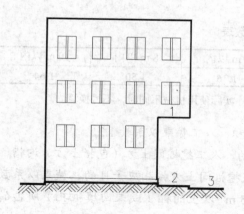

图 11　骑楼

1—骑楼；2—人行道；3—街道

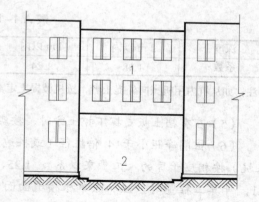

图 12　过街楼

1—过街楼；2—建筑物通道

5　建筑物内不构成结构层的操作平台、上料平台（工业厂房、搅拌站和料仓等建筑中的设备操作控制平台、上料平台等），其主要作用为室内构筑物或设备服务的独立上人设施，因此不计算建筑面积。

6　附墙柱是指非结构性装饰柱；

7　室外钢楼梯需要区分具体用途，如专用于消防楼梯，则不计算建筑面积，如果是建筑物唯一通道，兼用于消防，则需要按本规范的第 3.0.20 条计算建筑面积。

三、《广西壮族自治区建筑装饰装修工程消耗量定额》工程量计算规则

A.1　土（石）方工程

（一）定额说明

1. 土方工程。

（1）土壤分类：详见"表 A.1-10 土壤分类表"。

（2）人工挖土方定额除挖淤泥、流砂为湿土外，均按干土编制，如挖湿土时，人工费乘以系数 1.18。干、湿土的划分以地质勘察资料为准，含水率≥25%为湿土；或以地下常水位为准，常水位以上为干土，以下为湿土；如采用降水措施的，应以降水后的水位为地下常水位，降水措施费用应另行计算。

（3）本定额未包括地下水位以下施工的排水费用，发生时应另行计算。挖土方时如有地表水需要排除，也应另行计算。

（4）人工挖土方深度以 1.5 m 为准，如超过 1.5 m 者，需用人工将土运至地面时，应按相应定额子目人工费乘以表 A.1-1 所列系数（不扣除 1.5 m 以内的深度和工程量）。

表 A.1-1　系数表

深度	2 m 以内	4 m 以内	6 m 以内	8 m 以内	10 m 以内
系数	1.08	1.24	1.36	1.50	1.64

注：如从坑内用机械向外提土者，按机械提土定额执行。实际使用机械不同时，不得换算。

（5）在有挡土板支撑下挖土方时，按实挖体积，人工费乘以系数 1.2。

（6）桩间净距小于 4 倍桩径（或桩边长）的，人工挖桩间土方（包括土方、沟槽、基坑）按相应子目的人工费乘以系数 1.25，机械挖桩间土方按相应子目的机械乘以系数 1.1，计算工程量时，应扣除单根横截面面积 0.5 m² 以上的桩（或未回填桩孔）所占的体积。

（7）机械挖（填）土方，单位工程量小于 2 000 m³ 时，定额乘以系数 1.1。

（8）机械挖土人工辅助开挖，按施工组织设计的规定分别计算机械、人工挖土工程量；如施工组织设计无规定时，按表 A.1-2 规定确定机械和人工挖土比例。

表 A.1-2　系数表

	地下室	基槽（坑）	地面以上土方	其他
机械挖土方	0.96	0.90	1.00	0.94
人工挖土方	0.04	0.10	0.00	0.06

注：人工挖土部分按相应定额子目人工费乘以系数 1.5，如需用机械装运时，按机械装（挖）运一、二类土定额计算。

（9）机械挖土方定额中土壤含水率是按天然含水率为准制定的：含水率大于 25% 时，定额人工、机械乘以系数 1.15；若含水率大于 40% 时，另行计算。

（10）挖掘机在垫板上作业时，人工费、机械乘以系数 1.25，定额内不包括垫板铺设所需的工料、机械消耗。

（11）挖掘机挖沟槽、基坑土方，执行挖掘机挖土方相应子目，挖掘机台班量乘以系数 1.2。

（12）挖淤泥、流砂工程量，按挖土方工程量计算规则计算；未考虑涌砂、涌泥，发生时按实计算。

（13）机械土方定额是按三类土编制的，如实际土壤类别不同时，定额中的推土机、挖掘机台班量乘以表 A.1-3 中系数。

表 A.1-3　系数表

项目	一、二类土壤	四类土壤
推土机推土方	0.84	1.18
挖掘机挖土方	0.84	1.14

2. 石方工程。

（1）岩石分类，详见"表 A.1-11 岩石分类表"。

（2）机械挖（运）极软岩，套机械挖（运）三类土子目计算，定额中的推土机、挖掘机台班量乘以系数 2、汽车台班量乘以系数 1.38。

（3）摊座是指爆破后的平面，用人工凿岩方式进行修理，按设计图纸要求加工成平整的表面。设计图纸有此要求的，才可计算人工摊座或者人工修整石方边坡。

（4）石方爆破定额（除控制爆破外）是按炮眼法松动爆破编制的，不分明炮、闷炮，如实际采用闷炮爆破的，其覆盖材料应另行计算。

（5）石方爆破定额是按电雷管导电起爆编制的，如采用火雷管爆破时，雷管应换算，数量不变。扣除定额中的胶质导线，换为导火索，导火索的长度按每个雷管 2.12 m 计算。

（6）定额中的爆破子目是按炮孔中无地下渗水、积水编制的，炮孔中若出现地下渗水、积水时，处理渗水或积水发生的费用另行计算。定额内（除石方控制爆破子目外）未计爆破时所需覆盖的安全网、草袋、架设安全屏障等设施，发生时另行计算。

3. 土方回填工程。

（1）填土碾压填料按压实后体积计算。

（2）填土碾压每层填土（松散）厚度：羊角碾和内燃压路机不大于 300 mm；振动压路机不大于 500 mm。

4. 土（石）方运输工程。

（1）推土机推土、推石碴上坡，如果坡度大于 5%时，其运距按坡度区段斜长乘以表 A.1-4 所列系数计算。

表 A.1-4 系数表

坡度/%	5~10	15 以内	20 以内	25 以内
系数	1.75	2.0	2.25	2.5

（2）汽车、人力车重车上坡降效因素，已综合在相应的运输定额项目中，不再另行计算。

（3）推土机推土土层厚度小于 300 mm 时，推土机台班用量乘以系数 1.25。

（4）推土机推未经压实的积土时，按相应定额子目乘以系数 0.73。

（5）机械上下行驶坡道的土方，可按施工组织设计合并在土方工程量内计算。

（6）淤泥、流砂即挖即运时，按相应定额子目乘以系数 1.3。对没有即时运走的，经晾晒后的淤泥、流砂按运一般土方子目计算。

（7）机械运极软岩按机械运三类土计算，定额中的机械台班量乘以系数 1.38。

（8）土（石）方运输未考虑弃土场所收取的渣土消纳费，若发生时按实办理签证计算。

5. 其他工程。

支挡土板定额项目分为密撑和疏撑，密撑是指满支挡土板；疏撑是指间隔支挡土板，实际间距不同时，定额不作调整。

（二）工程量计算规则

1. 计算土石方工程量前，应确定下列各项资料

（1）土壤及岩石类别的确定：土石方工程土壤及岩石类别的划分，依据工程勘察资料与"表 A.1-10 土壤分类表及表 A.1-11 岩石分类表"对照后确定。

（2）地下水位标高及降（排）水方法。

（3）土方、沟槽、基坑挖（填）起始标高、施工方法及运距。

（4）岩石开凿、爆破方法、石渣清运方法及运距。

（5）其他有关资料。

2. 一般规则。

（1）土方体积，均以挖掘前的天然密实体积为准计算。如需折算时，可按表 A.1-5 所列系数换算。

表 A.1-5　土方体积折算表

天然密实体积	虚方体积	夯实后体积	松填体积
0.77	1.00	0.67	0.83
1.00	1.30	0.87	1.08
1.15	1.50	1.00	1.25
0.92	1.20	0.80	1.00

（2）石方体积，均以挖掘前的天然密实体积为准计算。如需折算时，可按表 A.1-6 所列系数换算。

表 A.1-6　石方体积折算表

石方类别	天然密实体积	虚方体积	松填体积	码方
石方	1.00	1.54	1.31	1.67
块石	1.00	1.75	1.43	1.67
砂夹石	1.00	1.07	0.94	1.67

（3）挖土方平均厚度应按自然地面测量标高至设计地坪标高间的平均厚度确定。基础土方、石方开挖深度应按基础垫层底表面至交付使用施工场地标高确定，无交付使用施工场地标高时，应按自然地面标高确定。

3. 土方工程。

（1）平整场地。

① 平整场地是指建筑场地厚度在 ±300 mm 以内的挖、填、运、找平，如 ±300 mm

以内全部是挖方或填方，应套相应挖填及运土子目；挖、填土方厚度超过±300 mm 时，按场地土方平衡竖向布置另行计算，套相应挖填土方子目。

②平整场地工程量按设计图示尺寸以建筑物首层建筑面积计算。按竖向布置进行大型挖土或回填土时，不得再计算平整场地的工程量。

（2）挖沟槽、基坑、土方划分。

凡图示沟槽底宽在 7 m 以内，且沟槽长大于槽宽 3 倍以上的，为沟槽。

凡图示基坑面积在 150 m² 以内的为基坑。

凡图示沟槽底宽 7 m 以上，坑底面积在 150 m² 以上的，均按挖土方计算。

（3）挖沟槽、基坑需支挡土板时，其宽度按图示沟槽、基坑底宽，单面加 100 mm，双面加 200 mm 计算。

（4）计算挖沟槽、基坑、土方工程量需放坡时，按施工组织设计规定计算；如无施工组织设计规定时，可按表 A.1-7 放坡系数计算。

表 A.1-7　放坡系数表

土壤类别	深度超过/m	人工挖土	机械挖土		
			在坑内作业	在坑上作业	顺沟槽在坑上作业
一、二类土	1.20	1：0.50	1：0.33	1：0.75	1：0.50
三类土	1.50	1：0.33	1：0.25	1：0.67	1：0.33
四类土	2.00	1：0.25	1：0.10	1：0.33	1：0.25

注：1. 沟槽、基坑中土壤类别不同时，分别按其放坡起点、放坡系数、依不同土壤厚度加权平均计算。
　　2. 计算放坡时，在交接处的重复工程量不予扣除，原槽、坑作基础垫层时，放坡自垫层上表面开始计算。垫层需留工作面时，放坡自垫层下表面开始计算。

（5）基础施工所需工作面，按施工组织设计规定计算（实际施工不留工作面者，不得计算）；如无施工组织设计规定时，按表 A.1-8 规定计算。

表 A.1-8　基础施工所需工作面宽度计算表

基础材料	每边各增加工作面宽度/mm
砖基础	200
浆砌毛石、条石基础	150
混凝土基础垫层支模板	300
混凝土基础支模板	300
基础垂直面做防水层	1 000（防水层面）

（6）挖沟槽长度，外墙按图示中心线长度计算；内墙按地槽槽底净长度计算，内外突出部分（垛、附墙烟囱等）体积并入沟槽土方工程量内计算。

（7）挖管道沟槽长度，按图示中心线长度计算，沟底宽度，设计有规定的，按设计规定尺寸计算，设计无规定的，可按表 A.1-9 规定宽度计算。

表 A.1-9　管沟施工每侧所需工作面宽度计算表

管沟材料	管道结构宽/mm			
	≤500	≤1 000	≤2 500	>2 500
混凝土及钢筋混凝土管道/mm	400	500	600	700
其他材质管道/mm	300	400	500	600

注：1. 按表计算管道沟土方工程量时，各种井类及管道接口等处需加宽增加的土方量不另行计算，底面积大于 20 m² 的井类，其增加工程量并入管沟土方内计算。

　　2. 管道结构宽：有管座的按基础外缘，无管座的按管道外径。

（8）基础土方大开挖后再挖地槽、地坑，其深度应以大开挖后土面至槽、坑底标高计算；其土方如需外运时，按相应定额规定计算。

4. 石方工程。

（1）石方工程的沟槽、基坑与平基的划分按土方工程的划分规定执行。

（2）岩石开凿及爆破工程量，区别石质按下列规定计算。

①人工凿岩石，按图示尺寸以立方米计算。

②爆破岩石按图示尺寸以立方米计算，其中人工打眼爆破和机械打眼爆破其沟槽、基坑深度、宽度超挖量为：较软岩、较硬岩各 200 mm；坚硬岩为 150 mm。超挖部分岩石并入岩石挖方量之内计算。石方超挖量与工作面宽度不得重复计算。

5. 土方回填工程。

回填土区分夯填、松填按图示回填体积并依据下列规定，以立方米计算。

（1）场地回填土：回填面积乘以平均回填厚度计算。

（2）室内回填：按主墙（厚度在 120 mm 以上的墙）之间的净面积乘以回填土厚度计算，不扣除间隔墙。

（3）基础回填：按挖方工程量减去自然地坪以下埋设基础体积（包括基础垫层及其他构筑物）。

（4）余土或取土工程量可按下式计算：

$$余土外运体积 = 挖土总体积 - 回填土总体积$$

式中计算结果为正值时为余土外运体积，负值时为需取土体积。

（5）沟槽、基坑回填砂、石、天然三合土工程量按图示尺寸以立方米计算，扣除管道、基础、垫层等所占体积。

（6）建筑场地原土碾压以平方米计算，填土碾压按图示填土厚度以立方米计算。

6. 土石方运输工程。

（1）土石方运输工程量按不同的运输方法和距离分别以天然密实体积计算。如实际运输疏松的土石方时，应按本章计算规则中"一般规则"的规定换算成天然密实体积计算。

（2）土（石）方运距。

①推土机推土运距：按挖方区重心至回填区重心之间的直线距离计算。

②自卸汽车运土运距：按挖方区重心至填方区（或堆放地点）重心的最短距离计算。

7. 其他。

（1）挡土板面积，按槽、坑垂直支撑面积计算，支挡土板后，不得再计算放坡。

（2）基础钎插按钎插孔数计算。

表 A.1–10　土壤分类表

土壤分类	土壤名称	开挖方法
一、二类土	粉土、砂土（粉砂、细砂、中砂、粗砂、砾砂）、粉质黏土、弱中盐渍土、软土（淤泥质土、泥炭、泥炭质土）、软塑红黏土、冲填土	用锹、少许用镐、条锄开挖、机械能全部直接铲挖满载者
三类土	黏土、碎石（圆砾、角砾）混合土、可塑红黏土、硬塑红黏土、强盐渍土、素填土、压实填土	主要用镐、条锄、少许用锹开挖。机械需部分刨松方能铲挖满载者或可直接铲挖但不能满载者
四类土	碎石土（卵石、碎石、漂石、块石）、坚硬红黏土、超盐渍土、杂填土	全部用镐、条锄挖掘、少许用撬棍挖掘、机械须普遍刨松方能铲挖满载者

表 A.1–11　岩石分类表

岩石分类		代表性岩石	开挖方法
极软岩		1.全风化的各种岩石 2.各种半成岩	部分用手凿工具、部分用爆破法开挖
软质岩	软岩	1.强风化的坚硬岩或较硬岩 2.中等风化——强风化的较软岩 3.未风化——微风化的页岩、泥岩、泥质砂岩等	用风镐和爆破法开挖
	较软岩	1.中等风化——强风化的坚硬岩或较硬岩 2.未风化——微风化的凝灰岩、千枚岩、泥灰岩、砂质泥岩等	用爆破法开挖
硬质岩	较硬岩	1.微风化的坚硬岩等 2.未风化——微风化的大理岩、板岩、石灰岩、白云岩、钙质砂岩等	用爆破法开挖
	坚硬岩	未风化——微风化的花岗岩、闪长岩、辉绿岩、玄武岩、安山岩、片麻岩、石英岩、石英砂岩、硅质砾岩、硅质石灰岩等	用爆破法开挖

A.2   桩与地基基础工程

（一）定额说明

1. 本定额适用于一般工业与民用建筑工程的桩基础。

2. 本定额土壤级别的划分应根据工程地质资料中的土层构造和土壤物理、力学性能的有关指标，参考纯沉桩的时间确定。凡遇有砂夹层者，应首先按砂层情况确定土级。无砂层者，按土壤物理力学性能指标并参考每米平均纯沉桩时间确定。用土壤力学性能指标鉴别土壤级别时，桩长在 12 m 以内，相当于桩长 1/3 的土层厚度应达到所规定的指标。桩长 12 m 以外，按 5 m 厚度确定。土质鉴别见表 A.2-1。

表 A.2-1   土质鉴别表

内容		土壤级别	
		一级土	二级土
	说明	桩经外力作用较易沉入的土，土壤中夹有较薄的砂层	桩经外力作用较难沉入的土，土壤中夹有不超过 3 m 的连续厚度砂层
砂夹层	砂层连续厚度	<1 m	>1 m
	砂层中卵石含量	—	<15%
物理性能	压缩系数	>0.02	<0.02
	孔隙比	>0.7	<0.7
力学性能	静力触探值	<50	>50
	动力触探击数	<12	>12
每米纯沉桩时间平均值		<2 min	>2 min

3. 人工挖孔桩，不分土壤类别、不分机械类别和性能均执行本定额。本定额分成孔和桩芯混凝土两部分，成孔定额子目包括挖孔和护壁混凝土浇捣等。

4. 本定额预制桩子目（除静压预制管桩外），均未包括接桩，如需接桩，除按相应打（压）桩定额子目计算外，按设计要求另行计算接桩子目，其机械可按相应打桩机械调整，台班含量不变。

5. 打预制钢筋混凝土桩，起吊、运送、就位是按操作周边 15 m 以内的距离确定的，超过 15 m 以外另按相应运输定额子目计算。

6. 现浇混凝土浇捣是按泵送商品混凝土编制的，采用泵送时套用定额相应子目，采用非泵送时每立方米混凝土增加人工费 21 元。

7. 钻（冲）孔灌注桩。

（1）本定额钻（冲）孔灌注桩按转盘式钻孔桩和旋挖桩编制，冲孔桩套转盘式钻孔桩相应定额子目。

（2）本定额钻（冲）孔灌注桩分成孔、入岩、灌注分别按不同的桩径编制。

（3）定额已综合考虑了穿越砂（黏）土层碎（卵）石层的因素，如设计要求进入岩石层时，套用相应定额计算入岩增加费。

（4）钻（冲）孔灌注桩定额已经包含了钢护套筒埋设，如实际施工钢护套筒埋设深度与定额不同时不得换算。

（5）钻（冲）孔灌注桩的土方场外运输按成孔体积和实际运距分别套用 A.1 土（石）方工程相应定额计算。

（6）钻（冲）孔灌注桩如先用沉淀池沉淀泥浆后再运渣的，沉淀池及沉淀后的渣外运套相应定额或按现场签证计算。

8. 打永久性钢板桩的损耗量：槽钢按 6%，拉森桩按 1%。打临时性钢板桩，若为租赁使用的则按实际租赁价值计算（包括租赁、运输、截割、调直、防腐及损耗）；若为施工单位的钢板桩，则每打拔一次按钢板桩价值的 7% 计取折旧，即按定额套打桩、拔桩项目后再加上钢板的折旧费用。

9. 单位工程打（压、灌）桩工程量在表 A.2-2 规定的数量以内时，其人工、机械按相应定额子目乘以系数 1.25 计算。

表 A.2-2　单位工程打、压（灌）桩工程量

项目	单位工程的工程量	项目	单位工程的工程量
钢筋混凝土方桩	150 m³	打孔灌注砂石桩	60 m³
钢筋混凝土管桩	50 m³	钻（冲）孔灌注混凝土桩	100 m³
钢筋混凝土板桩	50 m³	灰土挤密桩	100 m³
钢板桩	50 t	打孔灌注混凝土桩	60 m³

10. 打试验桩按相应定额子目的人工、机械乘以系数 2 计算。

11. 打桩、压桩、打孔，桩间净距小于 4 倍桩径（或桩边长）的，按相应定额子目中的人工、机械乘以系数 1.13。

12. 定额以打直桩为准，如打斜桩，斜度在 1∶6 以内者，按相应定额子目人工、机械乘以系数 1.25，如斜度大于 1∶6 者，按相应定额子目人工、机械乘以系数 1.43。

13. 定额以平地（坡度小于 15°）打桩为准，如在堤坡上（坡度大于 15°）打桩时，按相应定额子目人工、机械乘以系数 1.15。如在基坑内（基坑深度大于 1.5 m）打桩或在地坪上打坑槽内（坑槽深度大于 1 m）桩时，按相应定额子目人工、机械乘以系数 1.11。

14. 定额各种灌注的材料用量中，均已包括表 A.2-3 规定的充盈系数和材料损耗。实际充盈系数与定额规定不同时，按下式换算：

$$换算后的充盈系数 = \frac{实际灌注混凝土（或砂、石）量}{按设计图计算混凝土（或砂、石）量}$$

表 A.2-3　充盈系数和材料损耗

项目名称	充盈系数	损耗率/%	项目名称	充盈系数	损耗率/%
打孔灌注混凝土桩	1.25	1.5	打孔灌注砂桩	1.30	3
钻孔灌注混凝土桩	1.30	1.5	打孔灌注砂石桩	1.30	3
水泥粉煤灰碎石桩（CFG 桩）	1.20	1.5	地下连续墙	1.20	1.5
长螺旋钻孔压灌桩	1.20	1.5	旋挖桩	1.30	1.5

注：其中灌注砂石桩除上述充盈系数和损耗率外，还包括级配密实系数 1.334。

15. 在桩间补桩或强夯后的地基打桩时，按相应定额子目人工、机械乘以系数 1.15。

16. 送桩（除圆木桩外）套用相应打桩定额子目，扣除子目中桩的用量，人工、机械乘以系数 1.25，其余不变。

17. 金属周转材料中包括桩帽、送桩器、桩帽盖、活瓣桩尖、钢管、料斗等属于周转性使用的材料。

18. 预制钢筋混凝土管桩的空心部分如设计要求灌注填充材料时，应套用相应定额另行计算。

19. 入岩增加费按以下规定计算：极软岩不作入岩，硬质岩按入岩计算，软质岩按相应入岩子目乘以系数 0.5。

20. 凿人工挖孔桩护壁按凿灌注桩定额乘以系数 0.5；凿水泥粉煤灰桩（CFG）按凿灌注桩定额乘以系数 0.3。

21. 锚杆、土钉在高于地面 1.2 m 处作业，需搭设脚手架的，按本定额的 A.16 脚手架工程相应子目计算，如需搭设操作平台，按实际搭设长度乘以 2 m 宽，套满堂脚手架计算。

22. 预制桩桩长除合同另有约定外，预算按设计长度计算，结算按实际入土桩的长度计算，超出地面的桩头长度不得计算，但可计算超出地面的桩头材料费。

（二）工程量计算规则

1. 计算打桩（灌注桩）工程量前应确定下列事项。

（1）确定土质级别：根据工程地质资料中的土层构造、土壤物理力学性能及每米沉桩时间鉴别适用定额土质级别。

（2）确定施工方法、工艺流程，采用机型，桩、土壤泥浆运距。

2. 打预制钢筋混凝土桩（含管桩）的工程量，按设计桩长（包括桩尖，即不扣除桩尖虚体积）乘以桩截面面积以立方米计算。管桩的空心体积应扣除。

3. 静力压桩机压桩。

（1）静压方桩工程量按设计桩长（包括桩尖，即不扣除桩尖虚体积）乘以桩截面面积以立方米计算。

（2）静压管桩工程量按设计长度以米计算；管桩的空心部分灌注混凝土，工程量按设计灌注长度乘以桩芯截面面积以立方米计算；预制钢筋混凝土管桩如需设置钢桩尖时，钢桩尖制作、安装按实际重量套用一般铁件定额计算。

4. 螺旋钻机钻孔取土按钻孔入土深度以米计算。

5. 接桩：电焊接桩按设计接头，以个计算；硫黄胶泥按桩断面以平方米计算。

6. 送桩：管桩按送桩长度以米计算，其余桩按桩截面面积乘以送桩长度（即打桩架底至桩顶高度或自桩顶面至自然地平面另加 0.5 m）以立方米计算。

7. 打孔灌注桩。

（1）混凝土桩、砂桩、碎石桩的体积，按 [设计桩长（包括桩尖，即不扣除桩尖虚体积）+设计超灌长度] ×设计桩截面面积计算。

（2）扩大（复打）桩的体积按单桩体积乘以次数计算。

（3）打孔时，先埋入预制混凝土桩尖，再灌注混凝土者，桩尖的制作和运输按本定额 A.4 混凝土及钢筋混凝土工程相应子目以立方米计算，灌注桩体积按 [设计长度（自桩尖顶面至桩顶面高度）+设计超灌长度] ×设计桩截面积计算。

8. 钻（冲）孔灌注桩和旋挖桩分成孔、灌芯、入岩工程量计算。

（1）钻（冲）孔灌注桩、旋挖桩成孔工程量按成孔长度乘以设计桩截面积以立方米计算。成孔长度为打桩前的自然地坪标高至设计桩底的长度。

（2）灌注混凝土工程量按桩长乘以设计桩截面计算，桩长=设计桩长+设计超灌长度，如设计图纸未注明超灌长度，则超灌长度按 500 mm 计算。

（3）钻（冲）孔灌注桩、旋挖桩入岩工程量按入岩部分的体积计算。

（4）泥浆运输工程量按钻（冲）孔成孔体积以立方米计算。

9. 长螺旋钻孔压灌桩和水泥粉煤灰碎石桩（CFG 桩）。

长螺旋钻孔压灌桩和水泥粉煤灰碎石桩（CFG 桩）按桩长乘以设计桩截面以立方米计算，桩长 = 设计桩长 + 设计超灌长，如设计图纸未注明超灌长度，则超灌长度按 500 mm 计算。

10. 人工挖孔桩。

（1）人工挖孔桩成孔按设计桩截面积（桩径=桩芯 + 护壁）乘以挖孔深度加上桩的扩大头体积以立方米计算。

（2）灌注桩芯混凝土按设计桩芯的截面积乘以桩芯的深度（设计桩长 + 设计超灌长度）加上桩的扩大头增加的体积以立方米计算。

（3）人工挖孔桩入岩工程量按入岩部分的体积计算。

11. 灰土挤密桩、深层搅拌桩按设计截面面积乘以设计长度按立方米计算。

12. 高压旋喷水泥桩按水泥桩体长度以米计算。

13. 打拔钢板桩按钢板桩重量以吨计算。

14. 打圆木桩的材积按设计桩长和梢径根据材积表计算。

15. 压力灌浆微型桩按设计区分不同直径按主杆桩体长度以米计算。

16. 地下连续墙。

（1）地下连续墙按设计图示墙中心线长度乘以厚度乘以槽深以立方米计算。

（2）锁口管接头工程量，按设计图示以段计算；工字形钢板接头工程量，按设计图示尺寸乘以理论质量以质量计算。

17. 地基强夯按设计图强夯面积区分夯击能量、夯击遍数，以平方米计算。

18. 锚杆钻孔灌浆、砂浆土钉按入土（岩）深度以米计算。锚筋按本定额 A.4 混凝土及钢筋混凝土工程相应子目计算。

19. 喷射混凝土护坡按护坡面积以平方米计算。

20. 高压定喷防渗墙按设计图示尺寸以平方米计算。

21. 凿（截）桩头的工程量的计算。

（1）桩头钢筋截断按钢筋根数计算。

（2）凿桩头按设计图示尺寸或施工规范规定应凿除的部分，以立方米计算。

（3）凿除人工挖孔桩护壁、水泥粉煤灰桩（CFG 桩）工程量按需凿除的实体体积计算。

（4）机械切割预制管桩，按桩头个数计算。

A.3 砌筑工程

（一）定额说明

1. 砌砖、砌块。

（1）本定额砌砖、砌块子目按不同规格编制，材料种类不同时可以换算，人工、机械不变。

（2）砌体子目中砌筑砂浆标号为 M5.0，设计要求不同时可以换算。

（3）砌体子目中均包括了原浆勾缝的工、料，加浆勾缝时，另按本定额 A.10 墙、柱面工程相应子目计算，原浆勾缝的工、料不予扣除。

（4）砖墙子目中已包括了砖碹、砖过梁、砖圈梁、门窗套、窗眉、窗台线、附墙烟囱、腰线、压顶线、砖挑檐及泛水等。

（5）砖砌女儿墙、栏板（除楼梯栏板、阳台栏板外）、围墙按相应的墙体定额执行。

（6）砌体内的钢筋，按本定额 A.4 混凝土及钢筋混凝土工程中钢筋相应规格的子目计算。

（7）圆形烟囱基础按基础定额执行，人工乘以系数 1.2。

（8）砖砌挡土墙：墙厚在 2 砖以内的，按砖墙定额执行；墙厚在 2 砖以上的，按砖基础定额执行。

（9）砖砌体及砌块砌体不分内、外墙，均按材料种类、规格及砌体厚度执行相应定额。

（10）砖墙、砖柱按混水砖墙、砖柱子目编制，单面清水墙、清水柱套用混水砖墙、砖柱子目，人工乘以 1.1 系数。

（11）砌筑圆形（包括弧形）砖墙及砌块墙，半径≤10 m 者，套用弧形墙子目，无弧形墙子目的，套用直形墙子目，人工乘以系数 1.1，其余不变；半径＞10 m 者，套用直形墙子目。

（12）砌块墙体顶部补砌配块已包括在定额内，不得另列项目计算。

（13）砌块砌体与不同材质构件接缝处需加强钢丝网、网格布的，按本定额 A.10 墙、柱面工程相应子目计算。

（14）砌块砌体子目按水泥石灰砂浆编制，如设计使用其他砂浆或黏结剂的，按设计要求进行换算。

（15）蒸压加气混凝土砌块墙未包括墙底部实心砖（或混凝土）坎台，其底部实心砖（或混凝土）坎台应另套相应砖墙（或混凝土构件）子目计算。

（16）小型空心砌块墙已包括芯柱等填灌细石混凝土。其余空心砌块墙需填灌混凝土者，套用空心砌块墙填充混凝土子目计算。

（17）砖渣混凝土空心砌块墙按相应规格的小型空心砌块墙子目计算。

2. 其他砖砌体。

台阶挡墙、梯带、厕所蹲台、池槽、池槽腿、小便槽、砖胎膜、花台、花池、楼梯栏板、阳台栏板、地垄墙及支撑地楞的砖墩，0.3 m² 以内的空洞填塞、小便槽、灯箱、垃圾箱、房上烟囱及毛石墙的门窗立边、窗台虎头砖按零星砌体计算。

3. 砌石。

（1）本定额分毛石、方整石编制。毛石是指无规则的乱毛石，方整石是指已加工好的有面、有线的商品方整石（已包括打荒、剁斧等）。

（2）毛石护坡高度超过 4 m 时，定额人工乘以 1.15。

（3）砌筑半径≤20 m 以内的圆弧形石砌体基础、墙（含砖石混合砌体），按定额项目人工乘以系数 1.1。

（4）石栏板子目不包括扶手及弯头制作安装，扶手及弯头分别立项计算。

4. 垫层。

（1）本定额垫层均不包括基层下原土打夯。如需打夯者，按 A.1 土（石）方工程相应定额子目计算。

（2）混凝土垫层按 A.4 混凝土及钢筋混凝土工程相应定额子目计算。

（二）工程量计算规则

1. 砌筑工程量一般规则。

（1）墙体按设计图示尺寸以体积计算。扣除门窗、洞口（包括过人洞、空圈）、嵌入墙内的钢筋混凝土柱、梁、圈梁、挑梁、过梁及凹进墙内的壁龛、管槽、暖气槽、消火栓箱所占体积。不扣除梁头、板头、檩头、垫木、木楞头、沿椽木、木砖、门窗走头、砖墙内加固钢筋、木筋、铁件、钢管及单个面积 0.3 m² 以下的孔洞所占的体积。凸出墙面的腰线、挑檐、压顶、窗台线、虎头砖、门窗套、山墙泛水、烟囱根的体积也不增加。凸出墙面的砖垛并入墙体积内计算。

（2）附墙烟囱、通风道、垃圾道按其外形体积（扣除孔洞所占的体积），并入所依附的墙体积内计算。

（3）砖柱（砌块柱、石柱）（包括柱基、柱身）分方、圆柱按图示尺寸以立方米计算，扣除混凝土及钢筋混凝土梁垫、梁头、板头所占体积。

（4）女儿墙、栏板砌体按图示尺寸以立方米计算。

（5）围墙砌体按图示尺寸以立方米计算，围墙砖垛及砖压顶并入墙体体积内计算。

2. 砌体厚度。

（1）标准砖规格为 240 mm×115 mm×53 mm、多孔砖规格为 240 mm×115 mm×90 mm，240 mm×180 mm×90 mm，其砌体计算厚度，均按表 A.3-1 计算。

表 A.3-1　标准砖、多孔砖砌体计算厚度表

单位：mm

砖数（厚度）	1/4	1/2	3/4	1	1.5	2	2.5	3
标准砖厚度	53	115	180	240	365	490	615	740
多孔砖厚度	90	115	215	240	365	490	615	740

（2）使用其他砌块时，其砌体厚度应按砌块的规格尺寸计算。

3. 砖石基础。

（1）基础与墙（柱）身的划分。

① 基础与墙（柱）身使用同一种材料时，以设计室内地面为界（有地下室者，以地下室室内设计地面为界），以下为基础，以上为墙（柱）身。

② 基础与墙（柱）身使用不同材料时，位于设计室内地面±300 mm 以内时，以不同材料为分界线；超过±300 mm 时，以设计室内地面为分界线。

③ 砖石围墙，以设计室外地坪为界线，以下为基础，以上为墙身。

④ 独立砖柱大放脚体积应并入砖柱工程量内计算。

（2）基础长度。

① 外墙墙基按外墙中心线长度计算。

② 内墙墙基按内墙基净长计算（见图 A.3-1）。

（3）砖石基础按设计图示尺寸以体积计算。扣除地梁（圈梁）、构造柱所占体积，不扣除基础大放脚 T 型接头处的重叠部分及嵌入基础内的钢筋、铁件、管道、基础砂浆防潮层和单个面积 0.3 m² 以内的孔洞所占体积。附墙垛基础宽出部分体积，并入其所依附的基础工程量内。

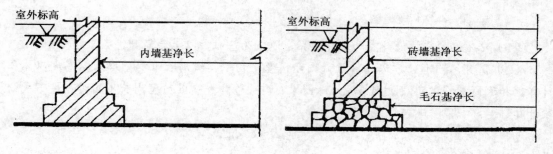

图 A.3-1

4. 砌体墙。

（1）墙身长度：外墙按外墙中心线长度，内墙按内墙净长线长度计算。

（2）墙身高度按图示尺寸计算。如设计图纸无规定时，可按下列规定计算：

① 外墙：斜（坡）屋面无檐口天棚者算至屋面板底；有屋架且室内外均有天棚者算至屋架下弦底另加 200 mm；无天棚者算屋架下弦另加 300 mm，出檐宽度超过 600 mm 时按实砌高度计算；有钢筋混凝土楼板隔层者算至楼板顶；平屋面算至钢筋混凝土板底。

② 内墙：位于屋架下弦者，算至屋架下弦底；无屋架者算至天棚底另加 100 mm；有钢筋混凝土楼板隔层者算至楼板顶；有框架梁时算至梁底。

③ 女儿墙：从屋面板上表面算至女儿墙顶面（如有混凝土压顶时算至压顶下表面）。

④ 内外山墙：按其平均高度计算。

⑤ 围墙：高度算至压顶上表面（如有混凝土压顶时算至压顶下表面）。

（3）钢筋混凝土框架间墙，按框架间的净空面积乘以墙厚计算，框架外表镶贴砖部分，按零星砌体列项计算。

（4）多孔砖墙按图示尺寸以立方米计算，不扣除砖孔的体积。

5. 其他砖砌体。

（1）零星砌体：台阶挡墙、梯带、厕所蹲台、池槽、池槽腿、砖胎膜、花台、花池、楼梯栏板、阳台栏板、地垄墙及支撑地楞的砖墩，0.3 m² 以内的空洞填塞、小便槽、灯箱、垃圾箱、房上烟囱及毛石墙的门窗立边、窗台虎头砖等按实砌体积，以立方米计算。

（2）砖砌台阶（不包括梯带）按水平投影面积以平方米计算。

（3）砖散水、地坪按设计图示尺寸以面积计算。

（4）砖砌明沟按其中心线长度以延长米计算。

6. 垫层按设计图示面积乘以设计厚度以立方米计算，应扣除凸出地面的构筑物、设备基础、室内管道、地沟等所占体积，不扣除间壁墙和单个 0.3 m² 以内的柱、垛、附墙烟囱及孔洞所占体积。

7. 砖烟囱。

（1）砖砌烟囱应按设计室外地坪为界，以下为基础，以上为筒身。

（2）筒身，圆形、方形均按设计图示筒壁平均中心线周长乘以壁厚乘以高度以体积计算。扣除筒身各种孔洞、钢筋混凝土圈梁、过梁等体积。其筒壁周长不同时可按下式分段计算。

$$V = \sum H \times C \times \pi D$$

式中：V——筒身体积；

$\quad\quad H$——每段筒身垂直高度；

$\quad\quad C$——每段筒壁厚度；

$\quad\quad D$——每段筒壁中心线的平均直径。

（3）烟道砌砖：烟道与炉体的划分以第一道闸门为界，炉体内的烟道部分列入炉体工程量计算。

（4）烟道、烟囱内衬按不同内衬材料并扣除孔洞后，以图示实体积计算。

（5）烟囱内壁表面隔热层，按筒身内壁并扣除各种孔洞后的面积以平方米计算；填料按烟囱内衬与筒身之间的中心线平均周长乘以图示宽度和筒高，并扣除各种孔洞所占体积（但不扣除连接横砖及防沉带的体积）后以立方米计算。

8. 砖砌水塔。

（1）水塔基础与塔身划分：以砖砌体的扩大部分顶面为界，以上为塔身，以下为基础，分别套相应基础砌体定额。

（2）塔身以图示实砌体积计算，并扣除门窗洞口和混凝土构件所占的体积，砖平拱及砖出檐等并入塔身体积内计算，套水塔砌筑定额。

（3）砖水池内外壁，不分壁厚，均以图示实砌体积计算，套相应的砖墙定额。

9. 砖砌、石砌地沟不分墙基、墙身合并以立方米计算。

10. 井盖按设计图示数量以套计算。

11. 砖砌非标准检查井和化粪池不分壁厚均以立方米计算，洞口上的砖平拱等并入砌体体积内计算。

12. 砖砌标准化粪池按设计数量以座计算。

A.4 混凝土及钢筋混凝土工程

（一）定额说明

1. 本定额包括混凝土工程、预制混凝土构件安装及运输工程、钢筋制作安装工程，适用于建筑工程中的混凝土及钢筋混凝土工程。模板工程按本定额 A.17 模板工程相关规定执行。

2. 混凝土工程。

（1）混凝土工程分为混凝土拌制和混凝土浇捣两部分。

① 混凝土拌制分混凝土搅拌机拌制和现场搅拌站拌制。

② 混凝土浇捣分现浇混凝土浇捣、构筑物混凝土浇捣和预制混凝土构件制作。混凝土浇捣（制作）均不包括混凝土拌制。

现浇混凝土浇捣、构筑物浇捣是按泵送商品混凝土编制的。采用泵送时套用定额相应子目，采用非泵送时每立方米混凝土人工费增加 21 元。

（2）混凝土的强度等级和粗细骨料是按常用规格编制的，如设计规定与定额不同时应进行换算。

（3）毛石混凝土子目，按毛石占毛石混凝土体积的 20%编制，如设计要求不同时，材料消耗量可以调整，人工、机械消耗量不变。

（4）基础。

① 混凝土及钢筋混凝土基础与墙（柱）身的划分以施工图规定为准。如图纸未明确表示时，则按基础的扩大顶面为分界；如图纸无明确表示，而又无扩大顶面时，可按墙（柱）脚分界。

② 基础与垫层的划分，一般以设计确定为准，如设计不明确时，以厚度划分：200 mm 以内的为垫层，200 mm 以上的为基础。

③ 混凝土垫层按本定额相应子目计算，其余垫层按本定额 A.3 砌筑工程相应子目计算。

④ 混凝土地面与垫层的划分，一般以设计确定为准，如设计不明确时，以厚度划分：120 mm 以内的为垫层，120 mm 以上的为地面。

⑤ 带形桩承台按带形基础定额项目计算，独立式桩承台按相应定额项目计算。

（5）弧形半径≤10 m 的梁（墙）按弧形梁（墙）计算。

（6）混凝土斜板，当坡度在 11°19′～26°34′时，按相应板定额子目人工费乘以系数 1.15；当坡度在 26°34′～45°时，按相应板定额子目人工费乘以系数 1.2；当坡度在 45°以上时，按墙子目计算。

（7）空心楼盖 BDF 薄壁管（盒）。

现浇混凝土空心楼盖 BDF 薄壁管（盒）按空心楼盖浇捣子目和内模（BDF 薄壁管、盒）编制的。空心楼盖内模（BDF 管）的抗浮拉结按铁钉和铁丝拉结编制。

（8）架空式现浇混凝土台阶套相应的楼梯定额。

（9）混凝土小型构件，系指单个体积在 0.05 m³ 以内的本定额未列出定额项目的构件。

（10）外形体积在 2 m³ 以内的池槽为小型池槽。

3. 构筑物。

（1）游泳池按贮水池相应定额套用。

（2）倒锥壳水塔罐壳模板组装、提升、就位，按不同容积以座计算。

4. 预制混凝土构件安装及运输工程。

（1）装配式构件安装所需的填缝料（砂浆或混凝土）、找平砂浆、锚固铁件等均包括在定额内，不得换算。

（2）实际工作中所采用的机械与定额不同时，不得换算。

（3）预制混凝土构件安装子目不包括为安装工程所搭设的临时脚手架，如发生时另按本定额 A.15 脚手架工程有关规定计算。

（4）本定额是按单机作业制定的，必须采取双机抬吊时，抬吊部分的构件安装定额人工费、机械台班乘以系数 2。

（5）本定额不包括起重机械、运输机械行驶道路和吊装路线的修整、加固及铺垫工作的人工、材料和机械。

（6）预制混凝土构件运输适用于由构件堆放地或构件加工厂到施工现场的运输，定额综合考虑了城镇、现场运输道路等级，重车上、下坡等各种因素，不得因道路条件不同而调整。

（7）构件在运输过程中，因路桥限载（限高）而发生的加固、扩宽等费用及公安交通管理部门保安护送费，应另行计算。

5. 防火组合变压型排气道。

（1）防火组合变压型排气道子目适用住宅厨房排烟道和卫生间排气道。

（2）防火组合变压型排气道安装所用的型钢、钢筋等包含在其他材料费中，不得另计。

（3）防火组合变压型排气道、防火止回阀和不锈钢动力风帽按成品考虑。

6. 钢筋制作安装工程。

（1）钢筋工程按钢筋的品种、规格，分为现浇构件钢筋、预制构件钢筋、预应力钢筋等项目列项。

（2）预应力构件中的非预应力钢筋按普通钢筋相应子目计算。

（3）绑扎铁丝、成型点焊和接头焊接用的电焊条已综合在定额子目内。

（4）钢筋工程内容包括：制作、绑扎、安装以及浇灌混凝土时维护钢筋用工。

（5）钢筋以手工绑扎为主，如实际施工不同时，不得换算。

（6）预制构件钢筋，如用不同直径钢筋点焊在一起时，按直径最小的定额项目套用，如粗细筋直径比在两倍以上时，其人工费乘以系数 1.25。

（7）后张法钢筋的锚固是按钢筋帮条焊、U 形插垫编制的，如采用其他方法锚固时，应另行计算。

（8）表 A.4-1 所列的构件，其钢筋工程可按表中所列系数调整定额人工费、机械用量。

表 A.4-1　钢筋工程人工费、机械用量调整系数表

项目	预制钢筋		构筑物			
系数范围	拱梯型屋架	托架梁	烟囱	水塔	贮仓	
					矩形	圆形
人工费、机械用量调整系数	1.16	1.05	1.70	1.70	1.25	1.50

（9）型钢混凝土柱、梁中劲性骨架的制作、安装按本定额 A.6 金属结构工程中的相应子目计算，其所占混凝土的体积按钢构件吨数除以 7.85 t/m³ 扣减。

（10）植筋子目未包括植入钢筋的消耗量及其制作安装，植入的钢筋需另套相应钢筋制作安装子目计算。

（二）工程量计算规则

1. 混凝土工程。

（1）现浇混凝土拌制工程量，按现浇混凝土浇捣相应子目的混凝土定额分析量计算，如发生相应的运输、泵送等损耗时均应增加相应损耗量。

（2）现浇混凝土浇捣工程量除另有规定外，均按设计图示尺寸实体体积以立方米计算，不扣除构件内钢筋、预埋铁件及墙、板中单个面积 0.3 m² 以内的孔洞所占体积。

① 基础。

a. 基础垫层及各类基础按图示尺寸计算，不扣除嵌入承台基础的桩头所占体积。

b. 地下室底板中的桩承台、电梯井坑、明沟等与底板一起浇捣者，其工程量应合并到地下室底板工程量中套相应的定额子目。

c. 箱式基础应分别按满堂基础、柱、墙及板的有关规定计算，套相应定额项目。墙与顶板、底板的划分以顶板底、底板面为界。边缘实体积部分按底板计算。

d. 设备基础除块体基础以外，其他类型设备基础分别按基础、梁、柱、板、墙等有关规定计算，套相应定额项目。

② 柱：按设计图示断面面积乘以柱高以立方米计算，柱高按下列规定确定。

a. 有梁板的柱高，应按柱基或楼板上表面至上一层楼板上表面之间的高度计算。

b. 无梁板的柱高，应按柱基或楼板上表面至柱帽下表面之间的高度计算。

c. 框架柱的柱高应自柱基上表面至柱顶高度计算。

d. 构造柱按全高计算，与砖墙嵌接部分的体积并入柱身体积内计算。

e. 依附柱上的牛腿和升板的柱帽，并入柱身体积内计算。

③ 梁：按设计图示断面面积乘以梁长以立方米计算。

a. 梁长按下列规定确定：梁与柱连接时，梁长算至柱侧面；主梁与次梁连接时，次梁长算至主梁侧面。

b. 伸入砌体内的梁头、梁垫并入梁体积内计算；伸入混凝土墙内的梁部分体积并入墙计算。

    c. 挑檐、天沟与梁连接时，以梁外边线为分界线。

    d. 悬臂梁、挑梁嵌入墙内部分按圈梁计算。

    e. 圈梁通过门窗洞口时，以门窗洞口宽加 500 mm 的长度作为过梁计算，其余作圈梁计算。

    f. 卫生间四周坑壁采用素混凝土时，套圈梁定额。

    ④ 墙：外墙按图示中心线长度，内墙按图示净长乘以墙高及墙厚以立方米计算，应扣除门窗洞口及单个面积 0.3 m² 以外孔洞的体积，附墙柱、暗柱、暗梁及墙面突出部分并入墙体积内计算。

    a. 墙高按基础顶面（或楼板上表面）算至上一层楼板上表面。

    b. 混凝土墙与钢筋混凝土矩形柱、T 形柱、L 形柱按照以下规则划分：以矩形柱、T 形柱、L 形柱长边（h）与短边（b）之比 r（$r=h/b$）为基准进行划分，当 $r \leqslant 4$ 时按柱计算；当 $r>4$ 时按墙计算。见图 A.4-1。

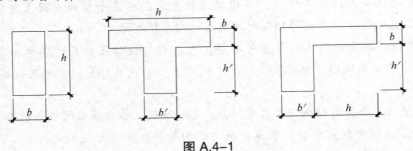

图 A.4-1

    ⑤ 板：按图示面积乘以板厚以立方米计算，其中：

    a. 有梁板包括主、次梁与板，按梁、板体积之和计算。

    b. 无梁板按板和柱帽体积之和计算。

    c. 平板是指无柱、无梁，四周直接搁置在墙（或圈梁、过梁）上的板，按板实体体积计算。

    d. 不同形式的楼板相连时，以墙中心线或梁边为分界，分别计算工程量，套相应定额。

    e. 板伸入砖墙内的板头并入板体积内计算，板与混凝土墙、柱相接部分，按柱或墙计算。

    f. 薄壳板由平层和拱层两部分组成，平层、拱层合并套薄壳板定额项目计算。其中的预制支架套预制构件相应子目计算。

    g. 栏板按图示面积乘以板厚以立方米计算。高度小于 1 200 mm 时，按栏板计算，高度大于 1 200 mm 时，按墙计算。

    h. 现浇挑檐天沟，按图示尺寸以立方米计算。与板（包括屋面板、楼板）连接时，以外墙外边线为分界线,与梁连接时,以梁外边线为分界线。

挑檐和雨篷的区分:悬挑伸出墙外 500 mm 以内为挑檐,伸出墙外 500 mm 以上为雨篷。

i. 悬挑板是指单独现浇的混凝土阳台、雨篷及类似相同的板。悬挑板包括伸出墙外的牛腿、挑梁,按图示尺寸以立方米计算,其嵌入墙内的梁,分别按过梁或圈梁计算。

如遇下列情况,另按相应子目执行:

现浇混凝土阳台、雨篷与屋面板或楼板相连时,应并入屋面板或楼板计算。

有主次梁结构的大雨篷,应按有梁板计算。

j. 板边反檐:高度超出板面 600 mm 以内的反檐并入板内计算;高度在 600~1 200 mm 的按栏板计算,高度超过 1 200 mm 以上的按墙计算。

k. 凸出墙面的钢筋混凝土窗套,窗上下挑出的板按悬挑板计算,窗左右侧挑出的板按栏板计算。

⑥ 空心楼盖 BDF 管(盒)

a. BDF 管空心楼盖的混凝土浇捣按设计图示面积乘以板厚以立方米计算,扣除内模所占体积。

b. BDF 管空心楼盖的内模安装按设计图示内模长度以米计算。

c. BDF 薄壁盒安装工程量按安装后 BDF 薄壁盒水平投影面积以平方米计算。

⑦ 整体楼梯:包括休息平台、梁、斜梁及楼梯与楼板的连接梁,按设计图示尺寸以水平投影面积计算,不扣除宽度小于 500 mm 的楼梯井,当整体楼梯与现浇楼板无梯梁连接时,以楼梯的最后一个踏步边缘加 300 mm 为界,伸入墙内的体积已考虑在定额内,不得重复计算。楼梯基础、用以支撑楼梯的柱、墙及楼梯与地面相连的踏步,应另按相应项目计算。如图 A.4-2 所示。

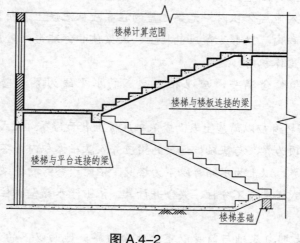

图 A.4-2

⑧ 架空式混凝土台阶:包括休息平台、梁、斜梁及板的连接梁,按设计图示尺寸以

水平投影面积计算，当台阶与现浇楼板无梁连接时，以台阶的最后一个踏步边缘加下一级踏步的宽度为界，伸入墙内的体积已考虑在定额内，不得重复计算。

⑨ 其他构件。

a. 扶手和压顶按设计图示尺寸实体体积以立方米计算。

b. 小型构件按设计图示实体体积以立方米计算。

c. 屋顶水池中钢筋混凝土构件（如柱、圈梁等）应并入屋顶水池工程量中计算，屋顶水池脚（墩）的钢筋混凝土构件另按相应的构件规定计算。

d. 散水按设计图示尺寸以平方米计算，不扣除单个 $0.3 \mathrm{m}^2$ 以内的孔洞所占面积。

e. 混凝土明沟按设计图示中心线长度以米计算。混凝土明沟与散水的分界：明沟净空加两边壁厚的部分为明沟，以外部分为散水。

⑩ 后浇带：地下室、梁、板、墙工程量均应扣除后浇带体积，后浇带工程量按设计图示尺寸以立方米计算。

⑪ 钢管顶升混凝土工程量按设计图示实体体积以立方米计算。

⑫ 混凝土地面工程量按设计图示尺寸以平方米计算，应扣除凸出地面的构筑物、设备基础、室内管道、地沟等所占面积，不扣除间壁墙、单个 $0.3 \mathrm{m}^2$ 以内的柱、垛、附墙烟囱及孔洞所占面积，门洞、空圈、暖气包槽、壁龛的开口部分不增加面积。

⑬ 混凝土地面切缝按设计图示尺寸以米计算。刻纹机刻水泥混凝土地面按设计图示尺寸以平方米计算。

（3）构筑物混凝土工程量，按以下规定计算：构筑物混凝土除另规定者外，均按图示尺寸扣除门窗洞口及单个面积 $0.3 \mathrm{m}^2$ 以外孔洞所占体积后的实体体积以立方米计算。

① 贮水（油）池的池底、池壁、池盖分别按相应定额项目计算。有壁基梁的，应以壁基梁底为界，以上为池壁，以下为池底；无壁基梁的，锥形坡底应算至其上口，池壁下部的八字靴脚应并入池底体积内。无梁池盖的柱高应从池底上表面算至池盖下表面，柱帽和柱座应并在柱体积内。肋形池盖应包括主、次梁体积；球形池盖应以池壁顶面为界，边侧梁应并入球形池盖体积内。

② 贮仓立壁和贮仓漏斗，应以相互交点的水平线为界，壁上圈梁应并入漏斗体积内。

③ 水塔：筒式塔身应以筒座上表面或基础底板上表面为界；柱式（框架式）塔身应以柱脚与基础底板或梁顶为界，与基础板连接的梁应并入基础体积内。塔身与水箱应以箱底相连接的圈梁下表面为界，以上为水箱，以下为塔身。依附于塔身的过梁、雨篷、挑檐等，应并入塔身体积内；柱式塔身应不分柱、梁合并计算。依附于水箱壁的柱、梁，应并入水箱壁体积内。

④ 钢筋混凝土烟囱基础与筒身以室外地面为界，地面以下的为基础，地面以上的为筒身。

⑤ 构筑物基础套用建筑物基础相应定额子目。

⑥ 混凝土标准化粪池按座计算，非标准化粪池及检查井分别按相应定额子目以立方米计算。

（4）预制混凝土构件制作工程量，按以下规定计算。

① 预制混凝土构件制作工程量均按构件图示尺寸实体体积以立方米计算，不扣除构件内钢筋、铁件及单个面积小于 300 mm×300 mm 的孔洞所占体积。

② 预制混凝土构件制作子目未包括混凝土拌制，其混凝土拌制工程量按预制混凝土构件制作相应项目的定额混凝土含量（含损耗率）计算，套用现浇混凝土拌制定额子目。

③ 预制混凝土构件的制作废品率按表 A.4-2 的损耗率计算。

④ 桩。

a. 按桩全长（包括桩尖，不扣除桩尖虚体积）乘以桩断面（空心桩应扣除孔洞体积）以立方米计算。

b. 预制桩尖按虚体积（不扣除桩尖虚体积部分）计算。

2. 预制混凝土构件安装及运输。

（1）预制混凝土构件安装均按构件图示尺寸以实体体积按立方米计算。

（2）预制混凝土构件运输及安装损耗：以图示尺寸的安装工程量为基准，损耗率如表 A.4-2 所示。预制混凝土构件制作、运输及安装工程量可按表 A.4-3 中的系数计算。其中预制混凝土屋架、桁架、托架及长度在 9 m 以上的梁、板、柱不计算损耗率。

表 A.4-2　预制钢筋混凝土构件损耗率表

名称	制作废品率	运输堆放损耗	安装（打桩）损耗
预制混凝土屋架、桁架、托架及长度在 9 m 以上的梁、板、柱	无	无	无
预制钢筋混凝土桩	0.1%	0.4%	已包含在定额内
其他各类预制构件	0.2%	0.8%	1%

表 A.4-3　预制钢筋混凝土构件制作、运输、安装工程量系数表

名称	安装（打桩）工程量	运输工程量	预制混凝土构件制作工程量
预制混凝土屋架、桁架、托架及长度在 9 m 以上的梁、板、柱	1	1	1
预制钢筋混凝土桩	1	1 + 1%+0.4% = 1.014	1 + 1% + 0.4% + 0.1 % = 1.015
其他各类预制构件	1	1 + 1% + 0.8% = 1.018	1 + 1% + 0.8 % + 0.2% = 1.02

（3）预制钢筋混凝土工字形柱、矩形柱、空腹柱、双肢柱、空心柱、管道支架等安装，均按柱安装计算。

（4）吊车梁的安装，按梁相应的安装定额计算。

（5）安装预制板时，预制板之间的板缝，缝宽在 50 mm 以内的，已包含在预制板的

安装定额内；缝宽在 50 mm 以外时，按相应的混凝土平板计算。

（6）预制混凝土构件的水平运输，可按加工厂或现场预制的成品堆置场中心至安装建筑物的中心点的距离计算。最大运输距离取 20 km 以内；超过时另行计算。

3. 防火组合变压型排气道。

（1）防火组合变压型排气道分不同截面按设计图示尺寸以延长米计算。

（2）防火止回阀按套计算。

（3）不锈钢动力风帽按套计算。

4. 钢筋工程。

（1）钢筋工程，应区别现浇、预制、预应力等构件和不同种类及规格，分别按设计图纸、标准图集、施工规范规定的长度乘以单位质量以吨计算。除设计（包括规范规定）标明的搭接外，其他施工搭接已在定额中综合考虑，不另计算。

（2）钢筋接头：设计（或经审定的施工组织设计）采用机械连接、电渣压力焊接时，应按接头个数分别列项计算。

（3）现浇构件中固定位置的支撑钢筋、双层钢筋用的"铁马"按设计（或经审定的施工组织设计）规定计算，设计未规定时，均按同板中小规格主筋计算，基础底板每平方米 1 只，长度按底板厚乘以 2 再加 1 m 计算；板每平方米 3 只，长度按板厚度乘以 2 再加 0.1 m 计算。双层钢筋的撑脚布置数量均按板（不包括柱、梁）的净面积计算。

（4）楼地面、屋面、墙面及护坡钢筋网制作安装，按钢筋设计图示尺寸以平方米计算。

（5）地下连续墙钢筋网片、BDF 管空心楼盖的内模抗浮钢筋网片按设计图示尺寸以吨分别列项计算。

（6）先张法预应力钢筋，按设计图示长度乘单位理论质量以吨计算。

（7）预应力钢绞线、预应力钢丝束、后张法预应力钢筋按设计图规定的预应力钢筋预留孔道长度，并区别不同的锚具类型，分别按下列规定计算。

① 低合金钢筋两端采用螺杆锚具时，预应力钢筋按预留孔道长度减 0.35 m，螺杆另行计算。

② 低合金钢筋一端采用镦头插片，另一端采用螺杆锚具时，预应力钢筋长度按预留孔道长度计算，螺杆另行计算。

③ 低合金钢筋一端采用镦头插片，另一端采用帮条锚具时，预应力钢筋长度按预留孔长度增加 0.15 m，两端均采用帮条锚具时预应力钢筋长度共增加 0.3 m 计算。

④ 低合金钢筋采用后张混凝土自锚时，预应力钢筋长度增加 0.35 m 计算。

⑤ 低合金钢筋或钢绞线采用 JM 型、XM 型、QM 型锚具，孔道长度在 20 m 以内时，预应力钢筋长度增加 1 m；孔道长度 20 m 以上时预应力钢筋长度增加 1.8 m 计算。

⑥ 碳素钢丝采用锥形锚具，孔道长在 20 m 以内时，预应力钢丝长度增加 1 m；孔道长在 20 m 以上时，预应力钢丝长度增加 1.8 m。

⑦碳素钢丝两端采用镦粗头时，预应力钢丝长度增加 0.35 m 计算。

（8）砌体内的加固钢筋（含砌块墙体砌块中空安放纵向垂直钢筋、墙与柱的拉结筋）工程量按设计图示长度乘单位理论质量以吨计算。

（9）铁件、植筋、化学锚栓按以下规定计算。

①铁件按图示尺寸以吨计算，不扣除孔眼、切肢、切边质量，不规则钢板按外接矩形面积乘以厚度计算。

②用于固定预埋螺栓、铁件的支架等，按审定的施工组织设计规定计算，分别套相应铁件子目。

③植筋工程量分不同的直径按种植钢筋以根计算。

④植化学锚栓分不同直径以套计算。

A.5 木结构工程

（一）定额说明

1. 本定额是按机械和手工操作综合编制的。不论实际采取何种操作方法，均按定额执行。

2. 本定额按圆木和方木分别计算。

3. 本章木材木种均以一、二类木种为准，如采用三、四类木种时，按相应项目人工和机械乘以系数 1.35。

4. 定额中所注明的木材断面或厚度均以毛料为准。如设计图纸注明的断面或厚度为净料时，应增加抛光损耗；板、枋材一面刨光增加 3 mm；两面刨光增加 5 mm；圆木每立方米材积增加 0.05 m³。

（二）工程量计算规则

1. 木屋架的制作安装工程量，按以下规定计算：

（1）木屋架制作、安装均按设计断面竣工木料以立方米计算，其后备长度及配制损耗均不另计算。

（2）圆木屋架连接的挑檐木、支撑等如为方木时，其方木部分应乘以系数 1.786 折合成圆木并入屋架竣工木料内；单独的方木挑檐，按矩形檩木计算。

（3）方木屋架：附属于屋架的夹板、垫木等已并入相应的屋架制作项目中，不得另行计算；与屋架连接的挑檐木、支撑等，其工程量并入屋架竣工木料体积内计算。

（4）屋架的制作、安装应区别不同跨度，其跨度应以屋架上下弦杆的中心线交点之间的长度为准。带气楼的屋架并入依附屋架的体积内计算。

（5）屋架的马尾、折角和正交部分半屋架，应并入相连接屋架的体积内计算。

（6）钢木屋架区分圆、方木按竣工木料以立方米计算。

2. 木檩按竣工木料以立方米计算，简支檩长度按设计规定计算，如设计无规定者，按屋架或山墙中距共增加 200 mm 计算，如两端出墙，檩条长度算至博风板。连续檩条的长度按设计长度计算，其接头长度的体积按全部连续木檩总体积的 5%计算，檩条托木已考虑在相应的木檩制作、安装子目中，不另计算。

3. 屋面木基层（除木檩、封檐板、博风板）：按设计图示的斜面积以平方米计算，不扣除房上烟囱、风帽底座、烟道、小气窗、斜沟等所占面积。小气窗的出檐部分不增加面积。

4. 封檐板按图示檐口外围长度以延长米计算，博风板按斜长度计算，每个大刀头增加长度 500 mm。

5. 木柱、木梁、木楼梯。

（1）木柱、木梁应分方、圆按竣工木料以立方米计算，定额内已含刨光损耗。

（2）木柱定额内不包括柱与梁、柱与柱基、柱、梁、屋架等连接的安装铁件，如设计需要时可按设计规定计算，人工不变。

（3）木楼梯按水平投影面积计算，不扣除宽度小于 300 mm 的楼梯井，其踢脚板、平台和伸入墙内部分均已包括在定额内，不另计算。

6. 其他。

（1）披水条、盖口板、压缝条按实际长度以延长米计算。

（2）玻璃黑板分活动式与固定式两种，按框外围面积计算，其粉笔槽及活式黑板的滑轮、溜槽及钢丝绳等，均包括在定额内，不另计算。

（3）木格栅（板）分条形格及方形格，按外围面积计算。

（4）检修孔木盖板以洞口面积计算。

（5）其他项目，按所示计量单位计算。

A.6　金属结构工程

（一）定额说明

1. 构件制作。

（1）本定额钢材损耗率为 6%。损耗率超过 6%的异型构件，合同无约定的，预算时按 6%计算，结算时按经审定的施工组织设计计算损耗率，损耗超过 6%部分的残值归发包人。

（2）本定额适用于现场加工制作，也适用于企业附属加工厂制作的构件。

（3）构件制作包括分段制作和整体预装配的人工、材料、机械台班消耗量，整体预装配用的锚固杆件及螺栓已包括在定额内。

（4）本定额金属结构制作子目，除螺栓球节点钢网架外，均按焊接方式编制。

（5）除机械加工件及螺栓，铁件以外，设计钢材型号、规格、比例与定额不同时，可按实调整，其他不变。

（6）本定额除注明者外，均包括现场内（工厂内）的材料运输、号料、加工、组装及成品堆放等全部工序。

（7）本定额构件制作子目未包括除锈、刷防锈漆的人工、材料消耗量。

（8）H 形钢构件制作子目适用于用钢板焊接成 H 形状的柱、梁、屋架等钢构件，T 形、工字形构件按 H 形钢构件制作定额子目计算；十字形构件套用相应 H 形钢构件制作子目，定额人工、机械乘以系数 1.05。

（9）箱形钢构件制作子目适用于用钢板焊接成箱形空腔结构的柱、梁等钢构件。

（10）钢支架、钢屋架（包括轻钢屋架）水平支撑、垂直支撑制作，均套屋架钢支撑子目计算。

（11）钢筋混凝土组合屋架钢拉杆，按屋架钢支撑制作子目计算。

（12）钢拉杆包括两端螺栓；平台、操作台（蓖式平台）包括钢支架；踏步式、爬式扶梯包括梯围栏、梯平台。

（13）钢栏杆制作子目仅适用于工业厂房中平台、操作台的钢栏杆，不适用于民用建筑中的铁栏杆。

（14）金属零星构件是指单件重量在100 kg 以内且本定额未列出子目的钢构件。

（15）H 形、箱形钢构件制作按直线形构件编制，如设计为弧形时，按其相应子目人工、机械乘以系数 1.20。

（16）桁架制作按直线形桁架编制，如设计为曲线、折线时，按其相应子目人工乘以系数 1.3。

（17）组合型钢柱制作不分实腹、空腹柱，均套组合型钢柱子目计算。

2. 构件安装。

（1）本定额是按机械起吊点中心回转半径 15 m 以内的距离计算的，如超出 15 m 时，应另按构件 1 km 运输定额子目执行。

（2）每一工作循环中，均包括机械的必要位移。

（3）本定额起重机械是按汽车式起重机编制的，采用其他起重机械不得调整。

（4）本定额是按单机作业制定的，必须采取双机抬吊时，抬吊部分的构件安装定额人工、机械台班乘以系数 2。

（5）本定额不包括起重机械、运输机械行使道路和吊装路线的修整、加固及铺垫工作的人工、材料和机械。

（6）本定额内已包括金属构件拼接和安装所需的连接普通螺栓，不包括结构件的高强螺栓，压型钢楼板安装不包括栓钉，高强螺栓、栓钉分别按本章相关子目计算。

（7）钢屋架单榀质量在 1 t 以下者，按轻钢屋架定额子目计算。

（8）钢网架安装是按以下两种方式编制的，若施工方法与定额不同时，可另行补充。

①焊接球节点钢网架安装是按分体吊装编制的。

②螺栓球节点钢网架安装是按高空散装编制的。

（9）钢柱安装在混凝土柱上，其人工、机械乘以系数1.43。

（10）钢屋架、钢桁架、钢天窗架安装定额中不包括拼装工序，如需拼装时，按相应拼装子目计算。

（11）钢制动梁安装按吊车梁定额子目计算。

（12）钢构件若需跨外安装时，其人工、机械乘以系数1.18。

（13）钢屋架、钢桁架、钢托架制作平台摊销子目，实际发生时才能套用。

（14）钢柱制作、安装定额未包括锚栓套架和地脚锚栓。锚栓套架、地脚锚栓按 A.4 混凝土及钢筋混凝土工程相应定额执行。

（15）本定额构件安装子目已包括临时耳板工料。

（16）本定额构件安装子目不包括钢构件安装所需的支承胎架，如有发生，按经审定的施工方案计算。

（17）金属围护网安装不包括柱基础及预埋在地面（或基础顶）的铁件，柱基础、预埋铁件按设计另行计算，套用相应定额子目。

3. 构件运输。

（1）本定额构件运输适用于由构件堆放场地或构件加工厂至施工现场的运输。定额综合考虑了城镇、现场运输道路等级，重车上、下坡等各种因素，不得因道路条件不同而调整。

（2）本定额按构件类型和外形尺寸划分为三类，见表 A.6-1（如遇表中未列的构件应参照相近的类别套用）。

表 A.6-1　金属结构构件分类表

类型	项目
1	钢柱、屋架、钢桁架、托架梁、防风架、钢漏斗
2	钢吊车梁、制动梁、型钢檩条、钢支撑、上下挡、钢拉杆栏杆、钢盖板、垃圾出灰门、倒灰门、篦子、爬梯、零星构件平台、操作台、走道休息台、扶梯、钢吊车梯台、烟囱紧固箍
3	钢墙架、挡风架、天窗架、组合檩条、轻型屋架、滚动支架、悬挂支架、管道支架、钢门窗、钢网架、金属零星构件

（3）构件运输过程中，因路桥限载（限高）而发生的加固、扩宽等费用及公安交通管理部门保安护送费，应另行计算。

4. 其他说明。

（1）本定额各子目均不包括焊缝无损探伤（如 X 光透视、超声波探伤、磁粉探伤、着色探伤等），不包括探伤固定支架制作和被检工件的退磁等费用。

（2）金属构件除锈、刷防锈漆及面漆按 A.13 油漆涂料裱糊工程相应定额子目计算。

（3）金属构件安装工程所需搭设的脚手架按施工组织设计或按实际搭设的脚手架计算，套用 A.9 脚手架工程定额子目。

（4）定额钢柱安装按照垂直柱考虑，斜柱安装所需的措施费用，应按照经审批的施工方案另行计算。

（二）工程量计算规则

1. 金属结构制作、安装、运输工程量，按设计图示尺寸以质量计算。不扣除孔眼的质量，焊条、铆钉、螺栓等不另增加质量。

2. 焊接球节点钢网架工程量按设计图示尺寸的钢管、钢球以质量计算。支撑点钢板及屋面找坡顶管等，并入网架工程量内。

3. 墙架制作工程量包括墙架柱、墙架梁及连接杆件质量。

4. 依附在钢柱上的牛腿及悬臂梁等并入钢柱工程量内。

5. 钢管柱上的节点板、加强环、内衬管、牛腿等并入钢管柱工程量内。

6. 制动梁的制作工程量包括制动梁、制动桁架、制动板、车挡质量。

7. 压型钢板墙板按设计图示尺寸以铺挂展开面积计算。不扣除单个 0.3 m² 以内的梁、孔洞所占面积，包角、包边、窗台泛水等不另增加面积。

8. 压型钢板楼板按设计图示尺寸以铺设水平投影面积计算。不扣除单个 0.3 m² 以内的柱、垛及孔洞所占面积。

9. 依附漏斗的型钢并入漏斗工程量内。

10. 金属围护网子目按设计图示框外围展开面积以平方米计算。

11. 紧固高强螺栓及剪力栓钉焊接按设计图示及施工组织设计规定以套计算。

12. 钢屋架、钢桁架、钢托梁制作平台摊销工程量按相应构件制作工程量计算。

13. 金属结构运输及安装工程量按金属结构制作工程量计算。

14. 锚栓套架按设计图示尺寸以质量计算，设计无规定时按地脚锚栓质量 2 倍计算。

A.7 屋面及防水工程

（一）定额说明

1. 各种瓦屋面的瓦规格与定额不同时，瓦的数量可以换算，但人工、其他材料及机械台班数量不变。

2. 琉璃瓦定额以盖 1/3 露 2/3 计算，设计不同时可以换算。

3. 卷材防水子目是按常用卷材编制的，如设计卷材的品种、厚度与定额不同时，卷材可以换算，其他不变。

4. 本定额中的"一布二涂"或"二布三涂"项目，其"二涂""三涂"是指涂料构成防水层数并非指涂刷遍数；每一层"涂层"刷两遍至数遍不等；在相邻两个涂层之间铺贴一层胎体增强材料（如无纺布、玻纤丝布）叫"一布"。

5. 细石混凝土防水层如使用钢筋网者，钢筋制作安装按 A.4 混凝土及钢筋混凝土工程相应的定额子目计算。

6. 屋面砂浆找平层、面层及找平层分格缝塑料油膏嵌缝按本定额 A.9 楼地面工程相应的定额子目计算。

7. 墙和地面防水、防潮工程适用于楼地面、墙基、墙身、构筑物、水池、水塔及室内厕所、浴室及建筑物±0.000 以下的防水、防潮等。

8. 变形缝填缝：建筑油膏、聚氯乙烯胶泥断面取定 30 mm×20 mm；油浸木丝板取定为 25 mm×150 mm；紫铜板止水带为 2 mm 厚，展开宽 450 mm；钢板止水带为 3 mm 厚，展开宽 420 mm；氯丁橡胶宽 300 mm，涂刷式氯丁胶贴玻璃止水片宽 350 mm。其余均为 30 mm×150 mm。如设计断面不同时，用料可以换算，人工不变。

9. 盖缝：盖缝面层材料用量如设计与定额规定不同时，可以换算，其他不变。

10. 本定额中沥青、玛蹄脂均指石油沥青、石油沥青玛蹄脂。

（二）工程量计算规则

1. 屋面工程。

（1）瓦屋面、型材屋面（彩钢板、波纹瓦）按图 A.7-1 所示的尺寸的水平投影面积乘以屋面坡度系数（见表 A.7-1）的斜面积计算，曲屋面按设计图示尺寸的展开面积计算。不扣除房上烟囱、风帽底座、风道、屋面小气窗、斜沟等所占面积，屋面小气窗的出檐部分也不增加。

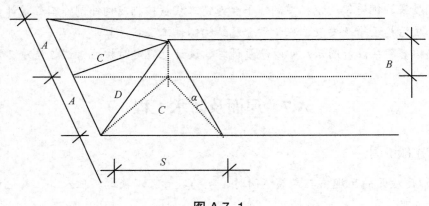

图 A.7-1

表 A.7-1　屋面坡度系数表

坡度 B（A=1）	坡度 B/2A	坡度 角度（α）	延尺系数 C （A=1）	隅延尺系数 D （A=1）
1	1/2	45°	1.414 2	1.732 1
0.75		36°52′	1.250 0	1.600 8
0.70		35°	1.220 7	1.577 9
0.666	1/3	33°40′	1.201 5	1.562 0
0.65		33°01′	1.192 6	1.556 4
0.60		30°58′	1.166 2	1.536 2
0.577		30°	1.154 7	1.527 0
0.55		28°49′	1.141 3	1.517 0
0.50	1/4	26°34′	1.118 0	1.500 0
0.45		24°14′	1.096 6	1.483 9
0.40	1/5	21°48′	1.077 0	1.469 7
0.35		19°17′	1.059 4	1.456 9
0.30		16°42′	1.044 0	1.445 7
0.25		14°02′	1.030 8	1.436 2
0.20	1/10	11°19′	1.019 8	1.428 3
0.15		8°32′	1.011 2	1.422 1
0.125		7°8′	1.007 8	1.419 1
0.100	1/20	5°42′	1.005 0	1.417 7
0.083		4°45′	1.003 0	1.416 6
0.066	1/30	3°49′	1.002 2	1.415 7

注：1. 两坡排水屋面面积为屋面水平投影面积乘以延尺系数 C；

2. 四坡排水屋面斜脊长度=A×D（当 S=A 时）；

3. 沿山墙泛水长度=A×C。

（2）瓦脊按设计图示尺寸以延长米计算。

（3）屋面种植土按设计图示尺寸以立方米计算。

（4）屋面塑料排（蓄）水板按设计图示尺寸以平方米计算。

（5）屋面铁皮天沟、泛水按设计图示尺寸以展开面积计算，如图纸没有注明尺寸时，可按表 A.7-2 计算。咬口和搭接等已含在定额项目中，不另计算。

表 A.7-2　铁皮天沟、泛水单体零件折算表

名称	天沟/m	斜沟天窗窗 台泛水 / m	天窗侧面 泛水 / m	烟囱 泛水 / m	通气管 泛水 / m	滴水檐头 泛水 / m	滴水 / m
折算面积/m²	1.30	0.50	0.70	0.80	0.22	0.24	0.11

（6）屋面型钢天沟按设计图示尺寸以质量计算。

（7）屋面不锈钢天沟、单层彩钢天沟按设计图示尺寸以延长米计算。

2. 屋面防水工程。

（1）卷材屋面按设计图示尺寸的面积计算。平屋顶按水平投影面积计算，斜屋顶（不包括平屋顶找坡）按斜面积计算，曲屋面按展开面积计算。不扣除房上烟囱、风帽底座、风道、屋面小气窗和斜沟所占的面积，屋面的女儿墙、伸缩缝和天窗等处的弯起部分，并入屋面工程量内。如图纸无规定时，伸缩缝、女儿墙的弯起部分可按 250 mm 计算，天窗、房上烟囱、屋顶梯间弯起部分可按 300 mm 计算。

（2）卷材屋面的附加层、接缝、收头已包含在定额内，不另计算；定额中如已含冷底子油的，不得重复计算。

（3）涂膜屋面的工程量计算同卷材屋面。涂膜屋面的油膏嵌缝、玻璃布盖缝、屋面分格缝按图示尺寸以延长米计算。

（4）屋面刚性防水按设计图示尺寸以平方米计算，不扣除房上烟囱、风帽底座等所占面积。

3. 墙和地面防水、防潮工程。

（1）墙和地面防水、防潮工程按设计图示尺寸以平方米计算。

（2）建筑物地面防水、防潮层，按主墙间净空面积计算，扣除凸出地面的构筑物、设备基础等所占的面积，不扣除间壁墙及单个 0.3 m² 以内柱、垛、烟囱和孔洞所占面积。与墙面连接处上卷高度在 300 mm 以内者按展开面积计算，并入平面工程量内，超过 300 mm 时，按立面防水层计算。

（3）建筑物墙基防水、防潮层：外墙长度按中心线，内墙按净长乘以宽度以平方米计算。

（4）构筑物及建筑物地下室防水层，按设计图示尺寸以平方米计算，但不扣除 0.3 m² 以内的孔洞面积。平面与立面交接处的防水层，其上卷高度超过 300 mm 时，按立面防水层计算。

（5）防水卷材的附加层、接缝、收头和"油毡卷材防水"的冷底子油等人工材料均已计入定额内，不另计算。

4. 变形缝。

各种变形缝按设计图示尺寸以延长米计算。

A.8　保温、隔热、防腐工程

（一）定额说明

1. 保温、隔热。

（1）保温、隔热工程适用范围：一般保温工程，中温、低温及恒温的工业厂（库）房隔热工程。

（2）本定额只包括保温隔热材料的铺贴，不包括隔气防潮、保护层或衬墙等。

（3）本定额的各种面层，除软聚氯乙烯塑料地面外，均不包括踢脚板。

（4）玻璃棉、矿渣棉包装材料和人工均已包括在定额内。

（5）聚氨酯硬泡屋面保温定额不包括抗裂砂浆网格布保护层，如设计与定额不同时，套用相应子目另行计算。

（6）聚氨酯硬泡外墙外保温和不上人屋面子目中的聚氨酯硬泡是按 35 kg/m^3、上人屋面子目是按 45 kg/m^3 编制的，如设计规定与定额不同，应进行换算。

（7）若定额中无相应外墙内保温子目，外墙内保温套用相应的外墙外保温子目，人工乘以系数 0.8，其余不变。若定额中无相应柱保温子目，柱保温可套用相应的墙体保温子目，人工乘以系数 1.5，其余不变。

（8）单面钢丝网架聚苯板整浇外墙保温定额仅适用于外墙为现浇混凝土的墙体。

（9）墙面保温定额中的玻璃纤维网格布，若设计层数与定额不同时，按相应定额调整。保温定额中已考虑正常施工搭接及阴阳角重叠搭接。

（10）保温隔热层的厚度按隔热材料（不包括胶结材料）净厚度计算。定额中，除有厚度增减子目外，保温、隔热材料厚度与设计不同时，材料可以换算，其他不变。

（11）外墙保温遇腰线、门窗套、挑檐等零星项目的人工乘以系数 2，其他不变。

（12）楼地面保温、隔热无子目的，可套用相应的屋面保温、隔热子目。

2. 防腐。

（1）防腐工程中各种砂浆、胶泥、混凝土材料的种类、配合比、强度等级及各种整体面层的厚度，如设计与定额不同时，可以换算，但各种块料面层的结合层砂浆或胶泥厚度不变。

（2）防腐整体面层、隔离层适用于平面、立面的防腐耐酸工程，包括沟、坑、槽。如用于天棚时人工乘以 1.38 系数。

（3）块料防腐面层以平面砌为准，砌立面者按平面砌相应项目，人工乘以系数 1.38，踢脚板人工乘以系数 1.56，结合层砂浆或胶泥消耗量可按设计厚度调整，其他不变。

（4）花岗岩板以六面剁斧的板材为准。如底面为毛面者，相应定额子目水玻璃砂浆增加 0.38 m^3、耐酸沥青砂浆增加 0.44 m^3。

（二）工程量计算规则

1. 保温、隔热。

（1）屋面保温、隔热层，按设计图示尺寸以面积计算，扣除 0.3 m^2 以上的孔洞所占面积。

（2）天棚保温层，按设计图示尺寸以面积计算，扣除 0.3 m^2 以上的柱、垛、孔洞所占面积。与天棚相连的梁、柱帽按展开面积计算，并入天棚工程量内。

（3）墙体保温隔热层按设计图示尺寸以面积计算，扣除门窗洞口及 0.3 m^2 以上的孔洞所占面积；门窗洞口侧壁以及与墙相连的柱，并入保温墙体工程量内。

①墙体保温隔热层长度：外墙按保温隔热层中心线长度计算，内墙按保温隔热层净长计算。

②墙体保温隔热层高度：按设计图示尺寸计算。

（4）独立墙体和附墙铺贴的区分如图 A.8-1 所示。

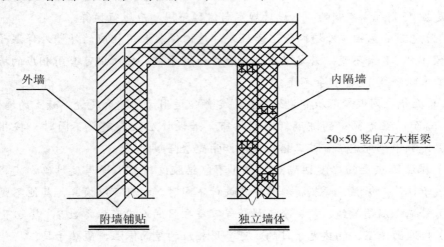

图 A.8-1

（5）柱、梁保温层：

①柱按设计图示柱断面保温层中心线展开长度乘以保温层高度以面积计算，扣除 0.3 m^2 以上梁所占面积。

②梁按设计图示梁断面保温层中心线展开长度乘以保温层长度以面积计算。

（6）楼地面隔热层，按设计图示尺寸以面积计算，扣除 0.3 m^2 以上的柱、垛、孔洞等所占面积，门洞、空圈、暖气包槽、壁龛的开口部分不增加。

（7）池槽隔热层按设计图示池槽保温隔热层的长、宽及其厚度以立方米计算。其中池壁按墙面计算，池底按地面计算。

2. 防腐。

（1）防腐工程项目应区分不同防腐材料种类及其厚度，按设计图示尺寸以面积计算。

①平面防腐面层、隔离层、防腐涂料：扣除凸出地面的构筑物、设备基础等以及 0.3 m^2 以上的柱、垛、孔洞等所占面积。门洞、空圈、暖气包槽、壁龛的开口部分不增加。

②立面防腐面层、隔离层、防腐涂料：扣除门、窗、洞口以及 0.3 m^2 以上的孔洞、梁所占面积，门、窗、洞口侧壁、垛突出部分按展开面积并入墙面积内。

（2）踢脚板按设计图示尺寸以面积计算，应扣除门洞所占面积并相应增加侧壁展开面积。

（3）池槽防腐：按设计图示尺寸以展开面积计算。

（4）平面砌筑双层耐酸块料时，按单层面积乘以系数 2 计算。

（5）砌筑沥青浸渍砖，按设计图示尺寸以体积计算。

（6）防腐卷材接缝、附加层、收头等人工材料，已计入定额中，不得另行计算。

（7）烟囱、烟道内涂刷隔绝层涂料，按内壁面积扣除 0.3 m² 以上孔洞面积计算。

A.9　楼地面工程

（一）定额说明

1. 砂浆和水泥石米浆的配合比及厚度、混凝土的强度等级、饰面材料的型号规格如设计与定额规定不同时，可以换算，其他不变。

2. 同一铺贴面上有不同花色且镶拼面积小于 0.015 m² 的大理石板和花岗岩板执行点缀定额子目。

3. 整体面层、块料面层中的楼地面子目，均不包括踢脚线工料。

4. 楼梯面层。

（1）楼梯面层不包括防滑条、踢脚线及板底抹灰，防滑条、踢脚线、板底抹灰另按相应定额子目计算。

（2）弧形、螺旋形楼梯面层，按普通楼梯子目人工、块料及石料切割锯片、石料切割机械乘以系数 1.2 计算。

5. 台阶面层子目不包括牵边、侧面装饰及防滑条。

6. 零星子目适用于台阶侧面装饰、小便池、蹲位、池槽以及单个面积在 0.5 m² 以内且定额未列的少量分散的楼地面工程。

7. 踢脚线。

（1）楼梯踢脚线按踢脚线子目乘以系数 1.15。

（2）弧形踢脚线子目仅适用于使用弧形块料的踢脚线。

8. 石材底面刷养护液、正面刷保护液亦适用于其他章节石材装饰子目。

9. 现浇水磨石子目内已包括酸洗打蜡工料，其余子目均不包括酸洗打蜡，如发生时，按本定额相应子目计算。

10. 刷素水泥浆按 A.10 墙柱面工程相应定额子目计算。

11. 楼地面伸缩缝及防水层按 A.7 屋面及防水工程相应定额子目计算。

12. 石材磨边按 A.14 其他工程相应定额子目计算。

13. 普通水泥自流平子目适用于垫层的找平，不适用于面层型自流平。

（二）工程量计算规则

1. 找平层、整体面层（除本规则第 14 条注明者外）均按设计图示尺寸以平方米计算，扣除凸出地面的构筑物、设备基础、室内管道、地沟等所占面积，不扣除间壁墙、单个 0.3 m² 以内的柱、垛、附墙烟囱及孔洞所占面积，门洞、暖气包槽、壁龛的开口部分不增加面积。

2. 块料面层按设计图示尺寸以平方米计算。门洞、空圈、暖气包槽、壁龛的开口部分并入相应的工程量内。

3. 块料面层拼花按拼花部分实贴面积以平方米计算。

4. 块料面层波打线（嵌边）按设计图示尺寸以平方米计算。

5. 块料面层点缀按个计算，计算主体铺贴地面面积时，不扣除点缀所占面积。

6. 石材、块料面层弧形边缘增加费按其边缘长度以延长米计算，石材、块料损耗可按实调整。

7. 楼梯面层。

（1）楼梯面层按楼梯（包括踏步、休息平台以及小于 500 mm 宽的楼梯井）水平投影面积以平方米计算。楼梯与楼地面相连时，算至梯口梁外侧边沿；无梯口梁者，算至最上一层踏步边沿加 300 mm。

（2）楼梯不满铺地毯子目按实铺面积以平方米计算。

8. 台阶面层（包括踏步及最上一层踏步边沿加 300 mm）按水平投影面积以平方米计算。

9. 大理石、花岗岩梯级挡水线按设计图示水平投影面积以平方米计算。

10. 零星子目按设计图示结构尺寸以平方米计算。

11. 踢脚线按设计图示尺寸以平方米计算。

12. 石材底面及侧面刷养护液工程量按表 A.9-1 计算。

表 A.9-1　石材底面及侧面刷养护液工程量计算系数表

项目名称	系数	工程量计算方法
楼地面	1.13	楼地面工程相应子目工程量×系数
波打线	1.33	
楼梯	1.79	
台阶	1.95	
零星项目	1.30	
踢脚线	1.33	
墙面 梁、柱面 零星项目	1.12	墙柱面工程相应子目工程量×定额石材用量×系数

13. 石材正面刷保护液工程量按相应面层工程量计算。

14. 橡胶、塑料、地毯、竹木地板、防静电活动地板、金属复合地板面层、地面（地台）龙骨按设计图示尺寸以平方米计算。门洞、暖气包槽、壁龛的开口部分并入相应的工程量内。

15. 木地板煤渣防潮层按需填煤渣防潮层部分木地板面层工程量以平方米计算。

16. 地面金属嵌条按设计图示尺寸以延长米计算。

17. 楼梯踏步防滑条按设计图示尺寸（无设计图示尺寸者按楼梯踏步两端距离减300 mm）以延长米计算。

A.10　墙柱面工程

（一）定额说明

1. 本定额凡注明的砂浆种类、强度等级，如设计与定额不同时，可按设计规定调整，但人工、其他材料、机械消耗量不变。

2. 抹灰厚度，同类砂浆列总厚度，不同砂浆分别列出厚度，如定额子目中15 mm+5 mm 即表示两种不同砂浆的各自厚度。抹灰砂浆厚度如设计与定额不同时，定额注明有厚度的子目可按抹灰厚度每增减 1 mm 子目进行调整，定额未注明抹灰厚度的子目不得调整。

3. 砌块砌体墙面、柱面的一般抹灰、装饰抹灰、镶贴块料，按本定额砖墙、砖柱相应子目执行。

4. 墙、柱面一般抹灰、装饰抹灰子目已包括门窗洞口侧壁抹灰及水泥砂浆护角线在内。

5. 有吊顶天棚的内墙面抹灰，套内墙抹灰相应子目乘以系数 1.036。

6. 混凝土表面的一般抹灰子目已包括基层毛化处理，如与设计要求不同时，按本定额相应子目进行调整。

7. 一般抹灰的"零星项目"适用于各种壁柜、碗柜、暖气壁龛、空调搁板、池槽、小型花台以及 0.5 m² 以内少量分散的其他抹灰。一般抹灰的"装饰线条"适用于窗台线、门窗套、挑檐、腰线、扶手、压顶、遮阳板、宣传栏边框等凸出墙面或抹灰面展开宽度小于 300 mm 以内的竖、横线条抹灰。超过 300 mm 的线条抹灰按"零星项目"执行。

8. 抹灰子目中，如设计墙面需钉网者，钉网部分抹灰子目人工费乘以系数 1.3。

9. 饰面材料型号规格如设计与定额取定不同时，可按设计规定调整，但人工、机械消耗量不变。

10. 圆弧形、锯齿形、不规则墙面抹灰、镶贴块料、饰面，按相应定额子目人工费乘以系数 1.15，材料乘以系数 1.05。装饰抹灰柱面子目已按方柱、圆柱综合考虑。

11. 镶贴面砖子目，面砖消耗量分别按缝宽 5 mm 以内、10 mm 以内和 20 mm 以内考虑，如不离缝、横竖缝宽步距不同或灰缝宽度超过 20 mm 以上者，其块料及灰缝材料（1∶1 水泥砂浆）用量允许调整，其他不变。

12. 镶贴瓷板执行镶贴面砖相应定额子目。玻璃马赛克执行陶瓷马赛克相应定额子目。

13. 装饰抹灰和块料镶贴的"零星项目"适用于壁柜、碗柜、暖气壁龛、空调搁板、池槽、小型花台、挑檐、天沟、腰线、窗台线、窗台板、门窗套、压顶、扶手、栏杆、遮阳板、雨篷周边及 0.5 m² 以内少量分散的装饰抹灰及块料面层。

14. 花岗岩、大理石、丰包石、面砖块料面层均不包括阳角处的现场磨边，如设计要求磨边者按本定额 A.14 其他装饰工程相应定额执行。若石材的成品价已包括磨边，则不得再另立磨边子目计算。

15. 混凝土表面的装饰抹灰、镶贴块料子目不包括界面处理和基层毛化处理，如设计要求混凝土表面涂刷界面剂或基层毛化处理时，执行本定额相应子目。

16. 木材种类除周转木材及注明者外，均以一、二类木种为准，如采用三、四类木种，其人工及木工机械乘以系数 1.3。

17. 钢骨架、龙骨。

（1）本定额所用的型钢龙骨、轻钢龙骨、铝合金龙骨等，是按常用材料及规格组合编制的，如设计要求与定额不同时允许按设计调整，人工、机械不变。

（2）木龙骨是按双向计算的，设计为单向时，材料、人工用量乘以系数 0.55；木龙骨用于隔断、隔墙时，取消相应定额内木砖，每 100 m² 增加 0.07 m³ 的一等杉方材。

（3）钢骨架干挂石板、面砖子目不包括钢骨架制作安装，钢骨架制作安装按本定额相应子目计算。

18. 面层、隔墙（间壁）、隔断子目内，除注明者外均未包括压条、收边、装饰线（板），如设计要求时，应按本定额 A.14 其他工程相应子目计算。

19. 埃特板基层执行石膏板基层定额子目。

20. 浴厕夹板隔断包括门扇制作、安装及五金配件。

21. 面层、木基层均未包括刷防火涂料，如设计要求时，另按本定额 A.13 油漆、涂料、裱糊工程相应子目计算。

22. 幕墙。

（1）幕墙龙骨如设计要求与定额规定不同时应按设计调整，调整量按本定额幕墙骨架调整子目计算。

（2）幕墙定额已综合考虑避雷装置、防火隔离层、砂浆嵌缝费用，幕墙的封顶、封边按本定额相应子目计算。

（3）玻璃幕墙中的玻璃均按成品玻璃考虑，玻璃幕墙中有同材质的平开窗、推拉窗、悬（上、中、下）窗，按玻璃幕墙计算，不另立子目。

（4）全玻璃幕墙子目考虑以玻璃作为加强肋，用其他材料作为加强肋的，加强肋部分应另行计算。

（5）幕墙子目均不包括预埋铁件，如发生时，按 A.4 混凝土及钢筋混凝土工程相应子目计算。

（6）幕墙子目中不包括幕墙性能试验费、螺栓拉拔试验费、相溶性试验费及防雷检测费等，其费用另行计算。

（二）工程量计算规则

1．一般抹灰、装饰抹灰、勾缝。

（1）墙面抹灰、勾缝按设计图示尺寸以平方米计算。扣除墙裙、门窗洞口、单个 0.3 m^2 以外的孔洞及装饰线条、零星抹灰所占面积，不扣除踢脚线、挂镜线和墙与构件交接的面积，门窗洞口和孔洞的侧壁及顶面不增加面积。附墙柱、梁、垛、烟囱侧壁并入相应的墙面面积内。

①外墙抹灰、勾缝面积按外墙垂直投影面积计算。飘窗凸出外墙面增加的抹灰并入外墙工程量内。

②外墙裙抹灰面积按其长度乘以高度计算。

③内墙抹灰、勾缝面积按主墙间的净长乘以高度计算。其高度确定如下：

a．无墙裙的，其高度按室内地面或楼面至天棚底面之间距离计算。

b．有墙裙的，其高度按墙裙顶至天棚底面之间距离计算。

c．有吊顶天棚的，其高度按室内地面、楼面或墙裙顶面至天棚底面计算。

④内墙裙抹灰面积按内墙净长乘以高度计算。

（2）独立柱、梁面抹灰、勾缝按设计图示柱、梁的结构断面周长乘以高度（长度）以平方米计算。其高度确定同本规则第 1 条第（1）款第③点。

（3）零星项目按设计图示结构尺寸以平方米计算。

（4）装饰线条按设计图示尺寸以延长米计算。

（5）水泥黑板按设计框外围尺寸以平方米计算。黑板边框、粉笔灰槽抹灰已考虑在定额内，不另行计算。

（6）抹灰面分格、嵌缝按设计图示尺寸以延长米计算。

（7）混凝土面凿毛按凿毛面积以平方米计算。

（8）柱、梁与墙面交界处贴网络纤维布，按设计图示尺寸以平方米计算。

2．镶贴块料。

（1）墙面按设计图示尺寸以平方米计算。

①镶贴块料面层高度在 1 500 mm 以下为墙裙。

②镶贴块料面层高度在 300 mm 以下为踢脚线。

（2）独立柱、梁面。

①柱、梁面粘贴、干挂、挂贴子目，按设计图示结构尺寸以平方米计算。

② 柱、梁面钢骨架干挂子目，按设计图示外围饰面尺寸以平方米计算。

③ 花岗岩、大理石柱帽、柱墩按最大外径周长以延长米计算。

（3）零星项目按设计图示结构尺寸以平方米计算。

（4）干挂石材钢骨架按设计图示尺寸以吨计算。

3. 墙柱饰面。

（1）墙面装饰（包括龙骨、基层、面层）按设计图示饰面外围尺寸以平方米计算，扣除门窗洞口及单个 $0.3 \ m^2$ 以外的孔洞所占面积。

（2）柱、梁面装饰按设计图示饰面外围尺寸以平方米计算。柱帽、柱墩并入相应柱饰面工程量内。

4. 隔断按设计图示尺寸以平方米计算，扣除单个 $0.3 \ m^2$ 以外的孔洞所占面积。

（1）塑钢隔断、浴厕木隔断上门的材质与隔断相同时，门的面积并入隔断面积内。

（2）玻璃隔断如有玻璃加强肋者，肋玻璃面积并入隔断工程量内。

（3）全玻璃隔断的不锈钢边框工程量按边框饰面表面积以平方米计算。

（4）成品浴厕隔断，按脚底面至隔断顶面高度乘以设计长度以平方米计算。

5. 幕墙。

（1）带骨架幕墙按设计图示框外围尺寸以平方米计算。

（2）全玻璃幕墙按设计图示尺寸以平方米计算（不扣除胶缝，但要扣除吊夹以上钢结构部分的面积）。带肋全玻幕墙，肋玻璃面积并入幕墙工程量内。如肋玻璃的厚度与幕墙面层玻璃不同时，允许换算。

（3）幕墙封顶、封边按设计图示尺寸以平方米计算。

（4）幕墙骨架调整按质量以吨计算。

A.11　天棚工程

（一）定额说明

1. 本定额所注明的砂浆种类、配合比，如设计规定与定额不同时，可按设计换算，但人工、其他材料和机械用量不变。

2. 抹灰厚度，同类砂浆列总厚度，不同砂浆分别列出厚度，如定额子目中 5 mm+5 mm 即表示两种不同砂浆的各自厚度。如设计抹灰砂浆厚度与定额不同时，除定额有注明厚度的子目可以换算砂浆消耗量外，其他不作调整。

3. 装饰天棚项目已包括 3.6 m 以下简易脚手架的搭设及拆除。当高度超过 3.6 m 需搭设脚手架时，可按本定额 A.15 脚手架工程相应子目计算，但 100 m^2 天棚应扣除周转板枋材 0.016 m^3。

4. 木材种类除周转木材及注明者外，均以一、二类木种为准，如采用三、四类木种，其人工及木工机械乘以系数 1.3。

5. 本定额龙骨的种类、间距、规格和基层、面层材料的型号是按常用材料和做法考虑的，如设计规定与定额不同时，材料可以换算，人工、机械不变。其中，轻钢龙骨、铝合金龙骨定额中为双层结构（即中、小龙骨紧贴大龙骨底面吊挂），如为单层结构时（大、中龙骨底面在同一水平上），人工乘以系数 0.85。

6. 天棚面层在同一标高或面层标高高差在 200 mm 以内者为平面天棚，天棚面层不在同一标高且面层标高高差在 200 mm 以上者为跌级天棚；跌级天棚其面层人工乘以系数 1.1。

7. 本定额中平面和跌级天棚指一般直线型天棚，不包括灯光槽的制作安装。灯光槽的制作安装应按本定额相应子目执行。

8. 龙骨、基层、面层的防火处理，另按本定额 A.13 油漆、涂料、裱糊工程相应定额子目执行。

9. 天棚检查孔的工料已包括在定额子目内，不另计算。

（二）工程量计算规则

1. 天棚抹灰。

（1）各种天棚抹灰面积，按设计图示尺寸以水平投影面积计算。不扣除间壁墙、垛、柱、附墙烟囱、检查口和管道所占的面积，带梁天棚的梁两侧抹灰面积并入天棚面积内。圆弧形、拱形等天棚的抹灰面积按展开面积计算。板式楼梯底面抹灰按斜面积计算，锯齿形楼梯底板抹灰按展开面积计算。

（2）天棚抹灰如带有装饰线时，区别按三道线以内或五道线以内按延长米计算，线角的道数以一个突出的棱角为一道线。

（3）天棚中的折线、灯槽线、圆弧形线等艺术形式的抹灰，按展开面积计算。

（4）檐口、天沟天棚的抹灰面积，并入相同的天棚抹灰工程量内计算。

2. 天棚吊顶。

（1）各种天棚吊顶龙骨，按设计图示尺寸以水平投影面积计算。不扣除间壁墙、检查口、附墙烟囱、柱、垛和管道所占面积。

（2）天棚基层及装饰面层按实钉（胶）面积以平方米计算，不扣除间壁墙、检查口、附墙烟囱、垛和管道所占面积，应扣除单个 0.3 m² 以上的独立柱、灯槽与天棚相连的窗帘盒及孔洞所占的面积。

（3）本定额中，龙骨、基层、面层合并列项的子目，工程量计算规则同本规则第 2 条第（1）款。

（4）不锈钢钢管网架按水平投影面积计算。

（5）采光天棚按设计图示尺寸以平方米计算。

3. 其他。

（1）灯光槽按设计图示尺寸以框外围面积计算。

（2）送（回）风口，按设计图示数量以个计算。

（3）天棚面层嵌缝按延长米计算。

A.12 门窗工程

（一）定额说明

1. 本定额是按机械和手工操作综合编制的，不论实际采用何种操作方法，均按定额执行。

2. 本章木材木种均以一、二类木种为准，如采用三、四类木种时，相应子目的人工机械分别乘以下列系数：木门窗制作乘以系数 1.3；木门窗安装乘以系数 1.16；其他项目乘以系数 1.35。

3. 定额中所注明的木材断面或厚度均以毛料为准，如设计图纸注明的断面或厚度为净料时，应增加刨光损耗：板、枋材一面刨光增加 3 mm；两面刨光增加 5 mm；圆木每立方米材积增加 0.05 m³。

4. 定额中木门窗框、扇断面是综合取定的，如与实际不符时，不得换算。

5. 木门窗不论现场或加工厂制作，均按本定额执行；铝合金门窗、卷闸门（包括卷筒、导轨）、钢门窗、塑钢门窗、纱扇等安装以成品门窗编制。供应地至现场的运输费按门窗运输子目计算。

6. 普通木门窗定额中已包括框、扇、亮子的制作、安装和玻璃安装以及安装普通五金配件的人工，但不包括普通五金配件材料、贴脸、压缝条、门锁，如发生时可按相应子目计算。普通五金配件规格、数量设计与定额不同时，可以换算。门窗贴脸按 A.14 其他装饰工程线条相应子目计算。

7. 本定额木门窗子目均不含纱扇，若为带纱门窗应另套纱扇子目。

8. 普通胶合板门均按三合板计算，设计板材规格与定额不同时，可以换算，其他不变。

9. 玻璃的种类、设计规格与定额不同时，可以换算，其他不变。

10. 成品门窗的安装，如每 100 m² 洞口中门窗实际用量超过定额含量±1%以上时，可以调整，但人工、机械用量不变。门窗成品包括安装铁件、普通五金配件在内，但不包括特殊五金，如发生时，可按相应子目计算。

11. 钢木大门、全钢板大门子目中的钢骨架是按标准图用量计算的，与设计要求不同时，可以换算。

12. 厂库房大门定额中已含扇制作、安装，定额中的五金零件均是按标准图用量计算的，设计与定额消耗量不同时，可以换算。

13. 特种门定额按成品门安装编制，设计铁件及预埋件与定额消耗量不同时不得调整。

14. 保温门的填充料种类设计与定额不同时，可以换算，其他工料不变。

15. 金属防盗网制作安装钢材用量与定额不同时可以换算，其他不变。

16. 成品门窗安装定额不包括门窗周边塞缝，门窗周边塞缝按相应定额子目计算。

（二）工程量计算规则

1. 各类门、窗制作安装工程量，除注明者外，均按设计门、窗洞口面积以平方米计算。

2. 各类木门框、门扇、窗扇、纱扇制作安装工程量，均按设计门、窗洞口面积以平方米计算。

3. 成品门扇安装按扇计算。

4. 小型柜门（橱柜、鞋柜）按设计框外围面积以平方米计算。

5. 木门扇皮制隔音面层及装饰隔音板面层，按扇外围单面面积计算。

6. 卷闸门安装按洞口高度增加 600 mm 乘以门实际宽度以平方米计算，卷闸门安装在梁底时高度不增加 600 mm；如卷闸门上有小门，应扣除小门面积，小门安装另以个计算；卷闸门电动装置安装以套计算。

7. 围墙铁丝网门制作、安装工程量按设计框外围面积以平方米计算。

8. 成品特种门安装工程量按设计门洞口面积以平方米计算。

9. 不锈钢包门框按框外围饰面表面积以平方米计算。

10. 电子感应自动门按成品安装以樘计算，电动装置安装以套计算。

11. 不锈钢电动伸缩门及轨道以延长米计算，电动装置安装以套计算。

12. 普通木窗上部带有半圆窗的应分别按半圆窗和普通窗计算，其分界线以普通窗和半圆窗之间的横框上裁口线为分界线。

13. 屋顶小气窗按不同形式，分别以个计算，定额包括骨架、窗框、窗扇、封檐板、檐壁钉板条及泛水工料在内，但不包括屋面板及汛水用镀锌铁皮工料。

14. 铝合金纱扇、塑钢纱扇按扇外围面积以平方米计算。

15. 金属防盗网制作安装工程按围护尺寸展开面积以平方米计算，刷油漆按本定额 A.13 油漆、涂料、裱糊工程相应子目计算。

16. 窗台板、门窗套按展开面积以平方米计算，门窗贴脸分规格按实际长度以延长米计算。

17. 窗帘盒、窗帘轨按设计图示尺寸以延长米计算，如设计图纸没有注明尺寸，按洞口宽度尺寸加 300 mm。

18. 门窗周边塞缝按门窗洞口尺寸以延长米计算。

19. 特殊五金按本定额规定单位以数量计算。

20. 无框全玻门五金配件按扇计算；木门窗普通五金配件按樘计算。

21. 门窗运输按洞口面积以平方米计算。

A.13 油漆、涂料、裱糊工程

（一）定额说明

1. 本定额油漆、涂料子目采用常用的操作方法编制，实际操作方法不同时，不得调整。

2. 本定额油漆子目的浅、中、深各种颜色已综合在定额内，颜色不同，不得调整。

3. 本定额在同一平面上的分色及门窗内外分色已综合考虑，如需做美术图案者另行计算。

4. 油漆、涂料的喷、涂、刷遍数，设计与定额规定不同时，按相应每增加一遍定额子目进行调整。

5. 金属镀锌定额按热镀锌考虑。

6. 喷塑（一塑三油）：底油、装饰漆、面油，其规格划分如下。

（1）大压花：喷点压平，点面积在 $1.2~cm^2$ 以上。

（2）中压花：喷点压平，点面积在 $1\sim1.2~cm^2$。

（3）喷中点、幼点：喷点面积在 $1~cm^2$ 以下。

7. 定额中的单层门刷油是按双面刷油考虑的，如采用单面刷油，其定额乘以系数 0.49。

8. 混凝土栏杆花格已有定额子目的按相应子目套用，没有子目的按墙面子目乘表 A.13-8 相应系数计算。

9. 本定额中的氟碳漆子目仅适用于现场施工。

10. 金属面油漆实际展开表露面积超出附表 A.13-7 折算面积的 ±3% 时，超出部分工程量按实际调整。

11. 本定额中钢结构防火涂料子目分不同厚度编制考虑，如设计与定额不同时，按相应子目进行调整。如设计仅标明耐火等级，无防火涂料厚度时，应参照下表规定计算。

钢结构防火涂料耐火极限与厚度对应表

耐火等级不低于/h	3	2.5	2	1.5	1	0.5
厚型（厚度）/mm	50	40	30	20	15	
薄型（厚度）/mm				7	5.5	3
超薄型（厚度）/mm			2	1.5	1	0.5

（二）工程量计算规则

木材面、金属面、抹灰面油漆、涂料、裱糊的工程量，分别按表 A.13-1 至表 A.13-8

相应的工程量计算规则计算。

（1）木材面油漆。

表 A.13-1 执行单层木门窗油漆定额工程量系数表

项目名称	系数	工程量计算规则
单层木门	1.00	
双层（一板一纱）木门	1.36	
单层全玻门	0.83	
木百叶门	1.25	单面洞口面积×系数
厂库大门	1.10	
单层玻璃窗	1.00	
双层（一玻一纱）窗	1.36	
木百叶窗	1.50	

表 A.13-2 执行木扶手油漆定额工程量系数表

项目名称	系数	工程量计算规则
木扶手（不带托板）	1.00	
木扶手（带托板）	2.60	
窗帘盒	2.04	
封檐板、顺水板	1.74	按延长米×系数
黑板框、单独木线条 100 mm 以外	0.52	
单独木线条 100 mm 以内	0.35	

表 A.13-3 执行其他木材面油漆定额工程量系数表

项目名称	系数	工程量计算规则
木板、纤维板、胶合板天棚	1.00	
木护墙、木墙裙	1.00	
清水板条天棚、檐口	1.07	相应装饰面积×系数
木方格吊顶天棚	1.20	
吸音板墙面、天棚面	0.87	
窗台板、筒子板、盖板、门窗套	1.00	
屋面板（带檩条）	1.11	斜长×宽×系数
木间隔、木隔断	1.90	
玻璃间壁露明墙筋	1.65	单面外围面积×系数
木栅栏、木栏杆（带扶手）	1.82	
木屋架	1.79	［跨度（长）×中高×1/2］×系数
衣柜、壁柜	1.00	实刷展开面积
零星木装修	1.10	实刷展开面积×系数
梁、柱饰面	1.00	

表 A.13-4 执行木龙骨、基层板面防火涂料定额工程量系数表

项目名称	系数	工程量计算规则
隔墙、隔断、护壁木龙骨	1.00	单面外围面积
柱木龙骨	1.00	面层外围面积
木地板中木龙骨及木龙骨带毛地板	1.00	地板面积
天棚木龙骨	1.00	水平投影面积
基层板面	1.00	单面外围面积

表 A.13-5 执行木地板油漆定额工程量系数表

项目名称	系数	工程量计算规则
木地板、木踢脚线	1.00	相应装饰面积×系数
木楼梯（不包括底面）	2.30	水平投影面积×系数

（2）金属面油漆。

表 A.13-6 执行单层钢门窗定额工程量系数表

项目名称	系数	工程量计算规则
单层钢门窗	1.00	
双层（一玻一纱）钢门窗	1.48	
钢百叶钢门	2.74	
半截百叶钢门	2.22	单面洞口面积×系数
满钢门或包铁皮门	1.63	
钢折叠门	2.30	
射线防护门	2.96	
厂库房平开、推拉门	1.70	框（扇）外围面积×系数
铁丝网大门	0.81	
间壁	1.85	长×宽×系数
平板屋面	0.74	斜长×宽×系数
排水、伸缩缝盖板	0.78	展开面积×系数
吸气罩	1.63	水平投影面积×系数

表 A.13-7 金属结构面积折算表

项目名称	m²/t
钢屋架、钢桁架、钢托架、气楼、天窗架、挡风架、型钢梁、制动梁、支撑、型钢檩条	38
墙架（空腹式）	19
墙架（格板式）	32
钢柱、吊车梁、钢漏斗	24
钢平台、操作台、走台、钢梁车挡	27
钢栅栏门、栏杆、窗栅、拉杆螺栓	65

（续表）

项目名称	m²/t
钢梯	35
轻钢屋架	54
C形、Z形檩条	133
零星构、铁件	50

注：本折算表不适用于箱型构件、单个（榀、根）重量7t以上的金属构件。

（3）抹灰面油漆、涂料、裱糊。

表 A.13-8　抹灰面油漆、涂料、裱糊工程量系数表

项目名称	系数	工程量计算规则
楼地面、墙面、天棚面、柱、梁面	1.00	展开面积
混凝土栏杆、花饰、花格	1.82	单面外围面积×系数
线条	1.00	延长米
其他零星项目、小面积	1.00	展开面积

A.14　其他工程

（一）定额说明

1. 本定额中的材料品种、规格，设计与定额不同时，可以换算，人工、机械不变。

2. 本定额中铁件已包括刷防锈漆一遍，如设计需涂刷其他油漆、防火涂料按本定额 A.13 油漆、涂料、裱糊工程相应定额执行。

3. 柜类、货架定额中未考虑面板拼花及饰面板上贴其他材料的花饰、造型艺术品。货架、柜类图见本定额附录。

4. 石板洗漱台定额中已包括挡板、吊沿板的石材用量，不另计算。

5. 装饰线。

（1）木装饰线、石材装饰线、石膏装饰线均以成品安装为准。石材装饰线条磨边、磨圆角均包括在成品的单价中，不另计算。

（2）装饰线条以墙面上直线安装为准，如天棚安装直线形、圆弧形或其他图案者，按以下规定计算：

① 天棚面安装直线装饰线条人工费乘以系数 1.34。

② 天棚面安装圆弧形装饰线条人工费乘以系数 1.6，材料乘以系数 1.1。

③ 墙面安装圆弧形装饰线条人工费乘以系数 1.2，材料乘以系数 1.1。

④ 装饰线条做艺术图案者，人工费乘以系数 1.8，材料乘以系数 1.1。

6. 石材磨边、磨斜边、磨半圆边及台面开孔子目均为现场磨制。

7. 栏杆、栏板、扶手、弯头。

（1）适用于楼梯、走廊、回廊及其他装饰性栏杆、栏板。栏杆、栏板、扶手造型图见定额附录。

（2）栏杆、栏板子目不包括扶手及弯头制作安装，扶手及弯头分别立项计算。

（3）未列弧形、螺旋形子目的栏杆、扶手子目，如用于弧形、螺旋形栏杆、扶手，按直形栏杆、扶手子目人工乘以系数 1.3，其余不变。

（4）栏杆、栏板、扶手、弯头子目的材料规格、用量，如设计规定与定额不同时，可以换算,其他材料及人工、机械不变。

8. 铸铁围墙栏杆不包括栏杆的面漆及压脚混凝土梁捣制，栏杆面漆及压脚混凝土梁按设计另立项目计算。

9. 招牌、灯箱。

（1）平面招牌是指安装在门前的墙面上；箱体招牌、竖式标箱是指六面体固定在墙上；沿雨篷、檐口、阳台走向立式招牌，执行平面招牌复杂子目。

（2）一般招牌和矩形招牌是指正立面平整无凹凸面；复杂招牌和异形招牌是指正立面有凹凸造型。

（3）招牌、广告牌的灯饰、灯光及配套机械均不包括在定额内。

10. 美术字。

（1）美术字均以成品安装固定为准。

（2）美术字不分字体均执行本定额。

11. 车库配件。

橡胶减速带、橡胶车轮挡、橡胶防撞护角和车位锁均按成品编制。成品价中包含安装材料费。

（二）工程量计算规则

1. 柜类、货架。

（1）货架均按设计图示正立面面积（包括脚的高度在内）以平方米计算。

（2）收银台、试衣间按设计图示数量以个计算。

（3）其他项目按所示子目计量单位计算。

2. 石板材洗漱台按设计图示台面水平投影面积以平方米计算（不扣除孔洞、挖弯、削角所占面积）。

3. 毛巾环、肥皂盒、金属帘子杆、浴缸拉手、毛巾杆安装按设计图示数量以个、副、套或延长米计算。

4. 镜面玻璃安装按设计图示正立面面积以平方米计算。

5. 压条、装饰线条、挂镜线均按设计图示尺寸以延长米计算。

6. 不锈钢旗杆按设计图示尺寸以延长米计算。

7. 栏杆、栏板、扶手按设计图示中心线长度以延长米计算（不扣除弯头所占长度）。

8. 弯头按设计数量以个计算。

9. 铸铁栏杆按设计图示安装铸铁栏杆尺寸以延长米计算。

10. 招牌、灯箱。

（1）平面招牌基层按设计图示正立面面积以平方米计算，复杂形的凹凸造型部分也不增减。

（2）沿雨篷、檐口或阳台走向的立式招牌基层，执行平面招牌复杂型项目，按展开面积以平方米计算。

（3）箱式招牌和竖式标箱的基层，按设计图示外围体积以立方米计算。突出箱外的灯饰、店徽及其他艺术装潢等均另行计算。

（4）灯箱的面层按设计图示展开面积以平方米计算。

11. 美术字安装按字的最大外围矩形面积以个计算。

12. 车库配件。

（1）橡胶减速带按设计长度以延长米计算。

（2）橡胶车轮挡、橡胶防撞护角、车位锁按设计图示数量以个或把计算。

A.15　脚手架工程

（一）定额说明

1. 外脚手架适用于建筑、装饰装修一起施工的工程；外脚手架如仅用于砌筑者，按外脚手架相应子目，材料乘以系数 0.625，人工、机械不变；装饰装修脚手架适用于工作面高度在 1.6 m 以上需要重新搭设脚手架的装饰装修工程。

2. 外脚手架定额内，已综合考虑了卸料平台、缓冲台、附着式脚手架内的斜道。

3. 钢管脚手架的管件维护及牵拉点费用等已包含在其他材料费中。

4. 烟囱脚手架综合了垂直运输架、斜道、缆风绳、地锚等。

5. 钢筋混凝土烟囱、水塔及圆形贮仓采用滑模施工时，不得计算脚手架或井架。钢滑模已包括操作平台、围栏、安全网等工料，不得另行计算。

6. 安全通道宽度超过 3 m 时，应按实际搭设的宽度比例调整定额的人工费、材料及机械台班消耗量。

7. 搭设圆形（包括弧形）外脚手架，半径≤10 m 者，按外脚手架的相应子目，人工费乘以系数 1.3 计算；半径>10 m 者，不增加。

8. 本定额脚手架子目中不含支撑地面的硬化处理、水平垂直安全维护网、外脚手架安全挡板等费用，其费用已包含在安全文明施工费中，不另计算。

9. 凡净高超过 3.6 m 的室内墙面、天棚粉刷或其他装饰工程，均可计算满堂脚手架，斜面尺寸的按平均高度计算，计算满堂脚手架后，墙面装饰工程不得再计算脚手架。

10. 用于单独装饰装修脚手架的安全通道，按安全通道相应定额子目，材料乘以系数 0.375，人工、机械不变。

（二）工程量计算规则

1. 砌筑脚手架。

（1）不论何种砌体，凡砌筑高度超过 1.2 m 以上者，均需计算脚手架。

（2）砌筑脚手架的计算按墙面（单面）垂直投影面积以平方米计算。

（3）外墙脚手架按外墙外围长度（应计凸阳台两侧的长度，不计凹阳台两侧的长度）乘以外墙高度，再乘以 1.05 系数计算其工程量。门窗洞口及穿过建筑物的车辆通道空洞面积等，均不扣除。

外墙脚手架的计算高度按室外地坪至以下情形分别确定：

① 有女儿墙者，高度算至女儿墙顶面（含压顶）。

② 平屋面或屋面有栏杆者，高度算至楼板顶面。

③ 有山墙者，高度按山墙平均高度计。

（4）同一栋建筑物内：有不同高度时，应分别按不同高度计算外脚手架；不同高度间的分隔墙，按相应高度的建筑物计算外脚手架；如从楼面或天面搭起的，应从楼面或天面起计算。

（5）天井四周墙砌筑，如需搭外架时，其计算工程量如下：

① 天井短边净宽 $b \leqslant 2.5$ m 时按长边净宽乘以高度再乘以 1.2 系数计算外脚手架工程量。

② 天井短边净长在 2.5 m$< b \leqslant 3.5$ m 时，按长边净宽乘以高度再乘以 1.5 系数计算外脚手架工程量；

③ 天井短边净宽 $b > 3.5$ m 时，按一般外脚手架计算。

（6）独立砖柱、突出屋面的烟囱脚手架按其外围周长加 3.6 m 后乘以高度计算。

（7）如遇下列情况者，按单排外脚手架计算。

① 外墙檐高在 16 m 以内，并无施工组织设计规定时。

② 独立砖柱与突出屋面的烟囱。

③ 砖砌围墙。

（8）如遇下列情况者，按双排外脚手架计算。

① 外墙檐高超过 16 m 者。

② 框架结构间砌外墙。

③ 外墙面带有复杂艺术形式者（艺术形式部分的面积占外墙总面积 30%以上），或外墙勒脚以上抹灰面积（包括门窗洞口面积在内）占外墙总面积 25%以上，或门窗洞口面积占外墙总面积 40%以上者。

④ 片石墙（含挡土墙、片石围墙）、大孔混凝土砌块墙，墙高超过 1.2 m 者。

⑤ 施工组织设计有明确规定者。

（9）凡厚度在两砖（490 mm）以上的砖墙，均按双面搭设脚手架计算，如无施工组织设计规定时：高度在 3.6 m 以内的外墙，一面按单排外脚手架计算，另一面按里脚手架计算；高度在 3.6 m 以上的外墙，外面按双排外脚手架计算，内面按里脚手架计算；内墙按双面计算相应高度的里脚手架。

（10）在旧有的建筑物上加层：加二层以内时，其外墙脚手架按第 1 条第（3）点的规定乘以 0.5 系数计算；加层在二层以上时，按上述办法计算，不乘以系数。

（11）内墙按内墙净长乘以实砌高度计算里脚手架工程量。下列情况者，也按相应高度计算里脚手架工程量。

① 砖砌基础深度超过 3 m 时（室外地坪以下），或四周无土砌筑基础，高度超过 1.2 m 时。

② 高度超过 1.2 m 的凹阳台的两侧墙及正面墙、凸阳台的正面墙及双阳台的隔墙。

2. 现浇混凝土脚手架。

（1）现浇混凝土需用脚手架时，应与砌筑脚手架综合考虑。如确实不能利用砌筑脚手架者，可按施工组织设计规定或按实际搭设的脚手架计算。

（2）单层地下室的外墙脚手架按单排外脚手架计算，两层及两层以上地下室的外墙脚手架按双排外脚手架计算。

（3）现浇混凝土基础运输道。

① 深度大于 3 m（3 m 以内不得计算）的带形基础按基槽底面积计算。

② 满堂基础运输道适用于满堂式基础、箱形基础、基础底宽度大于 3 m 的柱基础、设备基础，其工程量按基础底面积计算。

（4）现浇混凝土框架运输道，适用于楼层为预制板的框架柱、梁，其工程量按框架部分的建筑面积计算。

（5）现浇混凝土楼板运输道，适用于框架柱、梁、墙、板整体浇捣工程，工程量按浇捣部分的建筑面积计算。

下列情况者，按相应规定计算：

① 层高不到 2.2 m 的，按外墙外围面积计算混凝土楼板运输道。

② 底层架空层不计算建筑面积或计算一半建筑面积时，按顶板水平投影面积计算混凝土楼板运输道。

③ 坡屋面不计算建筑面积时，按其水平投影面积计算混凝土楼板运输道。

④ 砖混结构工程的现浇楼板按相应定额子目乘以系数 0.5。

（6）计算现浇混凝土运输道，采用泵送混凝土时应按如下规定计算。

① 基础混凝土不予计算。

② 框架结构、框架-剪力墙结构、筒体结构的工程，定额乘以系数 0.5。

③ 砖混结构工程，定额乘以系数 0.25。

（7）装配式构件安装，两端搭在柱上，需搭设脚手架时，其工程量按柱周长加 3.6 m 乘以柱高度计算，并按相应高度的单排外脚手架定额乘以系数 0.5 计算。

（8）现浇钢筋混凝土独立柱，如无脚手架利用时，按（柱外围周长+3.6 m）×柱高度 按相应外脚手架计算。

（9）单独浇捣的梁，如无脚手架利用时，应按（梁宽+2.4 m）×梁的跨度套相应高度（梁底高度）的满堂脚手架计算。

（10）电梯井脚手架按井底板面至顶板底面高度，套用相应定额子目以座计算。

（11）设备基础高度超过 1.2 m 时：

① 实体式结构：按其外形周长乘以地坪至外形顶面高度以平方米计算单排脚手架；

② 框架式结构：按其外形周长乘以地坪至外形顶面高度以平方米计算双排脚手架。

3. 构筑物脚手架。

（1）烟囱、水塔、独立筒仓脚手架，分不同内径，按室外地坪至顶面高度，套相应定额子目。水塔、独立筒仓脚手架按相应的烟囱脚手架，人工费乘以系数 1.11，其他不变。

（2）钢筋混凝土烟囱内衬的脚手架，按烟囱内衬砌体的面积，套单排脚手架。

（3）贮水（油）池外池壁高度在 3 m 以内者，按单排外脚手架计算；超过 3 m 时可按施工组织设计规定计算，如无施工组织设计时，可按双排外脚手架计算；池底钢筋混凝土运输道参照基础运输道；池盖钢筋混凝土运输道参照楼板运输道。

（4）贮仓及漏斗：如需搭脚手架时，按本定额相应子目计算。

（5）预制支架不得计算脚手架。

4. 装饰脚手架。

（1）满堂脚手架按需要搭设的水平投影面积计算。

（2）定额规定满堂脚手架基本层实高按 3.6 m 计算，增加层实高按 1.2 m 计算，基本层操作高度按 5.2 m 计算（基本层操作高度为基本层高 3.6 m 加上人的高度 1.6 m）。天棚净高超过 5.2 m 时，计算了基本层后，增加层的层数=（天棚净高-5.2 m）÷1.2 m，按四舍五入取整数。

如建筑物天棚净高为 9.2 m，其增加层的层数为：（9.2-5.2）÷1.2≈3.3，则按 3 个增加层计算。

（3）高度超过 3.6 m 以上者，有屋架的屋面板底喷浆、勾缝及屋架等油漆，按装饰部分的水平投影面积套悬空脚手架计算，无屋架或其他构件可利用搭设悬空脚手架者，按满堂脚手架计算。

（4）凡墙面高度超过 3.6 m，而无搭设满堂脚手架条件者，则墙面装饰脚手架按 3.6 m 以上的装饰脚手架计算。工程量按装饰面投影面积（不扣除门窗洞口面积）计算。

（5）外墙装饰脚手架工程量按砌筑脚手架等有关规定计算。

（6）铝合金门窗工程，如需搭设脚手架时，可按内墙装饰脚手架计算，其工程量按门窗洞口宽度每边加 500 mm 乘以楼地面至门窗顶高度计算。

（7）外墙电动吊篮，按外墙装饰面尺寸以垂直投影面积计算，不扣除门窗洞口面积。

A.16　垂直运输工程

（一）定额说明

1. 本定额垂直运输子目分建筑物、构造物和建筑物局部装饰装修。

2. 建筑物、构筑物垂直运输适用于单位工程在合理工期内完成建筑、装饰装修工程所需的垂直运输机械台班。建筑工程和装饰装修工程分开发包的，建筑工程套用建筑物垂直运输子目乘以系数 0.77；装饰装修工程套用建筑物垂直运输子目乘以系数 0.33。

3. 建筑物、构筑物工程垂直运输高度划分：

（1）室外地坪以上高度，是指设计室外地坪至檐口滴水的高度，没有檐口的建筑物，算至屋顶板面，坡屋面算至起坡处。女儿墙不计高度，突出主体建筑物屋面的梯间、电梯机房、设备间、水箱间、塔楼、望台等，其水平投影面积小于主体顶层投影面积 30% 的不计其高度。

（2）室外地坪以下高度，是指设计室外地坪至相应地下层底板底面的高度。带地下室的建筑物，地下层垂直运输高度由设计室外地坪标高算至地下室底板底面，套用相应高度的定额子目。

（3）构筑物的高度是指设计室外地坪至结构最高顶面高度。

4. 地下层、单层建筑物、围墙垂直运输高度小于 3.6 m 时，不得计算垂直运输费用。

5. 同一建筑物中有不同檐高时，按建筑物不同檐高做纵向分割，分别计算建筑面积，以不同檐高分别套用相应高度的定额子目。

6. 如采用泵送混凝土时，定额子目中的塔吊机械台班应乘以系数 0.8。

7. 建筑物局部单独装饰装修工程垂直运输高度划分：

（1）室外地坪以上高度：指设计室外地坪至装饰装修工程楼层顶板的高度。

（2）室外地坪以下高度：指设计室外地坪至相应地下层地（楼）面的高度。带地下室的建筑物，地下层垂直运输高度由设计室外地坪标高算至地下室地（楼）面，套用相应高度的定额子目。

8. 本定额不包括机械的场外运输、一次安拆及路基铺垫和轨道铺拆等费用。

（二）工程量计算规则

1. 建筑物、构筑物工程计算规则。

（1）建筑物垂直运输区分不同建筑物的结构类型和檐口高度，按建筑物设计室外地坪以上的建筑面积以平方米计算。高度超过 120 m 时，超过部分按每增加 10 m 定额子目（高度不足 10 m 时，按比例）计算。

（2）地下室的垂直运输按地下层的建筑面积以平方米计算。

（3）构筑物的垂直运输以座计算。超过规定高度时，超过部分按每增加 1 m 定额子目计算，高度不足 1 m 时，按 1 m 计算。

2. 建筑物局部装饰装修工程计算规则。

区别不同的垂直运输高度，按各楼层装饰装修部分的建筑面积分别计算。

A.17　模板工程

（一）定额说明

1. 现浇构件模板分三种材料编制：钢模板、胶合板模板、木模板。其中钢模板配钢支撑，木模板配木支撑，胶合板模板配钢支撑或木支撑。

2. 现浇构筑物模板，除另有规定外，按现浇构件模板规定计算。

3. 预制混凝土模板，区分不同构件按组合钢模板、木模板、定型钢模、长线台钢拉模编制，定额中已综合考虑需配制的砖地模、砖胎模、长线台混凝土地模。

4. 应根据模板种类套用子目，实际使用支撑与定额不同时不得换算。如实际使用模板与定额不同时，按相近材质套用；如定额只有一种模板的子目，均套用该子目执行，不得换算。

5. 模板工作内容包括：模板清理、场内运输、安装、刷隔离剂、浇灌混凝土时模板维护、拆模、集中堆放、场外运输。木模板包括制作（预制构件包括刨光），组合钢模板、胶合板模板包括装箱。

6. 现浇构件梁、板、柱、墙是按支模高度（地面至板底）3.6 m 编制的。超过 3.6 m 时，超过部分按超高子目（不足 1 m 按比例）计算。

7. 如设计要求清水混凝土施工，相应模板子目的人工费乘以系数 1.05，胶合板消耗量乘以系数 1.1。

8. 基础模板用砖胎模时，可按零星砌体计算，不再计算相应面积的模板费用，砖胎模需要抹灰时，按本定额 A.10 墙、柱面工程井壁、池壁子目计算。

9. 混凝土小型构件，是指单个体积在 0.05 m³ 以内的本定额未列出定额项目的构件。

10. 外形体积在 2 m³ 以内的池槽为小型池槽。

11. 现浇挑檐天沟、悬挑板、水平遮阳板等以外墙外边线为分界线，与梁连接时，以梁外边线为分界线。

12. 混凝土斜板，当坡度在 11°19′～26°34′时，按相应板定额子目人工乘以系数 1.15；当坡度在 26°34′～45°时，按相应板定额子目人工费乘以系数 1.2；当坡度在 45°以上时，按墙子目计算。

13. 用钢滑升模板施工的烟囱、水塔、提升模板使用的钢爬杆用量是按 100% 摊销计算的，贮仓是按 50% 摊销计算的，设计要求不同时，可以换算。

14. 倒锥壳水塔塔身钢滑升模板子目，也适用于一般水塔塔身滑升模板工程。

15. 烟囱钢滑升模板项目均已包括烟囱筒身、牛腿、烟道口；水塔钢滑升模板均已包括直筒、门窗洞口等模板用量。

16. 装饰线条是指窗台线、门窗套、挑檐、腰线、扶手、压顶、遮阳板、宣传栏边框等凸出墙面 150 mm 以内、竖向高度 150 mm 以内的横、竖混凝土线条。

17. 符合以下条件之一者按高大模板计算：

（1）支撑体系高度达到或超过 8 m。

（2）结构跨度达到或超过 18 m。

（3）按《建筑施工模板安全技术规范》（JGJ 162—2008）（以下简称 JGJ 162—2008）进行荷载组合之后的施工面荷载达到或超过 15 kN/m²。

（4）按 JGJ 162—2008 进行荷载组合之后的施工线荷载达到或超过 20 kN/m²。

（5）按 JGJ 162—2008 进行荷载组合之后的施工单点集中荷载达到或超过 7 kN 的作业平台。

18. 本定额高大模板钢支撑搭拆时间是按 3 个月编制的，如实际搭拆时间与定额不同时，定额周转消耗量按比例调整。

19. 本说明对混凝土结构构件划分没有明确规定的，可参照本定额 A.4 混凝土及钢筋混凝土工程相应规定执行。

（二）工程量计算规则

1. 现浇混凝土模板工程量，除另有规定外，应区分不同材质，按混凝土与模板接触面积以平方米计算。

（1）基础模板。

① 杯形基础杯口高度大于外杯口大边长度的，套用高杯基础定额。

② 有肋式带形基础，肋高与肋宽之比在 4∶1 以内的按有肋式带形基础计算；肋高与肋宽之比超过 4∶1 的，其底板按板式带形基础计算，以上部分按墙计算。

③ 桩承台按独立式桩承台编制，带形桩承台按带形基础定额执行。

④ 箱式满堂基础应分别按满堂基础、柱、梁、墙、板有关规定计算。

（2）柱模板。

① 柱高按下列规定确定。

a. 有梁板的柱高，应自柱基或楼板的上表面至上层楼板底面计算。

b. 无梁板的柱高，应自柱基或楼板的上表面至柱帽下表面计算。

② 计算柱模板时，不扣除梁与柱交接处的模板面积。

③构造柱按外露部分计算模板面积，留马牙槎的按其最宽处计算模板宽度。

（3）梁模板。

①梁长按下列规定确定：梁与柱连接时，梁长算至柱侧面；主梁与次梁连接时，次梁长算至主梁侧面。

②计算梁模板时，不扣除梁与梁交接处的模板面积。

③高大梁模板的钢支撑工程量按经评审的施工专项方案搭设面积乘以支模高度（楼地面至板底高度）以立方米计算，如未经评审的施工专项方案，搭设面积则按梁宽加600 mm乘以梁长度计算。

（4）墙、板模板。

①墙高应自墙基或楼板的上表面至上层楼板底面计算。

②计算墙模板时，不扣除梁与墙交接处的模板面积。

③墙、板上单孔面积在 0.3 m² 以内的孔洞不扣除，洞侧模板也不增加，单孔面积在 0.3 m² 以上应扣除，洞侧模板并入墙、板模板工程量计算。

④计算板模板时，不扣除柱、墙所占的面积。

⑤梁、板、墙模板均不扣除后浇带所占的面积。

⑥薄壳板由平层和拱层两部分组成，按平层水平投影面积计算工程量。

⑦现浇悬挑板按外挑部分的水平投影面积计算，伸出墙外的牛腿、挑梁及板边的模板不另计算。

⑧高大有梁板模板的钢支撑工程量按搭设面积乘以支模高度（楼地面至板底高度）以立方米计算，不扣除梁柱所占的体积。

（5）楼梯包括休息平台、梁、斜梁及楼梯与楼板的连接梁，按设计图示尺寸以水平投影面积计算，不扣除宽度小于 500 mm 的楼梯井所占面积，楼梯踏步、踏步板、平台梁等侧面模板不另行计算，伸入墙内部分也不增加。

（6）混凝土压顶、扶手按延长米计算。

（7）屋顶水池，分别按柱、梁、墙、板项目计算。

（8）小型池槽模板按构件外围体积计算，池槽内、外侧及底部的模板不另行计算。

（9）台阶模板按水平投影面积计算，台阶两侧模板面积不另行计算。架空式混凝土台阶，按现浇楼梯计算。

（10）现浇混凝土散水按水平投影面积以平方米计算，现浇混凝土明沟按延长米计算。

（11）小立柱、装饰线条、二次浇灌模板套用小型构件定额子目，按模板接触面积以平方米计算。

（12）后浇带分结构后浇带、温度后浇带。结构后浇带分墙、板后浇带。后浇带模板工程量按后浇部分混凝土体积以立方米计算。

（13）弧形半径≤10 m 的混凝土墙（梁）模板按弧形混凝土墙（梁）模板计算。

2. 构筑物混凝土模板工程量，按以下规定计算。

（1）构筑物的模板工程量，除另有规定者外，区别现浇、预制和构件类别，分别按本计算规则第 1 条和第 3 条的有关规定计算。

（2）大型池槽等分别按基础、柱、梁、墙、板等有关规定计算并套相应定额子目。

（3）液压滑升钢模板施工的贮仓、筒仓、水塔塔身、烟囱等，均按混凝土体积，以立方米计算。

（4）倒锥壳水塔模板按混凝土体积以立方米计算。

3. 预制混凝土构件模板工程量，按以下规定计算。

（1）预制混凝土模板工程量，除另有规定外均按混凝土实体体积以立方米计算。

（2）小型池槽按外形体积以立方米计算。

（3）预制混凝土桩尖按桩尖最大截面积乘以桩尖高度以立方米计算。

A.18　混凝土运输及泵送工程

（一）定额说明

1. 当工程使用现场搅拌站混凝土或商品混凝土时，如需运输和泵送的，可按本定额相应子目计算混凝土运输和泵送费用。如商品混凝土运输费已在发布的参考价中考虑，则运输不再套定额计算。

2. 商品混凝土的运输损耗 2%，已包含在各地市造价管理站发布的商品混凝土参考价中。

（二）工程量计算规则

1. 混凝土运输：混凝土运输工程量，按混凝土浇捣相应子目的混凝土定额分析量（如需泵送，加上泵送损耗）计算。

2. 混凝土泵送：混凝土泵送工程量，按混凝土浇捣相应子目的混凝土定额分析量计算。

A.19　建筑物超高增加费

（一）定额说明

1. 本定额分建筑物超高增加费、局部装饰装修超高增加费和建筑物超高加压水泵台班。

（1）建筑物超高增加费适用于建筑工程、装饰装修工程和专业分包工程。

（2）局部装饰装修超高增加费适用于建筑物的局部装饰装修的工程。

2. 本定额适用于：

① 建筑物地上超过 6 层或设计室外标高至檐口高度超过 20 m 以上的工程，檐高或层数只需符合一项指标即可套用相应定额子目。

② 地下建筑物超过 6 层或设计室外地坪标高至地下室底板地面高度超过 20 m 以上的工程，高度或层数只需符合一项指标即可套用相应定额子目。

③ 构筑物超高增加费已含在定额里，不另行计算。

3. 建筑物超高人工、机械降效系数是指由于建筑物地上（地下）高度超过 6 层或设计室外标高至檐口（地下室底板地面）高度超过 20 m 时，操作工人的工效降低、垂直运输运距加长影响的时间，以及由于人工降效引起随工人班组配置确定台班量的机械相应降低。

4. 建筑物檐口高度的确定及室外地坪以上的高度计算，执行本定额 A.16 垂直运输工程说明第 3 条第（1）、（2）点的规定。

5. 当建筑物有不同檐高时，按不同檐高的建筑面积计算加权平均降效高度，当加权平均降效高度大于 20 m 时套用相应高度的定额子目。

$$加权平均高度 = \frac{高度1 \times 面积1 + 高度2 \times 面积2 + 高度3 \times 面积3 \cdots}{总面积}$$

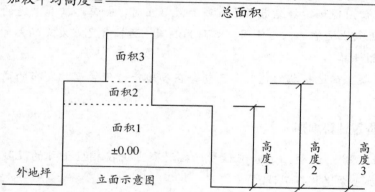

6. 建筑物局部装饰装修超高高度的确定，执行本定额 A.16 垂直运输工程说明第 7 条。

7. 建筑物超高加压水泵台班主要考虑自来水水压不足所需增压的加压水泵台班。

8. 一个承包方同时承包几个单位工程时，2 个单位工程按超高加压水泵台班子目乘以系数 0.85；2 个以上单位工程按超高加压水泵台班子目乘以系数 0.7。

（二）工程量计算规则

1. 建筑、装饰装修工程计算规则。

超高增加人工、机械降效费的计算方法：

① 人工、机械降效费按建筑物 ±0.000 以上（以下）全部工程项目（不包括脚手架工程、垂直运输工程、各章节中的水平运输子目、各定额子目中水平运输机械）中的全部人

工费、机械费乘以相应子目人工、机械降效率以元计算。

②建筑物檐高超过 120 m 时，超过部分按每增加 10 m 子目（高度不足 10 m 按比例）计算。

2. 建筑物局部装饰装修工程计算规则。

超高增加人工、机械降效费的计算方法：

①区别不同的垂直运输高度，将各自装饰装修楼层（包括楼层所有装饰装修工程量）的人工费之和、机械费之和（不包括脚手架、垂直运输工程，各章节中的水平运输子目，各定额子目中的水平运输机械）分别乘以相应子目人工、机械降效率以元计算。

②垂直运输高度超过 120 m 时，按每增加 20 m 定额子目计算；高度不足 20 m 时，按比例计算。

3. 建筑物超高加压水泵台班的工程量，按±0.000 以上建筑面积以平方米计算；建筑物高度超过 120 m 时，超过部分按每增加 10 m 子目（高度不足 10 m 按比例）计算。

A.20　大型机械设备基础、安拆及进退场费

（一）定额说明

1. 塔式起重机、施工电梯基础。

（1）塔式起重机固定式基础如需打桩时，其打桩费用按有关子目计算。

（2）本定额不包括基础拆除的相关费用，如实际发生，另行计算。

（3）塔式起重机固定式基础、施工电梯基础如与定额不同时，可按经审定的施工组织设计分别套用相应定额子目计算。

2. 大型机械安装、拆卸一次费用。

（1）安装拆卸费定额中已包括机械安装完成后的试运转费用。

（2）自升式塔式起重机安装、拆卸定额是按塔高 60 m 确定的，如塔高超过 60 m 时，每增加 15 m，定额消耗量（扣除试车台班后）增加 10%。

3. 大型机械场外运输费用。

（1）大型机械场外运费为运距 25 km 以内的机械进出场费用。运距在 25 km 以上者，按实办理签证。

（2）大型机械场外运输费用不计算机械本机台班费用。

（3）大型机械场外运费已包括机械的回程费用。

（4）自升式塔式起重机场外运输费以塔高 60 m 确定的，如塔高超过 60 m 时，每增加 15 m，场外运输定额消耗量增加 10%。

4. 大型机械安装、拆卸一次费用子目中试车的本机使用台班可根据实际使用机型换算，其他不变。

5. 本定额中潜水钻机、转盘钻机、冲孔钻机等机械套用工程钻机相应子目，钻机可根据实际机型换算，其他不变。

（二）工程量计算规则

1. 自升式塔式起重机、施工电梯基础。

（1）自升式塔式起重机基础以"座"计算。

（2）施工电梯基础以"座"计算。

2. 大型机械安装、拆卸一次费用均以"台次"计算。

3. 大型机械场外运输费用均以"台次"计算。

A.21　材料二次运输

（一）定额说明

1. 本定额适用于建筑、装饰装修工程中的建筑材料二次运输费的计算。

2. 二次运输费，是指因施工场地条件限制而发生的材料、构配件、半成品等一次运输不能到达堆放地点，必须进行二次或多次搬运所发生的费用。

3. 材料二次运输中，因水泥和玻璃（指门窗平板玻璃）重复装卸损耗较大，可另计算二次运输损耗费，其损耗率为：水泥0.5%；玻璃2%。二次运输损耗费计算式：

$$二次运输损耗费=该材料量×材料单价×损耗率$$

4. 垂直运输材料，按照垂直运输距离折合7倍水平运输距离，套用本章定额子目计算。

5. 水平运距的计算分别以取料中心点为起点，以材料堆放中心点为终点。不足整数者，进位取整数。

（二）工程量计算规则

各种材料二次运输按本章定额表中的定额子目的计量单位计算。

A.22　成品保护工程

（一）定额说明

1. 本定额适用于建筑装饰装修工程的成品保护。

2. 成品保护，是施工过程中对装饰装修面所进行的保护。

3. 本定额编制是以成品保护所需的材料考虑的。

4. 本定额成品保护费包括楼地面、楼梯、栏杆、台阶、独立柱面、内墙面等饰面面层的成品保护。

（二）工程量计算规则

1. 楼梯、台阶，按设计图示尺寸以水平投影面积计算。
2. 栏杆、扶手，按设计图示尺寸以中心线长度计算。
3. 其他成品保护，按被保护面层以面积计算。

第三节　施工图预算举例

一、建筑工程计量与计价

【**例 4-1**】某工程基础平面图、剖面图如图 4-1 所示。已知：土壤类别为二类土，不支挡土板，设计室外地坪标高-0.450 m，地面垫层 150 mm，找平层 20 mm，面层 20 mm，采用人工挖地槽土方、人工填土、装土，5 t 自卸汽车运土 5 km。其中，基础垫层按满槽施工考虑。

求：人工挖地槽土方、基础回填土、室内回填土、余土外运工程量，确定套用定额子目。

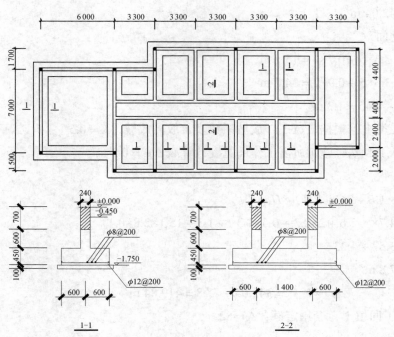

图 4-1　某工程基础平面图、剖面图

解： 该图基础有两种断面，应分别计算。

（1）人工挖二类土，套定额：A1-6

① 1-1 剖面

$L_{外中} = （6.0 + 3.3×6 + 1.5 + 7.0 + 1.7）×2 = 72$ m

$L_{内中} = 7.0 + （4.4 - 1.7）+ 4.4×7 + 4.4 + 1.4 + 2.4 = 48.7$ m

与 1-1 断面搭接 12 个，轴线以内垫层宽为 0.7 m；与 2-2 断面搭接 8 个，轴线以内垫层宽为 0.7 m；

$L_{内垫层1} = L_{内中} - 0.7×20 = 48.7 - 14 = 34.7$ m

$L_{内挖土1} = （7.0 - 0.9×2）+ （4.4 - 1.7 - 0.9×2）+ （4.4 - 0.9×2）×7 + （4.4 + 1.4 + 2.4 - 0.9×2）$

$= 30.7$ m

$H = 1.75 - 0.45 = 1.3$ m

因为是二类土，根据表 A.1-8 放坡系数表，故需放坡，$K = 0.5$

根据表 A.1-7 基础施工所需工作面宽度计算表，$C = 0.3$ m

代入公式得

$V_{挖1} = L×（B + 2C + KH）×H + V_{垫1}$

$= （72 + 30.7）×（1.2 + 2×0.3 + 0.5×1.3）×1.3 + （72 + 34.7）×1.4×0.1$

$= 327.10 + 14.94$

$= 342.04$ m^3

② 2-2 剖面

$L_{内垫层2} = 3.3×5 - 0.7×2 = 15.1$ m

$L_{内挖土2} = 3.3×5 - 0.9×2 = 14.7$ m

$H = 1.75 - 0.45 = 1.3$ m

因为是二类土，根据表 A.1-7 放坡系数表，故需放坡，$K = 0.5$

根据表 A.1-8 基础施工所需工作面宽度计算表，$C = 0.3$ m

代入公式得

$V_{挖2} = L×（B + 2C + KH）×H + V_{垫2}$

$= 14.7×（2.6 + 2×0.3 + 0.5×1.3）×1.3 + 15.1×2.8×0.1$

$= 73.57 + 4.23$

$= 77.8$ m^3

③ 合计：$V_{挖} = V_{挖1} + V_{挖2} = 342.04 + 77.8 = 419.84$ m^3

（2）人工回填土，套用定额：A1-82

① 基础回填土

1-1 剖面

$V_{垫1} = （72 + 34.7）×1.4×0.1 = 14.94$ m^3

$L_{内墙混凝土净1} = L_{内中} - 0.6×20 = 36.7$ m

$L_{内墙砖净1} = L_{内中} - 0.12×20 = 46.3$ m

$$V_{混凝土基础1} = （72 + 36.7）×1.2×0.45 + （72 + 46.3）×0.24×0.6$$
$$= 58.7 + 17.04$$
$$= 75.74 \text{ m}^3$$

$V_{砖基1} = （72 + 46.3）×0.24×（0.7 - 0.45）= 7.10 \text{ m}^3$

$V_{埋1} = V_{垫1} + V_{混凝土基础1} + V_{砖基1} = 14.94 + 75.74 + 7.10 = 97.78 \text{ m}^3$

2-2 剖面：

$L_{内墙混凝土净2} = 3.3×5 - 0.6×2 = 15.3$ m

$V_{垫2} = 15.1×2.8×0.1 = 4.23 \text{ m}^3$

$L_{内墙砖净2} = 3.3×5 - 0.12×2 = 16.26$ m

$V_{混凝土基础2} = 15.3×2.6×0.45 + 16.26×0.24×0.6×2 = 22.58 \text{ m}^3$

$V_{砖基2} = 16.26×0.24×（0.7 - 0.45）×2 = 1.95 \text{ m}^3$

$V_{埋2} = V_{垫2} + V_{混凝土基础2} + V_{砖基2} = 4.23 + 22.58 + 1.95 = 28.76 \text{ m}^3$

合计：$V_{埋} = V_{埋1} + V_{埋2} = 97.78 + 28.76 = 126.54 \text{ m}^3$

基础回填土工程量 $V_{基础回填} = 419.84 - 126.54 = 293.30 \text{ m}^3$

② 室内回填土

$$S_{净} = （6 - 0.24）×（7 - 0.24）+（3.3 - 0.24）×（2.7 - 0.24）+（3.3 - 0.24）×$$
$$（4.4 - 0.24）×9 +（3.3×5 - 0.24）×（1.4 - 0.24）+（3.3 - 0.24）×（8.2 - 0.24）$$
$$= 38.94+7.53+114.57+18.86+24.36$$
$$= 204.26 \text{ m}^2$$

$$V_{室内回填} = S_{净}×h$$
$$= 204.26×（0.45 - 0.02 - 0.02 - 0.15）$$
$$= 53.11 \text{ m}^3$$

回填土体积 $V_{填} = V_{基础回填} + V_{室内回填} = 293.30 + 53.11 = 346.41 \text{ m}^3$

（3）余土外运 5 km，套用定额：A1 – 119 + 4×A1 – 171

$$V_{余} = V_{挖} - V_{填} = 419.84 - 346.41 = 73.43 \text{ m}^3$$

【例 4-2】某工程采用钻孔灌注桩 35 根，桩身大样如图 4-2 所示，设计桩径 ϕ 1 200 mm，现场自然地坪标高为-0.600 m，桩顶设计标高-0.450 m，桩底标高-20.500 m，桩端进入较软岩层 0.5 m。采用 C30 碎石 GD40 中砂现场搅拌机搅拌混凝土，废弃泥浆要求用泥浆车外运 10 km，超灌桩头在施工后需凿除。π 按 3.14 计算。

求：根据已知条件及 2013 年《广西壮族自治区建筑装饰装修工程消耗量定额》规定，采用工料单价法。

（1）列出灌注桩的相关项目（含混凝土拌制、泥浆运输及凿截桩头）及定额编号，并计算工程量。

（2）本工程由小规模纳税人建筑企业施工，采用 1 台转盘钻孔机（孔径 1 500 mm），人工费、材料费、机械费按定额基期价格，计算其安拆及场外运费的直接费。

解：（1）列项目，计算工程量。

① 钻孔灌注桩成孔，套定额编号 A2-66

包括直桩身、扩大头两个部分，其中扩底部分有 500 mm 入岩

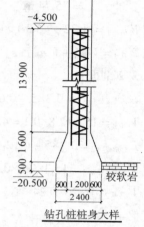

图 4-2　钻孔桩桩身大样

桩身部分：$V_1 = 3.14×0.6^2×（20.5-0.6-0.5-1.6）= 20.12 \ m^3$

扩头部分：$V_2 = （0.6^2+1.2^2+0.6×1.2）×3.14×1.6÷3 = 4.22 \ m^3$

$V_{2'} = 3.14×1.2^2×0.5 = 2.26 \ m^3$

钻孔灌注桩工程量 $V_3 = （20.12+4.22+2.26）×35$

$= 931.00 \ m^3$

② 钻孔灌注桩灌注混凝土，套定额 A2-78

灌注混凝土 $V_4 = [3.14×0.6^2×（13.9+0.5）+4.22+2.26]×35 = 796.52 \ m^3$

③ 钻孔桩入岩增加费，套定额 0.5×A2-72（定额说明软质岩入岩乘以 0.5 系数）

入岩部分体积：$V_5 = 3.14×1.2^2×0.5×35 = 79.13 \ m^3$

④ 混凝土拌制，套定额 A4-1

拌制工程量 $V_8 = 796.52×1.319 = 1\ 050.61 \ m^3$

⑤ 泥浆运输，套定额 A2－99+9×A2－100

泥浆运输工程量 $V_6 = V_3 = 931 \ m^3$

⑥ 凿截灌注混凝土桩头，套定额 A2-119

凿截桩头工程量 $V_7 = 3.14×0.6^2×0.5×35 = 19.78 \ m^3$

（2）安拆费和场外运费。

转盘钻孔机安拆费，套定额 A20-5 换，查机械台班参考价定额，得转盘钻孔机（孔径 1 500 mm）台班单价为 557.70 元

安拆费 = [3 074.90+0.5×（557.70－469.88）]×1 台 = 3 118.81 元

场外运费，套定额 A20－24

场外运费 = 2 322.17×1 台 = 2 322.17 元

【例 4-3】已知某静力压桩机压预制钢筋混凝土方桩工程，有 C20 混凝土预制桩 100 根，桩身大样如图 4-3 所示，采用柴油打桩机施工，方桩截面尺寸 450 mm×450 mm，现场搅拌混凝土现场预制，每根方桩桩长 12 m（含桩尖），由两段接成，采用硫黄胶泥接

桩。室外地坪 – 0.150 m，桩顶标高 – 1.350 m。

求：根据已知条件及 2013 年《广西壮族自治区建筑装饰装修工程消耗量定额》规定，采用工料单价法：

（1）列项并计算钢筋混凝土预制桩的制作（含混凝土拌制）、运输、打桩、接桩、送桩工程量。

（2）本工程由小规模纳税人建筑企业施工，人工费、材料费、机械费按定额基期价格，计算送桩工程的直接费。

提示：预制钢筋混凝土桩可在市场上购买半成品，也可现场或附属加工厂预制，本例为现场预制，除按规定计算打桩、送桩外，还涉及现场预制构件有关工程量的计算规定，须熟悉以下计算公式：

$$打桩工程量 = 图纸工程量$$
$$运输工程量 = 打桩工程量 \times （1 + 安装损耗率 + 运输堆放损耗率）$$
$$制作工程量 = 打桩工程量 \times （1 + 安装损耗率 + 制作废品率 + 运输堆放损耗率）$$

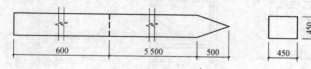

图 4–3

解：（1）工程量计算。

① 桩制作

$V_{制} = V_{图} \times （1 + 1\% + 0.1\% + 0.4\%） = 12 \times 0.45 \times 0.45 \times 100 \times （1 + 0.015） = 246.65 \ \text{m}^3$

② 混凝土拌制

拌制工程量 $V_{拌} = 246.65 \times 1.015 = 250.35 \ \text{m}^3$

③ 桩运输

因是现场制作，不计算。

④ 静立压桩机压预制方桩

$V_{打} = V_{图} = 12 \times 0.45 \times 0.45 \times 100 = 243 \ \text{m}^3$

⑤ 接桩工程量 $S_{接} = 0.45 \times 0.45 \times 100 = 20.25 \ \text{m}^2$

⑥ $V_{送} = （1.35 – 0.15 + 0.5） \times 0.45 \times 0.45 \times 100 = 34.43 \ \text{m}^3$

（2）送桩直接费。

送桩套用压桩定额 A2-34，根据定额规定，扣除子目中桩的用量，人工、机械台班乘以系数 1.25，其余不变。

人工费 = 425.76 × 1.25 = 532.20 元/10 m³

材料费 = 144.76 元/10 m³

机械费 = 3 727.01×1.25 = 4 658.76 元/10 m³

直接费 = （532.20 + 144.76 + 4 658.76）×34.43÷10 = 18 370.88 元

【例 4-4】某三层建筑物平、剖面如图 4-4 所示，砖基础采用 M5 水泥砂浆砌筑多孔页岩，基础垫层采用 C10 混凝土，砖基础与墙身以室内设计地坪为界，砖墙体采用 M5 混合砂浆砌筑多孔页岩，多孔页岩砖规格为 240 mm×115 mm×90 mm。各层均设有圈梁，梁高为 180 mm，梁宽同墙厚；门窗洞口上均设钢筋砖过梁，高 120 mm，宽同墙厚。门窗尺寸：C-1 为 1 500 mm×1 600 mm；M-1 为 1 200 mm×2 500 mm，M-2 为 900 mm×2 000 mm；板厚 130 mm；女儿墙上设置钢筋混凝土压顶，高 200 mm，宽同墙厚。

求：（1）根据已知条件计算砖基础和墙体工程量，并套用定额。

（2）用工料单价法编制招标控制价的分部分项工程费用表，人工费、材料费、机械费按定额含税基期价格，管理费率取 35.72%，利润率取 10%。

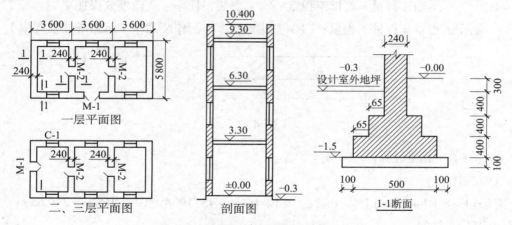

图 4-4　某建筑物平面图、剖面图

解：（1）列项，计算工程量。

外墙中心线 = （3.6×3 + 5.8）×2 = 33.2 m

内墙基净长线 = （5.8 - 0.185×2）×2 = 10.86 m

内墙净长线 = （5.8 - 0.12×2）×2 = 11.12 m

① M5 水泥砂浆多孔砖基础，套 A3-2 换

$V_{砖基础}$ = （33.2 + 10.86）× [0.5×0.4 + （0.5 - 0.065×2）×0.4)] + （33.2 + 11.12）

　　　　×0.24×（0.4+0.3）

　　　= 15.33 + 7.45

　　　= 22.78 m³

② M5 水泥石灰砂浆中砂多孔砖墙，套 A3-11

外墙工程量：

外墙高度 = 10.4 − 0.18×3 − 0.2 = 9.66 m

外墙门窗面积 = 1.5×1.6×17 + 1.2×2.5×3 = 49.8 m^2

钢筋砖过梁砌体并入墙体工程量，不另计算

$V_{外墙}$ = （33.2×9.66 − 49.8）×0.24 = 65.02 m^3

内墙工程量：

内墙高度 = 3.3 + 3.0×2 − 0.18×3 = 8.76 m

内墙门窗面积 = 0.9×2.0×6 = 10.8 m^2

钢筋砖过梁砌体并入墙体工程量，不另计算

$V_{内墙}$ = （11.12×8.76 − 10.8）×0.24 = 20.79 m^3

合计：$V_{墙} = V_{外墙} + V_{内墙}$ = 65.02 + 20.79 = 85.81 m^3

（2）编制分部分项工程和单价措施项目费用表，见表 4-2。

表 4-2　分部分项工程和单价措施项目费用表

定额编号	定额名称	单位	工程量	单价/元	合价/元	单价分析/元					
						人工费	材料费	机械费	管理费	利润	其中：暂估价
	分部工程				47 526.05						
A3-2 换	多孔砖砖基础（水泥石灰砂浆中砂 M5）	10 m^3	2.278	4 087.54	9 243.08	823.65	2 815.04	29.01	304.57	85.27	
A3-11	多孔砖混水砖墙 24 cm（水泥石灰砂浆中砂 M5）	10 m^3	8.581	4 457.11	38 246.46	998.07	2 961.76	28.11	366.55	102.62	
	合计				47 526.05						
	∑人工费				10 448.13						
	∑材料费				31 852.86						
	∑机械费				307.56						
	∑管理费				3 841.92						
	∑利润				1 075.59						

表中，A3-2 换　多孔砖砖基础（水泥砂浆中砂 M5）：

人工费 = 823.65 元/10 m^3

查配合比表，880100020（水泥砂浆中砂 M5）单价 169.66 元/m^3

材料费 =2 897.94+（169.66−212.39）×1.94 =2 815.04 元/10 m^3

机械费 =29.01 元/10 m^3

管理费 =（人工费＋机械费）×管理费费率

　　　　=（823.65＋29.01）×35.72% = 304.57 元/10 m^3

利润 =（人工费＋机械费）×利润率

　　　　=（823.65＋29.01）×10% = 85.27 元/10 m^3

单价=人工费＋材料费＋机械费＋管理费＋利润

　　 = 823.65＋2 815.04＋29.01＋304.57＋85.27 = 4 057.54 元/10 m^3

合价=22.78×4 057.54÷10=9 243.08 元

A3-11　　多孔砖混水砖墙 24 cm（水泥石灰砂浆中砂 M5）：

参考基价=3 987.94 元/10 m^3

人工费 = 998.07 元/10 m^3

机械费 =28.11 元/10 m^3

管理费 =（人工费＋机械费）×管理费费率

　　　　=（998.07＋28.11）×35.72% = 366.55 元/10 m^3

利润 =（人工费＋机械费）×利润率

　　　　=（998.07＋28.11）×10% = 102.62 元/10 m^3

单价=人工费＋材料费＋机械费＋管理费＋利润

　　 = 3 987.94＋366.55＋102.62 = 4 457.11 元/10 m^3

合价=85.81×4 457.11÷10=38 246.46 元

【例 4-5】 现浇钢筋混凝土单层厂房，如图 4-5 所示，柱梁外边线平齐；屋面板顶面标高+5.000 m；柱基础顶面标高−0.500 m；柱截面尺寸为：$Z3$ = 300 mm×400 mm，$Z4$ = 400 mm×500 mm，$Z5$ = 300 mm×400 mm；采用现场搅拌混凝土，梁、板混凝土强度等级为 C20，柱为 C30。

求：（1）列出现浇混凝土项目，计算工程量；

（2）用工料单价法计算混凝土柱综合单价，人工费、材料费、机械费按定额含税基期价格，不考虑风险费用，管理费率取 35.72%，利润率取 10%。

解：（1）列项，计算工程量

① C30 现浇混凝土柱（套 A4-18）

柱高=5+0.5=5.5 m

　　　　$Z3$：0.3×0.4×5.5×4 = 2.64 m^3

　　　　$Z4$：0.4×0.5×5.5×4 = 4.4 m^3

Z5：$0.3×0.4×5.5×4 = 2.64 \text{ m}^3$

合计：9.68 m^3

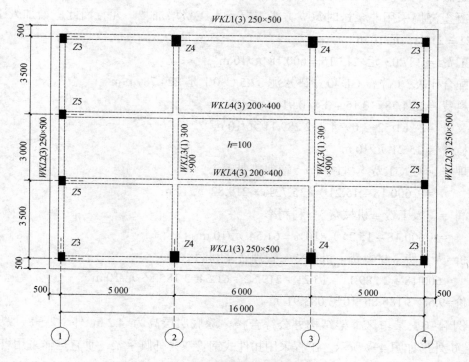

图 4-5　屋面结构布置图

② C20 有梁板（套 A4-31）

　　WKL1：$（16 - 0.175×2 - 0.4×2）×0.25×（0.5 - 0.1）×2 = 2.97 \text{ m}^3$

　　WKL2：$（10 - 0.275×2 - 0.4×2）×0.25×（0.5 - 0.1）×2 = 1.73 \text{ m}^3$

　　WKL3：$（10 - 0.375×2）×0.3×（0.9 - 0.1）×2 = 4.44 \text{ m}^3$

　　WKL4：$（16 - 0.175×2 - 0.3×2）×0.2×（0.4 - 0.1）×2 = 1.81 \text{ m}^3$

　　板：$（16 + 0.25）×（10 + 0.25）×0.1 = 16.66 \text{ m}^3$

　　扣减柱：$0.3×0.4×8×0.1 + 0.4×0.5×4×0.1 = 0.18 \text{ m}^3$

　　合计：$2.97 + 1.73 + 4.44 + 1.81 + 16.66 - 0.18 = 27.43 \text{ m}^3$

③ C20 现浇混凝土挑檐天沟（套 A4-37）

　　工程量 $= （L_{外}×宽 + 4×宽^2）×板厚$

　　$[（16 + 0.125×2 + 10 + 0.125×2）×2×（0.5 - 0.125）+ 4×（0.5 - 0.125）^2]×$
$0.1 = 2.04 \text{ m}^3$

④ 混凝土拌制搅拌机（套 A4-1）

　　$（9.68 + 27.43 + 2.04）×（1 + 1.5\%）= 39.74 \text{ m}^3$

（2）计算混凝土柱综合单价

套定额 A4-18 换，混凝土柱|矩形（碎石 GD40 中砂水泥 32.5 C30），根据定额规定，现浇混凝土浇捣采用非泵送时每立方米混凝土人工费增加 21 元，因此应增加人工费 = 10.15×21 = 213.15 元/10 m³

人工费 = 387.03 元+213.15 = 600.18 元/10 m³

查配合比表，（碎石 GD40 中砂水泥 32.5 C30）是 224.78 元/m³

材料费 = 224.78×10.15 + 3.4×0.91 + 4.5×1

　　　　= 2 281.52+3.09+4.5=2 289.11 元/10 m³

机械费 = 15.21 元/10 m³

管理费 =（人工费 + 机械费）×管理费费率

　　　　=（600.18 + 15.21）×35.72% = 219.82 元/10 m³

利润 =（人工费 + 机械费）×利润率

　　　　=（600.18 + 15.21）×10% = 61.54 元/10 m³

单价=人工费 + 材料费 + 机械费 + 管理费 + 利润

　　　　= 600.18 + 2 289.11 + 15.21 + 219.82 + 61.54=3 185.86 元/10 m³

合价=9.68×3 185.86÷10=3 083.91 元

【例 4-6】某市区框架结构办公综合楼，除底层层高为 4.2 m 外，2～8 层层高为 3 m，建筑外形如图 4-7 所示。工程采用扣件式钢管双排外脚手架，垂直运输采用塔吊。

求：（1）列出本工程外脚手架工程的相应项目（写出相应定额编号），并计算项目工程量。

（2）列出本工程垂直运输的相应项目（写出相应定额编号），并计算项目工程量。

（3）判断本工程是否应计算建筑物超高增加费，若计算该项费用应计入工程造价的哪项费用中？

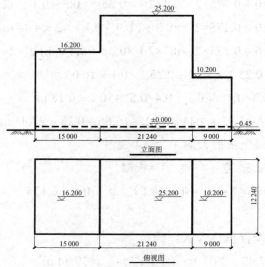

图 4-6　建筑外形图

解：（1）列出本工程外架的相应项目并计算工程量。

① 10 m 以内扣件式钢管双排外脚手架（A15-5）

高 16.2～25.2 部分：12.24×（27.2 - 18.2）×1.05=115.67 m²

② 20 m 以内扣件式钢管双排外脚手架（A15-6）

高 10.2 部分：（9.0+12.24+9.0）×（10.2+0.45）×1.05=338.16 m²

高 16.2 部分：（15.0+12.24+15）×（16.2+0.45）×1.05=738.46 m²

高 10.2～25.2 部分：12.24×（25.2 - 10.2）×1.05=192.78 m²

合计=338.16+738.46+192.78=1 269.40 m²

③ 30 m 以内扣件式钢管双排外脚手架（A15-7）

高 27.2 部分：21.24×2×（25.2+0.45）×1.05=1 144.09 m²

（2）列出本工程垂直运输相应项目并计算工程量。

根据规定，同一建筑物中有不同檐高时，按建筑物不同檐高做纵向分割，以不同檐高分别套用相应高度的定额子目。本题按 10.2 m 和 16.2 m 做纵向分割，得 10.2 m、16.2 m、25.2 m 三个檐高的垂直投影建筑面积分别为

檐高 10.2 m 垂直投影：9×12.24×3 层=330.48 m²

檐高 16.2 m 垂直投影：15×12.24×5 层=918 m²

檐高 16.2 m 垂直投影：21.24×12.24×8 层=2 079.82 m²

① 16.2 m 高度范围以内，垂直运输高度 16.2+0.45=16.65 m<20 m，套用定额子目

建筑物垂直运输高度 20 m 以内（A16-4），

工程量：330.48+918=1248.48 m²

② 25.2 m 高度范围以内，垂直运输高度 25.2+0.45=25.65 m<30 m，套用定额子目

建筑物垂直运输高度 30 m 以内（A16-7），

工程量：2 079.82 m²

（3）建筑物超高增加费。

1～3 层建筑面积：（15+21.24+9）×12.24×3=1 661.21 m²

4～5 层建筑面积：（15+21.24）×12.24×2=887.16 m²

6～8 层建筑面积：21.24×12.24×3=779.93 m²

高度1=（10.2+0.45）×1661.21=1 7691.89 m²；

高度2=（16.2+0.45）×887.16=14 771.21 m²；

高度3=（25.2+0.45）×779.93=20 005.20 m²；

加权平均高度=（17 691.89+14 771.21+20 005.20）÷（1 661.21+887.16+779.93）=15.76 m<20 m

经判断本工程不能计算建筑物超高增加费。

若计算超高增加费，应计入分部分项工程费中。

【例 4-7】某现浇框架屋面如图 4-8 所示，板厚 100 mm，层高 3.9 m，模板采用胶合板模板、钢支撑。

求：按 2013 年《广西壮族自治区建筑装饰装修工程消耗量定额》规定，计算该层楼面现浇混凝土梁板的模板工程量、套定额，并计算其直接费，人工费、材料费、机械费按定额含税基期价格。

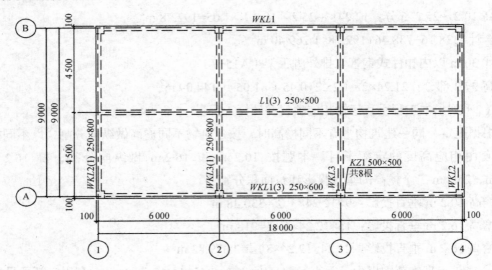

图 4-7　屋面结构布置图

解：（1）工程量计算

① 底模：18.2×9.2 = 167.44 m²

② 板侧模：（18.2 + 9.2）×2×0.1 = 5.48 m²

③ 梁侧模：

$WKL1$ = （18.0 − 0.4×2 − 0.5×2）×（0.6 − 0.1）×2 侧×2 根 = 32.4 m²

$WKL2$ = （9.0 − 0.4×2）×（0.8 − 0.1）×2 侧×2 根 = 22.96 m²

$WKL3$ = （9.0 − 0.4×2）×（0.8 − 0.1）×2 侧×2 根 = 22.96 m²

$L1$ = （18.0 − 0.15×2 − 0.25×2）×（0.5 − 0.1）×2 侧 = 13.76 m²

小计：167.44 + 5.48 + 32.4 + 22.96 + 22.96 + 13.76 = 265.00 m²

（2）超高米数：3.9 − 0.1 − 3.6=0.2 m

有梁板胶合板模板、钢支撑，套用定额：A17-91 和 0.2×A17-105

查定额 A17-91，有梁板模板参考基价为：3 097.28 元/100 m²

查定额 A17-105，板支撑超过 3.6 m 每增加 1 m 参考基价为：353.16 元/100 m²

有梁板模板直接费 = （3 097.28+0.2×353.16）×265÷100 = 8 394.97 元

二、装饰装修工程计量与计价

【例 4-8】某单层建筑平面图如图 4-8 所示，墙体为砖墙，屋面现浇板顶标高为+5.400 m，板厚为 0.1 m，M1 洞口尺寸为 1.0 m×2.7 m，C1 洞口尺寸 1.5 m×1.8 m，门框按外墙内皮安装。地面面层为 600 mm×600 mm 陶瓷砖地面，踢脚线用同种陶瓷地砖铺贴，高 200 mm，内墙抹灰做法为混合砂浆底混合砂浆面共 23 mm 厚。

求：（1）陶瓷地砖楼地面、踢脚线及内墙抹灰的工程量。

（2）用工料单价法编制本工程内墙面抹灰综合单价及合价，除周转板枋材市场价为 1 100 元/m³，其余不作人材机价格调整，管理费率取 29.77%，利润率取 8.34%。

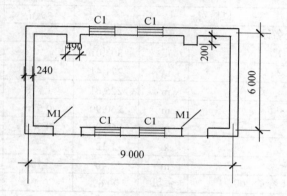

图 4-8 某单层建筑平面图

解：（1）工程量计算。

①陶瓷砖楼地面工程量：

单个垛为 0.49×0.2=0.01 m² < 0.3 m² 不扣除，（9 – 0.24）×（6 – 0.24）=50.46 m²

②踢脚线工程量：[（9 – 0.24+6 – 0.24）×2+0.2×2×2 – 1×2]×0.2= 5.57 m²

③内墙抹灰工程量：

[（9 – 0.24+6 – 0.24）×2+0.2×2×2]×（5.4 – 0.1）–（1.0×2.7×2+1.5×1.8×4）= 141.95 m²

（2）内墙面抹灰，套用定额（见表 4-3）：A10-7+ 3×A10-55

人工费=832.14+19.44×3=890.46 元/100 m²

材料费=552.95+（1 100 – 969）×0.005+28.27×3

        =638.42 元/100 m²

机械费=35.36+1.81×3=40.79 元/100 m²

管理费=（890.46+40.79）×29.77%=277.23 元/100 m²

利润=（890.46+40.79）×8.34%=77.67 元/100 m²

单价=890.46+638.42+40.79+277.23+77.67=1 924.57 元/100 m²

合价=1 924.57×141.95÷100=2 731.93 元

表 4-3 内墙抹灰定额

单位：100 m²

定额编号				A10-7	A10-8	A10-55
项目				混合砂浆		抹灰层每增减 1 mm
				内墙		
				砖墙	混凝土墙	
				（15+5）mm		
参考基价/元				1 420.45	1 529.34	48.35
其中	人工费			832.14	898.02	19.44
	材料费			552.95	594.15	28.27
	机械费			35.36	37.17	1.81
编码	名称	单位	单价/元	数量		
880200001	水泥砂浆 1∶1	m³	303.01	—	0.110	—
880200003	水泥砂浆 1∶2	m³	271.41	0.040	0.040	—
880200006	混合砂浆 1∶1∶6	m³	225.61	1.710	1.710	0.120
880200008	混合砂浆 1∶0.5∶3	m³	260.99	0.570	0.570	—
050209001	周转板枋材	m³	969.00	0.005	0.005	—
121101006	建筑胶	kg	1.12	—	6.93	—
310101065	水	m³	3.40	0.790	0.820	0.010
990317001	灰浆搅拌机（容量 200L）	台班	90.67	0.39	0.41	0.02

注：工作内容：①清理、修补、湿润基层表面、堵墙眼、调运砂浆、清扫落地灰；②分层抹灰找平、刷浆、洒水湿润、罩面压光。

三、建筑面积计算

【例 4-9】如图 4-9 所示，假设局部楼层①、②、③层高均超过 2.20 m，计算该建筑物建筑面积。

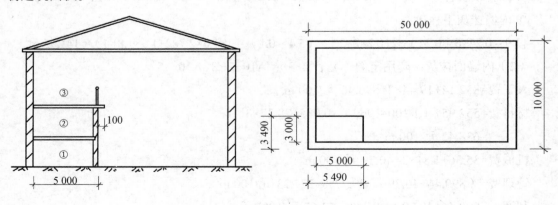

图 4-9

解：首层建筑面积：$S_1 = 50 \times 10 = 500 \ \text{m}^2$

有围护结构的局部楼层②建筑面积：S_2=5.49×3.49=19.16 m²

无围护结构（有围护设施）的局部楼层③建筑面积：S_3=（5+0.1）×（3+0.1）=15.81 m²

合计建筑面积：S=500+19.16+15.81=534.97 m²

【例4-10】某坡屋面下建筑空间的尺寸如图4-10，建筑物长50 m，计算其建筑面积。

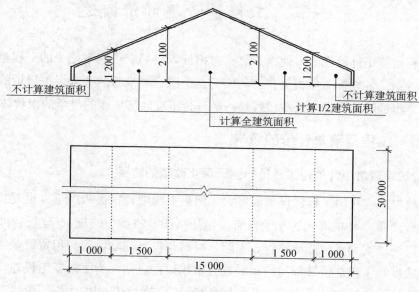

图4-10

解：全面积部分：S_1=50×（15 − 1.5×2 − 1.0×2）=500 m²

1/2 面积部分：S_2=50×1.5×2×1/2=75 m²

合计建筑面积：S=500+75=575 m²

第五章　工程量清单计价

第一节　工程量清单计价概述

所谓工程量清单计价模式，简而言之，由招标人按照全国制定统一的工程量计算规则提供工程量清单，各投标单位根据自己的实力，按照竞争策略的要求自主报价的工程造价计价模式。工程量清单计价方法和模式是一套符合市场经济规律的科学的报价体系。

一、推行工程量清单计价的意义

1. 实行工程量清单计价是工程造价全面深化改革的需要

改革开放以来，我国工程建设成就巨大，但是资源浪费也极为严重，重复建设和"三超"现象仍较严重。其根本问题在于政府（包括制度、法律、法规）、建设行业（包括业主、监理、咨询、工程承包商和银行、保险、材料与设备配套供应与租赁行业等）与市场之间没有形成良性工程造价管理与控制的有效市场运行机制。为了改变工程建设中存在的种种问题，推行工程量清单计价是充分发挥市场价值与竞争机制的作用，形成和完善工程造价政府宏观调控，市场竞争决定价格，将工程造价管理纳入法治的轨道，是规范建设市场经济秩序的一项治本之策。随着《建设工程工程量清单计价规范》（GB 50500—2013）的实施，必将给我国建设市场和工程建设与行业的发展带来更大的活力。

2. 工程量清单计价能有效地规范建设市场，适应社会主义市场经济发展

真正实现建设市场的良性发展，除了法律、法规和行政监管以外，还必须充分发挥"竞争"与"价格"机制的作用，利用市场来有效地分配社会资源，合理进行利益分配，使发承包双方各得其所才是根本之策。坚持工程造价管理制度和体制改革，推广工程量清单计价，首先，有利于人们转变传统定额依据观念，树立新的市场观，变靠政府为靠自己，运用法律法规保护企业利益，靠改善营销策略和挖掘技术潜力获得最大回报；其次，有利于规范业主招标盲目压价、暗箱操作等不正之风，体现公开、公平、公正的原则；最后，也有利于发挥建筑企业自主报价能力，促进企业在营销决策、技术管理和企业定额等基础工作上下功夫，在创品牌上努力攀登；有利于实现由政府定价到市场定价，发挥政府宏观调控和行业管理作用。

3. 实行工程量清单计价是建设企业健康发展的需要

工程量清单是招标文件的重要组成部分，招标单位或工程造价咨询单位必须编制出准确的工程量清单，并要承担相应的风险，从而提高招标单位的社会责任感和工程管理水平。工程量清单具有公开性特征，对避免工程招标中弄虚作假、暗箱操作等起着节制的作用。报价单位必须对单位工程成本、利润进行认真分析和研究，精心编制和优化施工方案，根据企业定额合理确定人工、材料、机械、智力和方法等要素的投入与配置，优化组合项目部成员和施工技术措施等因素，最后决策投标报价。从而改变过去依赖国家发布定额的状况，促使企业必须根据自身的条件编制出符合自己的企业施工定额和费用标准，并不断创新，提高企业整体素质，在激烈的市场竞争中立于不败之地，不断扩大市场份额。

此外，建设市场计价行为和市场秩序的规范，将有利于控制建设项目投资，合理利用资源，提高工程质量，加快工程建设周期，从根本上提高建设业整体即设计、咨询、监理、承包等企业的整体素质和企业间的协调能力，改善协作条件。

4. 实行工程量清单计价有利于我国工程造价管理政府职能的转变

按照政府部门真正履行"经济调节、市场监管、社会管理和公共服务"的职能要求，政府职能转变是我国全面改革工程造价管理制度和体制，全面推行工程量清单计价最根本的原动力。所谓工程造价管理的革命，首先是政府工程造价管理职能的革命。由过去行政直接干预转向依法监管，强化政府对工程造价管理的宏观调控，政府必须改革相应的管理体制，加强廉政建设，加大执法力度，做到依德行政、依法行政。

5. 实行工程量清单计价有利于我国工程总分包建设体制的完善

现在我国已经步入了 WTO 的国际环境，工程总承包体制的构建也是亟待解决的重大问题。建设部 2003 年 2 月 13 日发布了《关于培育发展工程总承包和工程项目管理企业的指导意见》（建市〔2003〕30 号），并明确指出："为了深化我国工程建设项目组织实施方式改革，培育发展专业化的工程总承包和工程项目管理企业，是贯彻党的十六大关于'走出去'的发展战略，积极开拓国际承包市场，带动我国技术、机电设备及工程材料的出口，促进劳务输出，提高我国企业国际竞争力的有效途径。工程总承包是指从事工程总承包的企业受业主委托，按照合同约定对工程项目的勘察、设计、采购、施工、试运行（竣工验收）等实行全过程或若干阶段的承包。工程总承包企业按照合同约定对工程项目的质量、工期、造价等向业主负责。工程总承包企业可依法将所承包工程中的部分工作发包给具有相应资质的分包企业；分包企业按照分包合同的约定对总承包企业负责。工程总承包的具体方式、工作内容和责任等，由业主与工程总承包企业在合同中约定。"从这里可以看出，我国工程承包管理体制和计价方式改革都已经启动，是相辅相成、相互渗透的配套改革措施。实行工程量清单计价将会给我国工程总承包管理体制和总承包企业与工程项目管理企业的建立创造更有利的条件，并会起到积极的推动作用。

6. 实行工程量清单计价是融入全球大市场的需要

随着我国改革开放的进一步加快，中国经济日益融入全球市场，特别是我国加入WTO 后，行业壁垒下降，建设市场必将进一步对外开放。国外的企业以及投资的项目也会越来越多地进入中国国内市场，我国企业走出国门在海外投资和经营的项目也在增加。为了适应这种对外开放建设市场和与国际市场接轨的形势要求，推行工程量清单计价方式，将更有利于尽快与国际通行的计价方法相适应，为建设市场主体创造与国际惯例接轨的市场竞争条件和环境。随着我国建筑企业对工程量清单计价信息和经验的不断积累，仅需 5～10 年时间就能够充分适应国际工程承包的报价方式，进一步开拓国际工程承包市场，创造具有中国特色的工程总承包品牌，增强在国际工程承包市场中的竞争力，推动我国国际贸易、劳务和工程承包的全面进步与发展。

二、《建设工程工程量清单计价规范》(GB 50500—2013) 简介

为了适应我国社会主义市场经济发展的需要，规范建设工程工程量清单计价行为，统一建设工程的编制和计价方法，维护招标人和投标人的合法权益，中华人民共和国住房和城乡建设部与国家质量监督检验检疫总局联合发布了《建设工程工程量清单计价规范》（GB 50500—2013)（以下简称《计价规范》）。

1. 《计价规范》的内容组成

《计价规范》包括规范条文 16 章和 11 个附录：

（1）第一章为总则

总则共计 7 条，主要内容为本规范制定的目的、适用范围、工程量清单计价活动应遵循的基本原则、对计价人员要求等。

《计价规范》适用于建设工程发承包及实施阶段的计价活动，即涉及建设项目的工程量清单编制、招标控制价编制、投标报价编制、合同价款的约定、工程施工过程中工程计量、合同价款调整、合同价款期中支付、竣工结算与支付、合同解除的价款结算与支付、合同价款争议的解决、工程造价鉴定等活动。

《计价规范》明确规定，建设工程发承包及实施阶段的工程造价应由分部分项工程费、措施项目费、其他项目费、规费和税金组成。

《计价规范》明确规定，招标工程量清单、招标控制价、投标报价、工程计量、合同价款调整、合同价款结算与支付以及工程造价鉴定等工程造价文件的编制与核对，应由具有专业资格的工程造价人员承担。

（2）第二章为术语

术语共计52条，对本规范特有的术语给予定义或含义。

（3）第三章为一般规定

一般规定共计 19 条，主要内容为计价方式使用、发承包人提供材料和设备的规定以及计价风险分担的规定。

《计价规范》明确规定，使用国有资金投资的建设工程发承包，必须采用工程量清单计价，工程量清单应采用综合单价计价。

（4）第四章为工程量清单编制

工程量清单编制共包括 6 节 19 条，主要包括工程量清单编制的一般规定，分部分项工程量清单、措施项目清单、其他项目清单、规费清单和税金清单编制的规定。

（5）第五章～第十五章为工程量清单计价

规定了工程量清单计价从招标控制价编制、投标报价、合同价款约定到施工过程的工程计量、合同价款调整、合同价款期中支付、竣工结算与支付、合同解除的价款结算与支付、合同价款争议的解决、工程造价鉴定、工程计价资料与档案等全部内容。

（6）第十六章为工程计价表格

工程计价表格规定了工程量清单、招标控制价、投标报价、竣工结算、工程造价鉴定等各阶段使用的封面、表格的组成。

（7）附录

附录主要包括物价变化调整方法，工程量清单、招标控制价、投标报价、工程计量、合同价款期中支付、竣工结算、工程造价鉴定等各阶段计价文件编制使用的封面、表格的表样。

2. 《计价规范》的特点

（1）强制性

按《计价规范》的规定，全部使用国有资金或国有资金投资为主的大中型建设工程，都应执行工程量清单计价方法。同时，凡是在建设工程招标投标实行工程量清单计价的工程，都应遵守《计价规范》。

（2）统一性

工程量清单是招标文件的组成部分，招标人在编制工程量清单时必须做到五个统一，即统一编码、统一项目名称、统一项目特征、统一计量单位、统一工程量计算规则。

（3）实用性

《计价规范》中项目名称明确清晰，工程量计算规则简洁明了，特别是列有项目特征和工程内容，便于确定工程造价。

（4）竞争性

一是工程量清单中只有"措施项目"一栏，具体采取什么措施，由投标人根据施工组织设计及企业自身情况报价。二是工程量清单中人工、材料、机械没有具体的消耗量，也没有单价。投标人既可以依据企业的定额和市场价格信息，也可参照建设行政主管部门发布的社会平均消耗量定额（预算定额或概算定额等）进行报价。

（5）通用性

采用工程量清单计价能与国际惯例接轨，符合工程量计算方法标准化、工程量计算规则统一化、工程造价确定市场化的要求。

第二节　工程量清单编制

一、工程量清单的概述

1. 工程量清单的概念

所谓工程量清单是指建设工程的分部分项工程项目、措施项目、其他项目、税前项目、规费项目和税金项目的名称和相应数量等的明细清单。工程量清单是招标文件的组成部分，是招标人发出的一套注有拟建工程各实物工程名称、性质、特征、单位、数量及开办税费等相关表格组成的文件。

在建设工程发承包的不同阶段，还将工程量清单进一步具体化为"招标工程量清单""已标价的工程量清单"。

所谓招标工程量清单是指招标人依据国家标准、招标文件、设计文件以及施工现场实际情况编制的，随招标文件发布供投标报价的工程量清单，包括其说明和表格。

所谓已标价的工程量清单是指构成合同文件组成部分的投标文件中已标明价格，经算术性错误修正（如有）且承包人已确认的工程量清单，包括其说明和表格。

2. 工程量清单的作用

1）在招标投标阶段，工程量清单为投标人的投标竞争提供了一个平等和共同的基础。

工程量清单是由招标人编制的，将要求投标人完成的工程项目及其相应工程实体数量全部列出，为投标人提供拟建工程的基本内容、实体数量和质量要求等的基础信息。这样，在建设工程招标投标中，投标人的竞争活动就有了一个共同的基础，投标人机会均等。工程量清单使所有参加投标的投标人均是在拟完成相同的工程项目、相同的工程实体数量和质量要求的条件下进行公平竞争，每一个投标人所掌握的信息和受到的待遇是客观、公正和公平的。

2）工程量清单是建设工程计价的依据。

在招标投标过程中，招标人根据工程量清单编制招标控制价；投标人按照工程量清单所表述的内容，依据企业定额计算投标报价，自主填报工程清单所列项目的单价和合价。

3）工程量清单是工程付款和结算的依据。

发包人根据承包人完成工程量清单规定的内容以及投标时在工程量清单中所报的单价作为支付工程进度款和进行结算的依据。

4）工程量清单是调整工程量、进行工程索赔的依据。

在发生工程变更、索赔、增加新的工程项目时，可以选用或参照工程量清单中的分部分项工程或计价项目与合同单价来确定变更项目或索赔项目的单价和相关费用。

3. 各专业工程工程量计算规范（GB 50854～GB 50862—2013）简介

为了进一步适应建设市场计量、计价的需要，住房和城乡建设部组织对《建设工程工程量清单计价规范》（GB 50500—2008）进行了修订，将原规范中附录部分进行修订并单独成册，编制了各专业的计量规范，它们主要包括《房屋建筑与装饰工程工程量计算规范》（GB 50854—2013）、《仿古建筑工程工程量计算规范》（GB 50855—2013）、《通用安装工程工程量计算规范》（GB 50856—2013）、《市政工程工程量计算规范》（GB 50857—2013）、《园林绿化工程工程量计算规范》（GB 50858—2013）、《矿山工程工程量计算规范》（GB 50859—2013）、《构筑物工程工程量计算规范》（GB 50860—2013）、《城市轨道交通工程工程量计算规范》（GB 50861—2013）、《爆破工程工程量计算规范》（GB 50862—2013）。

本书主要介绍《房屋建筑与装饰工程工程量计算规范》（GB 50854—2013）（以下简称GB 50854—2013）的内容。

《房屋建筑与装饰工程工程量计算规范》（GB 50854—2013）的内容包括规范性条文共4章和17个附录。

（1）第一章为总则

总则共计4条，主要内容为本规范制定的目的、适用范围、工程量清单计价活动应遵循的基本原则等。

GB 50854—2013 明确规定：本规范适用于工业与民用的房屋建筑与装饰工程发承包及实施阶段计价活动的工程计量和工程量清单编制；房屋建筑与装饰工程计价，必须按本规范规定的工程量计算规则进行计量。

（2）第二章为术语

术语共计4条，对本规范特有的术语给予定义或含义。

（3）第三章为工程计量

工程计量共计6条，主要内容为工程量计算依据、计量单位、数据精度要求等规定。

GB 50854—2013 规定：规范附录中有两个或两个以上计量单位的，应结合拟建工程项目的实际情况，确定其中一个为计量单位。同一工程项目的计量单位应一致。

（4）第四章为工程量清单编制

工程量清单编制共包括 3 节 15 条，主要包括工程量清单编制的一般规定，分部分项工程量清单、措施项目清单编制的规定。

（5）附录

附录共 17 个，主要包括工业与民用的房屋建筑与装饰工程的清单项目及工程量计算规则。其中附录 A 为土石方工程；附录 B 为地基处理与边坡支护工程；附录 C 为桩基工程；附录 D 为砌筑工程；附录 E 为混凝土及钢筋混凝土工程；附录 F 为金属结构工程；附录 G 为木结构工程；附录 H 为门窗工程；附录 J 为屋面及防水工程；附录 K 为保温、隔热、防腐工程；附录 L 为楼地面装饰工程；附录 M 为墙、柱面装饰与隔断、幕墙工程；附录 N 为天棚工程；附录 P 为油漆、涂料、裱糊工程；附录 Q 为其他装饰工程；附录 R 为拆除工程；附录 S 为措施项目。

4. 招标工程量清单编制的相关规定

以广西壮族自治区为例，招标工程量清单编制应符合下列规定：

1）招标工程量清单应由具有编制能力的招标人或委托具有相应资质的造价咨询人编制。

2）招标工程量清单必须作为招标文件的组成部分，其准确性和完整性由招标人负责。

3）招标工程量清单应以单位（项）工程为单位编制，应由分部分项工程量清单、措施项目清单、其他项目清单、税前项目清单、规费项目清单、税金项目清单组成。

4）招标工程量清单的编制依据：

①《建设工程工程量清单计价规范》（GB 50500—2013）和广西壮族自治区计价规范细则；

②国家计量规范（GB 50854～50862—2013）及广西壮族自治区计量规范细则；

③自治区建设主管部门颁发的相关定额和计价规定；

④建设工程设计文件及相关资料；

⑤与建设项目有关的标准、规范、技术资料；

⑥拟定的招标文件；

⑦施工现场情况、地勘水文资料、工程特点及常规施工方案；

⑧其他相关资料。

二、工程量清单的编制步骤

（1）熟悉了解情况，做好准备工作

掌握工程量清单的编制要求后，要熟悉了解情况，做好准备工作，具体做法如下：

1）对省市有关规定、文件应掌握，如措施费、规费和其他项目清单。

2）对施工图纸、标准图集、地质勘察报告等资料要熟悉了解，并对施工现场做好踏勘、咨询工作。

3）做好有关计算方面的准备工作。

（2）进行工程量计算

工程量的计算主要依据计算规则，工程量的计算规则是对清单项目工程量计算的规定，除另有规定外，所有清单项目的工程量都是以实体工程量为准。所谓实体工程就是图示尺寸，不外加任何附加因素和条件。

（3）对分部分项工程量进行归类、排序、汇总

计算工程量后，应按计量规范的规定进行工程量汇总。在工程量汇总时，首先把工程本身的分部分项工程量清单与措施项目清单、其他项目清单以及税前项目清单整清楚后进行归类，再按规定要求进行排序、编码、汇总。对编码不足的部分可按规定进行补充。在汇总中尽量做到不出现重、漏、错工程量的现象。

（4）编制补充工程量清单

根据计量规范规定："编制工程量清单时，出现了各专业计量规范附录中未包括的项目，编制人应作相应补充，并应报省级或行业工程造价管理机构备案。"

（5）编制其他几个"清单"

编好分部分项工程项目清单后，应对"措施项目清单""其他项目清单"等进行填写。

这些项目清单的编制，除了工程正常需要发生的工作内容外（如措施项目清单中的安全文明施工费、脚手架、模板及支架等），还有一些属于根据工程特点需要列出的项目，如暂列金额、总承包服务费、计日工等，就需要造价人员和有关工程技术人员根据施工常识和经验研究确定。

（6）编写总说明

在完成上述工作后，编写总说明，以便将有关方面的问题、需要说明的共性问题阐述清楚。

（7）复核整理清单文件

这是编制工程量清单的最后一步，编制者必须反复核审校对，并应经严格校核定稿，不得有错误。工程量清单的编制程序如图 5-1 所示。

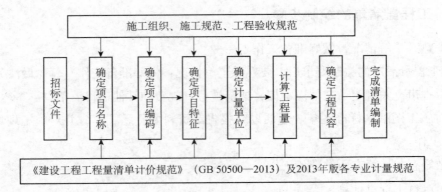

图 5-1　工程量清单编制程序

1. 分部分项工程量清单的编制

分部分项工程量清单应包括项目编码、项目名称、项目特征、计量单位和工程量。

分部分项工程量清单应根据附录规定的项目编码、项目名称、项目特征、计量单位和工程量计算规则进行编制。分部分项工程清单项目的设置，原则上是以形成工程实体为主，它是计量的前提。所谓实体是指形成生产或工艺作用的主要实体部分，对附属或次要部分不设置项目。编制人必须按计量规范的规定执行，不得因情况不同而变动。在设置清单项目时，以计量规范附录中的项目名称为主体，考虑该项目的规格、型号、材质等特征要求，结合拟建工程实际情况，在工程量清单中详细描述影响工程计价的内在因素。

分部分项工程量清单作为不可调整的闭口清单，在投标阶段，投标人对招标文件提供的分部分项清单必须逐一计价，对清单所列内容不允许任何更改。投标人如果认为清单内容不妥或遗漏，只能通过质疑的方式由清单编制人作统一的修改更正，并将修正后的工程量清单发往所有投标人。

（1）项目编码

计量规范规定：分部分项工程量清单的项目编码，一至九位应按附录的规定设置；十至十二位应根据拟建工程的工程量清单项目名称由工程量清单编制人设置，同一招标工程的项目编码不得有重码。

统一编码有助于统一和规范市场，方便用户查询和输入，同时也为网络的接口和资源共享奠定了基础。具体如下：

编码　××　　××　　××　　×××　　×××
级　　一　　二　　三　　四　　五

其中，

第一级（第一、二位）：表示专业工程代码，其中，01 表示建筑与装饰工程；02 表示仿古建筑工程；03 表示通用安装工程；04 表示市政工程；05 表示园林绿化工程；06 表示矿山工程；07 表示构筑物工程；08 表示城市轨道交通工程；09 表示爆破工程。

第二级（第三、四位）：表示附录分类顺序，为附录中的各章，如《房屋建筑与装饰工程工程量计算规范》（GB 50854—2013）中附录 A 土石方工程为 01，附录 B 为地基处理与边坡支护工程为 02，附录 B 为砌筑工程为 03，依次类推。

第三级（第五、六位）：表示附录中各章的节，为分部工程顺序码。

第四级（第七～九位）：表示分项工程顺序码。

第五级（第十～十二位）：具体的清单项目工程名称编码，主要区别同一分项工程具有不同特征的项目，由编制人设置。

工程量清单表中每一个项目有各自不同的编码，前九位规范已给定，编制工程量清单时按规范附录中的相应编码设置，不得变动。编码的后三位是具体的清单项目名称编码，由清单编制人根据实际情况设置。如同一规格、同一材质的项目，具有不同的特征时，应分别列项，此时前九位相同，后三位不同。如同一工程中有混凝土强度等级为 C20 和 C25 的两种矩形柱，规范规定矩形柱的编码为 010502001，编制人可将 C20 项目编码设为 010502001001，可将 C25 项目编码设为 010502001002。

对于规范附录中的缺项，由编制人自行补充，补充项目应填写在工程量清单相应分部分项工程之后。补充清单项目的编码由计量规范的专业代码 0X 与 B 和三位阿拉伯数字组成，并应从 0XB001 起顺序编制，同一招标工程的项目不得重码。

（2）项目名称

清单项目名称应按计量规范附录的项目名称结合拟建工程的实际确定。分项工程项目名称一般以实体项目命名，项目名称如有缺项，招标人可按相应的原则进行补充，并报当地工程造价管理部门备案。

分部分项工程量清单项目名称的设置，还应考虑几个因素：一是项目特征；二是实际情况；三是工程内容。

项目特征是用来描述清单项目的，通过对项目特征的描述，使清单项目名称清晰化、具体化、详细化，因此，项目特征是确定清单综合单价的重要依据，招标人编制工程量清单时，对项目特征的描述，是一项关键的环节，必须给予重视。清单项目的特征描述，应根据计量规范附录中有关项目的特征要求，结合技术规范、标准图集、施工图纸，按照工程结构、使用材质及规格或安装位置等，予以详细而准确的描述和说明。但由于种种原因，对于同一清单项目，由不同的编制人进行编制，对项目的特征也会有不同的描述，但无论如何描述项目特征时都应按以下原则进行：项目特征描述的内容按计量规范附录规定的内容，项目特征的表述按拟建工程的实际要求，以能满足确定综合单价的需要为前提。

对于工程内容，与项目特征有本质的区别，一般来说，"项目特征"描述的是工程实体的特征，体现该实体的构成要素，而"工程内容"表述的是形成工程实体的操作过程。

例如，计量规范在"实心砖墙"的"项目特征"及"工程内容"中均包含有勾缝，但两者的性质完全不同。"项目特征"栏的勾缝体现的是用什么材料勾缝，而"工程内容"栏的勾缝表述的是勾缝如何完成。因此，如果需要勾缝，就必须在项目特征中描述，而不能以工程内容中有而不描述，否则，将视为清单项目漏项。

例如，列出项目名称"实心砖墙"后，按计量规范"项目特征"栏的规定，就必须描述：

① 砖的品种：是烧结砖、页岩砖还是煤灰砖；砖的规格：是标准砖还是多孔砖，还应注明规格尺寸；砖的强度等级：是 MU7.5、MU10 还是 MU15。

② 墙体的厚度：是 1 砖墙，还是 1 砖半墙等。

③ 墙体的类型：是混水墙、双面清水墙还是单面清水墙等。

④ 砌筑砂浆的种类：是混合砂浆，还是水泥砂浆等。

⑤ 是否勾缝：是原浆勾缝，还是加浆勾缝；如果是加浆勾缝，还需注明砂浆配合比。

对于"实心砖墙"项目中"工程内容"中的"砂浆制作、运输、砌砖、勾缝、砖压顶砌筑、材料运输"则不需要描述。因为发包人不描述这些工程内容，承包人也必然要操作这些工序，才能完成最终验收的砖砌体。

（3）计量单位

分部分项工程量清单的计量单位，应按附录中规定的计量单位确定。如 "t" "m³" "m²" "m" "kg" 或 "项" "个" 等。在计量规范中还设有多个计量单位的情况，如混凝土桩工程的计量单位为 "m/根" "个/m"。实际工作中，可根据工程实际，选择适宜的、最方便计量的单位来表示。规范中的计量单位均为基本计量单位，不使用扩大的计量单位。同时计量规范指出计算工程量的有效位数应遵守下列规定：

① 以 "t" 为单位，应保留小数点后三位数字，第四位小数四舍五入。

② 以 "m" "m²" "m³" "kg" 为单位，应保留小数点后两位数字，第三位小数四舍五入。

③ 以 "个" "件" "根" "组" "系统" 为单位，应取整数。

（4）工程数量

工程量清单中的工程数量应按附录中规定的工程量计算规则计算。

计量规范的工程量计算规则与消耗定额的工程量计算规则有着原则上的区别：计量规范的计量原则上是以实体安装就位的净尺寸计算，这与国际通用做法一致；而消耗量定额的工程量计算是在净值的基础上，加上施工操作规定的预留量，这个量随施工方法、措施不同而变化。因此，清单项目的工程量计算应严格执行规范规定的工程量计算规则，不能同消耗量定额的工程量计算规则混淆。

2. 措施项目清单的编制

措施项目是为完成工程项目施工，发生于该工程施工前和施工过程中技术、生活、安全环境保护等方面的项目。在广西壮族自治区，根据措施项目费用的计算特点划分为单价措施和总价措施两类，两者又可分为通用项目和专业项目。

通用项目是指各专业工程的"措施项目清单"中均可列的措施项目。按《建设工程工程量计算规范（GB 50854～50864—2013）广西壮族自治区实施细则》规定，通用措施项目可按表 5-1 选择列项。

表 5-1　通用措施项目一览表

序　号	项目名称
	单价措施项目
1	大型机械设备进出场及安拆费
2	施工排水、降水费
3	二次搬运费
4	已完工程及设备保护费
5	夜间增加费
	总价措施项目
1	安全文明施工费
2	检验试验配合费
3	雨季施工增加费
4	工程定位复测费
5	暗室施工增加费
6	交叉施工补贴
7	特殊保健费
8	优良工程增加费
9	提前竣工增加费

专业措施项目应按《建设工程工程量计算规范（GB 50854～50864—2013）广西壮族自治区实施细则》中所列各专业工程中的措施项目并根据工程实际进行选择列项目，若出现规范未列的项目，可根据工程实际情况补充。以建筑装饰装修工程专业为例，专业措施项目可按表 5-2 选择列项。

表 5-2　建筑装饰装修工程措施项目一览表

序　号	项目名称
	单价措施项目
1	脚手架工程费
2	混凝土、钢筋混凝土模板及支架费
3	垂直运输机械费
4	混凝土运输及泵送费
5	建筑物超高加压水泵费

措施项目中凡能计算出工程量的项目均应列入单价措施项目中，典型的是混凝土浇筑

的模板工程、脚手架工程等，与完成的工程实体具有直接关系，并且是可以精确计算工程量的项目，宜用分部分项工程量清单的方式编制，要求列出项目编码、项目名称、项目特征、计量单位和工程量计算规则，编制工程量清单时，应按《建设工程工程量计算规范（GB 50854~50864—2013）广西壮族自治区实施细则》和各专业国家计量规范分部分项工程的规定执行。

对于不能计算工程量的措施项目，其费用的发生和金额的大小与使用时间、施工方法或者两个以上工序相关，与实际完成的实体工程量的多少关系不大，应列入总价措施项目中，典型的总价措施项目是安全文明施工费、检验试验配合费等。根据《建设工程工程量计算规范（GB 50854~50864—2013）广西壮族自治区实施细则》和各专业国家计量规范规定，总价措施项目仅列出项目编码、项目名称，未列出项目特征、计量单位和工程量计算规则，编制工程量清单时，应按《建设工程工程量计算规范（GB 50854~50864—2013）广西壮族自治区实施细则》和各专业国家计量规范附录措施项目规定的项目编码、项目名称确定。

3. 其他项目清单的编制

其他项目清单是指因招标人特殊要求而发生的与拟建工程有关的其他费用项目和相应数量的清单。其他项目清单应根据拟建工程的具体情况，按照下列内容列项：

（1）暂列金额

由于工程建设自身的规定，在工程实施中，可能有设计变更、业主要求的变更及其他诸多不确定性因素。这将导致合同价格调整，暂列金额正是顺应这类价格调整而设立的，以便合理确定工程造价的控制目标。

中标人只有按合同约定程序，实际发生了暂列金额所包含的工作，才能将得到的相应金额纳入合同结算价中。扣除实际发生金额后的暂列金额仍属于招标人所有。

（2）暂估价

暂估价包括材料暂估价、专业工程暂估价。

一般而言，为方便合同管理，需要纳入分部分项工程量清单项目综合单价中的暂估价应只是材料费，以方便投标人组价。专业工程的暂估价一般应是综合暂估价，应当包括除税金以外的全部费用。总承包招标时，专业工程设计深度往往是不够的，一般由专业承包人负责设计，以发挥其专业技能和专业施工经验的优势。如桩基础工程和玻璃幕墙工程即为常见的专业分包工程。公开透明地合理确定这类暂估价的实际开支金额的最佳途径就是通过建设项目招标人与施工总承包人共同组织招标。

（3）计日工

计日工是为了解决现场发生的零星工作的计价而设立的。计日工应列出项目名称、计量单位和暂估数量。为了获得合理的计日工单价，计日工表中一定要尽可能把项目列全，应给出一个比较贴近实际的暂定数量。

4. 总承包服务费

总承包服务费是为了解决招标人在法律、法规允许的条件下进行专业工程发包以及自行采购供应材料、设备时，要求总承包人对发包的专业工程提供协调和配合服务；对供应的材料、设备提供收、发和保管服务以及对施工现场进行统一管理；对竣工资料进行统一汇总整理等发生并向总承包人支付的费用。编制工程量清单时，招标人应列出总承包服务费需服务项目及其内容等。

5. 税前项目清单的编制

税前项目清单由招标人根据拟建工程特点进行列项，应载明项目编码、项目名称、项目特征、计量单位和工程量。

6. 规费清单的编制

根据建标〔2013〕第 44 号文及桂建标〔2016〕17 号文的规定，广西壮族自治区目前应列计的规费项目包括：社会保险费、住房公积金、工程排污费，其中社会保险费包含养老保险费、医疗保险费、失业保险费、工伤保险费和生育保险费。

7. 税金项目清单编制

根据建标〔2013〕第 44 号文、财税〔2016〕36 号文、建标办〔2016〕4 号文及桂建标〔2016〕17 号文等的规定，广西壮族自治区目前应列计的税金项目分两种情况：一是采用简易计税法时，税金项目包括增值税、城市维护建设税、教育费附加、地方教育附加费、水利建设基金。二是采用一般计税法时，税金项目为增值税。

三、工程量清单的表格格式

根据《〈建设工程工程量清单计价规范〉（GB 50500—2013）广西壮族自治区实施细则》规定，工程量清单采用统一的表格格式。

1. 工程量清单的主要表格组成

表 1　工程量清单封面
表 2　工程量清单扉页
表 3　总说明
表 4　建设项目招标控制价/投标报价汇总表
表 5　单项工程招标控制价/投标报价汇总表
表 6（a）　单位工程招标控制价/投标报价汇总表（适用于一般计税法）
表 6（b）　单位工程招标控制价/投标报价汇总表（适用于简易计税法）
表 7　分部分项工程和单价措施项目清单与计价表
表 8　总价措施项目清单与计价表

表 9　其他项目清单与计价汇总表

表 9.1　暂列金额明细表

表 9.2　材料（工程设备）暂估单价及调整表

表 9.3　专业工程暂估价及结算表

表 9.4　计日工表

表 9.5　总承包服务费计价表

表 10　税前项目清单与计价表

表 11（a）　规费、增值税项目清单与计价表（适用于一般计税法）

表 11（b）　规费、税金项目清单与计价表（适用于简易计税法）

表 12　发包人提供主要材料和工程设备一览表

表 13　承包人提供主要材料和工程设备一览表（适用于造价信息差额调整法）或表 14 承包人提供主要材料和工程设备一览表（适用于价格指数差额调整法）

2. 工程量清单表格实例

表 1　封面

_____工程

招标工程量清单

招标人：_____

（单位盖章）

造价咨询人：_____

（单位盖章）

年　月　日

表 2　扉页

_____工程

招标工程量清单

招　标　人：_____　　　　工程造价咨询人：_____

（单位盖章）　　　　　　　　　　　（单位资质专用章）

法定代表人　　　　　　　　　　　　法定代表人

或其授权人：_____　　　　或其授权人：_____

（签字或盖章）　　　　　　　　　　（签字或盖章）

编　制　人：_____　　　　复　核　人：_____

（造价人员签字盖专用章）　　　　　（造价工程师签字盖专用章）

编制时间：　年　月　日　　　　　　复核时间：　年　月　日

表3 总说明

工程名称：

表4 建设项目招标控制价/投标报价汇总表

工程名称：

序号	单项工程名称	金额/元	其中		
			暂估价/元	安全文明施工费	建安劳保费
	招标控制价/投标报价合计				

表5 单项工程招标控制价/投标报价汇总表

工程名称：

序号	单位工程名称	金额/元	其中		
			暂估价/元	安全文明施工费	建安劳保费
	招标控制价/投标报价合计				

表6（a） 单位工程招标控制价/投标报价汇总表（适用于一般计税法）

工程名称：

序号	费用内容	金额/元	备注
1	分部分项工程和单价措施项目费用计价合计		
1.1	其中：暂估价		
2	总价措施项目费用计价合计		
2.1	其中：安全文明施工费		
3	其他项目费用计价合计		
4	税前项目费用计价合计		
5	规费		
6	增值税		
7	工程总造价=1+2+3+4+5+6		

表6（b）　单位工程招标控制价/投标报价汇总表（适用于简易计税法）

工程名称：　　　　　　　　　　　　　　　　　　　　　　　　　　　第　页共　页

序号	费用内容	金额/元	备注
1	分部分项工程和单价措施项目费用计价合计		
1.1	其中：暂估价		
2	总价措施项目费用计价合计		
2.1	其中：安全文明施工费		
3	其他项目费用计价合计		
4	税前项目费用计价合计		
5	规费、税金计价合计		
5.1	其中：增值税		
6	工程总造价=1+2+3+4+5		

表7　分部分项工程和单价措施项目清单与计价表

工程名称：　　　　　　　　　　　　　　　　　　　　　　　　　　　第　页共　页

序号	项目编号	项目名称及项目特征描述	计量单位	工程量	金额/元		其中：暂估价
					综合单价	合价	
		合计					
		∑人工费					
		∑材料费					
		∑机械费					
		∑管理费					
		∑利润					

表8　总价措施项目清单与计价表

工程名称：　　　　　　　　　　　　　　　　　　　　　　　　　　　第　页共　页

序号	项目名称	计算基础	费率/%或标准	金额/元	备注
1	安全文明施工费				
2	检验试验配合费				
3	雨季施工增加费				
4	工程定位复测费				
5	暗室施工增加费				
6	交叉施工补贴				
7	特殊保健费				
8	优良工程增加费				

（续表）

序号	项目名称	计算基础	费率/%或标准	金额/元	备注
9	提前竣工增加费				
10	其他				
	合计				

注：以项计算的总价措施，无"计算基础"和"费率"的数值，可只填"金额"数值，但应在备注栏说明施工方案出处或计算方法。

表 9　其他项目清单与计价汇总表

工程名称：　　　　　　　　　　　　　　　　　　　　　　　第　页共　页

序号	项目名称	金额/元	备注
1	暂列金额		明细详见：9.1
2	材料暂估价	—	明细详见：9.2
3	专业工程暂估价		明细详见：9.3
4	计日工		明细详见：9.4
5	总承包服务费		明细详见：9.5
	合计		

注：材料暂估价进入清单项目综合单价，此处不汇总。

表 9.1　暂列金额明细表

工程名称：　　　　　　　　　　　　　　　　　　　　　　　第　页共　页

序号	项目名称	计量单位	暂定金额/元	备注
	合计			

注：此表由招标人填写，如不能详列，也可只列暂定金额总额，投标人应将上述暂列金额计入总价中。

表 9.2　材料（工程设备）暂估单价及调整表

工程名称：　　　　　　　　　　　　　　　　　　　　　　　第　页共　页

序号	材料名称、规格、型号	计量单位	数量		暂估价/元		确认/元		差额±/元		备注
			暂估	确认	单价	合价	单价	合价	单价	合价	
	合计										
	其中：甲供材										

注：此表由招标人填写"暂估单价"，投标人应将上述材料、工程设备暂估价计入工程量清单综合单价报价中。如为甲供材需在备注中说明"甲供材"。

表 9.3 专业工程暂估价及结算表

工程名称： 　　　　　　　　　　　　　　　　　　　　　　第　页共　页

序号	工程名称	工程内容	暂定金额/元	结算金额/元	备注
	合计				

注：此表"暂定金额"由招标人填写，投标人应将"暂估金额"计入投标总价中。结算时按合同约定结算金额填写。

表 9.4 计日工表

工程名称： 　　　　　　　　　　　　　　　　　　　　　　第　页共　页

序号	项目名称	单位	暂定数量	综合单价/元	合价/元
一	人工				
1					
2					
二	材料				
1					
2					
三	施工机械				
1					
2					
	总计				

注：1. 此表项目名称、暂定数量由招标人填写，编制招标控制价时，单价由招标人按有关计价规定确定。

2. 投标时，单价由投标人自主报价，按暂定数量计算合价计入投标总价中。

3. 计日工单价包含除税金以外所有费用。

表 9.5 总承包服务费计价表

工程名称： 　　　　　　　　　　　　　　　　　　　　　　第　页共　页

序号	项目名称	计算基础/元	服务内容	费率/%	金额/元
1	发包人发包专业工程				
2	发包人提供材料				

（续表）

序号	项目名称	计算基础/元	服务内容	费率/%	金额/元
	合计				

注：此表项目名称、服务内容由招标人填写，编制招标控制价时，费率及金额由招标人按有关规定确定；投标时，费率及金额由投标人自主报价，计入投标总价中。此表项目价值在结算时，计算基础按实计取。

表 10　税前项目清单与计价表

工程名称：　　　　　　　　　　　　　　　　　　　　　　　　　　　　　　第　页共　页

序号	项目编号	项目名称及项目特征描述	计量单位	工程量	金额/元	
					单价	合价
			合计			

注：1. 税前项目包含除增值税之外的所有费用（适用于一般计税法）。
　　2. 税前项目包含除税金之外的所有费用（适用于简易计税法）。

表 11（a）　规费、增值税项目清单与计价表（适用于一般计税法）

工程名称：　　　　　　　　　　　　　　　　　　　　　　　　　　　　　　第　页共　页

序号	项目名称	计算基础	费率/%	金额/元
1	规费			
1.1	社会保险费			
1.1.1	养老保险费			
1.1.2	失业保险费			
1.1.3	医疗保险费			
1.1.4	生育保险费			
1.1.5	工伤保险费			
1.2	住房公积金			
1.3	工程排污费			
2	增值税			
3	合计			

表 11（b） 规费、税金项目清单与计价表（适用于简易计税法）

工程名称：   第　页共　页

序号	项目名称	计算基础	费率/%	金额/元
1	规费			
1.1	社会保险费			
1.1.1	养老保险费			
1.1.2	失业保险费			
1.1.3	医疗保险费			
1.1.4	生育保险费			
1.1.5	工伤保险费			
1.2	住房公积金			
1.3	工程排污费			
2	税金			
3	合计			

表 12　发包人提供主要材料和工程设备一览表

工程名称：   编号：

序号	材料（工程设备）名称、规格、型号	单位	数量	单价/元	发货方式	送达地点	备注
	合计						

注：此表由招标人填写，供投标人在投标报价、确定总承包服务费时参考。

表 13　承包人提供主要材料和工程设备一览表

（适用于造价信息差额调整法）

工程名称：   编号：

序号	名称、规格、型号	单位	数量	风险系数/%	基准单价/元	投标单价/元	确认单价/元	价差/元	合计差价/元
	合计								

注：1. 此表由招标人填写除"投标单价"栏的内容，投标人在投标时自主确定投标单价。

　　2. 招标人应优先采用工程造价管理机构发布的单价作为基准单价，未发布的，通过市场调查确定其基准单价。

表 14 承包人提供主要材料和工程设备一览表

（适用于价格指数差额调整法）

工程名称：

编号：

序号	名称、规格、型号	变值权重 B	基本价格指数 F_0	现行价格指数 F_1	备注
	定值权重 A		—	—	—
	合计	1	—	—	—

注：1. 此表"名称、规格、型号""基本价格指数"栏由招标人填写，基本价格指数应首先采用工程造价管理机构发布的价格指数，没有时，可采用发布价格代替。如人工、机械费也可采用本法调整，由招标人在"名称"栏填写。
2. "变值权重"栏由招标人根据项目人工、机械费和材料、工程设备价值在投标总报价中所占的比例填写，1 减去其比例为定值权重。
3. "现行价格指数"按约定的付款证书相关周期最后一天的前 42 天的各项目价格指数填写，该指数应首先采用工程造价管理机构发布的价格指数，没有时，可采用发布的价格代替。

第三节 工程量清单计价编制

工程量清单计价是指，依据工程量清单招标人编制招标控制价；投标人编制投标报价；承发包双方确定工程合同价款；施工过程办理工程价款支付、合同价款调整、工程竣工结算、工程计价争议处理及工程造价鉴定等活动。

《〈建设工程工程量清单计价规范〉（GB 50500—2013）广西壮族自治区实施细则》明确规定：建设工程承发包及实施阶段的工程造价由分部分项工程费、措施项目费、其他项目费、规费、税前项目费和税金组成。工程量清单采用综合单价计价。

综合单价是指完成一个规定清单项目所需的人工费、材料和工程设备费、施工机械使用费、企业管理费、利润以及一定范围内的风险费用。

一、工程量清单计价的依据

工程量清单计价活动中，由于编制人不同，编制计价文件的作用不同，编制依据也各有区别，计价活动的编制人、编制依据如图 5-2 所示。

下面以广西壮族自治区为例，介绍招标控制价、投标报价的编制依据。

1. 招标控制价的编制依据

所谓招标控制价是指招标人根据国家或省级、行业建设主管部门颁发的有关计价依据和办法，以及拟定的招标文件和招标工程量清单，结合工程具体情况编制的招标工程的最高限价。

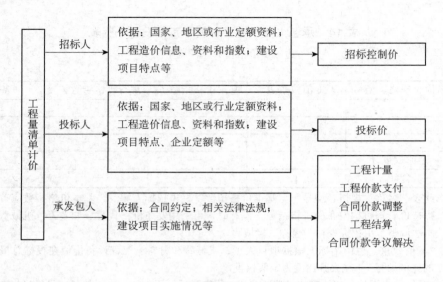

图 5-2　工程量清单计价的应用

《计价规范》明确规定：国有资金投资的建设工程招标，必须编制招标控制价。投标人的投标报价高于招标控制价的，其投标应予以废标。

招标控制价应由具有编制能力的招标人或受其委托具有相应资质的工程造价咨询人编制和复核。

招标控制价应根据下列依据编制：

（1）《〈建设工程工程量清单计价规范〉（GB 50500—2013）广西壮族自治区实施细则》；

（2）自治区建设主管部门颁发的计价定额及有关规定；

（3）建设工程设计文件及相关资料；

（4）拟定招标文件及招标工程量清单；

（5）与建设项目相关的标准、规范、技术资料；

（6）建设工程造价管理机构发布的工程造价信息，工程造价信息没有发布的参照市场价；

（7）施工现场情况、工程特点及常规施工方案；

（8）其他的相关资料。

2. 投标价的编制依据

投标价是指投标人投标时报出的工程造价。

投标价由投标人自主确定，但不得低于工程成本。投标价应由投标人或受其委托具有相应资质的工程造价咨询人编制。不能进行投标总价优惠（或降价、让利），投标人对投标价的任何优惠（或降价、让利）均应反映在相应清单项目的综合单价中，不得出现任意一项单价重大让利，低于成本报价。投标人不得以自有机械闲置、自有材料等不计成本为由进行投标报价。

《计价规范》明确规定：投标人必须按招标工程量清单填报价格。项目编码、项目名称、项目特征、计量单位、工程量必须与招标工程量清单一致。投标人不得对招标工程量清单项目进行增减调整。

投标报价应根据下列依据编制：

（1）《〈建设工程工程量清单计价规范〉（GB 50500—2013）广西壮族自治区实施细则》；

（2）国家建设主管部门颁发的计价办法；

（3）企业定额，自治区建设行政主管部门颁发的计价定额及有关规定；

（4）招标文件、招标工程量清单及其补充通知、答疑纪要；

（5）建设工程设计文件及相关资料；

（6）施工现场情况、工程特点及投标时拟定的施工组织设计或施工方案；

（7）与建设项目相关的标准、规范等技术资料；

（8）市场价格信息或工程造价管理机构发布的工程造价信息；

（9）其他的相关资料。

二、工程量清单计价的程序

1. 工程量清单计价的编制流程

工程量清单计价的编制流程，如图 5-3 所示。

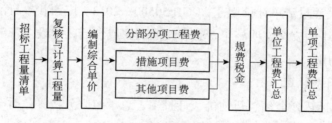

图 5-3　工程量清单计价编制流程

2. 工程量清单计价的方法

（1）分部分项工程及单价措施项目费计算

1）工程量复核。工程量复核包括项目的复核和工程量的复核。

①项目复核。包括：分部分项工程量清单，措施项目清单，其他项目清单所列的项目。

②工程量、项目特征复核。投标人在工程量清单计价时如发现招标人提供的工程量清单中的项目、工程量与有关施工的设计图纸计算的项目、工程量差异较大时，应向招标人提出，招标人应在招标文件要求提交投标文件截止时间至少 15 日前进行澄清。但投标

人不得擅自调整工程量清单。

2）综合单价的计算。工程量清单计价应采用综合单价计价。

综合单价包括人工费、材料费、机械费、管理费、利润及一定的风险因素，确定综合单价按如下方法进行：

① 人、材、机消耗量确定。编制招标控制价时，人、材、机的消耗量可按地区消耗量定额规定确定。编制投标价时，可以按反映企业水平的企业定额或参照地区消耗量定额确定。

② 人、材、机价格确定。根据工程项目的具体情况，考虑市场资源的供求状况，进行市场调查和市场询价，采用市场价格作为参考，考虑一定的调价系数，确定人工工资单价、材料单价和施工机械台班单价。编制招标控制价时一般是采用当时当地造价主管部门发布的最新造价信息、造价文件确定。

③ 计算清单项目分项工程的工料机费。按确定的分项工程人工费、材料和机械消耗量及材料单价、施工机械台班单价，计算出对应分项工程单位数量的人工费、材料费和机械费。

④ 计算综合单价。按照现行标准，用一定的计算基础乘以相应费率计算分项工程项目的管理费和利润，分析合同及工程实际，考虑一定的风险费用，汇总成分项工程项目的综合单价。

（2）总价措施项目费计算

总价措施项目费按地区现行有关计价定额规定，以一定的计算基础乘以相应的费率计算。对于广西壮族自治区而言，总价措施项目费的计算方法详见第三章论述。

《〈建设工程工程量清单计价规范〉（GB 50500—2013）广西壮族自治区实施细则》明确规定：措施项目中的安全文明施工费必须按照国家或自治区建设主管部门的规定计算，不得作为竞争性费用。

（3）其他项目费计算

其他项目费包括暂列金额、暂估价、计日工、总承包服务费等。对于广西壮族自治区而言，其他项目费的计算方法详见第三章论述。

（4）规费和税金

对于广西壮族自治区而言，规费和税金的内容及计算方法详见第三章论述。

《〈建设工程工程量清单计价规范〉（GB 50500—2013）广西壮族自治区实施细则》明确规定：规费和税金必须按国家或自治区建设主管部门的规定计算，不得作为竞争性费用。

（5）工程造价的计算

1）分部分项工程及单价措施项目费，计算公式为

分部分项工程及单价措施项目费=
∑分部分项工程及单价措施项目工程量×相应综合单价

2）总价措施项目费，计算公式为

$$总价措施项目费=\sum 各单项总价措施项目费$$

3）其他项目费，按工程实际及有关规定计算。

4）单位工程费，按下式计算：

单位工程费=分部分项工程费+措施项目费+其他项目费+税前项目费+规费+税金

5）单项工程费，按下式计算：

$$单项工程费=\sum 单位工程费$$

6）工程项目总造价，按下式计算：

$$工程项目总造价=\sum 单项工程费$$

三、工程量清单计价的表格格式

按照《〈建设工程工程量清单计价规范〉（GB 50500—2013）广西壮族自治区实施细则》的规定，工程量清单计价应采用统一格式。下面介绍招标控制价、投标价的表格组成。

1. 招标控制价表格的组成

（1）表格组成

表1　招标控制价封面

表2　招标控制价扉页

表3　总说明

表4　建设项目招标控制价汇总表

表5　单项工程招标控制价汇总表

表6（a）　单位工程招标控制价汇总表（适用于一般计税法）

表6（b）　单位工程招标控制价汇总表（适用于简易计税法）

表7　分部分项工程和单价措施项目清单与计价表

表8　工程量清单综合单价分析表

表9　总价措施项目清单与计价表

表10　其他项目清单与计价汇总表

表10.1　暂列金额明细表

表10.2　材料（工程设备）暂估价及调整表

表10.3　专业工程暂估价及结算价表

表10.4　计日工表

表10.5　总承包服务费计价表

表 11 税前项目清单与计价表

表 12（a） 规费、增值税项目清单与计价表（适用于一般计税法）

表 12（b） 规费、税金项目清单与计价表（适用于简易计税法）

表 13 承包人提供材料和工程设备一览表（适用于造价信息差额调整法）或

表 14 承包人提供主要材料和工程设备一览表（适用于价格指数差额调整法）

（2）表格实例

表 1 封面

_____工程

招标控制价

招 标 人：_____

（单位盖章）

造价咨询人：_____

（单位盖章）

年 月 日

表 2 扉页

_____工程

招标控制价

招标控制价（小写）：_____

（大写）：_____

招 标 人：_____ 造价咨询人：_____

（单位盖章） （单位资质专用章）

法定代表人 法定代表人

或其授权人：_____ 或其授权人：_____

（签字或盖章） （签字或盖章）

编 制 人：_____ 复 核 人：_____

（造价人员签字盖专用章） （造价工程师签字盖专用章）

编制时间： 年 月 日 复核时间： 年 月 日

表3 总说明

工程名称： 第 页共 页

表4 建设项目招标控制价汇总表

工程名称： 第 页共 页

序号	单项工程名称	金额/元	其中	
			暂估价/元	安全文明施工费
	招标控制价合计			

表5 单项工程招标控制价汇总表

工程名称： 第 页共 页

序号	单位工程名称	金额/元	其中	
			暂估价/元	安全文明施工费
	招标控制价合计			

表6（a） 单位工程招标控制价汇总表（适用于一般计税法）

工程名称： 第 页共 页

序号	费用内容	金额/元	备注
1	分部分项工程和单价措施项目费用计价合计		
1.1	其中：暂估价		
2	总价措施项目费用计价合计		
2.1	其中：安全文明施工费		
3	其他项目费用计价合计		
4	税前项目费用计价合计		
5	规费		
6	增值税		
7	工程总造价=1+2+3+4+5+6		

表 6（b） 单位工程招标控制价汇总表（适用于简易计税法）

工程名称：　　　　　　　　　　　　　　　　　　　　　　　　　第　页共　页

序号	费用内容	金额/元	备注
1	分部分项工程和单价措施项目费用计价合计		
1.1	其中：暂估价		
2	总价措施项目费用计价合计		
2.1	其中：安全文明施工费		
3	其他项目费用计价合计		
4	税前项目费用计价合计		
5	规费、税金计价合计		
5.1	其中：增值税		
6	工程总造价=1+2+3+4+5		

表 7 分部分项工程和单价措施项目清单与计价表

工程名称：　　　　　　　　　　　　　　　　　　　　　　　　　第　页共　页

序号	项目编号	项目名称及项目特征描述	计量单位	工程量	金额/元		
					综合单价	合价	其中：暂估价
		合计					
		∑人工费					
		∑材料费					
		∑机械费					
		∑管理费					
		∑利润					

表 8 工程量清单综合单价分析表

工程名称：　　　　　　　　　　　　　　　　　　　　　　　　　第　页共　页

序号	项目编号	项目名称及项目特征描述	单位	工程量	综合单价/元	综合单价分析					
						人工费	材料费	机械费	管理费	利润	其中：暂估价

表9　总价措施项目清单与计价表

工程名称：　　　　　　　　　　　　　　　　　　　　　　　　　　　　　第　　页共　　页

序号	项目名称	计算基础	费率/%	金额/元	备注
1	安全文明施工费				
2	检验试验配合费				
3	雨季施工增加费				
4	工程定位复测费				
5	暗室施工增加费				
6	交叉施工补贴				
7	特殊保健费				
8	优良工程增加费				
9	提前竣工增加费				
10	其他				
	合计				

注：以项计算的总价措施，无"计算基础"和"费率"的数值，可只填"金额"数值，但应在备注栏说明施工方案出处或计算方法。

表10　其他项目清单与计价汇总表

工程名称：　　　　　　　　　　　　　　　　　　　　　　　　　　　　　第　　页共　　页

序号	项目名称	金额/元	备注
1	暂列金额		明细详见：9.1
2	材料暂估价	—	明细详见：9.2
3	专业工程暂估价		明细详见：9.3
4	计日工		明细详见：9.4
5	总承包服务费		明细详见：9.5
	合计		

注：材料暂估价进入清单项目综合单价，此处不汇总。

表10.1　暂列金额明细表

工程名称：　　　　　　　　　　　　　　　　　　　　　　　　　　　　　第　　页共　　页

序号	项目名称	计量单位	暂定金额/元	备注
1				
2				
3				
4				
5				
	合计			—

注：此表由招标人填写，如不能详列，也可只列暂定金额总额，投标人应将上述暂列金额计入总价中。

表 10.2 材料（工程设备）暂估单价及调整表

工程名称：   第　页共　页

序号	材料名称、规格、型号	计量单位	数量		暂估价/元		确认/元		差额±/元		备注
			暂估	确认	单价	合价	单价	合价	单价	合价	
	合计										
	其中：甲供材										

注：此表由招标人填写"暂估单价"，投标人应将上述材料、工程设备暂估价计入工程量清单综合单价报价中。如为甲供材需在备注中说明"甲供材"。

表 10.3 专业工程暂估价及结算表

工程名称：   第　页共　页

序号	工程名称	工程内容	暂定金额/元	结算金额/元	备注
	合计				

注：此表"暂定金额"由招标人填写，投标人应将"暂估金额"计入投标总价中。结算时按合同约定结算金额填写。

表 10.4 计日工表

工程名称：   第　页共　页

序号	项目名称	单位	暂定数量	综合单价/元	合价/元
一	人工				
1					
2					
二	材料				
1					
2					
三	施工机械				
1					

（续表）

序号	项目名称	单位	暂定数量	综合单价/元	合价/元
2					
	总计				

注：1. 此表项目名称、暂定数量由招标人填写，编制招标控制价时，单价由招标人按有关计价规定确定。

　　2. 投标时，单价由投标人自主报价，按暂定数量计算合价计入投标总价中。

　　3. 计日工单价包含除税金以外所有费用。

表 10.5　总承包服务费计价表

工程名称：　　　　　　　　　　　　　　　　　　　　　　　　　　　　第　页共　页

序号	项目名称	计算基础/元	服务内容	费率/%	金额/元
1	发包人发包专业工程				
2	发包人提供材料				
	合计				

注：此表项目名称、服务内容由招标人填写，编制招标控制价时，费率及金额由招标人按有关规定确定；投标时，费率及金额由投标人自主报价，计入投标总价中。此表项目价值在结算时，计算基础按实计取。

表 11　税前项目清单与计价表

工程名称：　　　　　　　　　　　　　　　　　　　　　　　　　　　　第　页共　页

序号	项目编号	项目名称及项目特征描述	计量单位	工程量	金额/元	
					单价	合价
		合计				

注：1. 税前项目包含除增值税之外的所有费用（适应于一般计税法）。

　　2. 税前项目包含除税金之外的所有费用（适应于简易计税法）。

表 12（a）　规费、增值税项目清单与计价表（适用于一般计税法）

工程名称：　　　　　　　　　　　　　　　　　　　　　　　　　　第　页共　页

序号	项目名称	计算基础	费率/%	金额/元
1	规费			
1.1	社会保险费			
1.1.1	养老保险费			
1.1.2	失业保险费			
1.1.3	医疗保险费			
1.1.4	生育保险费			
1.1.5	工伤保险费			
1.2	住房公积金			
1.3	工程排污费			
2	增值税			
	合计			

表 12（b）　规费、税金项目清单与计价表（适用于简易计税法）

工程名称：　　　　　　　　　　　　　　　　　　　　　　　　　　第　页共　页

序号	项目名称	计算基础	费率/%	金额/元
1	规费			
1.1	社会保险费			
1.1.1	养老保险费			
1.1.2	失业保险费			
1.1.3	医疗保险费			
1.1.4	生育保险费			
1.1.5	工伤保险费			
1.2	住房公积金			
1.3	工程排污费			
2	税金			
	合计			

表 13　承包人提供主要材料和工程设备一览表

（适用于造价信息差额调整法）

工程名称：　　　　　　　　　　　　　　　　　　　　　　　　　　编号：

序号	名称、规格、型号	单位	数量	风险系数/%	基准单价/元	投标单价/元	确认单价/元	价差/元	合计差价/元
	合计								

注：1. 此表由招标人填写除"投标单价"栏的内容，投标人在投标时自主确定投标单价。

　　2. 招标人应优先采用工程造价管理机构发布的单价作为基准单价，未发布的，通过市场调查确定其基准单价。

表 14 承包人提供主要材料和工程设备一览表

（适用于价格指数差额调整法）

工程名称：　　　　　　　　　　　　　　　　　　　　　　　　　　　　　　编号：

序号	名称、规格、型号	变值权重 B	基本价格指数 F_0	现行价格指数 F_1	备注
	定值权重 A		—	—	—
	合计	1	—	—	—

注：1. 此表"名称、规格、型号""基本价格指数"栏由招标人填写，基本价格指数应首先采用工程造价管理机构发布的价格指数，没有时，可采用发布价格代替。如人工、机械费也可采用本法调整，由招标人在"名称"栏填写。

2. "变值权重"栏由招标人根据项目人工、机械费和材料、工程设备价值在投标总报价中所占的比例填写，1 减去其比例为定值权重。

3. "现行价格指数"按约定的付款证书相关周期最后一天的前 42 天的各项目价格指数填写，该指数应首先采用工程造价管理机构发布的价格指数，没有时，可采用发布的价格代替。

2. 投标报价表格的组成

表 1　投标总价封面

表 2　投标总价扉页

表 3　总说明

表 4～表 6 的表头名称由招标控制表中"招标控制价"改为"投标报价"

其余表格组成与招标控制价表格组成基本相同。

表 1　封面

　　　　　　　　　　　　　　　　　工程

投标总价

投标人：　　　　　　　　　　　　　

（单位盖章）

年　　　月　　　日

表 2 扉页

_____工程

投标总价

招　标　人：_____

工　程　名　称：_____

投标总价（小写）：_____

　　　　（大写）：_____

投　标　人：_____

（单位盖章）

法定代表人

或其授权人：_____

（签字或盖章）

编　制　人：_____

（造价人员签字盖专用章）

时　　间：　　年　月　日

表 3 总说明

工程名称：　　　　　　　　　　　　　　　　　　　　　　　　　第　页共　页

表 4 建设项目投标报价汇总表

工程名称：　　　　　　　　　　　　　　　　　　　　　　　　　第　页共　页

序号	单项工程名称	金额/元	其中	
			暂估价/元	安全文明施工费
	投标报价合计			
	养老保险			
	工程总造价合计			

表 5 单项工程投标报价汇总表

工程名称： 第 页共 页

序号	单位工程名称	金额/元	其中	
			暂估价/元	安全文明施工费
	投标报价合计			
	养老保险			
	工程总造价合计			

表 6（a） 单位工程投标报价汇总表（适用于一般计税法）

工程名称： 第 页共 页

序号	费用内容	金额/元	备注
1	分部分项工程和单价措施项目费用计价合计		
1.1	其中：暂估价		
2	总价措施项目费用计价合计		
2.1	其中：安全文明施工费		
3	其他项目费用计价合计		
4	税前项目费用计价合计		
5	规费		
6	增值税		
7	工程总造价=1+2+3+4+5+6		

表 6（b） 单位工程投标报价汇总表（适用于简易计税法）

工程名称： 第 页共 页

序号	费用内容	金额/元	备注
1	分部分项工程和单价措施项目费用计价合计		
1.1	其中：暂估价		
2	总价措施项目费用计价合计		
2.1	其中：安全文明施工费		
3	其他项目费用计价合计		
4	税前项目费用计价合计		
5	规费、税金计价合计		
5.1	其中：增值税		
6	工程总造价=1+2+3+4+5		

其余表格同招标控制价表格（略）。

四、工程量清单综合单价的确定方法

按现行标准规定，工程量清单采用综合单价计价，综合单价的确定方法可分为两类：

1. 工程成本测算法

（1）根据工程实际和施工方案及历史资料预测分部分项工程可能发生的人工、材料、机械消耗量，再按取定的生产要素和市场价格计算出直接成本费用。

（2）采用成本测算法，要求编制人员必须有丰富的施工知识和现场经验，因为不同的施工条件、施工方案都会直接影响到工程成本。

（3）对于投标人如果采用成本测算法，则应拥有较完备的企业定额。需注意，凡是招标文件工程量清单中列出的工程内容都应计价，否则将被认为已被包含在其他项目的报价中而不能另外要求计价。

（4）对于招标人，如果采用成本测算法编制标底（或招标控制价），则需有良好的、健全的社会工程造价测定与发布体系，如当地工程造价协会定期发布造价信息，这相当于当时当地的工程建设平均成本。招标人参照社会平均成本，结合工程实际和可能的施工方案测算工程成本编制标底（或招标控制价）。

2. 预算定额调整法

根据设计文件，拟定主要的施工技术方案，从预算定额中查出相应子目的人工消耗、材料消耗及机械消耗。然后参照施工方案和工程实际，比照定额消耗标准，减去定额中包括的但实际不发生的费用；加上定额中不包含的、但实际必须发生的费用。经此调整，即可得到该分部分项的工程量清单价格。

根据目前的实际情况，编制综合单价时主要考虑以下因素：

（1）地区消耗量定额或企业定额；

（2）地区消耗量定额参考基价；

（3）地区建设工程费用参考标准。

下面通过具体的实例介绍综合单价的编制方法。

【例 5-1】某工程基础平面布置和基础详图如图 5-4 所示。现场质料：工程无地表水，土为三类土，地下水位-3.000 m。基础土方开挖的施工方案为：人工开挖，基础混凝土垫层支模要考虑加工作面，弃土采用人工装土、机动翻斗车运土 5 km。

问题：

1. 根据已知条件完成表 5-3 "分部分项工程量清单计价表"中"计量单位"和"工程量"栏的编制（要求写出计算过程）。

2. 在编制招标控制价时，采用简易计税法，工料机价格均按现行定额含税基期计取，不考虑风险因素。根据广西壮族自治区现行取费定额及已知条件完成表 5-3 中"挖沟槽土方"项目的综合单价与合价的编制（要求写出计算过程）。

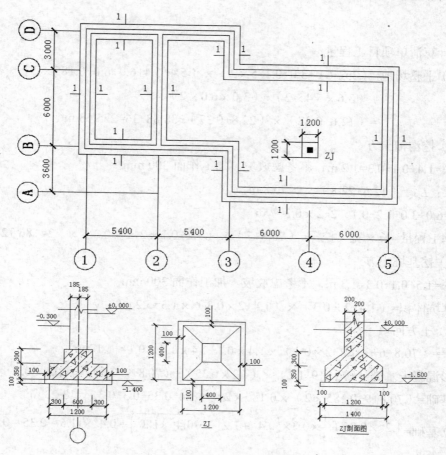

图 5-4　基础平面布置及基础详图

表 5-3　分部分项工程和单价措施项目清单与计价表

序号	项目编码	项目名称及特征描述	计量单位	工程量	金额/元	
					综合单价	合价
	A.1	土方工程				
1	010101001001	**平整场地**				
2	010101003001	**挖沟槽土方** 土壤类别：三类土 挖土深度：≤2 m 弃土运距：5 km				
3	010101004001	**挖基坑土方** 土壤类别：三类土 挖土深度：≤2 m 弃土运距：5 km				
4	010103001001	**土方回填** 夯填 填方材料：三类土				

解：

1. 计算清单项目工程量

（1）平整场地=（3.6+6.0+3.0+0.185×2）×（5.4+5.4+6.0+6.0+0.185×2）-

（3.6×5.4×2）-（3.0×6.0×2）

=（12.6+0.37）×（22.8+0.37）-38.88-36=225.63 m²

（2）挖沟槽土方

挖深=1.4+0.1-0.3=1.2 m，不考虑放坡。加工作面 300 mm。

槽长：$L_外$=（12.6+22.8）×2=70.8 m

$L_内$=6.0+3.0-1.2-0.1×2-2×0.3=7 m

挖基工程量=长×宽×挖深=（70.8+7）×（1.2+0.1×2+2×0.3）×1.2=186.72 m³

（3）挖基坑土方

挖深=1.5+0.1-0.3=1.3 m，不考虑放坡。加工作面 300 mm。

挖基坑体积=（1.4+2×0.3）×（1.4+2×0.3）×1.3=5.2 m³

（4）土方回填

垫层=（70.8+6+3-1.2-2×0.1）×1.4×0.1+1.4×1.4×0.1=11.17 m³

带形混凝土基础=（70.8+9-1.2）×（1.2×0.35）+（70.8+9-0.6）×（0.6×0.3）=47.27 m³

砖基础=（70.8+9-0.185×2）×0.185×2×（1.4-0.35-0.3-0.3）=13.23 m³

独立基础=$1.2^2×0.35+\frac{1}{3}×0.3×\left(0.4^2+1.2^2+\sqrt{0.4^2×1.2^2}\right)+0.4^2×(1.5-0.35-0.3-0.3)=$

0.8 m³

回填土工程量=（186.72+5.2）-（11.17+47.27+13.23+0.8）=119.45 m³

2. "挖沟槽土方"项目的综合单价与合价

计算招标控制价，管理费率取（8.04%+9.82%）/2=8.93%，利润率为（0%+5%）/2=2.5%

（1）列出相应定额项目

① A1-9 人工挖基槽

工程量=186.72 m³

人工费=2 078.40 元/100 m³

材料费=0

机械费=4.99 元/100 m³

管理费=（人工费+机械费）×管理费费率=（2 078.40+4.99）×8.93%=186.05 元/100 m³

利润=（人工费+机械费）×利润率=（2 078.40+4.99）×2.5%=52.08 元/100 m³

人工挖基槽合价=186.72×（2 078.40+4.99+186.05+52.08）÷100=4 334.74 元

②A1-114+4×A1-115 人工装土、机动翻斗车运土 5 km

定额工程量=（11.17-1.4×1.4×0.1）+47.27+13.23 =72.00 m³

人工费=602.88 元/100 m³

材料费=0

机械费=1 165.47+4×177.87=1 876.95 元/100 m³

管理费=（602.88+1 876.95）×8.93%=221.45 元/100 m³

利润=（602.88+1 876.95）×2.5%=62.00 元/100 m³

运土合价=72.00×（602.88+1 876.95+221.45+62.00）÷100=1 989.56 元

（2）清单项目合价=4 334.74+1 989.56=6 324.30 元

（3）清单项目综合单价=6 324.30÷186.72=33.87 元/m³

得"分部分项工程和单价措施项目清单与计价表"如表 5-4 所示。

表 5-4　分部分项工程和单价措施项目清单与计价表

序号	项目编码	项目名称及特征描述	计量单位	工程量	金额/元	
					综合单价	合价
	A.1	土方工程				
1	010101001001	平整场地	m²	225.63		
2	010101003001	挖沟槽土方 土壤类别：三类土 挖土深度：≤2 m 弃土运距：5 km	m³	186.72	33.87	6 324.30
3	010101004001	挖基坑土方 土壤类别：三类土 挖土深度：≤2 m 弃土运距：5 km	m³	5.20		
4	010103001001	土方回填 夯填 填方材料：三类土	m³	119.45		

【例 5-2】已知某工程钢筋混凝土矩形柱工程量为 9.68 m³，①采用搅拌机现场搅拌、泵送；②采用现场普通 GD40 中砂水泥 32.5 C25 混凝土；③材料机械价格均按现行定额基期价计取，不考虑风险费用。

现编制招标控制价，管理费率和利润率取中值，要求：

1. 请根据广西壮族自治区现行取费标准及已知条件完成表 5-5 的编制。

2. 请根据广西壮族自治区现行取费标准及已知条件，编制表 5-6。

表 5-5　分部分项工程和单价措施项目清单与计价表

序号	项目编码	项目名称及项目特征描述	计量单位	工程量	金额/元		
					综合单价	合价	其中：暂估价
	E	**混凝土及钢筋混凝土工程**					
1	010502001001	矩形柱 现场搅拌机拌制 C25 混凝土、泵送	m³	9.68			

解：1. 计算清单项目综合单价和合价

（1）列出相应定额项目，计算定额工程量

① A4-18 换，矩形柱混凝土浇捣，工程量=9.68 m³

② A4-1，混凝土拌制，工程量=9.68 × 1.015=9.83 m³

（2）综合单价分析

计算招标控制价，管理费率取（30.54%+37.33%）/2 = 33.935%，利润率取（0%+19%）/2 = 9.5%

① A4-18 换，查 2013 年《广西壮族自治区人工材料配合比机械台班基期价》：现场普通混凝土砾石 GD40 中砂水泥 32.5 C25 参考基价为 209.72 元/ m³。

A4-18 换，矩形柱混凝土浇捣

换算后基价=3 069.13+10.15 ×（209.72-262.00）=2 538.49 元/10 m³

人工费=387.03 元/10 m³

材料费=2 666.89+10.15 ×（209.72-262.00）=2 136.25 元/10 m³

机械费=15.21 元/10 m³

管理费=（人工费+机械费）×管理费费率=（387.03+15.21）× 33.935%=136.50 元/10 m³

利润=（人工费+机械费）×利润率=（387.03+15.21）× 9.5%=38.21 元/10 m³

矩形柱混凝土浇捣合价=9.68 ×（2 538.49+136.50+38.21）÷ 10=2 626.38 元

② A4-1，定额基价=281.27 元/10 m³

人工费=176.13 元/10 m³

材料费=6.80 元/10 m³

机械费=98.34 元/10 m³

管理费=（176.13+98.34）× 33.935%=93.14 元/10 m³

利润=（176.13+98.34）× 9.5%=26.07 元/10 m³

混凝土拌制合价=9.83 ×（281.27+93.14+26.07）÷ 10=393.67 元

（3）清单项目合价=2 626.38+393.67=3 020.05 元

（4）清单项目合价=3 020.05÷9.68=311.99 元/m³

2. 编制的工程量清单综合单价分析表，见表5-6。

表5-6　工程量清单综合单价分析表

序号	项目编码	项目名称及项目特征描述	单位	工程量	综合单价/元	综合单价分析					
						人工费	材料费	机械费	管理费	利润	其中：暂估价
	E.2	现浇混凝土柱									
1	010502001001	矩形柱现场搅拌机械拌制 C25 混凝土	m³	9.68	311.99	56.59	214.31	11.51	23.11	6.47	
	A4-18 换	矩形混凝土柱（砾石 GD40 中砂水泥 32.5 C25）	10 m³	0.968	2 713.20	387.03	2 136.25	15.21	136.50	38.21	
	A4-1	混凝土拌制/搅拌机	10 m³	0.983	400.48	176.13	6.80	98.34	93.14	26.07	

【例5-3】某传达室如图5-5所示，轴线居墙中。设计背景资料：

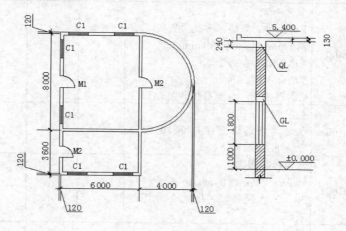

图5-5　传达室平面图、剖面图

（1）墙身用 M5 混合砂浆砌多孔砖 240 mm 厚。

（2）门窗：M1 尺寸 1 000 mm×2 700 mm；M2 尺寸 900 mm×2 700 mm；C1 尺寸 1 500 mm×1 800 mm，门窗框厚为 100 mm，均按墙中心线设置。

（3）钢筋混凝土：门窗上部均设钢筋混凝土过梁，断面为 240 mm×200 mm，长度按门窗洞宽每边加 250 mm；外墙设钢筋混凝土圈梁（内墙不设），断面为 240 mm×240 mm；楼板为现浇混凝土平板。

（4）地面：80 mm 厚 C10 混凝土垫层，20 mm 厚水泥砂浆面；水泥砂浆踢脚线高 200 mm。

要求：

1. 按现行《房屋建筑与装饰工程工程量计算规范》（GB 50854—2013）规定计算表 5-7 中项目的工程量。

2. 编制招标控制，工料机价格按定额基期价计取，管理费率和利润率取中值，计算各项目的综合单价及合价并编制综合单价分析表。

表 5-7　分部分项工程和单价措施项目清单与计价表

序号	项目编码	项目名称及项目特征描述	计量单位	工程量	金额/元		
					综合单价	合价	其中：暂估价
1	010401004001	多孔砖墙 1.砖品种、规格：多孔页岩砖 240 mm×115 mm×90 mm； 2.墙体类型：直形墙； 3.墙体厚度：24 cm； 4.砂浆种类：水泥石灰砂浆 M5					
2	010401004002	多孔砖墙 1.砖品种、规格：多孔页岩砖 240 mm×115 mm×90 mm； 2.墙体类型：弧形墙； 3.墙体厚度：24 cm； 4.砂浆种类：水泥石灰砂浆 M5					
3	010501001001	垫层 现场拌普通砾石 GD40C10 混凝土、非泵送					
4	011105001001	水泥砂浆踢脚线 1.踢脚线高：200 mm； 2.1：3 水泥砂浆底；1：2 水泥砂浆面					
5	011301001001	天棚抹灰 1.基层类型：现浇混凝土板底； 2.1：0.5：3 混合砂浆面打底 5 mm厚；1：1：4 混合砂浆面 55 mm 厚					

解： 1. 计算清单项目工程量

（1）直形墙

墙体工程量=［（3.6×2+6.0×2+8+（6-0.24）+（8-0.24）］×（5.4-0.13）×0.24=51.50 m³

扣除：

门窗=（1.0×2.7+0.9×2.7×2+1.5×1.8×6）×0.24=5.70 m³

圈梁=（3.6×2+6.0×2+8）×0.24×0.24=1.57 m³

过梁=［（1.0+2×0.25）+（0.9+2×0.25）×2+（1.5+2×0.25）×6］×0.24×0.2=0.78 m³

直形墙工程量=51.50−5.70−1.57−0.78=43.45 m³

（2）弧形墙

弧形墙工程量=（4.0×3.14）×（5.4−0.13−0.24）×0.24=15.16 m³

（3）地面混凝土垫层

［（8−0.24）×（6−0.24）+（6−0.24）×（3.6−0.24）+3.14×（4−0.24）²÷2］×0.08=6.90 m³

（4）踢脚线

［（8.0−0.24+6.0−0.24）×2−1.0−0.9］×0.2=5.03 m²

［（6.0−0.24+3.6−0.24）×2−0.9］×0.2=3.47 m²

［3.14×（4.0−0.24）+8−0.24−0.9］×0.2=3.73 m²

加门边=（0.24−0.1）×6=0.84 m²

踢脚线工程量=5.03+3.47+3.73+0.84=13.07 m²

（5）天棚抹灰

天棚面抹灰工程量=（8−0.24）×（6−0.24）+（6−0.24）×（3.6−0.24）+3.14×（4−0.24）²÷2=86.24 m²

2. 计算综合单价和合价

建筑工程：管理费率取（30.54%+37.33%）/2 = 33.935%，利润率取（0%+19%）/2 = 9.5%；

装饰工程：管理费率取（25.45%+31.11%）/2 = 28.28%，利润率取（0%+15.84%）/2 = 7.92%

（1）直形墙

套 A3–11，240 mm 厚多孔砖混水砖墙

综合单价=［3 897.94+（998.07+28.11）×（33.935%+9.5%）］÷10=434.37 元/ m³

合价=43.45×434.37=18 873.38 元

（2）弧形墙

套 A3–21，240 mm 厚多孔砖弧形混水砖墙

综合单价=［4 137.26+（1 097.82+28.11）×（33.935%+9.5%）］÷10=462.63 元/ m³

合价=15.16 ×462.63=7 013.47 元

（3）地面混凝土垫层

① 套 A4–3 换，垫层混凝土浇捣

查 2013 年《广西壮族自治区建筑装饰装修工程人工材料配合比机械台班基期价》，砾石 GD40C10 单价为 175.93 元/ m³；非泵送，每立方米混凝土人工增加 21 元。

换算后的基价=2 910.58+10.10×（175.93－262）+10.10×21=2 253.37 元/10 m³

浇捣合价=6.90×[2 253.37+（238.26+10.10×21+9.12）×（33.935%+9.5%）]÷10=1 683.02 元

② 套 A4-1 换，垫层混凝土拌制

拌制合价=（6.90×10.10÷10）×[281.27+（176.13+98.34）×（33.935%+9.5%）]÷10=279.10 元

③ 清单合价=1 683.02+279.10=1 962.12 元

④ 清单综合单价 1 962.12÷6.90=284.37 元/m³

（4）踢脚线

套 A9-15，水泥砂浆踢脚线

综合单价=[2 932.63+（2 249.79+38.08）×（28.28%+7.92%）]÷100=37.61 元/m²

合价=13.07×37.61=491.56 元

（5）天棚抹灰

套 A11-5 换，混合砂浆天棚

定额说明规定：当高度超过 3.6 m 需搭设脚手架时，可按本定额 A.15 脚手架工程相应子目计算，但 100 m² 天棚应扣除周转板枋材 0.016 m³。

换算后的基价=1 391.77－0.016×969.00=1 376.27 元/100 m²

综合单价=1 376.27+（977.46+21.76）×（28.28%+7.92%）÷100=17.38 元/m²

合价=86.24×17.38=1 498.85 元

综上计算结果，得分部分项工程清单计价表见表 5-8。

表 5-8　分部分项工程和单价措施项目清单与计价表

序号	项目编码	项目名称及项目特征描述	计量单位	工程量	金额/元		
					综合单价	合价	其中：暂估价
1	010401004001	**多孔砖墙** 1.砖品种、规格：多孔页岩砖 240 mm×115 mm×90 mm； 2.墙体类型：直形墙； 3.墙体厚度：24 cm； 4.砂浆种类：水泥石灰砂浆 M5	m³	43.45	434.37	18 873.38	
2	010401004002	**多孔砖墙** 1.砖品种、规格：多孔页岩砖 240 mm×115 mm×90 mm； 2.墙体类型：弧形墙； 3.墙体厚度：24 cm； 4.砂浆种类：水泥石灰砂浆 M5	m³	15.16	462.63	7 013.47	
3	010501001001	**垫层** 现场拌普通砾石 GD40C10 混凝土、非泵送	m³	6.90	284.37	1 962.12	

（续表）

序号	项目编码	项目名称及项目特征描述	计量单位	工程量	综合单价	合价	其中：暂估价
4	011105001001	水泥砂浆踢脚线 1 踢脚线高：200 mm； 2.1：3 水泥砂浆底；1：2 水泥砂浆面	m²	13.07	37.61	491.56	
5	011301001001	天棚抹灰 1.基层类型：现浇混凝土板底； 2.1：0.5：3 混合砂浆面打底 5 mm厚；1：1：4 混合砂浆面 55 mm 厚	m²	86.24	17.38	1 498.85	

【例 5-4】某工程采用双扇无亮镶板木门（不带纱）共 4 樘，洞口尺寸为 1.2 m×2.1 m，木门加工厂至施工现场距离 10 km，人材机价格按定额基期价计取不作调整，管理费率取 30%，利润率取 8%，不考虑价格调整及市场风险。请完成表 5-9 的编制（要求写出计算过程）。

表 5-9　分部分项工程和单价措施项目清单与计价表

序号	项目编码	项目名称及项目特征描述	计量单位	工程量	综合单价	合价	其中：暂估价
	H.1	木门					
1	010801001001	双扇无亮镶板木门（不带纱）；运输 10 km；五金配件					

解：（1）木门工程量=1.2×2.1×4=10.08 m²

（2）定额项目组成

①A12-4 镶板门制、安合价=10.08×［10 763.78+（3 230.19+395.14）×（30%+8%）］÷100=1 223.85 元

②A12-168+9×A12-169

镶板门运输合价=10.08×［430.22+9×26.83+（430.22+9×26.83）×（30%+8%）］÷100=93.43 元

③A12-173 镶板门五金配件合价=4×41.66=166.64 元

（3）清单项目合价=1 223.85+93.43+166.64=1 483.92 元

（4）清单项目综合单价=1 483.92÷10.08=147.21 元/m²

得"分部分项工程和单价措施项目清单与计价表"如表 5-10 所示。

表 5-10　分部分项工程和单价措施项目清单与计价表

序号	项目编码	项目名称及项目特征描述	计量单位	工程量	综合单价	合价	其中：暂估价
	H.1	木门					
1	010801001001	双扇无亮镶板木门（不带纱）；运输 10 km；五金配件	m²	10.08	147.21	1 483.92	

【例 5-5】某工程采用一般计税法计算，已知单价措施项目工程量清单如表 5-11 所示，表 5-12 为广西现行脚手架消耗量定额。设工料机价格按定额基期价计取，不考虑价格调整及市场风险，管理费率及利润率取最高值，请完成表 5-11 的编制（要求写出计算过程）。

表 5-11　分部分项工程和单价措施项目清单与计价表

序号	项目编码	项目名称及项目特征描述	计量单位	工程量	综合单价	合价	其中：暂估价
	S.1	脚手架工程					
1	011701002001	外脚手架；双排扣件式钢管外脚手架；高 20 m 以内	m²	167			

表 5-12　广西现行脚手架消耗量定额

单位：100 m²

定额编号				A15-6	
项　目				扣件式钢管外脚手架	
				双排	
				20 m 以内	
参考基价/元				含税	除税
				1 746.28	1 654.62
其中	人 工 费/元			1 088.13	1 088.13
	材 料 费/元			609.09	522.75
	机 械 费/元			49.06	43.74
编码	名称	单位	含税单价	除税单价	数　量
350303001	脚手架焊接钢管 Φ48.3×3.6	t	5 100.00	4 358.97	0.050
350302002	对接扣件	个	7.20	6.15	1.500
350302003	直角扣件	个	7.80	6.67	6.000
350302001	回转扣件	个	7.50	6.41	0.500
350307002	竹脚手板	m²	20.00	17.09	7.500
042903001	C20 钢筋混凝土块	m³	350.00	299.15	0.016
010310004	镀锌铁丝 Φ2.8	kg	5.10	4.36	7.05
341508001	其他材料费	元	1.00	0.876	101.18
990704004	载货汽车（装载质量 4 t）	台班	426.58	380.34	0.115

注：工作内容：（略）。

解:

采用一般计税法时应取除税价格

套 A15-6　基价=1 654.62 元/100 m²

管理费率=38.00%；利润率=18.8%

综合单价=［1 654.62+（1 088.13+43.74）×（38%+18.8%）］÷100=22.97 元/m²

合价=167×22.97=3 835.99 元

得"分部分项工程和单价措施项目清单与计价表"如表 5-13 所示。

表 5-13　分部分项工程和单价措施项目清单与计价表

序号	项目编码	项目名称及项目特征描述	计量单位	工程量	金 额/元		
					综合单价	合价	其中：暂估价
	S.1	脚手架工程					
1	011701002001	外脚手架；双排扣件式钢管外脚手架；高 20 m 以内	m²	167	22.97	3 835.99	

第四节　房屋建筑与装饰工程工程量清单项目 及计算规则

编制房屋建筑与装饰工程分部分项和单价措施项目清单时，项目编码、项目名称、计量单位、工程量计算应根据《房屋建筑与装饰工程工程量计算规范》（GB 50854—2013）（以下简称 GB 50854—2013）以及广西壮族自治区实施细则的规定。下面摘录房屋建筑与装饰工程中部分常用的分部分项工程和单价措施项目及工程量计算规则。

一、GB 50854—2013 的附录组成

GB 50854—2013 附录中各分部的组成见表 5-14。

表 5-14　GB 50854—2013 附录的分部组成表

序号	章号	章名称	节组成
1	A	土石方工程	A.1 土方工程；A.2 石方工程；A.3 回填
2	B	地基处理与边坡支护工程	B.1 地基处理；B.2 基坑与边坡支护
3	C	桩基工程	C.1 打桩；C.2 灌注桩
4	D	砌筑工程	D.1 砖砌体；D.2 砌块砌体；D.3 石砌体；D.4 垫层；D.5 相关问题及说明

（续表）

序号	章号	章名称	节组成
5	E	混凝土及钢筋混凝土工程	E.1 现浇混凝基础；E.2 现浇混凝土柱；E.3 现浇混凝土梁；E.4 现浇混凝土墙；E.5 现浇混凝土板；E.6 现浇混凝土楼梯；E.7 现浇混凝土其他构件；E.8 后浇带；E.9 预制混凝土柱；E.10 预制混凝土梁；E.11 预制混凝土屋架；E.12 预制混凝土板；E.13 预制混凝土楼梯；E.14 其他预制构件；E.15 钢筋工程；E.16 螺栓、铁件；E.17 相关问题及说明
6	F	金属结构工程	F.1 钢网架；F.2 钢屋架、钢托架、钢桁架、钢架桥；F.3 钢柱；F.4 钢梁；F.5 钢板楼板、墙板；F.6 钢构件；F.7 金属制品；F.8 相关问题及说明
7	G	木结构工程	G.1 木屋架；G.2 木构件；G.3 屋面木基层
8	H	门窗工程	H.1 木门；H.2 金属门；H.3 金属卷帘（闸）门；H.4 厂库房大门、特种门；H.5 其他门；H.6 木窗；H.7 金属窗；H.8 门窗套；H.9 窗台板；H.10 窗帘、窗帘盒、轨
9	J	屋面及防水工程	J.1 瓦、型材及其他屋面；J.2 屋面防水及其他；J.3 墙面防水、防潮；J.4 楼（地）面防水、防潮
10	K	保温、隔热、防腐工程	K.1 保温、隔热；K.2 防腐面层；K.3 其他防腐
11	L	楼地面装饰工程	L.1 整体面层及找平层；L.2 块料面层；L.3 橡塑面层；L.4 其他材料面层；L.5 踢脚线；L.6 楼梯面层；L.7 台阶装饰；L.8 零星装饰项目
12	M	墙、柱面装饰与隔断、幕墙工程	M.1 墙面抹灰；M.2 柱（梁）面抹灰；M.3 零星抹灰；M.4 墙面块料面层；M.5 柱（梁）面镶贴块料；M.6 镶贴零星项目；M.7 墙饰面；M.8 柱（梁）饰面；M.9 幕墙工程；M.10 隔断
13	N	天棚工程	N.1 天棚抹灰；N.2 天棚吊顶；N.3 采光天棚；N.4 天棚其他装饰
14	P	油漆、涂料、裱糊工程	P.1 门油漆；P.2 窗油漆；P3 木扶手及其他板条、线条油漆；P.4 木材面油漆；P.5 金属面油漆；P.6 抹灰面油漆；P.7 喷刷涂料；P.8 裱糊
15	Q	其他装饰工程	Q.1 柜类、货架；Q.2 压条、装饰条；Q.3 扶手、栏杆、栏板装饰；Q.4 暖气罩；Q.5 浴厕配件；Q.6 雨篷、旗杆；Q.7 招牌、灯箱；Q.8 美术字
16	R	拆除工程	R.1 砖砌体拆除；R.2 混凝土及钢筋混凝土构件拆除；R.3 木构件拆除；R.4 抹灰层拆除；R.5 块料面层拆除；R.6 龙骨及饰面拆除；R.7 屋面拆除；R.8 铲除油漆涂料裱糊面；R.9 栏杆栏板、轻质隔墙隔断拆除；R.10 门窗拆除；R.11 金属构件拆除；R.12 管道及卫生洁具拆除；R.13 灯具、玻璃拆除；R.14 其他构件拆除；R.15 开孔（打洞）
17	S	措施项目	S.1 脚手架工程；S.2 混凝土模板及支架（撑）；S.3 垂直运输；S.4 超高施工增加；S.5 大型机械设备进出场及安拆；S.6 施工排水、降水；S.7 安全文明施工及其他措施项目；广西补充 S8 混凝土运输及泵送工程；S.9 二次搬运费；S.10 已完工程保护费；S.11 夜间施工增加费

二、房屋建筑与装饰工程清单项目及工程量计算规则

在 GB 50854—2013 及广西壮族自治区实施细则中，对各分部工程及单价措施项目的

项目编码、项目名称、项目特征、计量单位、项目计算规则、工程内容做了统一规定。以下主要介绍建筑与装饰工程中常用项目及其工程量计算规则。

1. A 土石方工程

A.1 土方工程。工程量清单项目设置、项目特征描述的内容、计量单位及工程量计算规则，应按表 A.1 的规定执行。

表 A.1 土方工程（编码 010101）

项目编码	项目名称	项目特征	计量单位	工程量计算规则	工程内容
010101001	平整场地	1.土壤类别； 2.弃土运距； 3.取土运距	m²	按设计图示尺寸以建筑物首层面积计算	1.土方挖填； 2.场地找平； 3.运输
010101002	挖一般土方	1.土壤类别； 2.挖土深度； 3.弃土运距	m³	按设计图示尺寸以体积计算	1.排地表水； 2.土方开挖； 3.围护（挡土板）支拆； 4.基底钎探； 5.运输
010101003	挖沟槽土方			按设计图示尺寸以基础垫层底面积乘以挖土深度计算	
010101004	挖基坑土方				
010101005	冻土开挖	1.冻土厚度； 2.弃土运距		按设计图示尺寸开挖面积乘以厚度以体积计算	1.爆破； 2.开挖； 3.清理； 4.运输
010101006	挖淤泥、流砂	1.挖掘深度； 2.弃淤泥、流砂距离		按设计图示位置、界限以体积计算	1.开挖； 2.运输
010101007	管沟土方	1.土壤类别； 2.管外径； 3.挖沟深度； 4.回填要求	1.m 2.m³	1.以米计量，按设计图示以管道中心线长度计算； 2.以立方米计量，按设计图示以管底垫层面积乘以挖土深度计算；无管底垫层按外径的水平投影面积乘以挖土深度计算。不扣除各类井的长度，井的土方并入	1.排地表水； 2.土方开挖； 3.挡土板支拆； 4.运输； 5.回填

注：1. 挖土方平均厚度应按自然地面测量标高至设计地坪标高间的平均厚度确定。基础土方开挖深度应按基础垫层底表面标高至交付使用施工场地标高确定，无交付使用施工场地标高时，应按自然地面标高确定。

2. 建筑场地厚度 ≤ ±300 mm 的挖、填、运、找平应按表中平整场地项目编码列项。厚度 > ±300 mm 的竖向布置挖土或山坡切土应按本表中挖一般土方项目列项。

3. 挖沟槽、基坑、土方划分：底宽 ≤7 m 以内且底长 >3 倍底宽为沟槽；底长 ≤3 倍底宽且底面积 ≤150 m² 为基坑；超出上述范围则为一般土方。

4. 挖土方如需截桩头时，应按桩基础工程相关项目列项。

5. 桩间挖土不扣除桩的体积，并在项目特征中加以描述。

6. 弃、取土运距可以不描述，但应注明由投标人根据施工现场实际情况自行考虑，决定报价。

7. 土壤的分类应按《建筑计量规范》确定，如土壤类别不能准确划分时，招标人可注明为综合，由投标人根据勘察报告决定报价。

8. 土方体积应按挖掘前的天然密实体积计算。非天然密实土方应按 GB 50854—2013 规定换算。

9. 挖沟槽、基坑、一般土方因工作面和放坡增加工程量（管沟工作面增加的工程量）是否并入各土方工程量中由各省、自治区、直辖市或行业建设主管部门的规定实施，如并入各土方工程量中，办理结算时，按经发包人认可的施工组织设计规定计算，编制工程量清单时，可按 GB 50854—2013 规定计算。

10. 挖方出现淤泥、流砂时，如设计未明确，在编制工程量清单时，其数量可为暂估量，结算时应根据实际情况由发包人与承包人现场签证确认工程量。

11. 管沟土方项目适用于管理（给排水、工业、电力、通信）缆沟［包括：人（手）孔、接口坑］及连接井（检查井）等。

   A.2 石方工程。工程量清单项目设置、项目特征描述的内容、计量单位及工程量计算规则，应按表 A.2 的规定执行。

表 A.2　石方工程（编码 010102）

项目编码	项目名称	项目特征	计量单位	工程量计算规则	工程内容
010102001	挖一般石方	1.岩石类别； 2.开凿深度； 3.弃碴运距	m³	按设计图示尺寸以体积计算	1.排地表水； 2.凿石； 3.运输
010102002	挖沟槽石方			按设计图示尺寸沟槽底面积乘以挖石深度以体积计算	
010102003	挖基坑石方			按设计图示尺寸基坑底面积乘以挖石深度以体积计算	
010102004	挖管沟石方	1.岩石类别； 2.管外径； 3.挖沟深度	1.m 2.m³	1.以米计算，按设计图示以管道中心线长度计算； 2.以立方米计算，按设计图示截面积乘以长度计算	1.排除地表水； 2.凿石； 3.回填； 4.运输

注：1. 挖石方应按自然地面测量标高至设计地坪标高间的平均厚度确定。基础石方开挖深度应按基础垫层底表面标高至交付使用施工场地标高确定，无交付使用施工场地标高时，应按自然地面标高确定。

2. 厚度 >300 mm 的竖向布置挖石或山坡凿石应按本表中挖一般石方项目列项。

3. 挖沟槽、基坑、土方划分：底宽 ≤7 m 以内且底长 >3 倍底宽为沟槽；底长 ≤3 倍底宽且底面积 ≤150 m² 为基坑；超出上述范围则为一般土方。

4. 弃碴运距可以不描述，但应注明由投标人根据施工现场实际情况自行考虑，决定报价。

5. 岩石的分类应按 GB 50854—2013 确定。

6. 石方体积应按挖掘前的天然密实体积计算。非天然密实石方应按 GB 50854—2013 规定换算。

7. 管沟土方项目适用于管理（给排水、工业、电力、通信）缆沟［包括：人（手）孔、接口坑］及连接井（检查井）等。

   A.3 回填。工程量清单项目设置、项目特征描述的内容、计量单位及工程量计算规则，应按表 A.3 的规定执行。

表 A.3 土石方回填（编码 010103）

项目编码	项目名称	项目特征	计量单位	工程量计算规则	工程内容
010103001	回填方	1.密实度要求； 2.填方材料品种； 3.填方粒径要求； 4.填方来源、运距	m³	按设计图示尺寸以体积计算； 　　1.场地回填：回填面积乘以平均回填厚度； 　　2.室内回填：主墙间面积乘以回填厚度，不扣除间隔墙； 　　3.基础回填：按挖方清单项目工程量减去自然地坪以下埋设的基础体积（包括基础垫层及其他构筑物）	1.运输； 2.回填； 3.压实
010103002	余方弃置	1.废弃料品种； 2.运距		按挖方清单项目工程量减利用回填体积（正数）计算	余方点装料运输至弃置点

A.4 其他工程。工程量清单项目设置、项目特征描述的内容、计量单位及工程量计算规则，应按表 A.4 的规定执行。

表 A.4 其他工程（编码 010104）

项目编码	项目名称	项目特征	计量单位	工程量计算规则	工程内容
桂 010104001	支挡土板	1.支撑方式、材料； 2.挡土板类型、材料； 3.其他	m²	按槽、坑垂直支撑面积计算	挡土板制作、运输、安装及拆除
桂 010104002	基础钎插	1.钎插方式； 2.钎插深度； 3.其他	m	按钎插入土深度以米计算	钎插、记录

注：本表是 GB 50854—2013 广西实施细则房屋建筑与装饰工程补充的工程量清单及计算规则。

2. B 地基处理与边坡支护工程

B.1 地基处理。工程量清单项目设置、项目特征描述的内容、计量单位及工程量计算规则，应按表 B.1 的规定执行。

表 B.1　地基处理（编码 010201）

项目编码	项目名称	项目特征	计量单位	工程量计算规则	工程内容
010201001	换填垫层	1.材料种类及配比； 2.压实系数； 3.掺加剂品种	m³	按设计图示尺寸以体积计算	1.分层铺填； 2.碾压、振密或夯实； 3.材料运输
010201002	铺设土合成材料	1.部位； 2.品种； 3.规格	m²	按设计图示尺寸以面积计算	1.挖填锚固沟； 2.铺设； 3.固定； 4.运输
010201004	强夯地基	1.夯击能量； 2.夯击遍数； 3.夯击点布置形式、间距； 4.地耐力要求； 5.夯填材料种类	m²	按设计图示处理范围以面积计算	1.铺设夯填材料； 2.强夯； 3.夯填材料运输
010201007	砂石桩	1.地层情况； 2.空桩长度、桩长； 3.桩径； 4.成孔方法； 5.材料种类、级配	1.m 2.m³	1.以米计量，按设计图示尺寸以桩长（包括桩尖）计算； 2.按设计桩截面乘以桩长（包括桩尖）以体积计算	1.成孔； 2.填充、振实； 3.材料运输
桂 010201018	水泥粉煤灰碎石桩（CFG）	1.地层情况； 2.单桩长度； 3.桩截面； 4.桩倾斜度； 5.材料种类、级配	m³	按设计桩截面积乘以设计桩长（设计桩长+超灌长度）以立方米计算	1.工作平台搭拆； 2.桩机竖拆、移位； 3.成孔； 4.混凝土料制作、灌注、养护、清理

注：1. "砂石桩" 项目按 GB 50854—2013 广西实施细则规定，计量单位取 "m³"。

2. 项目编码前附 "桂" 字表示为 GB 50854—2013 广西实施细则补充的工程量清单及计算规则。

B.2　基坑与边坡支护。工程量清单项目设置、项目特征描述的内容、计量单位及工程量计算规则，应按表 B.2 的规定执行。

表 B.2　基坑与边坡支护（编码 010202）

项目编码	项目名称	项目特征	计量单位	工程量计算规则	工程内容
010202001	地下连续墙	1.地层情况； 2.导墙类型、截面； 3.墙体厚度； 4.成槽深度； 5.混凝土种类、强度等级； 6.接头形式	m³	按设计图示墙体中心线长度乘以厚度乘以槽深以体积计算	1.导墙挖填、制作、安装、拆除； 2.挖土成槽、固壁、清底置换； 3.混凝土制作、运输、灌注、养护； 4.接头处理； 5.土方、废泥浆外运； 6.打桩场地硬化及泥浆池沟

（续表）

项目编码	项目名称	项目特征	计量单位	工程量计算规则	工程内容
010202006	钢板桩	1.地层情况； 2.桩长； 3.板桩厚度	1.t 2.m2	1.按设计图示尺寸以质量计算； 2.以平方米计量，按设计图示墙体中心线长乘以桩长以面积计算	1.工作平台搭设； 2.桩机移位； 3.打拔钢板桩
010202009	喷射混凝土、水泥砂浆	1.部位； 2.厚度； 3.材料种类； 4.混凝土（砂浆）类别、强度等级	m^2	按设计图示尺寸以面积计算	1.修整边坡； 2.混凝土制作、运输、灌注、养护； 3.钻排水孔、安装排水管； 4.喷射施工平台搭设、拆除

注：　"钢板桩"项目按 GB 50854—2013 广西实施细则规定，计量单位取"t"。

3．C 桩基工程

C.1　打桩。工程量清单项目设置、项目特征描述的内容、计量单位及工程量计算规则，应按表 C.1 的规定执行。

表 C.1　打桩（编码 010301）

项目编码	项目名称	项目特征	计量单位	工程量计算规则	工程内容
010301003	钢管桩	1.地层情况； 2.送桩深度、桩长； 3.材质； 4.管径、壁厚； 5.桩倾斜度； 6.沉桩方法； 7.填充材料种类； 8.防护材料种类	1.t 2.根	1.以吨计量，按设计图示尺寸以质量计算； 2.以根计量，按设计图示数量计算	1.工作平台搭拆； 2.桩机竖拆、移位； 3.沉桩； 4.接桩； 5.送桩； 6.切割钢管、精割盖帽； 7.管内取土； 8.填充材料、防护材料
010301004	截（凿）桩头	1.桩类型； 2.桩头截面、高度； 3.混凝土强度等级； 4.有无钢筋	1.m³ 2.根	1.以立方米计量，按设计桩截面乘以桩头长度以体积计算； 2.以根计量，按设计图示数量计算	1.截（切割）桩头； 2.凿平； 3.废料外运
桂010301005	打预制钢筋混凝土方桩	1.地层情况； 2.单桩长度； 3.桩截面； 4.桩倾斜度	m³	按设计桩长（包括桩尖、不扣除桩尖虚体积）乘以桩截面以立方米计算	1.工作平台搭拆； 2.桩机竖拆、移位、校测； 3.吊装就位、安装桩帽校正； 4.打桩； 5.清理

（续表）

项目编码	项目名称	项目特征	计量单位	工程量计算规则	工程内容
桂 010301008	压预制钢筋混凝土方桩	1.地层情况； 2.单桩长度； 3.桩截面； 4.桩倾斜度	m³	按设计桩长（包括桩尖、不扣除桩尖虚体积）乘以桩截面以立方米计算	1.工作平台搭拆； 2.桩机竖拆、移位、校测； 3.吊装就位、安装桩帽校正； 4.压桩； 5.清理
桂 010301009	压预制钢筋混凝土管桩	1.地层情况； 2.单桩长度； 3.桩截面； 4.桩倾斜度	m	按设计长度以米计算	同压方桩
桂 010301010	预制混凝土管桩填桩芯	1.管桩填充材料种类； 2.防护材料种类； 3.混凝土强度等级	m³	按设计灌注长度乘以桩芯截面面积以立方米计算	1.管桩填充材料； 2.刷防护材料； 3.混凝土制作、运输、灌注、振捣、养护
桂 010301012	送桩	1.地层情况； 2.单桩长度； 3.桩截面； 4.桩倾斜度	1.m³ 2.m	1.按桩截面面积乘以送桩长度（即打桩架底至桩顶高度或自桩顶面至自然地平面另加 0.5 m）以立方米计算； 2.按送桩长度以米计算	送桩
桂 010301013	接桩	1.接桩方式； 2.其他	1.个 2.m²	1.电焊接桩按设计数量计算； 2.硫黄胶泥按桩断面以平方米计算	接桩

注：项目编码前附"桂"表示为 GB 50854—2013 广西实施细则补充的工程量清单及计算规则。在广西壮族自治区，打（压）预制方（管）桩项目按广西实施细则执行。

C.2 灌注桩。工程量清单项目设置、项目特征描述的内容、计量单位及工程量计算规则，应按表 C.2 的规定执行。

表 C.2　灌注桩（编码 010302）

项目编码	项目名称	项目特征	计量单位	工程量计算规则	工程内容
010302001	泥浆护壁成孔灌注桩	1.地层情况； 2.空桩长度、桩长； 3.桩径； 4.成孔方法； 5.护筒类型、长度； 6.混凝土种类、强度等级	1.m 2.m³ 3.根	1.以米计量，按设计图示尺寸以桩长（包括桩尖）计算； 2.以立方米计量，按不同截面在桩上范围内以体积计算； 3.以根计量，按设计图示数量计算	1.护筒埋设； 2.成孔、固壁； 3.混凝土制作、运输、灌注、养护； 4.土方、废泥浆外运； 5.打桩场地硬化及泥浆池、泥浆沟

（续表）

项目编码	项目名称	项目特征	计量单位	工程量计算规则	工程内容
010302005	人工挖孔灌注桩	1.桩芯长度； 2.桩芯直径、扩底直径、扩底高度； 3.护壁厚度、高度； 4.护壁混凝土种类、强度等级； 5.桩芯混凝土种类、强度等级	1.m³ 2.根	1.以立方米计量，按桩芯混凝土体积计算； 2.以根计量，按设计图示数量计算	1.护壁制作； 2.混凝土制作、运输、灌注、振捣、养护
010302006	钻孔压浆桩	1.地层情况； 2.空钻长度、桩长； 3.钻孔直径； 4.水泥强度等级	1.m 2.根	1.以米计量，按设计图示尺寸以桩长计算； 2.以根计量，按设计图示数量计算	钻孔、下注浆管、投放骨料、浆液制作、运输、压浆
桂010302008	灌注桩成孔	1.地层情况； 2.成孔方式； 3.桩径	m³	按成孔长度乘以设计桩截面积以立方米计算。成孔长度为打桩前的自然地坪标高至设计桩底的长度	1.工作平台搭拆； 2.桩机竖拆、移位、校测； 3.钻孔、成孔、固壁； 4.清理、运输
桂010302009	人工挖桩成孔	1.孔深； 2.护壁混凝土种类、强度等级； 3.桩径	m³	按设计桩截面积（桩径=桩芯+护壁）乘以挖孔深度加上桩的扩大头体积以立方米计算	1.挖土、提土、运土50 m以内，排水沟修造、修正； 2.安装护壁模具，灌注护壁混凝土； 3.抽风、吹风、坑内照明、安全设施搭拆
桂010302010	灌注桩桩芯混凝土	1.桩类型； 2.单桩长度、根数； 3.桩截面； 4.混凝土种类、强度等级	m³	按设计桩芯的截面积乘以桩芯的深度（设计桩长+设计超灌长度）以立方米计算。人工挖孔桩加上桩的扩大头增加的体积	1.浇灌桩芯混凝土； 2.安拆导管及漏斗
桂010302011	灌注桩入岩增加费	1.桩类型； 2.桩径； 3.入岩方法	m³	按入岩部分的体积计算	钻孔、爆破、通风照明、垂直运输
桂010302012	长螺旋钻孔压灌桩	1.单桩长度、根数； 2.截面； 3.混凝土种类、强度等级	m³	按设计桩截面乘以设计（设计桩长+设计超灌长）长以立方米计算	1.工作平台搭拆； 2.桩机竖拆、移位、校测； 3.灌注混凝土； 4.清理钻孔余土并运至现场指定地点
桂010302013	泥浆运输	运距	m³	按钻孔成孔体积以立方米计算	装卸泥浆、运输、清理场地

注：项目编码前附"桂"表示为 GB 50854—2013 广西实施细则补充的工程量清单及计算规则。

4. D 砌筑工程

D.1 砖砌体。工程量清单项目设置、项目特征描述的内容、计量单位及工程量计算规则，应按表 D.1 的规定执行。

表 D.1　砖砌体（编码 010401）

项目编码	项目名称	项目特征	计量单位	工程量计算规则	工程内容
010401001	砖基础	1.砖品种、规格、强度等级； 2.基础类型； 3.砂浆强度等级； 4.防潮层材料种类		按设计图示尺寸以体积计算。包括附墙垛基础宽出部分体积，扣除地梁（圈梁）、构造柱所占体积，不扣除基础大放脚 T 形接头处重叠部分及嵌入基础内钢筋、铁件、管道、基础砂浆防潮层和单个面积≤0.3 m² 的孔洞所占体积，靠墙暖气沟的挑檐不增加。 基础长度：外墙按中心线，内墙按内墙净长线计算	1.砂浆制作、运输； 2.砌砖； 3.防潮层铺设； 4.材料运输
010401003	实心砖墙		m³	按设计图示尺寸以体积计算。扣除门窗、洞口、嵌入墙内的钢筋混凝土柱、梁、圈梁、挑梁、过梁及凹进墙内的壁龛、管槽、暖气槽、消火栓箱所占体积；不扣除梁头、板头、檩头、垫木、木楞头、沿缘木、木砖、门窗走头、砖墙内加固钢筋、木筋、铁件、钢管及单个面积≤0.3 m² 的孔洞所占体积。凸出墙面的腰线、挑檐、压顶、窗台线、虎头砖、门窗套的体积亦不增。凸出墙面的砖垛并入墙体体积内计算。	
010401004	多孔砖墙	1.砖品种、规格、强度等级； 2.墙体类型； 3.砂浆强度等级、配合比		1.墙长度：外墙按中心线，内墙按净长计算。 2.墙高度： （1）外墙：斜（坡）屋面无檐口天棚者算至屋面板底；有屋架且室内外均有天棚者算至屋架下弦底另加 200 mm；无天棚者算至屋架下弦底另加 300 mm，出檐宽度超过 600 mm 时按实砌高度计算；有钢筋混凝土楼板隔层者算至楼板顶。平屋面算至钢筋混凝土板底；	1.砂浆制作、运输； 2.砌砖； 3.勾缝； 4.砖压顶砌筑； 5.材料运输

（续表）

项目编码	项目名称	项目特征	计量单位	工程量计算规则	工程内容
010401005	空心砖墙	1.砖品种、规格、强度等级； 2.墙体类型； 3.砂浆强度等级、配合比	m³	（2）内墙：位于屋架下弦者，算至屋架下弦底；无屋架者算至天棚底另加 100 mm；有钢筋混凝土楼板隔层者算至楼板顶；有框架梁时算至梁底； （3）女儿墙：从屋面板上表面算至女儿墙顶面（如有混凝土压顶时算至压顶下表面）； （4）内、外出墙：按其平均高度计算。 3.框架间墙：不分内外墙按墙体净尺寸以体积计算。 4.围墙：高度算至压顶上表面（如有混凝土压顶时算至压顶下表面），围墙柱并入围墙体积内	1.砂浆制作、运输； 2.砌砖； 3.勾缝； 4.砖压顶砌筑； 5.材料运输
010401009	实心砖柱	1.砖品种、规格、强度等级； 2.柱类型； 3.砂浆强度等级		按设计图示尺寸以体积计算，扣除混凝土及钢筋混凝土梁垫、梁头、板头所占体积	1.砂浆制作、运输； 2.砌砖； 3.勾缝； 4.材料运输
010401010	多孔砖柱				
010401012	零星砌砖	1.零星砌砖名称、部位； 2.砖品种、规格、强度等级； 3.砂浆强度等级、配合比	1.m³ 2.m² 3.m 4.个	1.以立方米计量，按设计图示尺寸截面面积乘以长度计算； 2.以平方米计量，按设计图示尺寸水平投影面积计算； 3.以米计量，按设计图示尺寸以长度计算； 4.以个计量，按设计图示数量计算	1.砂浆制作、运输； 2.砌砖； 3.勾缝； 4.材料运输
010401013	砖散水、地坪	1.砖品种、规格、强度等级； 2.垫层材料种类厚度； 3.散水、地坪厚度； 4.面层种类、厚度； 5.砂浆强度等级	m²	按设计图示尺寸以面积计算	1.土方挖、运、填； 2.地基找平、夯实； 3.铺设垫层； 4.砌砖散水、地坪； 5.抹砂浆面层
0104010114	砖地沟、明沟	1.砖品种、规格、强度等级； 2.垫层材料种类厚度； 3.散水、地坪厚度； 4.面层种类、厚度； 5.砂浆强度等级	m	按设计图示尺寸以中心线长度计算	1.土方挖、运、填； 2.铺设垫层； 3.底板混凝土制作、运输、浇筑、振捣、养护； 4.砌砖； 5.刮缝、抹灰； 6.材料运输

注：1."砖基础"项目适用于各种类型砖基础：柱基础、墙基础、管理基础等。

2. 基础与墙（柱）身使用同一种材料时，以设计室内地面为界（有地下室者，以地下室室内设计地面为界），以下为基础，以上为墙（柱）身。基础与墙（柱）身使用不同材料时，位于设计室内地面高度≤±300 mm 以内时，以不同材料为分界线；高度>±300 mm 时，以设计室内地面为分界线。

3. 砖围墙，以设计室外地坪为界线，以下为基础，以上为墙身。

4. 框架外表面的。镶贴砖部分，按零星项目编码列项。

5. 附墙烟囱、通风道、垃圾道按设计图示尺寸体积（扣除孔洞所占的体积）计算并入所依附的墙体积内。当设计规定孔洞内需抹灰时，应按规范附录 M 零星抹灰项目编码列项。

6. 台阶挡墙、梯带、厕所蹲台、池槽、池槽腿、砖胎膜、花台、花池、楼梯栏板、阳台栏板、地垄墙及支撑地楞的砖墩，≤0.3 m² 的孔洞填塞等，应按零星砌砖项目编码列项。砖砌锅台与炉灶可按外形尺寸以个计算，砖砌台阶可按水平投影面积以平方米计算，小便槽、地垄墙可按长度计算、其他工程以立方米计算。

7. 砌体内加固钢筋，应按规范附录 E 中相关项目编码列项。

8. 砖砌体勾缝按规范附录 M 中相关项目编码列项。

D.2 砌块砌体。工程量清单项目设置、项目特征描述的内容、计量单位及工程量计算规则，应按表 D.2 的规定执行。

D.2 砌块砌体（编码 010402）

项目编码	项目名称	项目特征	计量单位	工程量计算规则	工程内容
010402001	砌块墙	1.砌块品种、规格、强度等级； 2.墙体类型； 3.砂浆强度等级	m³	同砖墙	1.砂浆制作、运输； 2.砌砖、砌块； 3.勾缝； 4.材料运输
010402002	砌块柱			按设计图示尺寸以体积计算，扣除混凝土及钢筋混凝土梁垫、梁头、板头所占体积	

注：1. 砌体内加固筋、墙体拉结的制作、安装，应按规范附录 E 中相关项目编码列项。

2. 砌体垂直灰缝宽>30 mm 时，采用 C20 细石混凝土灌实。灌筑的混凝土应按规范附录 E 中相关项目编码列项。

D.4 垫层。工程量清单项目设置、项目特征描述的内容、计量单位及工程量计算规则，应按表 D.4 的规定执行。

D.4 垫层（编码 010404）

项目编码	项目名称	项目特征	计量单位	工程量计算规则	工程内容
010404001	垫层	垫层材料种类、配合比、厚度	m³	按设计图示尺寸以立方米计算	1.垫层材料拌制； 2.垫层铺设； 3.材料运输

注：除混凝土垫层应按规范附录 E 中相关项目编码列项外，没有包括垫层要求的清单项目应按本表垫层项目编码列项。

5. E 混凝土及钢筋混凝土工程

E.1 现浇混凝土基础。工程量清单项目设置、项目特征描述的内容、计量单位及工程量计算规则，应按表 E.1 的规定执行。

表 E.1 现浇混凝土基础（编码 010501）

项目编码	项目名称	项目特征	计量单位	工程量计算规则	工程内容
010501001	垫层			按设计图示尺寸以体积计算。不扣除伸入承台基础的桩头所占体积	1. 模板及支架（撑）制作、安装、拆除、堆放、运输及清理模内杂物、刷隔离剂等； 2. 混凝土制作、运输、浇筑、振捣、养护
010501002	带形基础	1. 混凝土种类； 2. 混凝土强度等级			
010501003	独立基础		m³		
010501004	满堂基础				
010501005	桩承台基础				
010501006	设备基础	1. 混凝土种类； 2. 混凝土强度等级； 3. 灌浆材料及其强度等级			

E.2 现浇混凝土柱。工程量清单项目设置、项目特征描述的内容、计量单位及工程量计算规则，应按表 E.2 的规定执行。

表 E.2 现浇混凝土柱（编码 010502）

项目编码	项目名称	项目特征	计量单位	工程量计算规则	工程内容
010502001	矩形柱	1. 混凝土种类； 2. 混凝土强度等级		按设计图示尺寸以体积计算 柱高： 1. 有梁板的柱高，应自柱基上表面（或楼板上表面）至上一层楼板上表面之间的高度计算； 2. 无梁楼板的柱高，应自柱基上表面（或楼板上表面）至柱帽下表面之间的高度计算； 3. 框架柱的柱高，应自柱基上表面至柱顶高度计算； 4. 构造柱按全高计算，嵌接墙体部分（马牙槎）并入柱身体积； 5. 依附于柱上的牛腿和升板的柱帽，并入柱身体积计算	1. 模板及支架（撑）制作、安装、拆除、堆放、运输及清理模内杂物、刷隔离剂等； 2. 混凝土制作、运输、浇筑、振捣、养护
010502002	构造柱				
010502003	异形柱	1. 柱形状； 2. 混凝土种类； 3. 混凝土强度等级	m³		

E.3 现浇混凝土梁。工程量清单项目设置、项目特征描述的内容、计量单位及工程量计算规则，应按表 E.3 的规定执行。

表 E.3　现浇混凝土梁（编码 010503）

项目编码	项目名称	项目特征	计量单位	工程量计算规则	工程内容
010503001	基础梁	1.混凝土种类； 2.混凝土强度等级	m³	按设计图示尺寸以体积计算。伸入墙内的梁头、梁垫并入梁体积内 梁长： 1.梁与柱连接时，梁长算至柱侧面； 2.主梁与次梁连接时，次梁算至梁侧面	1.模板及支架（撑）制作、安装、拆除、堆放、运输及清理模内杂物、刷隔离剂等； 2.混凝土制作、运输、浇筑、振捣、养护
010503002	矩形梁				
010503003	异形梁				
010503004	圈梁				
010503005	过梁				
010503006	弧形、拱形梁				

E.4　现浇混凝土墙。工程量清单项目设置、项目特征描述的内容、计量单位及工程量计算规则，应按表 E.4 的规定执行。

表 E.4　现浇混凝土墙（编码 010504）

项目编码	项目名称	项目特征	计量单位	工程量计算规则	工程内容
010504001	直形墙	1.混凝土种类； 2.混凝土强度等级	m³	按设计图示尺寸以体积计算。扣除门窗洞口及单个面积>0.3 m²的孔洞所占体积，墙垛及突出墙面部分并入墙体积内计算	1.模板及支架（撑）制作、安装、拆除、堆放、运输及清理模内杂物、刷隔离剂等； 2.混凝土制作、运输、浇筑、振捣、养护
010504002	弧形墙				
010504003	短肢剪力墙				
010504004	挡土墙				

E.5　现浇混凝土板。工程量清单项目设置、项目特征描述的内容、计量单位及工程量计算规则，应按表 E.5 的规定执行。

表 E.5　现浇混凝土板（编码 010505）

项目编码	项目名称	项目特征	计量单位	工程量计算规则	工程内容
010505001	有梁板	1.混凝土种类； 2.混凝土强度等级	m³	按图示尺寸以体积计算。不扣除单个面积≤0.3 m²的柱、垛及孔洞所占体积。 压形钢板混凝土楼板扣除构件内压形钢板所占体积。 有梁板（包括主、次梁与板）按梁、板体积之和计算。无梁板按板和柱帽体积之和计算。各类板伸入墙内的板头体积并入板体积内。薄壳板的肋、基梁并入薄壳体积内计算	1.模板及支架（撑）制作、安装、拆除、堆放、运输及清理模内杂物、刷隔离剂等； 2.混凝土制作、运输、浇筑、振捣、养护
010505002	无梁板				
010505003	平板				
010505004	拱板				
010505005	薄壳板				
010505006	拦板				
010505007	天沟（檐沟）、挑檐板				按图示尺寸以体积计算	

（续表）

项目编码	项目名称	项目特征	计量单位	工程量计算规则	工程内容
010505008	雨篷、悬挑板、阳台板	1.混凝土种类； 2.混凝土强度等级	m³	按设计图示尺寸以墙外部分体积计算，包括伸出墙外的牛腿和雨篷反挑檐的体积	1.模板及支架（撑）制作、安装、拆除、堆放、运输及清理模内杂物、刷隔离剂等； 2.混凝土制作、运输、浇筑、振捣、养护
010505009	空心板			按设计图示尺寸以体积计算，空心板（GBF板高强薄壁蜂巢芯板）应扣除空心部分体积	
010505010	其他板			按图示尺寸以体积计算	

注：现浇挑檐、天沟板、雨篷、阳台与板（包括屋面板、楼板）连接时，以外墙外边线为分界线；与圈梁（包括其他梁）连接时，以梁外边线为分界。外边线以外为挑檐、天沟、雨篷或阳台。

E.6　现浇混凝土楼梯。工程量清单项目设置、项目特征描述的内容、计量单位及工程量计算规则，应按表 E.6 的规定执行。

表 E.6　现浇混凝土楼梯（编码 010506）

项目编码	项目名称	项目特征	计量单位	工程量计算规则	工程内容
010506001	直形楼梯	1.混凝土种类； 2.混凝土强度等级	1.m² 2.m³	1.以平方米计量，按设计图示尺寸以水平投影面积计算。不扣除宽度≤500 mm的楼梯井，伸入墙内部分不计算； 2.以立方米计量，按设计图示尺寸以体积计算	1.模板及支架（撑）制作、安装、拆除、堆放、运输及清理模内杂物、刷隔离剂等； 2.混凝土制作、运输、浇筑、振捣、养护
010506002	弧形楼梯				

注：1. 整体楼梯（包括直形楼梯、弧形楼梯）水平投影面积包括休息平台、平台梁、斜梁和楼梯的连接梁，当整体楼梯与现浇楼板无梯梁连接时，以楼梯的最后一个踏步边缘加300 mm为界。
2. GB 50854—2013 广西实施细则规定，E.6 现浇楼梯项目的计量单位取"m²"。

E.7　现浇混凝土其他构件。工程量清单项目设置、项目特征描述的内容、计量单位及工程量计算规则，应按表 E.7 的规定执行。

表 E.7　现浇混凝土其他构件（编码 010507）

项目编码	项目名称	项目特征	计量单位	工程量计算规则	工程内容
010507001	散水、坡道	1.垫层材料种类、厚度； 2.面层厚度； 3.混凝土种类； 4.混凝土强度等级； 5.变形缝填塞材料种类	m²	按设计图示尺寸以水平投影面积计算。不扣除单个≤0.3 m²的孔洞所占面积	1.地基夯实； 2.铺设垫层； 3.模板及支架（撑）制作、安装、拆除、堆放、运输及清理模内杂物、刷隔离剂等； 4.混凝土制作、运输、浇筑、振捣、养护

（续表）

项目编码	项目名称	项目特征	计量单位	工程量计算规则	工程内容
010507002	室外地坪	1.地坪厚度； 2.混凝土强度等级			5.变形缝填塞
010507003	电缆沟、地沟	1.土壤类别； 2.沟截面净空尺寸； 3.垫层材料种类、厚度； 4.混凝土种类； 5.混凝土强度等级； 6.防护材料种类	m	按设计图示以中心线长度计算	1.挖填、运土石方； 2.铺设垫层； 3.模板及支架（撑）制作、安装、拆除、堆放、运输及清理模内杂物、刷隔离剂等； 4.混凝土制作、运输、浇筑、振捣、养护； 5.刷防护材料
010507004	台阶	1.踏步高、宽； 2.混凝土种类； 3.混凝土强度等级	1.m² 2.m³	1.以平方米计量，按设计图示尺寸水平投影面积计算； 2.以立方米计量，按设计图示尺寸以体积计算	1.模板及支架（撑）制作、安装、拆除、堆放、运输及清理模内杂物、刷隔离剂等； 2.混凝土制作、运输、浇筑、振捣、养护
010507005	扶手、压顶	1.断面尺寸； 2.混凝土种类； 3.混凝土强度等级	1.m 2.m³	1.以米计量，按设计图示的中心线延长米计算； 2.以立方米计量，按设计图示尺寸以体积计算	1.模板及支架（撑）制作、安装、拆除、堆放、运输及清理模内杂物、刷隔离剂等； 2.混凝土制作、运输、浇筑、振捣、养护
010507006	化粪池、检查井	1.部位； 2.混凝土强度等级； 3.防水、渗要求	1.m³ 2.座	1.以立方米计量，按设计图示尺寸以体积计算； 2.以座计量，按设计图示数量计算	
010507007	其他构件	1.构件的类型； 2.构件规格； 3.部位； 4.混凝土种类； 5.混凝土强度等级	m³		

注："台阶"项目，按 GB 50854—2013 广西实施细则规定，计量单位取"m³"。

E.8 后浇带。工程量清单项目设置、项目特征描述的内容、计量单位及工程量计算规则，应按表 E.8 的规定执行。

表 E.8　后浇带（编码 010508）

项目编码	项目名称	项目特征	计量单位	工程量计算规则	工程内容
010508001	后浇带	1. 混凝土种类；	m³	按设计图示尺寸以体积计算	1.模板及支架（撑）制作、安装、拆除、堆放、运输及清理模内杂物、刷隔离剂等；

（续表）

项目编码	项目名称	项目特征	计量单位	工程量计算规则	工程内容
010508001	后浇带	2.混凝土强度等级	m³	按设计图示尺寸以体积计算	2.混凝土制作、运输、浇筑、振捣、养护及混凝土交接面、钢筋等清理

E.9 预制混凝土柱。工程量清单项目设置、项目特征描述的内容、计量单位及工程量计算规则，应按表 E.9 的规定执行。

表 E.9　预制混凝土柱（编码 010509）

项目编码	项目名称	项目特征	计量单位	工程量计算规则	工程内容
010509001	矩形柱	1.图代号； 2.单件体积； 3.安装高度； 4.混凝土强度等级； 5.砂浆（细石混凝土）强度等级、配合比	1.m³ 2.根	1.以立方米计量，按设计图示尺寸以体积计算； 2.以根计量，按设计图示尺寸数量计算	1.模板及支架（撑）制作、安装、拆除、堆放、运输及清理模内杂物、刷隔离剂等； 2.混凝土制作、运输、浇筑、振捣、养护； 3.构件运输、安装； 4.砂浆制作、运输； 5.接头灌缝、养护
010509002	异形柱				

注：E.9 预制混凝土柱项目，按 GB 50854—2013 广西实施细则规定，计量单位取"m³"。

E.10 预制混凝土梁。工程量清单项目设置、项目特征描述的内容、计量单位及工程量计算规则，应按表 E.10 的规定执行。

表 E.10　预制混凝土梁（编码 010510）

项目编码	项目名称	项目特征	计量单位	工程量计算规则	工程内容
010510001	矩形梁	1.图代号； 2.单件体积； 3.安装高度； 4.混凝土强度等级； 5.砂浆（细石混凝土）强度等级、配合比	1.m³ 2.根	1.以立方米计量，按设计图示尺寸以体积计算； 2.以根计量，按设计图示尺寸数量计算	1.模板及支架（撑）制作、安装、拆除、堆放、运输及清理模内杂物、刷隔离剂等； 2.混凝土制作、运输、浇筑、振捣、养护； 3.构件运输、安装； 4.砂浆制作、运输； 5.接头灌缝、养护
010510002	异形梁				
010510003	过梁				
010510004	拱形梁				
010510005	鱼腹式吊车梁				
010510006	其他梁				

注：E.10 预制混凝土梁项目，按 GB 50854—2013 广西实施细则规定，计量单位取"m³"。

E.11 预制混凝土屋架。工程量清单项目设置、项目特征描述的内容、计量单位及工程量计算规则，应按表 E.11 的规定执行。

表 E.11　预制混凝土屋架（编码 010511）

项目编码	项目名称	项目特征	计量单位	工程量计算规则	工程内容
010511001	折线型	1.图代号； 2.单件体积； 3.安装高度； 4.混凝土强度等级； 5.砂浆（细石混凝土）强度等级、配合比	1.m³ 2.榀	1.以立方米计量，按设计图示尺寸以体积计算； 2.以榀计量，按设计图示尺寸数量计算	同预制混凝土梁
010511002	组合				
010511003	薄腹				
010511004	门式刚架				
010511005	天窗架				

注：E.11 预制混凝土屋架项目，按 GB 50854—2013 广西实施细则规定，计量单位取"m³"。

E.12 预制混凝土板。工程量清单项目设置、项目特征描述的内容、计量单位及工程量计算规则，应按表 E.12 的规定执行。

表 E.12　预制混凝土板（编码 010512）

项目编码	项目名称	项目特征	计量单位	工程量计算规则	工程内容
010512001	平板	1.图代号； 2.单件体积； 3.安装高度； 4.混凝土强度等级； 5.砂浆（细石混凝土）强度等级、配合比	1.m³ 2.块	1.以立方米计量，按设计图示尺寸以体积计算，不扣除单个面积≤300 mm×300 mm 的孔洞所占体积，扣除空心板空洞体积； 2.以块计量，按设计图示尺寸以数量计算	1.模板及支架（撑）制作、安装、拆除、堆放、运输及清理模内杂物、刷隔离剂等； 2.混凝土制作、运输、浇筑、振捣、养护； 3.构件运输、安装； 4.砂浆制作、运输； 5.接头灌缝、养护
010512002	空心板				
010512003	槽形板				
010512004	网架板				
010512005	折线板				
010512006	带助板				
010512007	大型板				
010512008	沟盖板、井盖板、井圈	1.单件体积； 2.安装高度； 3.混凝土强度等级； 4.砂浆强度等级、配合比	1.m³ 2.块（套）	1.以立方米计量，按设计图示尺寸以体积计算； 2.以块计量，按设计图示尺寸以数量计算	

注：E.12 预制混凝土板项目，按 GB 50854—2013 广西实施细则规定，计量单位取"m³"。

E.13 预制混凝土楼梯。工程量清单项目设置、项目特征描述的内容、计量单位及工程量计算规则，应按表 E.13 的规定执行。

表 E.13 预制混凝土楼梯（编码 010513）

项目编码	项目名称	项目特征	计量单位	工程量计算规则	工程内容
010513001	楼梯	1.楼梯类型； 2.单件体积； 3.混凝土强度等级； 4.砂浆（细石混凝土）强度等级	1.m³ 2.段	1.以立方米计量，按设计图示尺寸以体积计算，扣除空心踏步板空洞体积； 2.以段计量，按设计图示尺寸数量计算	1.模板及支架（撑）制作、安装、拆除、堆放、运输及清理模内杂物、刷隔离剂等； 2.混凝土制作、运输、浇筑、振捣、养护； 3.构件运输、安装； 4.砂浆制作、运输； 5.接头灌缝、养护

注：E.13 预制混凝土楼梯项目，按 GB 50854—2013 广西实施细则规定，计量单位取"m³"。

E.14 其他预制构件。工程量清单项目设置、项目特征描述的内容、计量单位及工程量计算规则，应按表 E.14 的规定执行。

表 E.14 其他预制构件（编码 010514）

项目编码	项目名称	项目特征	计量单位	工程量计算规则	工程内容
010514001	烟道、垃圾道、通风道	1.单件体积； 2.混凝土强度等级； 3.砂浆强度等级	1.m³ 2.m² 3.根（块、套）	1.以立方米计量，按设计图示尺寸以体积计算，不扣除单个面积≤300 mm×300 mm 的孔洞所占体积，扣除烟道、垃圾道、通风道的孔洞所占体积； 2.以平方米计量，按设计图示尺寸以面积计算。不扣除单个面积≤300 mm×300 mm 的孔洞所占面积； 3.以根计量，按设计图示尺寸数量计算	1.模板及支架（撑）制作、安装、拆除、堆放、运输及清理模内杂物、刷隔离剂等； 2.混凝土制作、运输、浇筑、振捣、养护及混凝土交接面、钢筋等清理； 3.构件运输、安装； 4.砂浆制作、运输； 5.接头灌缝、养护
010514002	其他构件	1.单件体积； 2.构件的类型； 3.混凝土强度等级； 4.砂浆强度等级			
桂 010514003	预制桩制作	1.桩类型； 2.材料种类、配合比； 3.其他	m³	按桩全长（包括桩尖，不扣除桩尖虚体积）乘以桩断面（空心桩应扣除孔洞体积）以立方米计算	1.混凝土水平运输； 2.清理、润湿模板、浇筑、养护； 3.构件场内运输、堆放
桂 010514003	桩尖	1.桩类型； 2.材料种类、配合比； 3.其他	1.个 2.kg	1.混凝土桩尖按虚体积（不扣除桩尖虚体积部分）计算； 2.钢桩尖按重量计算	1.材料制作、安装、水平运输； 2.清理、润湿模板、浇筑、养护； 3.构件场内运输、堆放

注：1. 按 GB 50854—2013 广西实施细则规定，010514001 和 010514002 项目计量单位取"m³"。

2. 项目编码前附"桂"字表示为 GB 50854—2013 广西实施细则补充清单项目及工程计算规则。

E.15 钢筋工程。工程量清单项目设置、项目特征描述的内容、计量单位及工程量计算规则，应按表 E.15 的规定执行。

表 E.15　钢筋工程（编码 010515）

项目编码	项目名称	项目特征	计量单位	工程量计算规则	工程内容
010515001	现浇构件钢筋	钢筋种类、规格	t	按设计图示钢筋（网）长度（面积）乘以单位理论质量计算	1.钢筋制作、运输； 2.钢筋安装； 3.焊接（绑扎）
010515002	预制构件钢筋				
010515003	钢筋网片				1.钢筋网制作、运输； 2.钢筋网安装； 3.焊接（绑扎）
010515004	钢筋笼				1.钢筋笼制作、运输； 2.钢筋笼安装； 3.焊接（绑扎）
010515005	先张法预应力钢筋	1.钢筋种类、规格； 2.锚具种类		按设计图示钢筋长度乘以单位理论质量计算	1.钢筋制作、运输； 2.钢筋张拉
010515006	后张法预应力钢筋	1.钢筋种类、规格； 2.钢丝种类、规格； 3.钢绞线种类、规格； 4.锚具种类； 5.砂浆强度等级		按设计图示钢筋（丝束、绞线）长度乘单位理论质量计算。 1.低合金钢筋两端均采用螺杆锚具时，钢筋长度按孔道长度减 0.35 m 计算，螺杆另行计算； 2.低合金钢筋一端采用镦头插片，另一端采用螺杆锚具时，钢筋长度按孔道长度计算，螺杆另行计算； 3.低合金钢筋一端采用镦头插片，另一端采用帮条锚具时，钢筋长度增加 0.15 m；两端均采用帮条锚具时，钢筋长度按孔道长度增加 0.3 m 计算； 4.低合金钢筋采用后张混凝土自锚时，钢筋长度按孔道长度增加 0.35 m 计算；	1.钢筋、钢丝、钢绞线制作、运输； 2.钢筋、钢丝、钢绞线安装； 3.预埋管孔道铺设； 4.锚具安装； 5.砂浆制作、运输； 6.孔道压浆、养护
010515007	预应力钢丝				

（续表）

项目编码	项目名称	项目特征	计量单位	工程量计算规则	工程内容
010515008	预应力钢绞线			5.低合金钢筋（钢绞线）采用JM、XM、QM型锚具，孔道长度≤20 m时，钢筋长度增加1 m计算；孔道长度＞20 m时，钢筋长度增加1.8 m计算； 6.碳素钢丝采用锥形锚具，孔道长≤20 m时，钢丝束长度按孔道长度增加1m计算；孔道长＞20 m时，钢丝束长度按孔道长度增加1.8 m计算； 7.碳素钢丝两端采用镦头锚具时，钢丝束长度按孔道长度增加0.35 m计算	
010515009	支撑钢筋（铁马）	1.钢筋种类； 2.规格		按设计钢筋长度乘以单位理论质量计算	钢筋制作、焊接、安装
010515010	声测管	1.材质； 2.规格型号		按设计图示尺寸以质量计算	1.检测管截断、封头； 2.套管制作、焊接； 3.定位、固定
桂010515011	砌体加固钢筋	钢筋种类、规格	t	按设计钢筋长度乘以单位理论质量计算	1.钢筋制作、运输； 2.钢筋安装
桂010515012	植筋	钢筋种类、规格	根	分不同的直径按植钢筋以根计算	1.机具准备、安位放线； 2.钻孔、清孔、填结构胶、植入钢筋； 3.养护
桂010515013	楼地面、屋面、墙面、护坡面钢筋网片	1.钢筋种类、规格； 2.规格网片间距	m²	按钢筋设计图示尺寸以平方米计算	钢筋网片制作、安装

注：项目编码前附"桂"字表示为 GB 50854—2013 广西实施细则补充清单项目及工程计算规则。

E.16　螺栓、铁件。工程量清单项目设置、项目特征描述的内容、计量单位及工程量计算规则，应按表 E.16 的规定执行。

表 E.16 螺栓、铁件（编码 010516）

项目编码	项目名称	项目特征	计量单位	工程量计算规则	工程内容
010516001	螺栓	1.螺栓种类； 2.规格	t	按设计图示尺寸以质量计算	1.螺栓、铁件制作、运输； 2.螺栓、铁件安装
010516002	预埋铁件	1.钢材种类； 2.规格； 3.铁件尺寸			
010516003	机械连接	1.连接方式； 2.螺纹套筒种类； 3.规格	个	按数量计算	1.钢筋套丝； 2.套筒连接

6. F 金属结构工程

F.1 钢网架。工程量清单项目设置、项目特征描述的内容、计量单位及工程量计算规则，应按表 F.1 的规定执行。

表 F.1 钢网架（编码 010601）

项目编码	项目名称	项目特征	计量单位	工程量计算规则	工程内容
010601001	钢网架	1.钢材品种、规格； 2.网架节点形式、连接方式； 3.网架跨度、安装高度； 4.探伤要求； 5.防火要求	t	按设计图示尺寸以质量计算。不扣除孔眼的质量，焊条、铆钉等不另增加质量	1.拼装； 2.安装； 3.探伤； 4.补刷油漆

F.2 钢屋架、钢托架、钢桁架、钢桥架。工程量清单项目设置、项目特征描述的内容、计量单位及工程量计算规则，应按表 F.2 的规定执行。

表 F.2 钢屋架、钢托架、钢桁架、钢架桥（编码 010602）

项目编码	项目名称	项目特征	计量单位	工程量计算规则	工程内容
010602001	钢屋架	1.钢材品种、规格； 2.单榀重量； 3.屋架跨度、安装高度； 4.螺栓种类； 5.探伤要求； 6.防火要求	1.榀 2.t	1.以榀计量，按设计图示尺寸以数量计算； 2.以吨计量，按设计图示尺寸以质量计算。不扣除孔眼的质量，焊条、铆钉、螺栓等不另增加质量	1.拼装； 2.安装； 3.探伤； 4.补刷油漆

（续表）

项目编码	项目名称	项目特征	计量单位	工程量计算规则	工程内容
010602002	钢托架	1.钢材品种、规格； 2.单榀重量； 3.安装高度；	t	按设计图示尺寸以质量计算。不扣除孔眼的质量，焊条、铆钉、螺栓等不另增加质量	1.拼装； 2.安装； 3.探伤； 4.补刷油漆
010602003	钢桁架	4.螺栓种类； 5.探伤要求； 6.防火要求			
010602004	钢架桥	1.桥类型； 2.钢材品种、规格； 3.单榀重量； 4.安装高度； 5.螺栓种类； 6.探伤要求			

注："钢屋架"项目，按 GB 50854—2013 广西实施细则规定，计量单位取"t"。

F.3 钢柱。工程量清单项目设置、项目特征描述的内容、计量单位及工程量计算规则，应按表 F.3 的规定执行。

表 F.3　钢柱（编码 010603）

项目编码	项目名称	项目特征	计量单位	工程量计算规则	工程内容
010603001	实腹柱	1.柱类型； 2.钢材品种、规格； 3.单根柱质量；	t	按设计图示尺寸以质量计算。不扣除孔眼的质量，焊条、铆钉、螺栓等不另增加质量，依附在钢柱上的牛腿及悬臂梁等并入钢柱工程量内	1.拼装； 2.安装； 3.探伤； 4.补刷油漆
010603002	空腹柱	4.螺栓种类； 5.探伤要求； 6.防火要求			
010603003	钢管柱	1.钢材品种、规格； 2.单根柱质量； 3.螺栓种类； 4.探伤要求； 5.防火要求		按设计图示尺寸以质量计算。不扣除孔眼的质量，焊条、铆钉、螺栓等不另增加质量，钢管柱上的节点板、加强环、内衬管、牛腿等并入钢管柱工程量内	

F.4 钢梁。工程量清单项目设置、项目特征描述的内容、计量单位及工程量计算规则，应按表 F.4 的规定执行。

表 F.4　钢梁（编码 010604）

项目编码	项目名称	项目特征	计量单位	工程量计算规则	工程内容
010604001	钢梁	1.梁类型； 2.钢材品种、规格； 3.单根质量； 4.螺栓种类； 5.安装高度； 6.探伤要求； 7.防火要求	t	按设计图示尺寸以质量计算。不扣除孔眼的质量，焊条、铆钉、螺栓等不另增加质量，制动梁、制动板、制动桁架、车挡并入钢吊车梁工程量内	1.拼装； 2.安装； 3.探伤； 4.补刷油漆
010604002	钢吊车梁	1.钢材品种、规格； 2.单根柱质量； 3.螺栓种类； 4.安装高度； 5.探伤要求； 6.防火要求			

F.5　钢板楼板、墙板。工程量清单项目设置、项目特征描述的内容、计量单位及工程量计算规则，应按表 F.5 的规定执行。

表 F.5　钢板楼板、墙板（编码 010605）

项目编码	项目名称	项目特征	计量单位	工程量计算规则	工程内容
010605001	钢板楼板	1.钢材品种、规格； 2.钢板厚度； 3.螺栓种类； 4.防火要求	m²	按设计图示尺寸以铺设水平投影面积计算。不扣除单个面积≤0.3 m² 的柱、垛及孔洞所占面积	1.拼装； 2.安装； 3.探伤； 4.补刷油漆
010605002	钢板墙板	1.钢材品种、规格； 2.钢板厚度量、复合板厚度； 3.螺栓种类； 4.复合板夹芯材料种类、层数、型号、规格； 5.防火要求		按设计图示尺寸以铺挂展开面积计算。不扣除单个面积≤0.3 m² 的梁、孔洞所占面积，包角、包边、窗台泛水等不另增加面积	

F.7　金属制品。工程量清单项目设置、项目特征描述的内容、计量单位及工程量计算规则，应按表 F.7 的规定执行。

表 F.7　金属制品（编码 010607）

项目编码	项目名称	项目特征	计量单位	工程量计算规则	工程内容
010607001	成品空调金属百页护栏	1.材料品种、规格；2.边框材质	m²	按设计图示尺寸以框外围展开面积计算	1.安装；2.校正；3.预埋铁件及安装螺栓
010607002	成品栅栏	1.材料品种、规格；2.边框及立柱型钢品种、规格			1.安装；2.校正；3.预埋铁件；4.螺栓安装及金属立柱
010607003	成品雨篷	1.材料品种、规格；2.雨篷宽度；3.晾衣杆品种、规格	1.m 2.m²	1.以米计量，按设计图示接触边以米计算；2.以平方米计量，按设计图示尺寸以展开面积计算	1.安装；2.校正；3.预埋铁件及安装螺栓
010607004	金属网栏	1.材料品种、规格；2.边框及立柱型钢品种、规格	m²	按设计图示尺寸以框外围展开面积计算	1.安装；2.校正；3.预埋铁件及安装螺栓

7. G 木结构工程（略）

8. H 门窗工程

H.1　木门。工程量清单项目设置、项目特征描述的内容、计量单位及工程量计算规则，应按表 H.1 的规定执行。

表 H.1　木门（编码 010801）

项目编码	项目名称	项目特征	计量单位	工程量计算规则	工程内容
010801001	木质门	1.门代号及门洞尺寸；2.镶嵌玻璃品种、厚度	1.樘 2.m²	1.以樘计量，按设计图示数量计算；2.以平方米计量，按设计图示洞口尺寸以面积计算	1.门安装；2.玻璃安装；3.五金安装
010801002	木质门带套				
010801003	木质连窗门				
010801004	木质防火门				
010801005	木门框	1.门代号及门洞尺寸；2.框截面尺寸；3.防护材料种类	1.樘 2.m	1.以樘计量，按设计图示数量计算；2.以米计量，按设计图示框的中心线以延长米计算	1.木门框制作、安装；2.运输；3.刷防护材料
010801006	门锁安装	1.锁品种；2.锁规格	个（套）	按设计图示数量计算	安装

注：按 GB 50854—2013 广西实施细则规定，表中 010801001～010801004 项目，计量单位取"m²"。010801005 项目，计量单位取"m"。

H.2 金属门。工程量清单项目设置、项目特征描述的内容、计量单位及工程量计算规则，应按表 H.2 的规定执行。

表 H.2　金属门（编码 010802）

项目编码	项目名称	项目特征	计量单位	工程量计算规则	工程内容
010802001	金属（塑钢）门	1.门代号及门洞尺寸； 2.门框或扇外围尺寸； 3.门框、扇材质； 4.玻璃品种、厚度	1.樘 2.m²	1.以樘计量，按设计图示数量计算； 2.以平方米计量，按设计图示洞口尺寸以面积计算	1.门安装； 2.玻璃安装； 3.五金安装
010802002	彩板门	1.门代号及门洞尺寸； 2.门框或扇外围尺寸			
010802003	钢质防火门	1.门代号及门洞尺寸； 2.门框或扇外围尺寸； 3.门框、扇材质			1.门安装； 2.五金安装
010802004	防盗门				
桂010802005	铁栅门	1.门代号及门洞尺寸； 2.门框或扇外围尺寸； 3.门框、扇材质	t	按设计图示尺寸以吨计算	1.门制作、运输、安装； 2.刷防锈漆； 3.五金安装

注：1. 表中计算单位为"樘/m²"的项目，按 GB 50854—2013 广西实施细则规定，计量单位取"m²"。

　　2. 项目编码前附"桂"字表示为 GB 50854—2013 广西实施细则补充清单项目及工程计算规则。

H.3 金属卷帘（闸）门。工程量清单项目设置、项目特征描述的内容、计量单位及工程量计算规则，应按表 H.3 的规定执行。

表 H.3　金属卷帘（闸）门（编码 010803）

项目编码	项目名称	项目特征	计量单位	工程量计算规则	工程内容
010803001	金属卷帘（闸）门	1.门代号及门洞尺寸； 2.门材质； 3.启动装置品种、规格	1.樘 2.m²	1.以樘计量，按设计图示数量计算； 2.以平方米计量，按设计图示洞口尺寸以面积计算	1.门运输、安装； 2.启动装置、活动小门、五金安装
010803002	防火卷帘（闸）门				

注：H.3 金属卷帘（闸）门项目，按 GB 50854—2013 广西实施细则规定，计量单位取"m²"。

H.4 其他门。工程量清单项目设置、项目特征描述的内容、计量单位及工程量计算规则，应按表 H.4 的规定执行。

表 H.4 其他门（编码 010804）

项目编码	项目名称	项目特征	计量单位	工程量计算规则	工程内容
010804001	电子感应门	1.门代号及门洞尺寸； 2.门框或扇外围尺寸； 3.门框、扇材质；	1.樘 2.m²	1.以樘计量，按设计图示数量计算； 2.以平方米计量，按设计图示洞口尺寸以面积计算	1.门安装； 2.启动装置、五金、电子配件安装
010804002	旋转门	4.玻璃品种、厚度； 5.启动装置品种、规格； 6.电子配件品种、规格			
010804003	电子对讲门	1.门代号及门洞尺寸； 2.门框或扇外围尺寸； 3.门材质；			
010804004	电动伸缩门	4.玻璃品种、厚度； 5.启动装置品种、规格； 6.电子配件品种、规格			
010804005	全玻自由门	1.门代号及门洞尺寸； 2.门框或扇外围尺寸； 3.框材质； 4.玻璃品种、厚度			1.门安装； 2.五金安装
010804006	镜面不锈钢饰面门	1.门代号及门洞尺寸； 2.门框或扇外围尺寸； 3.框、扇材质； 4.玻璃品种、厚度			
010804007	复合材料门				

H.5 木窗。工程量清单项目设置、项目特征描述的内容、计量单位及工程量计算规则，应按表 H.5 的规定执行。

表 H.5 木窗（编码 010805）

项目编码	项目名称	项目特征	计量单位	工程量计算规则	工程内容
010805001	木质窗	1.窗代号及洞口尺寸； 2.玻璃品种、厚度	1.樘 2.m²	1.以樘计量，按设计图示数量计算； 2.以平方米计量，按设计图示洞口尺寸以面积计算	1.窗安装； 2.五金、玻璃安装
010805002	木飘窗				
010805003	木橱窗	1.窗代号； 2.框截面及外围展开面积； 3.玻璃品种、厚度； 4.防护材料种类		1.以樘计量，按设计图示数量计算； 2.以平方米计量，按设计图示尺寸以框外围展开面积计算	1.窗制作、运输、安装； 2.五金、玻璃安装； 3.刷防护材料
010805004	木纱窗	1.窗代号及门洞尺寸； 2.窗纱材料品种、规格		1.以樘计量，按设计图示数量计算； 2.以平方米计量，按框的外围尺寸以面积计算	1.窗安装； 2.五金安装

注：按 GB 50854—2013 广西实施细则规定，表中 010805001 和 010805004 项目，计量单位取"m²"。

H.6 金属窗。工程量清单项目设置、项目特征描述的内容、计量单位及工程量计算规则，应按表 H.7 的规定执行。

表 H.6　金属窗（编码 010806）

项目编码	项目名称	项目特征	计量单位	工程量计算规则	工程内容
010806001	金属（塑钢、断桥）窗	1.窗代号及洞口尺寸； 2.框、扇材质； 3.玻璃品种、厚度	1.樘 2.m²	1.以樘计量，按设计图示数量计算； 2.以平方米计量，按设计图示洞口尺寸以面积计算	1.窗安装； 2.五金安装
010806002	金属防火窗				
010806003	金属百叶窗				
010806004	金属纱窗	1.窗代号及框外围尺寸； 2.框材质； 3.窗纱材料品种、规格			
010806005	金属格栅窗	1.窗代号及洞口尺寸； 2.框外围尺寸； 3.框、扇材质		1.以樘计量，按设计图示数量计算； 2.以平方米计量，按设计图示洞口尺寸以面积计算	1.窗安装； 2.五金安装
010806006	金属（塑钢、断桥）橱窗	1.窗代号； 2.框外围展开面积； 3.框、扇材质； 4.玻璃品种、厚度； 5.防护材料种类	1.樘 2.m²	1.以樘计量，按设计图示数量计算； 2.以平方米计量，按设计图示尺寸以框外围展开面积计算	1.窗制作、运输、安装； 2.五金、玻璃安装； 3.刷防护材料
010806007	金属（塑钢、断桥）飘窗	1.窗代号； 2.框外围展开面积； 3.框、扇材质； 4.玻璃品种、厚度			1.窗安装； 2.五金、玻璃安装
010806008	彩板窗	1.窗代号及洞口尺寸； 2.框外围展开面积； 3.框、扇材质； 4.玻璃品种、厚度		1.以樘计量，按设计图示数量计算； 2.以平方米计量，按设计图示尺寸以框外围展开面积计算	
010806009	复合材料窗				
桂010806010	带纱金属窗	1.窗代号及洞口尺寸； 2.框、扇材质； 3.玻璃品种、厚度； 4.窗纱材料品种、规格	m²	按设计洞口面积以平方米计算	1.窗制作、运输、安装； 2.五金、玻璃安装

注：1. 按 GB 50854—2013 广西实施细则规定，表中 010806003 和 010806007 项目，计量单位取"m²"。

2. 项目编码前附"桂"字表示为 GB 50854—2013 广西实施细则补充清单项目及工程计算规则。

H.7 门窗套。工程量清单项目设置、项目特征描述的内容、计量单位及工程量计算规则，应按表 H.8 的规定执行。

表 H.7 门窗套（编码 010807）

项目编码	项目名称	项目特征	计量单位	工程量计算规则	工程内容
010807001	木门窗套	1.窗代号及洞口尺寸； 2.门窗套展开宽度； 3.基层材料种类； 4.面层材料品种、规格； 5.线条品种、规格； 6.防护材料种类	1.樘 2.m² 3.m	1.以樘计量，按设计图示数量计算； 2.以平方米计量，按设计图示尺寸以展开面积计算； 3.以米计量，按设计图示中心线延长米计算	1.清理基层； 2.立筋制作、安装； 3.基层板安装； 4.面层铺贴； 5.线条安装； 6.刷防护材料
010807004	金属门窗套	1.窗代号及洞口尺寸； 2.门窗套展开宽度； 3.基层材料种类； 4.面层材料品种、规格； 5.防护材料种类			1.清理基层； 2.立筋制作、安装； 3.基层板安装； 4.面层铺贴； 5.刷防护材料
010807005	石材门窗套	1.窗代号及洞口尺寸； 2.门窗套展开宽度； 3.黏结层厚度、砂浆配合比； 4.面层材料品种、规格； 5.线条品种、规格			1.清理基层； 2.立筋制作、安装； 3.基层板安装； 4.面层铺贴； 5.线条安装
010807007	成品门窗套	1.窗代号及洞口尺寸； 2.门窗套展开宽度； 3 门窗套材料品种、规格			1.清理基层； 2.立筋制作、安装； 3.板安装
010807006	门窗木贴脸	1.窗代号及洞口尺寸； 2.贴脸板宽度； 3.防护材料种类	1.樘 2.m	1.以樘计量，按设计图示数量计算； 2.以米计量，按设计图示尺寸以延长米计算	安装

注：按 GB 50854—2013 广西实施细则规定，表中 010807001、010807004、010807005、项目，计量单位取"m²"。

H.8 窗台板。工程量清单项目设置、项目特征描述的内容、计量单位及工程量计算规则，应按表 H.8 的规定执行。

表 H.8 窗台板（编码 010808）

项目编码	项目名称	项目特征	计量单位	工程量计算规则	工程内容
010808001	木窗台板	1.基层材料种类； 2.窗台面板材质、规格、颜色； 3.防护材料种类	m²	按设计图示尺寸以展开面积计算	1.清理基层； 2.基层制作、安装； 3.窗台板制作、安装； 4.刷防护材料
010808002	铝塑窗台板				
010808003	金属窗台板				

（续表）

项目编码	项目名称	项目特征	计量单位	工程量计算规则	工程内容
010808004	石材窗台板	1.黏结层厚度、砂浆配合比； 2 窗台板材质、规格、颜色	m²	按设计图示尺寸以展开面积计算	1.清理基层； 2.抹找平层； 3.窗台板制作、安装

H.9 窗帘、窗帘盒、轨。工程量清单项目设置、项目特征描述的内容、计量单位及工程量计算规则，应按表 H.9 的规定执行。

表 H.9 窗帘、窗帘盒、轨（编码 01089）

项目编码	项目名称	项目特征	计量单位	工程量计算规则	工程内容
01089001	窗帘	1.窗帘材质； 2.窗帘高度、宽度； 3.窗帘层数； 4.带幔要求	1.m 2.m²	1.以米计量，按设计图示尺寸以成活后长度计算； 2.以平方米计量，按图示尺寸以成活后展开面积计算	1.制作、运输； 2.安装
01089002	木窗帘盒	1.窗帘盒材质、规格； 2.防护材料种类	m	按设计图示尺寸以长度计算	1.制作、运输、安装； 2.刷防护材料
01089003	饰面夹板、塑料窗帘盒				
01089004	铝合金窗帘盒				
01089005	窗帘轨	1.窗帘轨材质、规格； 2.轨的数量； 3.防护材料种类			

9. J 屋面及防水工程

J.1 瓦、型材及其他屋面。工程量清单项目设置、项目特征描述的内容、计量单位及工程量计算规则，应按表 J.1 的规定执行。

表 J.1 瓦、型材及其他屋面（编码 010901）

项目编码	项目名称	项目特征	计量单位	工程量计算规则	工程内容
010901001	瓦屋面	1.瓦品种、规格； 2.黏结层砂浆配合比	m²	按设计图中尺寸以斜面积计算，不扣除房上烟囱、风帽底座、风道、小气窗、斜沟等所占面积，小气窗的出檐部分不增加面积	1.砂浆制作、运输、摊铺、养护； 2.安瓦、作瓦脊
010901002	型材屋面	1.型材品种、规格； 2.金属檩条材料品种、规格； 3.接缝、嵌缝材料种类	m²		1.檩条制作、运输、安装； 2.屋面型材安装； 3.接缝、嵌缝

（续表）

项目编码	项目名称	项目特征	计量单位	工程量计算规则	工程内容
010901003	阳光板材屋面	1.阳光板种、规格； 2.骨架材料品种、规格； 3.接缝、嵌缝材料种类； 4.油漆品种、刷漆遍数	m²	按设计图中尺寸以斜面积计算，不扣除屋面面积≤0.3 m²的孔洞所占面积	1.骨架制作、运输、安装，刷防腐材料、油漆； 2.阳光板安装； 3.接缝、嵌缝
010901004	玻璃钢屋面	1.玻璃钢板种、规格； 2.骨架材料品种、规格； 3.玻璃钢固定方式； 4.接缝、嵌缝材料种类； 5.油漆品种、刷漆遍数			1.骨架制作、运输、安装，刷防腐材料、油漆； 2.玻璃钢制作、安装； 3.接缝、嵌缝
桂 010901006	种植屋面	1.土质种类、要求； 2.其他	m³	按设计图示尺寸以立方米计算	清理基层、覆土

注：项目编码前附"桂"字表示为 GB 50854—2013 广西实施细则补充清单项目及工程计算规则。

J.2 屋面防水及其他。工程量清单项目设置、项目特征描述的内容、计量单位及工程量计算规则，应按表 J.2 的规定执行。

表 J.2 屋面防水及其他（编码 010902）

项目编码	项目名称	项目特征	计量单位	工程量计算规则	工程内容
010902001	屋面卷材防水	1.卷材品种、规格、厚度； 2.防水层做法； 3.防水层数	m²	按设计图示尺寸以面积计算： 1.斜屋顶（不包括平屋顶找坡）按斜面积计算，平屋顶按水平投影面积计算； 2.不扣除房上烟囱、风帽底座、风道、屋顶小气窗和斜沟所占面积； 3.屋面女儿墙、伸缩缝和天窗等处弯起部分，并入屋面工程量内	1.基层处理； 2.刷底油； 3.铺油毡卷材、接缝
010902002	屋面涂膜防水	1.防水膜品种； 2.涂膜厚度、遍数； 3.增强材料种类			1.基层处理； 2.刷基层处理剂； 3.铺布、喷涂防水层
010902003	屋面刚性层	1.刚性层厚度； 2.混凝土种类； 3.混凝土强度等级； 4.嵌缝材料种类； 5.钢筋规格、型号	m²	按设计图示尺寸以面积计算，不扣除房上烟囱、风帽底座、风道等所占的面积	1.基层处理； 2.混凝土制作、运输、铺筑、养护； 3.钢筋制作、安装

（续表）

项目编码	项目名称	项目特征	计量单位	工程量计算规则	工程内容
010902004	屋面排水管	1.排水管品种、规格； 2.雨水斗、山墙出水口品种、规格； 3.接缝、嵌缝材料种类； 4.油漆品种、刷漆遍数	m	按设计图示尺寸以长度计算，如设计未标柱尺寸，以檐口至设计室外散水上表面垂直距离计算	1.排水管及配件安装、固定； 2.雨水斗、山墙出水口、雨水箅子安装； 3.接缝、嵌缝； 4.刷漆
010902005	屋面排（透）气管	1.排（透）气管品种、规格； 2.接缝、嵌缝材料种类； 3.油漆品种、刷漆遍数		按设计图示尺寸以长度计算	1.排（透）气管及配件安装、固定； 2.铁件制作、安装； 3.接缝、嵌缝； 4.刷漆
010902006	屋面（廊、阳台）泄（吐）水管	1.吐水管品种、规格； 2.接缝、嵌缝材料种类； 3.吐水管长度； 4.油漆品种、刷漆遍数	根（个）	按设计图示数量计算	1.水管及配件安装、固定； 2.接缝、嵌缝； 3.刷漆
010902007	屋面天沟、檐沟	1.材料品种、规格； 2.接缝、嵌缝材料种类	m²	按设计图示尺寸以展开面积计算	1.天沟材料铺设； 2.天沟配件安装； 3.接缝、嵌缝； 4.刷防护材料
010902008	屋面变形缝	1.嵌缝材料种类； 2.止水带材料种类； 3.盖缝材料； 4.防护材料种类	m	按设计图示以长度计算	1.清缝； 2.填塞防护材料； 3.止水带安装； 4.盖缝制作、安装； 5.刷防护材料
桂010902009	屋面型钢天沟	1.材料品种、规格； 2.接缝、嵌缝材料种类	t	按设计图示尺寸以质量计算	1.天沟材料铺设； 2.天沟配件安装； 3.接缝、嵌缝； 4.刷防护材料
桂010902010	屋面不锈钢天沟	1.材料品种、规格； 2.接缝、嵌缝材料种类	m	按设计图示尺寸以延长米计算	1.天沟材料铺设； 2.天沟配件安装； 3.接缝、嵌缝； 4.刷防护材料
桂010902011	屋面单层彩钢板天沟	1.材料品种、规格； 2.接缝、嵌缝材料种类	m	按设计图示尺寸以延长米计算	同上

注：项目编码前附"桂"字表示为 GB 50854—2013 广西实施细则补充清单项目及工程计算规则。

J.3 墙面防水、防潮。工程量清单项目设置、项目特征描述的内容、计量单位及工程量计算规则，应按表 J.3 的规定执行。

表 J.3 墙面防水、防潮（编码 010903）

项目编码	项目名称	项目特征	计量单位	工程量计算规则	工程内容
010903001	墙面卷材防水	1.卷材品种、规格； 2.防水层数； 3.防水层做法	m²	按设计图示尺寸以面积计算	1.基层处理； 2.刷黏结剂； 3.铺防水卷材； 4.接缝、嵌缝
010903002	墙面涂膜防水	1.防水膜品种； 2.涂膜厚度、遍数； 3.增强材料种类			1.基层处理； 2.刷基层处理剂； 3.铺布、喷涂防水层
010903003	墙面砂浆防水（防潮）	1.防水层做法； 2.砂浆厚度、配合比； 3.钢丝网规格	m²	按设计图示尺寸以面积计算	1.基层处理； 2.挂钢丝网片； 3.设置分格缝； 4.砂浆制作、运输、摊铺、养护
010903004	墙面变形缝	1.嵌缝材料种类； 2.止水带材料种类； 3.盖板材料； 4.防护材料种类	m		1.清缝； 2.填塞防水材质； 3.止水带安装； 4.盖板制作、安装； 5.刷防护材料

J.4 楼（地）面防水、防潮。工程量清单项目设置、项目特征描述的内容、计量单位及工程量计算规则，应按表 J.4 的规定执行。

表 J.4 楼（地）面防水、防潮（编码 010904）

项目编码	项目名称	项目特征	计量单位	工程量计算规则	工程内容
010904001	楼（地）面卷材防水	1.卷材品种、规格； 2.防水层数； 3.防水层做法； 4.反边高度	m²	按设计图示尺寸以面积计算： 1.楼（地）面防水：按主墙间净空面积计算，扣除凸出地面的构筑物、设备基础等所占面积，不扣除间壁墙及单个面积≤0.3 m² 的柱、垛、烟囱和孔洞所占面积； 2.楼（地）面防水反边高度≤300 mm 算作地面防水，反边高度>300 mm 按墙面防水计算	1.基层处理； 2.刷黏结剂； 3.铺防水卷材； 4.接缝、嵌缝
010904002	楼（地）面涂膜防水	1.防水膜品种； 2.涂膜厚度、遍数； 3.增强材料种类； 4.反边高度			1.基层处理； 2.刷基层处理剂； 3.铺布、喷涂防水层
010904003	楼（地）面砂浆防水（潮）	1.防水层做法； 2.砂浆厚度、配合比； 3.反边高度			1.基层处理； 2.砂浆制作、运输、摊铺、养护
010904004	楼（地）面变形缝	1.嵌缝材料种类； 2.止水带材料种类； 3.盖板材料； 4.防护材料种类	m	按设计图示以长度计算	1.清缝； 2.填塞防水材质； 3.止水带安装； 4.盖板制作、安装； 5.刷防护材料

10. K 保温、隔热、防腐工程

K.1 保温、隔热。工程量清单项目设置、项目特征描述的内容、计量单位及工程量计算规则，应按表 K.1 的规定执行。

表 K.1　保温、隔热（编码 011001）

项目编码	项目名称	项目特征	计量单位	工程量计算规则	工程内容
011001001	保温隔热屋面	1. 保温隔热材料品种、规格、厚度； 2. 隔气层材料品种、做法； 3. 黏结材料种类、做法； 4. 防护材料种类、做法	m²	按设计图示尺寸以面积计算。扣除面积>0.3 m²孔洞及占位面积	1. 基层清理； 2. 刷黏结材料； 3. 铺黏保温层； 4. 铺、刷（喷）防护材料
011001002	保温隔热天棚	1. 保温隔热面层材料品种、规格、性能； 2. 保温隔热材料品种、规格及厚度； 3. 黏结材料种类、做法； 4. 防护材料种类、做法		按设计图示尺寸以面积计算。扣除面积>0.3 m²柱、垛、孔洞所占面积；与天棚相连的梁按展开面积，并入天棚工程量内	1. 基层清理； 2. 刷黏结材料； 3. 铺黏保温层； 4. 铺、刷（喷）防护材料
011001003	保温隔热墙面	1. 保温隔热部位； 2. 保温隔热方式； 3. 踢脚线、勒脚线保温做法； 4. 龙骨材料品种、规格； 5. 保温隔热面层材料品种、规格、性能； 6. 保温隔热材料品种、规格及厚度； 7. 增强网及抗裂防水砂浆种类； 8. 黏结材料种类、做法； 9. 防护材料种类、做法	m²	按设计图示尺寸以面积计算。扣除门窗洞口以及面积>0.3 m²梁、孔洞所占面积；门窗洞口侧壁以及与墙相连的柱，并入保温墙体工程量内	1. 基层清理； 2. 刷界面剂； 3. 安装龙骨； 4. 填贴保温材料； 5. 保温板安装； 6. 粘贴面层； 7. 铺设增强格网、抹抗裂、防水砂浆； 8. 嵌缝； 9. 铺、刷（喷）防护材料
011001004	保温柱、梁			按设计图示尺寸以面积计算： 　1. 柱按设计图示柱断面保温层中心线展开长度乘保温层高度以面积计算，扣除面积>0.3 m²的梁所占面积； 　2. 梁按设计图示梁断面保温层中心线展开长度乘保温层长度以面积计算	
011001005	保温、隔热楼地面	1. 保温隔热部位； 2. 保温隔热材料品种、规格、厚度； 3. 隔气层材料品种、做法； 4. 黏结材料种类、做法； 5. 防护材料种类、做法		按设计图示尺寸以面积计算。扣除面积>0.3 m²的柱、垛、孔洞所占面积。门洞、空圈、暖气包槽、壁龛的开口部分不增加面积	1. 基层清理； 2. 刷黏结材料； 3. 铺黏保温层； 4. 铺、刷（喷）防护材料

K.2 防腐面层。工程量清单项目设置、项目特征描述的内容、计量单位及工程量计算规则，应按表 K.2 的规定执行。

表 K.2 防腐面层（编码 011002）

项目编码	项目名称	项目特征	计量单位	工程量计算规则	工程内容
011002001	防腐混凝土面层	1.防腐部位； 2.面层厚度； 3.混凝土种类； 4.胶泥种类、配合比	m²	按设计图示尺寸以面积计算： 1.平面防腐：扣除凸出地面的构筑物、设备基础等以及面积＞0.3 m² 孔洞、柱、垛等所占面积，门洞、空圈、暖气包槽、壁龛的开口部分不增加面积； 2.立面防腐：扣除门窗洞口以及面积＞0.3 m² 梁、孔洞所占面积；门窗洞口侧壁、垛凸出部分按展开面积并入墙面积内	1.基层清理； 2.基层刷稀胶泥； 3.混凝土制作、运输、摊铺、养护
011002002	防腐砂浆面层	1.防腐部位； 2.面层厚度； 3.砂浆、胶泥种类、配合比			1.基层清理； 2.基层刷稀胶泥； 3.砂浆制作、运输、摊铺、养护
011002003	防腐胶泥面层	1.防腐部位； 2.面层厚度； 3.胶泥种类、配合比			1.基层清理； 2.胶泥调制、摊铺
011002006	块料防腐面层	1.防腐部位； 2.块料品种、规格； 3.黏结材料种类； 4.勾缝材料种类			1.基层清理； 2.铺贴块料； 3.胶泥调制、勾缝

11. L 楼地面装饰工程

L.1 整体面层及找平层。工程量清单项目设置、项目特征描述的内容、计量单位及工程量计算规则，应按表 L.1 的规定执行。

表 L.1 整体面层及找平层（编码 011101）

项目编码	项目名称	项目特征	计量单位	工程量计算规则	工程内容
011101001	水泥砂浆楼地面	1.找平层厚度、砂浆配合比； 2.素水泥浆遍数； 3.面层厚度、砂浆配合比； 4.面层做法要求	m²		1.基层清理； 2.抹找平层； 3.抹面层； 4.材料运输
011101002	现浇水磨石楼地面	1.找平层厚度、砂浆配合比； 2.面层厚度、水泥石子浆配合比； 3.嵌条材料种类、规格； 4.石子种类、规格、颜色； 5.颜料种类、颜色； 6.图案要求； 7.磨光、酸洗、打蜡要求			1.基层清理； 2.抹找平层； 3.面层铺设； 4.嵌缝条安装； 5.磨光、酸洗、打蜡； 6.材料运输

（续表）

项目编码	项目名称	项目特征	计量单位	工程量计算规则	工程内容
011101003	细石混凝土楼地面	1.找平层厚度、砂浆配合比； 2.面层厚度、混凝土强度等级	m²	按设计图示尺寸以面积计算。扣除凸出地面构筑物、设备基础、室内铁道、地沟等所占面积，不扣除间壁墙和面积≤0.3 m²的柱、垛、附墙烟囱及孔洞所占面积。门洞、空圈、暖气包槽、壁龛的开口部分不增加面积	1.基层清理； 2.抹找平层； 3.面层铺设； 4.材料运输
011101004	菱苦土楼地面	1.找平层厚度、砂浆配合比； 2.面层厚度； 3.打蜡要求			1.清理基层； 2.抹找平层； 3.面层铺设； 4.打蜡； 5.材料运输
011101005	自流坪楼地面	1.找平层厚度、砂浆配合比； 2.界面剂材料种类； 3.中层漆材料种类、厚度； 4.面层油漆材料种类、厚度； 5.面层材料种类			1.基层清理； 2.抹找平层； 3.涂界面剂； 4.涂刷中层漆； 5.打磨、吸尘； 6.镘自流平面漆； 7.拌和自流平面浆料 8.铺面层
桂011101007	楼地面铺砌卵石	1.找平层厚度、砂浆配合比； 2.黏结层厚度、砂浆配合比； 3.卵石种类、规格			1.清理基层； 2.抹找平层； 3.选石、表面洗刷干净； 4.砂浆打平； 5.铺卵石
011101006	平面砂浆找平层	找平层厚度、砂浆配合比	m²	按设计图示尺寸以面积计算	1.基层清理； 2.抹找平层； 3.材料运输

注：项目编码前附"桂"字表示为 GB 50854—2013 广西实施细则补充清单项目及工程计算规则。

L.2 块料面层。工程量清单项目设置、项目特征描述的内容、计量单位及工程量计算规则，应按表 L.2 的规定执行。

表 L.2　块料面层（编码 011102）

项目编码	项目名称	项目特征	计量单位	工程量计算规则	工程内容
011102001	石材楼地面	1.找平层厚度、砂浆配合比； 2.结合层厚度、砂浆配合比； 3.面层材料品种、规格、颜色； 4.嵌缝材料种类； 5.防护层材料种类； 6.酸洗、打蜡要求	m²	按设计图示尺寸以面积计算。门洞、空圈、暖气包槽、壁龛的开口部分并入相应的工程量内	1.基层清理； 2.抹找平层； 3.面层铺设、磨边； 4.嵌缝； 5.刷防护材料； 6.酸洗、打蜡； 7.材料运输
011102002	碎石材楼地面				
011102003	块料楼地面				

L.5 踢脚线。工程量清单项目设置、项目特征描述的内容、计量单位及工程量计算规则，应按表 L.5 的规定执行。

表 L.5 踢脚线（编码 011105）

项目编码	项目名称	项目特征	计量单位	工程量计算规则	工程内容
011105001	水泥砂浆踢脚线	1.踢脚线高度； 2.底层厚度、砂浆配合比； 3.面层厚度、砂浆配合比			1.基层清理； 2.底层和面层抹灰； 3.材料运输
011105002	石材踢脚线	1.踢脚线高度； 2.粘贴层厚度、材料种类； 3.面层材料品种、规格、颜色； 4.防护材料种类	1.m 2.m²	1. 以米计量，按延长米计算； 2. 以平方米计量，按设计图示长度乘以高度以面积计算	1.基层清理； 2.底层抹灰； 3.面层铺贴、磨边； 4.勾缝； 5.磨光、酸洗、打蜡； 6.刷防护材料； 7.材料运输
011105003	块料踢脚线				
011105004	塑料板踢脚线	1.踢脚线高度； 2.黏结层厚度、砂浆配合比； 3.面层材料品种、规格、颜色			1.基层清理； 2.基层铺贴； 3.面层铺贴； 4.材料运输

L.6 楼梯面层。工程量清单项目设置、项目特征描述的内容、计量单位及工程量计算规则，应按表 L.6 的规定执行。

表 L.6 楼梯面层（编码 011106）

项目编码	项目名称	项目特征	计量单位	工程量计算规则	工程内容
011106001	石材楼梯面层	1.找平层厚度、砂浆配合比； 2.黏结层厚度、材料种类； 3.面层材料品种、规格、颜色； 4.防滑条材料种类、规格； 5.勾缝材料种类； 6.防护材料种类； 7.酸洗、打蜡要求	m²	按设计图示尺寸以楼梯（包括踏步、休息平台及≤500 mm 的楼梯井）水平投影面积以平方米计算。楼梯与楼地面相连时，算至梯口梁外侧边沿；无梯口梁者，算至最上一层踏步边沿加 300 mm	1.基层清理； 2.抹找平层； 3. 面层铺贴、磨边； 4.贴嵌防滑条； 5.勾缝； 6.刷防护材料； 7.酸洗、打蜡； 8.材料运输
011106002	块料楼梯面层				
011106004	水泥砂浆楼梯面	1.找平层厚度、砂浆配合比； 2.面层厚度、砂浆配合比； 3.防滑条材料种类、规格			1.基层清理； 2.抹找平层； 3.抹面层； 4.抹防滑条； 5.材料运输

（续表）

项目编码	项目名称	项目特征	计量单位	工程量计算规则	工程内容
011106005	现浇水磨石楼梯面	1.找平层厚度、砂浆配合比； 2.面层厚度、水泥石子浆配合比； 3.防滑条材料种类、规格； 4.石子种类、规格、颜色； 5.颜料种类、颜色； 6.磨光、酸洗、打蜡要求	m²	按设计图示尺寸以楼梯（包括踏步、休息平台及≤500 mm的楼梯井）水平投影面积以平方米计算。楼梯与楼地面相连时，算至梯口梁外侧边沿；无梯口梁者，算至最上一层踏步边沿加300 mm	1.基层清理； 2.抹找平层； 3.抹面层； 4.贴嵌防滑条； 5.磨光、酸洗、打蜡； 6.材料运输

L.7 台阶装饰。工程量清单项目设置、项目特征描述的内容、计量单位及工程量计算规则，应按表 L.7 的规定执行。

表 L.7　台阶装饰（编码 011107）

项目编码	项目名称	项目特征	计量单位	工程量计算规则	工程内容
011107001	石材台阶面	1.找平层厚度、砂浆配合比； 2.黏结材料种类； 3.面层材料品种、规格、颜色； 4.勾缝材料种类； 5.防滑条材料种类、规格； 6.防护层材料种类	m²	按设计图示尺寸以台阶（包括最上层踏步边沿加300 mm）水平投影面积计算	1.基层清理； 2.抹找平层； 3.面层铺贴； 4.贴嵌防滑条； 5.勾缝； 6.刷防护材料； 7.材料运输
011107002	块料台阶面				
011107003	拼碎块料台阶面				
011107004	水泥砂浆台阶面	1.找平层厚度、砂浆配合比； 2.面层厚度、砂浆配合比； 3.防滑条材料种类	m²	按设计图示尺寸以台阶（包括最上层踏步边沿加300 mm）水平投影面积计算	1.基层清理； 2.抹找平层； 3.抹面层； 4.抹防滑条； 5.材料运输
011107005	现浇水磨石台阶面	1.找平层厚度、砂浆配合比； 2.面层厚度、水泥石子浆配合比； 3.防滑条材料种类、规格； 4.石子种类、规格、颜色； 5.颜料种类、颜色； 6.磨光、酸洗、打蜡要求			1.基层清理； 2.抹找平层； 3.抹面层； 4.贴嵌防滑条； 5.磨光、酸洗、打蜡； 6.材料运输

12. M 墙、柱面装饰与隔断、幕墙工程

M.1 墙面抹灰。工程量清单项目设置、项目特征描述的内容、计量单位及工程量计算规则，应按表 M.1 的规定执行。

表 M.1 墙面抹灰（编码 011201）

项目编码	项目名称	项目特征	计量单位	工程量计算规则	工程内容
011201001	墙面一般抹灰	1.墙体类型；2.底层厚度、砂浆配合比；3.面层厚度、砂浆配合比；4.装饰面材料种类；5.分格缝宽度、材料种类	m²	按设计图示尺寸以面积计算。扣除墙裙、门窗洞口及单个面积＞0.3 m²的孔洞面积，不扣除踢脚线、挂镜线和墙与构件交接处的面积，门窗洞口和孔洞的侧壁及顶面不增加面积。附墙柱、梁、垛、烟囱侧壁并入相应墙面面积内。1.外墙抹灰面积按外墙垂直投影面积计算。2.外墙裙抹灰面积按其长度乘以高度计算。3.内墙抹灰面积按主墙之间的净长乘以高度计算：（1）无墙裙的，高度按室内楼地面至天棚底面计算；（2）有墙裙的，高度按墙裙顶至天棚底面计算；（3）吊顶天棚抹灰，高度算至天棚底。4.内墙裙抹灰面积按内墙净长乘以高度计算	1.基层清理；2.砂浆制作、运输；3.底层抹灰；4.抹面层；5.抹装饰面；6.勾分格缝
011201002	墙面装饰抹灰				
011201003	墙面勾缝	1.勾缝类型；2.勾缝材料种类			1.基层清理；2.砂浆制作、运输；3.勾缝
011201004	立面砂浆找平	1.基层类型；2.找平层砂浆厚度、配合比			1.基层清理；2.砂浆制作、运输；3.抹灰找平

M.3 零星抹灰。工程量清单项目设置、项目特征描述的内容、计量单位及工程量计算规则，应按表 M.3 的规定执行。

表 M.3 零星抹灰（编码 011203）

项目编码	项目名称	项目特征	计量单位	工程量计算规则	工程内容
011203001	零星项目一般抹灰	1.基层类型、部位；2.底层厚度、砂浆配合比；3.面层厚度、砂浆配合比；4.装饰面材料种类；5.分格缝宽度、材料种类	m²	按设计图示尺寸以面积计算	1.基层清理；2.砂浆制作、运输；3.底层抹灰；4.抹面层；5.抹装饰面；6.勾分格缝
011203002	零星项目装饰抹灰				
011203003	零星项目砂浆找平	1.基层类型、部位；2.找平的砂浆厚度、配合比			1.基层清理；2.砂浆制作、运输；3.抹灰找平

M.4 墙面块料面层。工程量清单项目设置、项目特征描述的内容、计量单位及工程量计算规则，应按表 M.4 的规定执行。

表 M.4 墙面块料面层（编码 011204）

项目编码	项目名称	项目特征	计量单位	工程量计算规则	工程内容
011204001	石材墙面	1.墙体类型； 2.安装方式； 3.面层材料品种、规格、颜色； 4.缝宽、嵌缝材料种类； 5.防护材料种类； 6.磨光、酸洗、打蜡要求	m²	按镶贴表面积计算	1.基层清理； 2.砂浆制作、运输； 3.黏结层铺贴； 4.面层安装； 5.嵌缝； 6.刷防护材料； 7.磨光、酸洗、打蜡
011204002	碎拼石材墙面				
011204003	块料墙面				
011204004	干挂石材钢骨架	1.骨架种类、规格； 2.防锈漆品种遍数	t	按设计图示尺寸以质量计算	1.骨架制作、运输、安装； 2.刷漆
桂011204005	镶贴石材墙面	1.墙体类型； 2.安装方式； 3.面层材料品种、规格、颜色； 4.缝宽、嵌缝材料品种； 5.防护材料种类； 6.磨光、酸洗、打蜡要求	m²	按设计图示尺寸以平方米计算	1.基层清理； 2.砂浆制作、运输； 3.黏结层铺贴； 4.面层安装； 5.嵌缝； 6.刷防护材料； 7.磨光、酸洗、打蜡
桂011204005	镶拼碎石材墙面				
桂011204005	镶贴块料墙面				

注：项目编码前附"桂"字表示为 GB 50854—2013 广西实施细则补充清单项目及工程计算规则。在广西，取消表中 011204001～011204003 清单项目。

M.5 柱（梁）面镶贴块料。工程量清单项目设置、项目特征描述的内容、计量单位及工程量计算规则，应按表 M.5 的规定执行。

表 M.5 柱（梁）面镶贴块料（编码 011205）

项目编码	项目名称	项目特征	计量单位	工程量计算规则	工程内容
011205001	石材柱面	1.柱截面类型、尺寸； 2.安装方式； 3.面层材料品种、规格、颜色； 4.缝宽、嵌缝材料种类； 5.防护材料种类； 6.磨光、酸洗、打蜡要求	m²	按镶贴表面积计算	1.基层清理； 2.砂浆制作、运输； 3.黏结层铺贴； 4.面层安装； 5.嵌缝； 6.刷防护材料； 7.磨光、酸洗、打蜡
011205002	块料柱面				
011205003	拼碎块柱面				
011205004	石材梁面	1.安装方式； 2.面层材料品种、规格、颜色； 3.缝宽、嵌缝材料种类； 4.防护材料种类； 5.磨光、酸洗、打蜡要求			
011205005	块料梁面				

（续表）

项目编码	项目名称	项目特征	计量单位	工程量计算规则	工程内容
桂011205006	镶贴石材柱面	1.柱截面类型、尺寸； 2.安装方式； 3.面层材料品种、规格、颜色； 4.缝宽、嵌缝材料种类； 5.防护材料种类； 6.磨光、酸洗、打蜡要求	m²	按设计图示结构尺寸以平方米计算	1.基层清理； 2.砂浆制作、运输； 3.黏结层铺贴； 4.面层安装； 5.嵌缝； 6.刷防护材料； 7.磨光、酸洗、打蜡
桂011205007	镶贴块料柱面				
桂011205008	镶拼碎块柱面				
桂011205009	镶贴石材梁面	1.安装方式； 2.面层材料品种、规格、颜色； 3.缝宽、嵌缝材料种类； 4.防护材料种类； 5.磨光、酸洗、打蜡要求			
桂011205010	镶贴块料梁面				

注：项目编码前附"桂"字表示为 GB 50854—2013 广西实施细则补充清单项目及工程计算规则。在广西，取消表中 011205001～011205005 清单项目。

M.6 镶贴零星块料。工程量清单项目设置、项目特征描述的内容、计量单位及工程量计算规则，应按表 M.6 的规定执行。

表 M.6 镶贴零星块料（编码 011206）

项目编码	项目名称	项目特征	计量单位	工程量计算规则	工程内容
011206001	石材零星项目	1.基层类型、部位； 2.安装方式； 3.面层材料品种、规格、颜色； 4.缝宽、嵌缝材料种类； 5.防护材料种类； 6.磨光、酸洗、打蜡要求	m²	按镶贴表面积计算	1.基层清理； 2.砂浆制作、运输； 3.面层安装； 4.嵌缝； 5.刷防护材料； 6.磨光、酸洗、打蜡
011206002	块料零星项目				
011206003	拼碎块零星项目				
桂011206004	镶贴石材零星项目	1.基层类型、部位； 2.安装方式； 3.面层材料品种、规格、颜色； 4.缝宽、嵌缝材料种类； 5.防护材料种类； 6.磨光、酸洗、打蜡要求	m²	按设计图示结构尺寸以平方米计算	1.基层清理； 2.砂浆制作、运输； 3.黏结层铺贴； 4.面层安装； 5.嵌缝； 6.刷防护材料； 7.磨光、酸洗、打蜡
桂011206005	镶贴块料零星项目				
桂011206006	镶拼碎块零星项目				

注：项目编码前附"桂"字表示为 GB 50854—2013 广西实施细则补充清单项目及工程计算规则。在广西，取消表中 011206001～011206003 清单项目。

M.7 墙饰面。工程量清单项目设置、项目特征描述的内容、计量单位及工程量计算规则，应按表 M.7 的规定执行。

表 M.7　墙饰面（编码 011207）

项目编码	项目名称	项目特征	计量单位	工程量计算规则	工程内容
011207001	墙面装饰板	1.龙骨材料种类、规格、中距； 2.隔离层材料种类； 3.基层材料种类、规格； 4.面层材料品种、规格、颜色； 5.压条材料种类、规格	m^2	按设计图示墙净长乘以净高以面积计算。扣除门窗洞口及单个 >0.3 m^2 孔洞所占面积	1.基层清理； 2.龙骨制作、运输、安装； 3.钉隔离层； 4.基层铺钉； 5.面层铺贴
011207002	墙面装饰浮雕	1.基层类型； 2.浮雕材料种类； 3.浮雕样式		按设计图示尺寸以面积计算	1.基层清理； 2.材料制作、运输； 3.安装成型

M.8 柱（梁）饰面。工程量清单项目设置、项目特征描述的内容、计量单位及工程量计算规则，应按表 M.8 的规定执行。

表 M.8　柱（梁）饰面（编码 011208）

项目编码	项目名称	项目特征	计量单位	工程量计算规则	工程内容
011208001	柱（梁）面装饰	1.龙骨材料种类、规格、中距； 2.隔离层材料种类； 3.基层材料种类、规格； 4.面层材料品种、规格、颜色； 5.压条材料种类、规格	m^2	按设计图示饰面外围尺寸以面积计算。柱帽、柱墩并入相应柱饰面工程量内	1.基层清理； 2.龙骨制作、运输、安装； 3.钉隔离层； 4.基层铺钉； 5.面层铺贴
011208002	成品装饰柱	1.柱截面、高度尺寸； 2.柱材质	m	按设计长度计算	柱运输、固定、安装

M.9 幕墙工程。工程量清单项目设置、项目特征描述的内容、计量单位及工程量计算规则，应按表 M.9 的规定执行。

表 M.9　幕墙工程（编码 011209）

项目编码	项目名称	项目特征	计量单位	工程量计算规则	工程内容
011209001	带骨架幕墙	1.骨架材料种类、规格、中距； 2.面层材料品种、规格、颜色； 3.面层固定方式； 4.隔离带、框边封闭材料品种、规格； 5.嵌缝、塞口材料品种	m^2	按设计图示框外围尺寸以面积计算。与幕墙同种材质的窗所占面积不扣除	1.骨架及边框制作、运输、安装； 2.面层安装； 3.隔离带、框边封闭； 4.嵌缝、塞口； 5.清洗
011209002	全玻幕墙	1.玻璃品种、规格、颜色、品牌； 2.黏结塞口材料品种； 3.固定方式	m^2	按设计图示尺寸以面积计算。带肋全玻幕墙按展开面积计算	1.幕墙安装； 2.嵌缝、塞口； 3.清洗

M.10　隔断。工程量清单项目设置、项目特征描述的内容、计量单位及工程量计算规则，应按表 M.10 的规定执行。

表 M.10　隔断（编码 011210）

项目编码	项目名称	项目特征	计量单位	工程量计算规则	工程内容
011210001	木隔断	1.骨架、边框材料种类、规格； 2.隔板材料品种、规格、颜色； 3.嵌缝、塞口材料种类； 4.压条材料种类		按设计图示框外围尺寸以面积计算。不扣除单个 ≤0.3 m^2 孔洞所占面积，浴厕门的材质与隔断相同时，门的面积并入隔断面积内	1.骨架及边框制作、运输、安装； 2.隔板制作、运输、安装； 3.嵌缝、塞口； 4.装钉压条
011210002	金属隔断	1.骨架、边框材料种类、规格； 2.隔板材料品种、规格、颜色； 3.嵌缝、塞口材料品种	m^2		1.骨架及边框制作、运输、安装； 2.隔板制作、运输、安装； 3.嵌缝、塞口
011210003	玻璃隔断	1.边框材料种类、规格； 2.玻璃品种、规格、颜色； 3.嵌缝、塞口材料品种		按设计图示框外围尺寸以面积计算。不扣除单个 ≤0.3 m^2 孔洞所占面积	1.边框制作、运输、安装； 2.玻璃制作、运输、安装； 3.嵌缝、塞口
011210004	塑料隔断	1.边框材料种类、规格； 2.隔板材料品种、规格、颜色； 3.嵌缝、塞口材料品种			1.骨架及边框制作、运输、安装； 2.隔板制作、运输、安装； 3.嵌缝、塞口
011210005	成品隔断	1.隔断材料品种、规格、颜色； 2.配件品种、规格		按设计图示以框图外围尺寸以面积计算	1.隔断运输、安装； 2.嵌缝、塞口

（续表）

项目编码	项目名称	项目特征	计量单位	工程量计算规则	工程内容
011210005	成品隔断	1.隔断材料品种、规格、颜色； 2.配件品种、规格	1.m² 2.间	1.以平方米计量，按设计图示以框图外围尺寸以面积计算； 2.以间计量，按设计间的数量计算	1.隔断运输、安装； 2.嵌缝、塞口
011210006	其他隔断	1.骨架、边框材料种类、规格； 2.隔板材料品种、规格、颜色； 3.嵌缝、塞口材料品种	m²	按设计图示框外围尺寸以面积计算。不扣除单个≤0.3 m²孔洞所占面积	1.骨架及边框安装； 2.隔板安装； 3.嵌缝、塞口

注："成品隔断"项目，按 GB 50854—2013 广西实施细则规定，计量单位取"m²"。

13. N 天棚工程

N.1　天棚抹灰。工程量清单项目设置、项目特征描述的内容、计量单位及工程量计算规则，应按表 N.1 的规定执行。

表 N.1　天棚抹灰（编码 011301）

项目编码	项目名称	项目特征	计量单位	工程量计算规则	工程内容
011301001	天棚抹灰	1.基层类型； 2.抹灰厚度、材料种类； 3.砂浆配合比	m²	按设计图示尺寸以水平投影面积计算。不扣除间壁墙、垛、柱、附墙烟囱、检查口和管道口所占面积。带梁天棚、梁两侧面抹灰面积并入天棚面积内。板式楼梯底面抹灰按斜面积计算，锯齿形楼梯底板抹灰按楼梯底面展开面积计算	1.基层清理； 2.底层抹灰； 3.抹面层
桂011301002	天棚抹灰装饰线	1.装饰位置； 2.基层类型； 3.抹灰厚度、材料种类； 4.砂浆配合比； 5.其他	m	按设计图示尺寸以延长米计算	1.基层清理； 2.底层抹灰； 3.抹面层

注：项目编码前附"桂"字表示为 GB 50854—2013 广西实施细则补充清单项目及工程计算规则。

N.2　天棚吊顶。工程量清单项目设置、项目特征描述的内容、计量单位及工程量计算规则，应按表 N.2 的规定执行。

表 N.2　天棚吊顶（编码 011302）

项目编码	项目名称	项目特征	计量单位	工程量计算规则	工程内容
011302001	天棚吊顶	1.吊顶形式、吊杆规格、高度； 2.龙骨材料种类、规格、中距； 3.基层材料种类、规格； 4.面层材料品种、规格、颜色、品牌； 5.压条材料种类、规格； 6.嵌缝材料种类； 7.防护材料种类	m²	设计图示尺寸以水平投影面积计算。天棚面中的灯槽及跌级、锯齿形、吊挂式、藻井式天棚面积不展开计算。不扣除间壁墙、检查口、附墙烟囱、柱、垛和管道所占面积。应扣除单个 > 0.3 m² 孔洞、独立柱、与天棚相连的窗帘盒所占的面积	1.基层清理、吊杆安装； 2.龙骨安装； 3.基层板铺贴； 4.面层铺贴； 5.嵌缝； 6.刷防护材料

N.4　天棚其他装饰。工程量清单项目设置、项目特征描述的内容、计量单位及工程量计算规则，应按表 N.4 的规定执行。

表 N.4　天棚其他装饰（编码 011304）

项目编码	项目名称	项目特征	计量单位	工程量计算规则	工程内容
011304001	灯带	1.灯带形式、尺寸； 2.格栅片材料品种、规格； 3.安装固定方式	m²	按设计图示尺寸以框外围面积计算	安装、固定
011304002	送风口、回风口	1.风口材料品种、规格； 2.安装固定方式； 3.防护材料种类	个	按设计图示数量计算	1.安装、固定； 2.刷防护材料

14. P油漆、涂料、裱糊工程

P.1　门油漆。工程量清单项目设置、项目特征描述的内容、计量单位及工程量计算规则，应按表 P.1 的规定执行。

表 P.1　门油漆（编码 011401）

项目编码	项目名称	项目特征	计量单位	工程量计算规则	工程内容
011401001	木门油漆	1.门类型； 2.门代号及洞口尺寸； 3.腻子种类； 4.刮腻子遍数； 5.防护材料种类； 6.油漆品种、刷漆遍数	1.樘 2.m²	1.以樘计量，按设计图示数量计算； 2.以平方米计量，按设计图示洞尺寸以面积计算	1.基层清理； 2.刮腻子； 3.刷防护材料、油漆
011401002	金属门油漆				1.除锈、基层清理； 2.刮腻子； 3.刷防护材料、油漆

注：P.1 门油漆项目，按 GB 50854—2013 广西实施细则规定，计量单位取"m²"。

P.2 窗油漆。工程量清单项目设置、项目特征描述的内容、计量单位及工程量计算规则，应按表 P.2 的规定执行。

表 P.2 窗油漆（编码 011402）

项目编码	项目名称	项目特征	计量单位	工程量计算规则	工程内容
011402001	木窗油漆	1.窗类型； 2.窗代号及洞口尺寸； 3.腻子种类；	1.樘 2.m²	1.以樘计量，按设计图示数量计算； 2.以平方米计量，按设计图示洞尺寸以面积计算	1.基层清理； 2.刮腻子； 3.刷防护材料、油漆
011402002	金属窗油漆	4.刮腻子遍数； 5.防护材料种类； 6.油漆品种、刷漆遍数			1.除锈、基层清理； 2.刮腻子； 3.刷防护材料、油漆

注：P.2 窗油漆项目，按 GB 50854—2013 广西实施细则规定，计量单位取"m²"。

P.3 木扶手及其他板条、线条油漆。工程量清单项目设置、项目特征描述的内容、计量单位及工程量计算规则，应按表 P.3 的规定执行。

表 P.3 木扶手及其他板条、线条油漆（编码 011403）

项目编码	项目名称	项目特征	计量单位	工程量计算规则	工程内容
011403001	木扶手油漆	1.断面尺寸； 2.腻子种类； 3.刮腻子遍数； 4.防护材料种类； 5.油漆品种、刷漆遍数	m	按设计图示尺寸以长度计算	1.基层清理； 2.刮腻子； 3.刷防护材料、油漆
011403002	窗帘盒油漆				
011403003	封檐板、顺水板油漆				
011403004	挂衣板、黑板框油漆				
011403005	挂镜线、窗帘棍、单独木线油漆				

P.4 木材面油漆。工程量清单项目设置、项目特征描述的内容、计量单位及工程量计算规则，应按表 P.4 的规定执行。

表 P.4 木材面油漆（编码 011404）

项目编码	项目名称	项目特征	计量单位	工程量计算规则	工程内容
011404001	木护墙、木墙裙油漆	1.腻子种类； 2.刮腻子遍数； 3.防护材料种类； 4.油漆品种、刷漆遍数	m²	按设计图示尺寸以面积计算	1.基层清理； 2.刮腻子； 3.刷防护材料、油漆
011404002	窗台板、筒子板、盖板、门窗套、踢脚线油漆				
011404003	清水板条天棚、檐口油漆				
011404004	木方格吊顶天棚油漆				
011404005	吸音板墙面、天棚面油漆				
011404006	暖气罩面油漆				
011404007	其他木材				

（续表）

项目编码	项目名称	项目特征	计量单位	工程量计算规则	工程内容
011404008	木间壁、木隔断油漆	1.腻子种类；2.刮腻子遍数；3.防护材料种类；4.油漆品种、刷漆遍数	m²	按设计图示尺寸以单面外围面积计算	1.基层清理；2.刮腻子；3.刷防护材料、油漆
011404009	玻璃间壁露明墙筋油漆				
011404010	木栅栏、木栏杆（带扶手）油漆				
011404011	衣柜、壁柜油漆			按设计图示尺寸以油漆部分展开面积计算	
011404012	梁柱饰面油漆				
011404013	零星木装饰油漆				
011404014	木地板油漆			按设计图示尺寸以面积计算。空洞、空圈、暖气包槽、壁龛的开口部分并入相应的工程量内	
011404015	木地板烫硬蜡面	1.硬蜡品种；2.面层处理要求			1.基层清理；2.烫蜡

P.5　金属面油漆。工程量清单项目设置、项目特征描述的内容、计量单位及工程量计算规则，应按表 P.5 的规定执行。

表 P.5　金属面油漆（编码 011405）

项目编码	项目名称	项目特征	计量单位	工程量计算规则	工程内容
011405001	金属面油漆	1.构件名称；2.腻子种类；3.刮腻子要求；4.防护材料种类；5.油漆品种、刷漆遍数	1.t 2.m²	1.以吨计量，按设计图示尺寸以质量计算；2.平方米计量，按设计展开面积计算	1.基层清理；2.刮腻子；3.刷防护材料、油漆

P.6　抹灰面油漆。工程量清单项目设置、项目特征描述的内容、计量单位及工程量计算规则，应按表 P.6 的规定执行。

表 P.6　抹灰面油漆（编码 011406）

项目编码	项目名称	项目特征	计量单位	工程量计算规则	工程内容
011406001	抹灰面油漆	1.基层类型；2.腻子种类；3.刮腻子遍数；4.防护材料种类；5.油漆品种、刷漆遍数；6.部位	m²	按设计图示尺寸以面积计算	1.基层清理；2.刮腻子；3.刷防护材料、油漆
011406002	抹灰线条油漆	1.基层类型；2.腻子种类；3.刮腻子遍数；4.防护材料种类；5.油漆品种、刷漆遍数	m	按设计图示尺寸以长度计算	

（续表）

项目编码	项目名称	项目特征	计量单位	工程量计算规则	工程内容
011406003	满刮腻子	1.基层类型； 2.腻子种类； 3.刮腻子遍数	m²	按设计图示尺寸以面积计算	1.基层清理； 2.刮腻子

P.7 喷刷涂料。工程量清单项目设置、项目特征描述的内容、计量单位及工程量计算规则，应按表 P.7 的规定执行。

表 P.7　喷刷涂料（编码 011407）

项目编码	项目名称	项目特征	计量单位	工程量计算规则	工程内容
011407001	墙面刷喷涂料	1.基层类型； 2.腻子种类； 3.刮腻子遍数； 4.喷刷涂料部位； 5.涂料品种、刷漆遍数	m²	按设计图示尺寸以面积计算	1.基层清理； 2.刮腻子； 3.刷、喷涂料
011407002	天棚刷喷涂料				
011407003	空花格、栏杆刷涂料	1.腻子种类； 2.刮腻子遍数； 3.涂料品种、刷漆遍数	m²	按设计图示尺寸以单面外围面积计算	
011407004	线条刷涂料	1.基层清理； 2.线条宽度； 3.刮腻子遍数； 4.刷防护材料、油漆	m	按设计图示尺寸以长度计算	
011407005	金属构件刷防火涂料	1.喷刷防火涂料构件名称； 2.防火等级要求； 3.涂料品种、刷漆遍数	1.t 2.m²	1.以吨计量，按设计图示尺寸以质量计算； 2.平方米计量，按设计展开面积计算	1.基层清理； 2.刷防护材料、油漆
011407006	木材构件喷刷防火涂料		m²	按设计图示尺寸以面积计算	1.基层清理； 2.刷防火材料

P.8 裱糊。工程量清单项目设置、项目特征描述的内容、计量单位及工程量计算规则，应按表 P.8 的规定执行。

表 P.8　裱糊（编码 011408）

项目编码	项目名称	项目特征	计量单位	工程量计算规则	工程内容
011408001	墙纸裱糊	1.基层类型； 2.裱糊部位； 3.腻子种类；	m²	按设计图示尺寸以展开面积计算	1.基层清理； 2.刮腻子； 3.面层铺黏；

（续表）

项目编码	项目名称	项目特征	计量单位	工程量计算规则	工程内容
011408002	织锦缎裱糊	4.刮腻子遍数； 5.黏结材料种类； 6.防护材料种类； 7.面层材料品种、规格、颜色	m²	按设计图示尺寸以展开面积计算	4.刷防护材料

15. Q 其他装饰工程

Q.1 柜类、货架。工程量清单项目设置、项目特征描述的内容、计量单位及工程量计算规则，应按表 Q.1 的规定执行。

表 Q.1　柜类、货架（编码 011501）

项目编码	项目名称	项目特征	计量单位	工程量计算规则	工程内容
011501001	柜台	1.台柜规格； 2.材料种类、规格； 3.五金种类、规格； 4.防护材料种类； 5.油漆品种、刷漆遍数	1.个 2.m 3.m³	1.以个计量，设计图示数量计算 2.以米计量，按设计图示尺寸以延长米计算 3.以立方米计量，按设计图示尺寸以体积计算	1.台柜制作、运输、安装（安放）； 2.刷防护材料、油漆； 3.五金件安装
011501002	酒柜				
011501003	衣柜				
011501004	存包柜				
011501005	鞋柜				
011501006	书柜				

Q.3 扶手、栏杆、栏板装饰。工程量清单项目设置、项目特征描述的内容、计量单位及工程量计算规则，应按表 Q.3 的规定执行。

表 Q.3　扶手、栏杆、栏板装饰（编码 011503）

项目编码	项目名称	项目特征	计量单位	工程量计算规则	工程内容
011503001	金属扶手、栏杆、栏板	1.扶手材料种类、规格； 2.栏杆材料种类、规格； 3.栏板材料种类、规格、颜色； 4.固定配件种类； 5.防护材料种类	m	按设计图示尺寸以扶手中心线长度（包括弯头长度）计算	1.制作； 2.运输； 3.安装； 4.刷防护材料
011503002	硬木扶手、栏杆、栏板				
011503003	塑料扶手、栏杆、栏板				
011503004	GRC 栏杆、扶手	1.栏杆的规格； 2.安装间距； 3.扶手类型规格； 4.填充材料种类			

（续表）

项目编码	项目名称	项目特征	计量单位	工程量计算规则	工程内容
011503005	金属靠墙扶手	1.扶手材料种类、规格；	m	按设计图示尺寸以扶手中心线长度（包括弯头长度）计算	1.制作； 2.运输； 3.安装； 4.刷防护材料
011503006	硬木靠墙扶手	2.固定配件种类；			
011503007	塑料靠墙扶手	3.防护材料种类			
011503008	玻璃栏板	1.栏杆玻璃种类、规格、颜色； 2.固定方式； 3.固定配件种类			

Q.5 浴厕配件。工程量清单项目设置、项目特征描述的内容、计量单位及工程量计算规则，应按表 Q.5 的规定执行。

表 Q.5　浴厕配件（编码 011505）

项目编码	项目名称	项目特征	计量单位	工程量计算规则	工程内容
011505001	洗漱台	1.材料品种、规格、颜色； 2.支架、配件品种、规格	1.m² 2.个	1.以平方米计量，按设计图示尺寸以台面外接矩形面积计算。不扣除孔洞、挖弯、削角所占面积，挡板、吊沿板面积并入台面面积内； 2.以个计量，按设计图示数量计算	1.台面及支架制作、运输、安装； 2.杆、环、盒、配件安装； 3.刷油漆
011505002	晒衣架		个	按设计图示数量计算	
011505003	帘子杆				
011505004	浴缸拉手				
011505005	卫生间扶手				
011505006	毛巾杆（架）		套		
011505007	毛巾环		副		
011505008	卫生纸盒		个		
011505009	肥皂盒				
011505010	镜面玻璃	1.镜面玻璃品种、规格； 2.框材质、断面尺寸； 3.基层材料种类； 4.防护材料种类	m²	按设计图示尺寸以边框外围面积计算	

Q.6 雨篷、旗杆。工程量清单项目设置、项目特征描述的内容、计量单位及工程量计算规则，应按表 Q.6 的规定执行。

表 Q.6　雨篷、旗杆（编码 011506）

项目编码	项目名称	项目特征	计量单位	工程量计算规则	工程内容
011506001	雨篷吊挂饰面	1.基层类型； 2.龙骨材料种类、规格、中距； 3.面层材料品种、规格； 4.吊顶（天棚）材料品种、规格； 5.嵌缝材料种类； 6.防护材料种类	m²	按设计图示尺寸以水平投影面积计算	1.底层抹灰； 2.龙骨基层安装； 3.面层安装； 4.刷防护材料、油漆
011506002	金属旗杆	1.旗杆材料种类、规格； 2.旗杆高度； 3.基础材料种类； 4.基座材料种类； 5.基座面层材料种类、规格	根	按设计图示数量计算	1.土石挖、填、运； 2.基础混凝土浇筑； 3.旗杆制作、安装； 4.旗杆台座制作、饰面
011506003	玻璃雨篷	1.玻璃雨篷固定方式； 2.龙骨材料种类、规格、中距； 3.玻璃材料品种、规格； 4.嵌缝材料种类； 5.防护材料种类	m²	按设计图示尺寸以水平投影面积计算	1.龙骨基层安装； 2.面层安装； 3.刷防护材料、油漆

Q.7　招牌箱、灯箱。工程量清单项目设置、项目特征描述的内容、计量单位及工程量计算规则，应按表 Q.7 的规定执行。

表 Q.7　招牌箱、灯箱（编码 011507）

项目编码	项目名称	项目特征	计量单位	工程量计算规则	工程内容
011507001	平面箱式招牌	1.箱体规格； 2.基层材料种类； 3.面层材料种类； 4.防护材料种类	m²	按设计图示尺寸以正立面边框外围面积计算。复杂形的凹凸造型部分不增加面积	1.基层安装； 2.箱体及支架制作、运输、安装； 3.面层制作、安装； 4.刷防护材料、油漆
011507002	竖式标箱				
011507003	灯箱				
011507004	信报箱	1.箱体规格； 2.基层材料种类； 3.面层材料种类； 4.防护材料种类； 5.户数	个	按设计图示数量计算	

Q.8　美术字。工程量清单项目设置、项目特征描述的内容、计量单位及工程量计算规则，应按表 Q.8 的规定执行。

表 Q.8　美术字（编码 011508）

项目编码	项目名称	项目特征	计量单位	工程量计算规则	工程内容
011508001	泡沫塑料字	1.基层类型； 2.镶字材料品种、颜色； 3.字体规格； 4.固定方式； 5.油漆品种、刷漆遍数	个	按设计图示数量计算	1.字制作、运输、安装； 2.刷油漆
011508002	有机玻璃字				
011508003	木质字				
011508004	金属字				
011508005	吸塑字				

16. R 拆除工程（略）

17. S（单价）措施项目

S.1　脚手架工程。工程量清单项目设置、项目特征描述的内容、计量单位及工程量计算规则，应按表 S.1 的规定执行。

表 S.1　脚手架工程（编码 011701）

项目编码	项目名称	项目特征	计量单位	工程量计算规则	工程内容
011701001	综合脚手架	1.建筑结构型式； 2.檐口高度	m²	按建筑面积计算	1.场、内外材料搬运； 2.搭、拆脚手架、斜道、上料平台； 3.安全网铺设； 4.选择附墙点与主体连接； 5.测试电动装置、安全锁等； 6.拆除脚手架后材料堆放
011701002	外脚手架	1.搭设方式； 2.搭设高度； 3.脚手架材质	m²	按所服务对象的垂直投影面积计算	1.场、内外材料搬运； 2.搭、拆脚手架、斜道、上料平台； 3.安全网铺设； 4.拆除脚手架后材料堆放
011701003	里脚手架				
011701004	悬空脚手架	1.搭设方式； 2.悬挑高度； 3.脚手架材质	m²	按搭设的水平投影面积计算	
011701005	挑脚手架		m	按搭设长度乘以搭设层数以延长米计算	
011701006	满堂脚手架	1.搭设方式； 2.搭设高度； 3.脚手架材质	m²	按搭设的水平投影面积计算	
011701008	外装饰吊篮	1.升降方式及启动装置； 2.搭设高度及吊篮型号	m²	按所服务对象的垂直投影面积计算	1.场、内外材料搬运； 2.吊篮的安装； 3.测试电动装置、安全锁、平衡控制器； 4.吊篮拆除

（续表）

项目编码	项目名称	项目特征	计量单位	工程量计算规则	工程内容
桂011701009	基础现浇混凝土运输道	1.运输道材质； 2.基础类型； 3.基础深度； 4.其他	m²	1.深度>3 m（3 m以内不得计算）的带形基础按基槽底面积计算； 2.满堂式基础、箱形基础、基础底宽度>3 m的柱基础、设备基础按基础底设计图示尺寸以面积计算	1.场内、外材料搬运； 2.运输道搭设； 3.施工使用期间的维修、加固、管件维护； 4.运输道拆除、拆除后材料整理堆放
桂011701010	框架现浇混凝土运输道	1.运输道材质； 2.运输道高度； 3.泵送、非泵送； 4.其他		按框架部分建筑面积计算	
桂011701011	楼板现浇混凝土运输道			按楼板浇捣部分的建筑面积计算	
桂011701012	电梯井脚手架	1.脚手架材质； 2.脚手架高度； 3.其他	座	按设计图示的电梯井以数量计算	1.场内、外材料搬运； 2.脚手架道搭设； 3.施工使用期间的维修、加固、管件维护； 4.脚手架拆除、拆除后材料整理堆放
桂011701013	独立斜道	1.斜道材质； 2.斜道高度； 3.斜道适用于（建筑和装饰装修一体承包的、仅完成装饰装修的）； 4.其他	座	按经审定的施工组织设计或施工技术措施方案以数量计算	1.场内、外材料搬运； 2.斜道搭设； 3.施工使用期间的维修、加固、管件维护； 4.斜道拆除、拆除后材料整理堆放
桂011701014	烟囱/水塔/独立筒体脚手架	1.脚手架适用项目； 2.脚手架材质； 3.脚手架高度； 4.脚手架直径； 5.其他	座	按设计图示的烟囱/水塔/独立筒体以数量计算	1.场内、外材料搬运； 2.脚手架搭设； 3.打缆风桩、拉缆风绳； 4.施工使用期间的维修、加固、管件维护； 5.脚手架拆除、拆除后材料整理堆放
桂011701015	外脚手架安全挡板	1.安全挡板材质； 2.高度； 3.其他	m²	按实搭挑出外架的水平投影面积以平方米计算	1.场内、外材料搬运； 2.斜道搭设； 3.施工使用期间的维修、加固、管件维护； 4.斜道拆除、拆除后材料整理堆放

（续表）

项目编码	项目名称	项目特征	计量单位	工程量计算规则	工程内容
桂 011701016	安全通道	1.安全通道材质； 2.与安全通道配合的脚手架高度； 3.安全通道的宽度尺寸（宽度超过3 m者）； 4.安全通道使用工程（建筑和装饰装修一体承包的或仅完成建筑主体的）	m	按经审定的施工组织设计或施工技术措施方案以中心线长度计算	1.场内、外材料搬运； 2.安全通道搭设； 3.施工使用期间的维修、加固、管件维护； 4.安全通道拆除、拆除后材料整理堆放

注：项目编码前附"桂"字表示为 GB 50854—2013 广西实施细则补充清单项目及工程计算规则。在广西，取消表中 011701001 清单项目。

S.2 混凝土模板及支架（撑）。工程量清单项目设置、项目特征描述的内容、计量单位及工程量计算规则，应按表 S.2 的规定执行。

表 S.2　混凝土模板及支架（撑）（编码 011702）

项目编码	项目名称	项目特征	计量单位	工程量计算规则	工程内容
011702001	基础	基础类型		按模板与现浇混凝土构件的接触面积计算： 1.现浇钢筋混凝土墙、板上单孔面积≤0.3 m^{2}的孔洞不扣除，洞口侧模板也不增加；单孔面积＞0.3 m^{2}时应扣除，洞侧模板面积并入墙、板模板工程量内计算； 2.现浇框架分别按梁、板、柱有关规定计算；附墙柱、暗梁、暗柱并入墙内工程量内计算； 3.柱、梁、墙、板相互连接的重叠部分，均不计算模板面积； 4.构造柱按图示外露部分计算模板面积	1.模板制作； 2.模板安装、拆除、整理堆放及场内、外运输； 3.清理模板黏结物及模内杂物、刷隔离剂等
011702002	矩形柱	柱截面形状	m^2		
011702003	构造柱				
011702004	异形柱	柱截面形状			
011702005	基础梁	梁截面形状			
011702006	矩形梁	支撑高度			
011702007	异形梁	1.梁截面形状； 2.支撑高度			
011702008	圈梁				
011702009	过梁				
011702011	直形墙				
011702012	弧形墙				
011702013	短肢剪力墙、电梯井壁	支撑高度			
011702014	有梁板				
011702015	无梁板				
011702016	平板				
011702019	空心板				
011702020	其他板				
011702021	栏板				
011702022	天沟、檐沟	构件类型		按模板与现浇混凝土构件的接触面积计算	
011702023	雨篷、悬挑板、阳台板	1.构件类型； 2.板厚度	m^2	按图示外挑部分尺寸的水平投影面积计算，挑出墙外的悬臂梁及反边不另计算	

（续表）

项目编码	项目名称	项目特征	计量单位	工程量计算规则	工程内容
011702024	楼梯	类型	m²	按楼梯（包括休息平台、平台梁、斜梁和楼层板连接的梁）的水平投影面积计算，不扣除宽度≤500 mm 的楼梯井所占面积，楼梯踏步、踏步板、平台梁等侧面模板不另计算，伸入墙内部分也不增加	1. 模板制作；2. 模板安装、拆除、整理堆放及场内、外运输；3. 清理模板黏结物及模内杂物、刷隔离剂等
011702025	其他现浇构件	构件类型		按模板与现浇混凝土构件的接触面积计算	
011702027	台阶	台阶踏步宽		按图示台阶水平投影面积计算，台阶端头两侧不另计算模板面积，架空式混凝土台阶按现浇楼梯计算	
011702030	后浇带	后浇带部位		按模板与后浇带的接触面积计算	
桂011702038	压顶、扶手模板	1.构件类型；2.构件规格；3.模板材质；4.模板支撑材质；5.混凝土与模板接触施工要求；6.其他	m	按图示尺寸以延长米计算	
桂011702039	混凝土散水模板	1.散水厚度；2.模板材质；3.模板支撑材质；4.其他	m²	按水平投影面积以平方米计算	
桂011702040	混凝土明沟模板	1.明沟断面尺寸；2.模板材质；3.模板支撑材质；4.其他	m	按图示尺寸以延长米计算	
桂011702042	梁板沉降后浇带胶合板钢支撑增加费				
桂011702043	墙沉降后浇带胶合板钢支撑增加费	1.部位；2.混凝土与模板接触施工要求；3.其他	m³	按后浇部分混凝土体积以立方米计算	
桂011702044	梁板温度后浇带胶合板钢支撑增加费				
桂011702045	地下室底后浇带木模板增加费				

注：项目编码前附"桂"字表示为 GB 50854—2013 广西实施细则补充清单项目及工程计算规则。

S.3 垂直运输。工程量清单项目设置、项目特征描述的内容、计量单位及工程量计算规则，应按表 S.3 的规定执行。

表 S.3　垂直运输（编码 011703）

项目编码	项目名称	项目特征	计量单位	工程量计算规则	工程内容
011703001	垂直运输	1.建筑物建筑类型及结构型式； 2.地下室建筑面积； 3.建筑物檐口高度、层数	1.m² 2.天	1.按建筑面积计算； 2.按施工工期日历天数计算	1.垂直运输机械的固定装置、基础制作、安装； 2.行走式垂直运输机械轨道的铺设、拆除、摊销

注：S.3 垂直运输项目，按 GB 50854—2013 广西实施细则规定，计量单位取"m²"。

S.4 超高施工增加。工程量清单项目设置、项目特征描述的内容、计量单位及工程量计算规则，应按表 S.4 的规定执行。

表 S.4　超高施工增加（编码 011704）

项目编码	项目名称	项目特征	计量单位	工程量计算规则	工程内容
011704001	超高施工增加费	1.建筑物建筑类型及结构型式； 2.建筑物檐口高度、层数； 3.单层建筑檐口高度超过 20 m 多层建筑超过 6 层部分的建筑面积	m²	按建筑物超高部分的建筑面积计算	1.建筑物超高引起的人工工效降低及由于人工工效降低引起的机械降效； 2.高层施工用水加压水泵的安装、拆除及工作台班； 3.通信联络设备的使用及摊销
桂011704002	建筑物超高加压水泵	1.建筑物建筑类型及结构型式； 2.建筑物檐口高度、层数	m²	按±0.000 以上建筑面积以平方米计算	高层施工用水加压水泵的安装、拆除及工作台班

注：项目编码前附"桂"字表示为 GB 50854—2013 广西实施细则补充清单项目及工程计算规则。在广西，取消表中 011704001 清单项目。

S.5 大型机械设备进出场及安拆。工程量清单项目设置、项目特征描述的内容、计量单位及工程量计算规则，应按表 S.5 的规定执行。

表 S.5　大型机械设备进出场及安拆（编码 011705）

项目编码	项目名称	项目特征	计量单位	工程量计算规则	工程内容
011705001	大型机械设备进出场及安拆	1. 机械设备名称； 2. 机械设备规格型号	台次	按使用机械设备的数量计算	1. 安拆费包括施工机械、设备在现场进行安装、拆卸所需人工、材料、机械和试运转费用以及机械辅助设施的折旧、搭设、拆除等费用； 2. 进出场费包括施工机械、设备整体或分体自停放地点运至施工现场或由一施工地点运至另一施工地点所发生的运输、装卸、辅助材料费用

S.6　施工排水、降水。工程量清单项目设置、项目特征描述的内容、计量单位及工程量计算规则，应按表 S.6 的规定执行。

表 S.6　施工排水、降水（编码 011706）

项目编码	项目名称	项目特征	计量单位	工程量计算规则	工程内容
011706001	成井	1. 成井方式； 2. 地层情况； 3. 成井直径； 4. 井（滤）管类型、直径	m	按设计图示尺寸以钻孔深度计算	1. 准备钻孔机械、埋设护筒、钻机就位、泥浆制作、固壁、成孔、出渣、清孔等； 2. 对接上、下井管（滤管），焊接、安放、下滤料、洗井、连接试抽等
011706002	排水、降水	1. 机械规格型号； 2. 降排水管规格	昼夜	按排、降水日历天数计算	1. 管道安装、拆除，场内搬运； 2. 抽水、值班、降水设备维修等
桂011706003	成井	1. 成井方式； 2. 成井孔径； 3. 成井深度； 4. 井管深度	根	按设计图示数量计算	1. 准备钻孔机械、埋设护筒、钻机就位、泥浆制作、固壁、成孔、出渣、清孔等； 2. 对接上、下井管，焊接、安放、下滤料、洗井、连接试抽等； 3. 管道安装、拆除、场内搬运等
桂011706004	排水、降水	1. 井点类型； 2. 井管深度	昼夜	按排水、降水日历天数计算	抽水、值班、降水设备维修等

注：项目编码前附"桂"字表示为 GB 50854—2013 广西实施细则补充清单项目及工程计算规则。在广西，取消表中 011706001 和 011706002 清单项目。

S.8　混凝土运输及泵送工程。工程量清单项目设置、项目特征描述的内容、计量单位及工程量计算规则，应按表 S.8 的规定执行。

表 S.8　混凝土运输及泵送工程（编码 011708）

项目编码	项目名称	项目特征	计量单位	工程量计算规则	工程内容
桂011708001	搅拌站混凝土运输	1.运距；2.其他	m³	按混凝土浇捣相应子目的混凝土定额分析量（如需泵送，加上泵送损耗）计算	1.搅拌好的混凝土在运输中进行搅拌；2.运送到施工现场；3.卸车
桂011708002	混凝土泵送	1.泵送装置；2.檐高；3.其他	m³	按混凝土浇捣相应子目的混凝土定额分析量计算	1.混凝土运输；2.铺设、移动及拆除导管的管道支架；3.清洗设备

注：本表是 GB 50854—2013 广西实施细则房屋建筑与装饰工程补充工程量清单及计算规则。

S.9　二次搬运费。工程量清单项目设置、项目特征描述的内容、计量单位及工程量计算规则，应按表 S.9 的规定执行。

表 S.9　二次搬运费（编码 011709）

项目编码	项目名称	项目特征	计量单位	工程量计算规则	工程内容
桂011709001	二次搬运费	1.材料种类、规格、型号；2.材料运距；3.其他	块、张、m²、m³、t	按材料的计量单位计算	1.装卸；2.运输；3.堆放整齐

注：本表是 GB 50854—2013 广西实施细则房屋建筑与装饰工程补充工程量清单及计算规则。

S.10　已完工程保护费。工程量清单项目设置、项目特征描述的内容、计量单位及工程量计算规则，应按表 S.10 的规定执行。

表 S.10　已完工程保护费（编码 011710）

项目编码	项目名称	项目特征	计量单位	工程量计算规则	工程内容
桂011710001	楼地面成品保护		m²	按被保护面层以平方米计算	
桂011710002	楼梯成品保护	1.成品材料种类、规格；2.其他	m²	按设计图示尺寸以水平投影面积计算	1.清扫表面；2.铺设、拆除成品保护；3.材料清理归堆；4.清洁表面
桂011710003	栏杆、扶手成品保护		m	按设计图示尺寸以中心线长度计算	
桂011710004	台阶成品保护		m²	按设计图示尺寸以水平投影面积计算	
桂011710005	柱面装饰面保护	1.装饰面保护材料种类、规格；	m²	按被保护面层以平方米计算	

（续表）

项目编码	项目名称	项目特征	计量单位	工程量计算规则	工程内容
桂011710006	墙面装饰保护	2.其他	m²	按被保护面层以平方米计算	1.清扫表面；2.铺设、拆除成品保护；3.材料清理归堆；4.清洁表面
桂011710007	电梯内装饰保护				

注：本表是 GB 50854—2013 广西实施细则房屋建筑与装饰工程补充工程量清单及计算规则。

S.11　夜间施工增加费。工程量清单项目设置、项目特征描述的内容、计量单位及工程量计算规则，应按表 S.11 的规定执行。

表 S.11　夜间施工增加费（编码 011711）

项目编码	项目名称	项目特征	计量单位	工程量计算规则	工程内容
桂011711001	夜间施工增加费	夜间施工	工日	按夜间施工工日数计算	因夜间施工所发生的夜班补助费、夜间施工降效费、夜间施工照明设备摊销及照明用电等费用

注：本表是 GB 50854—2013 广西实施细则房屋建筑与装饰工程补充工程量清单及计算规则。

18.　T 总价措施项目

T.1　总价措施项目。工程量清单项目设置、工作内容及包含范围应按表 T.1 的规定执行。

表 T.1　总价措施项目（编码 011801）

项目编码	项目名称	工作内容及包含范围
桂011801001	安全文明施工费	1.环境保护费：是指施工现场为达到环保部门要求所需要的各项费用； 2.文明施工费：是指施工现场文明施工所需要的各项费用； 3.安全施工费：是指施工现场安全施工所需要的各项费用； 4.临时设施费：是指施工企业为进行建设工程施工所必需搭设的生活和生产用的临时建筑物、构筑物和其他临时设施费用。包括临时设施的搭设、维修、拆除、清理费或摊销费等。临时设施包括：临时宿舍、文化福利及共用事业房屋与构筑物，仓库、办公室、加工厂（场）以及在规定范围内的道路、水、电、管线等临时设施和小型临时设施 附注：市政工程不包含施工护栏费用
桂011801002	检验试验配合费	是指施工单位按规定进行建筑材料、构配件等试样的制作、封样、送检和其他保证工程质量进行的检验试验所发生的费用

（续表）

项目编码	项目名称	工作内容及包含范围
桂011801003	雨季施工增加费	在雨季施工期间所增加的费用，包括防雨和排水措施、工效降低等费用
桂011801004	工程定位复测费	是指工程施工过程中进行全部施工测量放线和复测工作的费用
桂011801005	暗室施工增加费	在地下室（或暗室）内进行施工时所发生的照明费、照明设备摊销费及人工降效费
桂011801006	交叉施工补贴	市政工程与设备安装工程进行交叉作业而相互影响的费用
桂011801007	特殊保健费	在有毒有害气体和有放射性物质区域范围内的施工人员的保障费，与建设单位职工享受同等特殊保障津贴
桂011801008	在有害身体健康环境中施工增加费	在有害身体健康环境中施工需要增加的措施费和施工降效费
桂011801009	优良工程增加费	招标人要求承包人完成的单位工程质量达到合同约定为优良工程所必需增加的施工成本费
桂011801010	提前竣工增加费	承包人应发包人的要求而采取加快工程进度措施，使合同工程工期缩短，由此产生的应由发包人支付的费用

注：本表是 GB 50854—2013 广西实施细则房屋建筑与装饰工程总价措施项目费的项目、清单编码及内容。

第六章 工程造价控制

第一节 交易阶段工程造价控制

一、招标承包制度的概念

承发包是承包方和发包方之间的一种商业行为。发包是订货，即订购商品；承包是接受订货生产，按规定供货。工程施工承发包关系是建设单位委托施工单位完成拟建建筑产品相应施工任务而形成的相互关系。它反映建筑产品所有者与生产者之间的经济关系。招标投标是我国目前实现工程承发包关系的主要途径。

工程招标承包制是通过市场招标选择来实现的。招标制的目的和实质，是通过施工单位之间的竞争来选择确定承包方的经营形式。投标则是施工单位竞争的特有形式。

建筑业的竞争是企业与企业、投标者与投标者的公开直接竞争。发包方作为买方，是竞争的裁判者，他所直接选择的不是企业的产品，而是企业。这个竞争的特点迫使施工单位把信誉摆在竞争的市场上。建筑业的竞争不但是生产管理、技术、效率和质量的竞争，同时又是经营艺术的竞争。

二、建设工程招标投标的概述

1. 建设工程招标投标的概念

所谓招标投标，是指采购人事先提出货物、工程或服务采购的条件和要求，邀请投标人参加投标并按照规定程序从中选择交易对象的一种市场交易行为。从交易过程看，它必须包括招标和投标两个基本且相对应的环节。

建设项目招标投标是国际上广泛采用的业主择优选择工程承包商的主要交易方式。招标的目的是为计划兴建的工程项目选择适当的承包商，将全部工程或其中一部分工作委托这些承包商负责完成。承包商则通过投标竞争，决定自己生产任务和销售对象，也就是产品得到社会的承认，从而完成计划并实现盈利计划。为此，承包商必须具备一定的条件，才能在投标竞争中获胜，被业主选中。这些条件主要是一定的技术、经济实力和管理经验，是能胜任承包的任务，生产效率高、价格合理及信誉良好。

建设工程项目招标是指建设单位（业主）在工程项目发包之前制定招标文件，用法定形式吸引建设项目的承包单位参加竞争，进而通过法定程序从中选择条件优越者来完成工程建设任务的一种市场经济活动。

建设工程项目投标是指具有合法资格和能力的建设项目承包单位，响应招标人的要求参加投标竞争，并按招标文件的要求，在规定时间内向招标人填报投标书并争取中标的一种市场经济活动。

建设项目招标投标实质上是一种市场竞争行为，在市场经济条件下，它是一种最普遍、最常见的择优方式。

2. 建设工程招标的范围

《中华人民共和国招标投标法》规定，在中华人民共和国境内，下列工程建设项目包括项目勘察、设计、施工、监理以及工程建设有关的重要设备、材料等的采购，必须进行招标：

1）大型基础设施、公用事业等社会公共利益、公共安全的项目。

2）全部或部分使用国家资金或者国家融资的项目。

3）使用国际组织或者外国政府贷款、援助资金的项目。

建设项目的勘察、设计，采用特定专利或专有技术的，或者其建筑艺术造型有特殊要求的，经项目主管部门批准，可以不进行招标。

任何单位或个人不得将依法必须进行招标的项目化整为零或者以其他任何方式规避招标。

3. 建设工程招标的方式

建设工程的招标方式分为公开招标和邀请招标两种。

（1）公开招标

公开招标是指业主以招标公告的方式邀请不特定的法人或其他组织投标。依法应当公开招标的建设项目，必须进行公开招标。公开招标的招标公告，应当在国家指定的报刊和信息网络上公布。

（2）邀请招标

邀请招标是指业主以投标邀请书的方式邀请特定的法人或其他组织投标。依法可以采用邀请招标的建设项目，必须经过批准后方可进行邀请招标。业主应当向三家以上具备承担施工招标项目能力、信誉良好的特定法人或其他组织发出投标邀请书。

4. 建设工程招标投标价格

《建筑工程施工发包与承包计价管理办法》规定，国有资金投资的建筑工程，应当采用工程量清单计价；非国有资金投资的建筑工程，鼓励采用工程量清单计价。国有资金投资的建设工程招标的，应当设有最高投标限价；非国有资金投资的建筑工程招标的，可以设有最高投标限价（招标控制价）或者招标标底。

（1）标底价格

标底是招标人根据招标项目的具体情况编制的完成招标项目所需的全部费用，是依据国家规定的计价依据和计价办法计算出来的工程造价，是招标人对建设工程的期望价格。

（2）招标控制价

招标人根据国家或省级、行业建设主管部门颁发的有关计价依据和办法，以及拟定的招标文件和招标工程量清单，结合工程具体情况编制的招标工程的最高投标限价。

（3）投标报价

投标报价是由投标人按照招标文件的要求，根据工程特点，结合自身的施工技术、装备和管理水平，依据有关计价办法规定自主确定的工程造价，是投标人希望达成工程承包交易的期望价格，原则上它不高于招标人设定的标底。

（4）评标定价

《中华人民共和国招标投标法》规定："评标委员会应当按照招标文件确定的评标标准和方法，对投标文件进行评审和比较；设有标底的，应当参考标底。"所以评标的依据一是招标文件，二是标底（当设有标底时）。

《中华人民共和国招标投标法》规定，中标人的投标应当符合下列两个条件之一：一是"最大限度地满足招标文件中规定的各项综合评标标准"，该评标标准包括投标报价；二是"能够满足招标文件的实质性要求，并且经评审的投标价格最低，但是投标价格低于成本的除外"。中标人的报价，即为决标价，作为签订合同价格的依据。

三、建设工程招标价格的编制

1. 标底价格的编制

标底价格是招标人对拟招标工程事先确定的预期价格，招标人以此作为衡量投标人投标价格的尺度，也是招标人控制造价的一种手段。

《中华人民共和国招标投标法》没有明确规定招标工程是否必须设置标底价格，招标人可根据工程的实际情况自行决定是否需要编制标底价格。一般情况下，即使采用无标底招标方式进行的工程，招标人在招标时还需要对招标工程的建造费用做出估计，使心中有一基本价格底数，同时也对投标报价的合理性做出理性判断。

编制标底，既要符合政策，实事求是，有利于提高投资效益，又要使施工单位经过努力，可以取得较好的经济效益。只有经过审定后的标底，才能保证标底的合理性、准确性、公正性。标底的合理性，是指用浮动价格投标，只要具备建造该工程资格的施工单位中标，都可以取得合理的收入；标底的准确性，是指报价与标底之间的差异较小，更接近于市场实际价格；标底的公正性，是指审定的标底是按施工图预算加上各种规定的费用得出的造价，不错算和漏项。标底的审定应符合公正的原则，既要考虑建设单位的利益，又要保护施工单位的利益。确定的标底应不突破批准的概算投资，如果发现突破概算，应查明原因。

招标工程的标底是衡量投标报价的依据和核实工程项目准确投资的依据。也就是说，标底是审核报价、评标、决标的标准。因此，标底的准确与否直接影响项目的投资和招标的成败。编制标底是一项十分严肃的工作，必须认真对待。

（1）标底价格的编制原则

根据《中华人民共和国招标投标法》，设置标底进行招标的，在标底的编制过程中，应遵循以下原则：

1）根据国家统一工程项目划分、计量单位、工程量计算规则以及设计图纸、招标文件，并参照国家、行业或地方批准发布的定额和国家、行业、地方规定的技术标准规范，以及要素市场价格确定工程量和编制标底造价。

2）标底价格作为招标人的期望价格，应力求与市场的实际变化吻合，要有利于竞争和保证工程质量。

3）标底价格应由直接费、间接费、利润、税金等组成，一般应控制在批准的建设工程投资估算或总概算（修正概算）的限额内。

4）标底应考虑人工、材料、设备、机械台班等变化因素，还应包括措施费、间接费、利润和税金以及不可预见费等。采用固定价格的工程还应考虑的风险金等。

5）一个工程只能编制一个标底。

6）招标人不得以各种原因任意压低标底价格。

7）工程标底价格完成后应及时封存，在开标前应严格保密，所有接触过工程标底价格的人员都负有保密责任、不得泄露。

（2）编制标底价格的主要程序

当招标文件的商务条款一经确定，即可进入标底编制阶段。标底既可在发放招标文件之前完成，也可与投标单位投标同时进行。工程标底的编制程序如下：

1）确定标底的编制单位。标底由招标人自行编制或委托具有编制标底资格和能力的中介机构代理编制。

2）熟悉有关资料，包括：

① 全套施工图纸及现场地质、水文、地上情况等有关资料。

② 招标文件。

③ 标底价格计算书、有关表格。

3）参加施工图交底、施工方案交底以及现场勘察、招标答疑会。

4）编制标底。

5）审核标底价格。

（3）标底价格的编制方法

《建筑工程施工发包与承包计价管理办法》（建设部令第 16 号）第九条规定，招标标底应当依据工程计价有关规定和市场价格信息等编制。其编制可以采用工料单价法和综合单价法两种计价方法。工料单价法是传统定额计价模式采用的计价方式，综合单价法是工程量清单计价模式采用的计价方式。

我国目前建设工程招标标底的编制，主要采用定额计价和工程量清单计价来编制。

1）以定额计价法编制标底：

定额计价法，也称工料单价法，是指分部分项工程单价为直接工程费单价，以分部分项工程量乘以对应分部分项工程单价后合计为单位工程直接工程费。直接工程费汇总后另加措施费、间接费、利润和税金生成的工程价格。按照分部分项工程单价产生方法的不同，工料单价又可分为预算单价法和实物法。

预算单价法是用地区统一单价估价表（消耗量定额）中的各分项工程预算单价（基价）乘以相应的各分项工程的工程量，求和后得到包括人工费、材料费和机械使用费在内的单位工程直接工程费。措施费、间接费、利润和税金可根据统一规定的费率乘以相应的计算基础求得。将上述费用汇总后得到单位工程费用。

实物法是指按工程量计算规则和预算定额（消耗量定额）确定分部分项工程的人工、材料、机械消耗量后，按照资源市场价格计算出各分部分项工程的工料单价，以工料单价乘以工程量汇总后得到直接工程费，再按照市场行情计算措施费、间接费、利润和税金等，汇总后得到单位工程费用。

2）以工程量清单计价编制标底：按《建设工程工程量清单计价规范》的规定，编制招标工程标底价格。

（4）标底价格的审查

为了保证标底的准确和严谨，必须加强对标底的审查。标底的审定时间一般在投标截止日后、开标之前。结构不太复杂的中小型工程 7 天以内，结构较复杂的大型工程 14 天以内。

1）审查标底的目的：审查标底的目的是检查标底价格编制是否真实、准确，标底价格如有漏洞，应予以调整和修正。如总价超过概算，应按照有关规定进行处理，不得以压低标底价格作为压低投资的手段。

2）标底审查的内容：

① 标底计价依据：承包范围、招标文件规定的计价方法及招标文件的其他有关条款。

② 标底价格组成内容：按招标文件规定的内容进行审查。

③ 标底价格有关费用：人工、材料、机械台班的市场价格，措施费（赶工措施费、单价措施费）、现场因素费用、不可预见费（特殊情况），对于采用固定价格的工程所测

算的在施工周期内价格波动的风险系数等。

3）标底审查方法：

标底价格的审查方法主要有：全面审查法、重点审查法、分解对比审查法、标准预算审查法、筛选法、应用手册审查法等。

2. 招标控制价的编制

招标控制价是招标人根据国家、行业建设主管部门颁发的有关计价依据和办法，按设计施工图纸计算的，对招标工程限定的最高工程造价。

招标控制价超过批准的概算时，招标人应将其报原概算部门审核。

招标控制价应由具有编制能力的招标人或受其委托具有相应资质的工程造价咨询人编制。工程造价咨询人不得同时接受招标人和投标人对同一工程的招标控制价和投标报价的编制。

进行招标控制的编制，应按如下步骤和要求进行：

（1）分部分项工程和单价措施项目费确定

分部分项工程项目和单价措施项目，应根据拟定的招标文件和招标工程量清单项目中的特征描述及有关要求确定综合单价计算。综合单价中应包括招标文件中划分的由投标人承担的风险范围及其费用。

在广西壮族自治区进行综合单价的确定：人工单价按照自治区建设主管部门或其授权的自治区工程造价管理机构发布的定额人工单价执行；材料费按各市工程造价管理机构公布的当时当地相应编码的市场材料单价计取；机械台班单价除人工费、动力燃料费可按相应规定调整外，其余均不得调整；综合单价中的费率（或标准）由自治区工程造价管理机构根据全区实际进行统一制定和调整。招标人编制招标控制价时，管理费和利润的计取一般按广西工程费用定额中费率区间的中值，特殊工程可根据投资规模、技术含量、复杂程度在费率中值至上限值间选择。

招标文件提供了暂估单价的材料，按暂估的单价计入综合单价。

（2）总价措施项目费确定

总价措施项目应根据拟定的招标文件和常规施工方案按本计价规范细则招标控制价编制依据有关规定计价。在广西壮族自治区，措施项目清单中的安全文明施工费应按照国家或自治区建设主管部门的规定计价，不得作为竞争性费用。

（3）其他项目费确定

在广西壮族自治区，其他项目费的确定按如下规定进行：

1）暂列金额。在招标控制价中需估算一笔暂列金额，暂列金额应根据工程的复杂程度、设计深度、工程环境条件（包括地质、水文、气候条件等）等进行估算，可按分部分项工程费和措施项目费合计的5%～10%作为参考。

2）暂估价。暂估价中的材料、工程设备暂估单价应根据工程造价信息或参照市场价格估算，列出明细表；专业工程暂估价应分不同专业，列出明细表，按有关计价规定估算，应包含除税金以外的全部费用。

3）计日工。计日工应按招标工程量清单中列出的项目，根据工程特点和有关计价依据确定综合单价计算。计日工综合单价应包含除税金以外的全部费用。计日工综合单价按计日工价格乘以综合费率计算，计日工价格应按当地工程造价管理机构发布的工程造价信息中的信息价计算，工程造价信息未发布的，按市场调查确定的单价计算；综合费率按自治区计价定额有关规定计算。

4）总承包服务费。总承包服务费应根据招标工程量清单列出的内容和要求，按自治区建设主管部门颁发的计价定额及有关规定计算。

（4）规费和税金的确定

规费和税金应按国家或省级、行业建设主管部门规定的标准计算。

将以上各项费用汇总即得招标控制价。

招标控制价不得上调或下浮。招标人应在发布招标文件时公布招标控制价的整套文件，同时应将招标控制价及有关资料报送工程所在地工程造价管理机构备查。由于招标控制价的编制特点和作用决定了招标控制价不同于标底价，无须保密。为了体现招标的公开、公平、公正，防止招标人有意抬高或压低工程造价，给投标人以错误信息，因此，招标人在招标文件中应公布招标控制价各组成部分的详细内容，不得只公布招标控制价的总价。

投标人经复核认为招标人公布的招标控制价未按照本计价规范细则的规定进行编制的，应在招标控制价公布后 5 天内向招投标监督机构和工程造价管理机构投诉。

当招标控制价复查结论与原公布的招标控制价误差大于±3%时，应当责成招标人改正。招标人根据招标控制价复查结论需要重新公布招标控制价的，其最终公布的时间至招标文件要求提交投标文件截止时间不足 15 天的，应相应延长投标文件的截止时间。

四、建设工程投标报价的计算

建设工程的投标报价，是投标人按招标文件中规定的各种因素和要求，根据本企业的实际水平能力、各种环境条件等，对承建投标工程所需的成本、拟获利润、相应的风险费用等进行计算后提出的报价。

投标报价由投标人自主确定，但不得低于成本。投标报价应由投标人或受其委托具有相应资质的工程造价咨询人编制。

1．投标报价计算的原则

投标报价是承包工程的一个决定性环节，投标价格的计算是工程投标的重要工作，是投标文件的主要内容，招标人把投标人的投标报价作为主要标准来选择中标者，中标价也是招标人和投标人就工程进行承包合同谈判的基础。因此，投标报价是投标人进行工程投标的核心，报价过高会失去承包机会；而报价过低，虽然可能中标，但会给工程承包带来亏损的风险。因此报价过高或过低都不可取，必须做出合理报价。

1）以招标文件中设定的发承包双方责任划分，作为考虑投标报价费用项目和费用计算的基础；根据工程发承包模式考虑投标报价的费用内容和计算深度。

2）以施工方案、技术措施等作为投标报价计算的基本条件。

3）以反映企业技术和管理水平的企业定额作为计算人工、材料和机械台班消耗量的基本依据。

4）充分利用现场考察、调研成果、市场价格信息和行情资料，编制基价，确定调价方法。

5）报价计算方法要科学严谨、简明适用。

2. 投标报价计算的方法

（1）以定额计价模式投标报价

一般是采用预算定额来编制，即按照定额规定的分部分项子目逐项计算工程量，套用定额基价或根据市场价格确定直接费，然后再按规定的费用定额计取各项费用，最后汇总形成投标价。

（2）以工程量清单计价模式投标报价

这是与市场经济相适应的投标报价方法，也是国际通用的竞争性方式所要求的。采用工程量清单计价模式编制投标报价，主要的工作及要求如下：

1）投标人必须按招标工程量清单填报价格。项目编码、项目名称、项目特征、计量单位、工程量必须与招标工程量清单一致。投标人不得对招标工程量清单项目进行增减调整。

2）分部分项工程项目和单价措施项目，应根据招标文件和招标工程量清单项目中的特征描述确定综合单价计算。在招投标过程中，出现招标工程量清单特征描述与设计图纸不符时，投标人应以招标工程量清单的项目特征描述为准，确定投标报价的综合单价。综合单价中应包括招标文件中划分的由投标人承担的风险范围及其费用，招标文件中没有明确的，应提请招标人明确。

3）总价措施项目的金额应根据招标文件及投标时拟定的施工组织设计或施工方案，按计价规范细则投标报价编制依据的规定自主确定。其中安全文明施工费应按照国家或省级、行业建设主管部门的规定确定。

4）其他项目费中暂列金额应按招标工程量清单中列出的金额填写，不得变动；材料、工程设备暂估价应按照招标工程量清单列出的单价计入综合单价；专业工程暂估价应按照招标工程量清单中列出的金额填写；计日工应按招标工程量清单中列出的项目和数量，自主确定综合单价并计算计日工金额；总承包服务费应根据招标工程量清单中列出的内容和供应材料、设备情况，按照招标人提出的协调、配合与服务要求和施工现场管理需要自主确定。

5）规费和税金应按国家或省级、行业建设主管部门规定的标准计算。

6）招标工程量清单与计价表中列明的所有需要填写单价和合价的项目，投标人均应填写且只允许有一个报价。投标总价应当与分部分项工程费、措施项目费、其他项目费和规费、税前项目费、税金的合计金额一致。

7）投标报价不得低于工程成本。投标人在进行工程量清单招标的投标报价时，不能进行投标总价优惠（或降价、让利），投标人对投标报价的任何优惠（或降价、让利）均应反映在相应清单项目的综合单价中。不得出现任意一项单价重大让利，低于成本报价。投标人不得以自有机械闲置、自有材料等不计成本为由进行投标报价，且不得低于工程成本报价。投标报价低于工程成本或者高于最高投标限价总价的，评标委员会应当否决投标人的投标。

3. 投标报价的策略

投标价格是按成本、预计利润、风险等费用计算而成的，最终的投标报价通常以此为基础，运用一定的策略，不仅使招标人可以接受报价，又能让承包人获得更多的利润。通常承包人可能采用以下几种投标策略：

（1）不平衡报价法

不平衡报价法是指一个工程项目的投标报价，在总价基本确定后，将某些分部分项工程的单价定得比正常水平高一些，某些分部分工程的单价定得比正常水平低一些，这样既不影响投标总价，又能在结算时得到更理想的经济效益。

1）能够早日结算的项目，如前期措施费、基础工程、土石方工程等可以报得较高，以利资金周转。后期工程项目如设备安装、装饰工程等的报价可适当降低。

2）经过工程量核算，预计今后工程量会增加的项目，单价适当提高，这样在最终结算时可多赚钱，而将来工程量有可能减少的项目单价降低，工程结算时损失不大。但是，上述两种情况要统筹考虑，即对于清单工程量有错误的早期工程，如果工程量不可能完成而有可能降低的项目，则不能盲目抬高单价，要具体分析后再定。

3）设计图纸不明确，估计修改后工程量要增加的，可以提高单价，而工程内容说不清楚的，则可以降低一些单价。

4）暂定项目又叫任意项目或选择项目，对这类项目要作具体分析。因这一类项目要在开工后由发包人研究决定是否实施，由哪一家投标人实施。如果工程不分包，只由一家投标人施工，则其中肯定要施工的单价可高些，不一定要施工的则应该低些。如果工程分包，该暂定项目也可能由其他投标人施工时，则不宜报高价，以免抬高总报价。

5）单价包干的合同中，招标人要求有些项目采用包干报价时，宜报高价。一则这类项目多半有风险，二则这类项目在完成后可全部按报价结算，即可以全部结算回来。其余单价项目则可适当降低。

6）有时招标文件要求投标人对工程量大的项目报"清单项目单价分析表"，投标时可将单价分析表中的人工费及机械设备费报得较高，而材料费报得较低。这主要是为了在今后补充项目报价时，可以参考选用"清单项目单价分析表"中较高的人工费和机械费，而材料则往往采用市场价，因而可获得较高的收益。

7）在其他项目费中要报工日单价和机械台班单价，可以高些，以便在日后招标人用工或使用机械时可多盈利。对于其他项目中的工程量要具体分析，是否报高价，高多少有一个限度，不然会抬高总报价。

虽然不平衡报价对投标人可以降低一定的风险，但报价必须要建立在对工程量清单表中的工程量风险仔细核对的基础上，特别是对于降低单价的项目，如工程量一旦增多，将造成投标人的重大损失，同时一定要控制在合理幅度内，一般控制在10%以内，以免引起招标人反对，甚至导致个别清单项报价不合理而废标。如果不注意这一点，有时招标人会挑选出报价过高的项目，要求投标人进行单价分析，而围绕单价分析中过高的内容压价，以致投标人得不偿失。

（2）多方案报价法

有时招标文件中规定，可以提一个建议方案。如果发现有些招标文件工程范围不很明确，条款不清楚或很不公正。技术规范要求过于苛刻时，则要在充分估计风险的基础上，按多方案报价法处理。即按原招标文件报一个价，然后再提出如果某条款作某些变动，报价可降低的额度。这样可以降低总造价，吸引招标人。

投标人这时应组织一批有经验的设计和施工工程师，对原招标文件的设计方案仔细研究，提出更合理的方案以吸引招标人，促成自己的方案中标。这种新的建议可以降低总造价或提前竣工。但要注意的是对原招标方案一定也要报价，以供招标人比较。

增加建议方案时，不要将方案写得太具体，保留方案的技术关键，防止招标人将此方案交给其他投标人，同时要强调的是，建议方案一定要比较成熟，或过去有这方面的实践经验。因为投标时间往往较短，如果仅为中标而匆忙提出一些没有把握的建议方案，可能引起很多不良后果。

（3）突然降价法

报价是一件保密的工作，但是对手往往会通过各种渠道、手段来刺探情报，因而用此法可以在报价时迷惑竞争对手。即先按一般情况报价或表现出自己对该工程兴趣不大，到快要投标截止时，才突然降价。采用这种方法时，一定要在准备投标报价的过程中考虑好降价的幅度，在临近投标截止日期前，根据情况信息与分析判断，再做最后决策。采用突然降价法往往降低的是总价，而要把降低的部分分摊到各清单项内，可采用不平衡报价法进行，以期取得更高的效益。

（4）先亏后盈法

对于大型分期建设的工程，在第一期工程投标时，可以将部分间接费分摊到第二期工程中去，并减少利润以争取中标。这样在第二期工程投标时，凭借第一期工程的经验、临时设施以及创立的信誉，比较容易拿到第二期工程。如第二期工程遥遥无期时，则不可以这样考虑。

五、建设工程承包合同价格分类

《建筑工程施工发包与承包计价管理办法》规定，合同价可以采用三种方式：单价方式、总价方式和成本加酬金方式。建设工程施工合同（示范文本）（GF—2013—0201）中，合同价可以采用三种方式：单价合同、总价合同、其他价格形式合同。建设工程承包合同的计价方式按国际通行做法，可分为单价合同、总价合同和成本加酬金价合同。

1. 单价合同

单价合同是指合同当事人约定以工程量清单及其综合单价进行合同价格计算、调整和确认的建设工程施工合同，在约定的范围内合同单价不作调整。合同当事人应在专用合同条款中约定综合单价包含的风险范围和风险费用的计算方法，并约定风险范围以外的合同价格的调整方法，其中因市场价格波动引起的调整按合同相关约定执行。

采用固定单价合同时，工程量清单是合同文件必不可少的组成内容，其中的工程量一般具备合同约束力（量可调），工程款结算时按照合同中约定应予计量并按实际完成的工程量计算进行调整，因此这种合同价较为合理地分担了合同履行过程中的风险，承包方据以报价的工程量为估计工程量，这样可以避免实际完成工程量与估计工程量较大差异而导致的承包方亏损，承包方主要承担的是价格波动的风险。

对于工期和规模适中，施工图纸比较清楚，工程量有出入的工程适宜采用固定单价合同，实行工程量清单计价的工程，宜采用固定单价合同。

2. 总价合同

总价合同是指合同当事人约定以施工图、已标价工程量清单或预算书及有关条件进行合同价格计算、调整和确认的建设工程施工合同，在约定的范围内合同总价不作调整。合同当事人应在专用合同条款中约定总价包含的风险范围和风险费用的计算方法，并约定风险范围以外的合同价格的调整方法，其中因市场价格波动引起的调整、因法律变化引起的调整按合同相关约定执行。

采用这种合同，合同总价只有在设计和工程范围发生变更的情况下才能随之作相应的变更，除此之外，合同总价一般不能变动。在这种合同的形式下，承包方要承担实物工程量、工程单价等变化可能造成损失的风险。在合同执行过程中，承发包双方均不得以工程量、设备和材料价格、工资等变动为理由，提出合同总价调值的要求。因此，承包方要在投标时对一切费用上升因素做出估计将其包含在报价之中。承包方因为可能要为许多不可预见的因素付出代价，所以往往会加大不可预见费用，致使这种合同的投标价可能较高。

合同工期半年以内、规模不大、工序相对成熟、工程施工合同总价 200 万元以内，施工图纸已经审查完备的工程项目，可采用固定总价合同。

3. 成本加酬金价合同

成本加酬金价合同是将工程项目实际投资划分为直接成本和承包方完成工作后应得酬金两部分，在工程实施过程中发生的直接成本费由发包方实报实销，再按合同约定的方式再另外支付给承包方相应报酬。

以成本加酬金价形式签订的合同有两个明显缺点：一是发包方对工程总价不能实施实际的控制；二是承包方对降低成本不太感兴趣。因此，采用这种合同形式，其条款必须非常严格。

成本加酬金价合同一般适用以下两种情况：一是工程内容及其技术经济指标尚未全面确定、投标报价的依据尚不充分的情况下，建设单位因工期要求紧迫，必须发包；二是建设单位与施工单位之间具有高度的信任，施工单位在某些方面具有独特的技术、特长和经验。

按酬金的计算方式不同，成本加酬金价合同又分为以下几种形式：

（1）成本加固定百分比酬金

这种合同价是建设单位对施工单位支付的人工、材料和施工机械使用费、施工管理费等按实际直接成本全部据实补偿，同时按照实际直接成本的固定百分比付给承包方一笔酬金，作为施工单位的利润。这种合同价使得建筑安装工程总造价及付给承包方的酬金随工程成本而水涨船高，不利于鼓励施工单位降低成本，因而很少被采用。

（2）成本加固定金额酬金

这种合同价与上述成本加固定百分比酬金合同价相似。其不同之处仅在于建设单位付给施工单位的酬金是一笔固定金额的酬金。这种计价方式的合同虽然不能鼓励承包商关心和降低成本，但从尽快获得全部酬金减少管理投入出发，会有利于缩短工期。

采用上述两种合同价方式时，为了避免施工单位企图获得更多的酬金而对工程成本不加控制，往往在承包合同中规定一些"补充条款"，以鼓励施工单位节约资金，降低成本。

（3）成本加奖罚合同

采用这种合同价，首先，要确定一个目标成本，这个目标成本是根据粗略估算的工程量和单价表编制出来的。在此基础上，根据目标成本来确定酬金的数额，可以是百分数的形式，也可以是一笔固定酬金。其次，根据工程实际成本支出情况另外确定一笔奖金，当实际成本低于目标成本时，施工单位除从建设单位获得实际成本、酬金补偿外，还可根据成本降低额得到一笔奖金。当实际成本高于目标成本时，施工单位仅能从建设单位得到成本和酬金的补偿。此外，视实际成本高出目标成本情况，若超过合同价的限额，还要处以一笔罚金。除此之外，还可设工期奖罚。这种合同价形式可以促使施工方降低成本，缩短工期，而且目标成本随着设计的进展而加以调整，承发包双方都不会承担太大风险，故应用较多。

（4）最高限额成本加固定最大酬金确定的合同价

在这种合同价中，首先要确定最高限额成本价、报价成本价和最低成本价，当实际成本低于最低成本价时，承包方花费的成本费用及应得酬金等都可得到发包方的支付，并与发包方分享节约额。如果实际工程成本在最低成本和报价成本之间，承包方只能得到成本和酬金。如果实际工程成本在报价成本与最高限额成本之间，则只能得到全部成本。如果实际工程成本超过最高限额成本时，则超过部分发包方不予支付。这种合同价形式有利于控制工程造价，并能鼓励承包方最大限度地降低工程成本。

第二节 施工阶段工程造价控制

建设项目经批准开工建设，即进入建设实施阶段。该阶段是中标的承包方按施工合同约定的工程范围，依据合同要求、设计图纸、标准规范、技术资料等对建设产品的形成所做出的一系列有组织、有计划、有目的的活动；其目标是在保证施工质量、成本、工期、安全和现场标准等要求的前提下，达到竣工验收标准，最终形成建设工程产品。

施工阶段工程造价的控制主要涉及工程变更及价款确定、工程索赔及价款确定、工程价款结算等内容。

一、工程变更及价款的确定

1. 工程变更及产生原因

（1）工程变更

工程变更包括设计变更和其他变更两大类。其中设计变更包括工程内容的增加和删减等，其他变更包括施工进度计划变更、施工条件变更和工程量变更等。

（2）工程变更产生的原因

在项目实施过程中，经常碰到来自业主对项目修改的要求和设计方由于业主要求的变化或现场施工环境、施工技术的要求而产生的设计变更等。这些变更，经常导致工程量变化、施工进度变化、业主与承包方在执行合同中的争执等问题。这些问题的产生，一方面，由于主观原因，以致在施工过程中出现许多招标文件中没有考虑或估算不准确的工程量，因而不得不改变施工项目或增减工程量；另一方面，由于客观原因，造成停工和工期拖延，使工程变更不可避免。

2. 工程变更的程序

（1）设计变更的程序

1）发包人对原设计进行的变更。施工过程中发包人如果需要对原工程设计进行变更，应不迟于变更前 14 天以书面形式向承包人发出变更通知。若设计变更超过原设计标准或者批准的建设规模时，须经原规划部门和其他有关部门审查批准，并由原设计单位提供变更图纸和说明。承包人按照工程师发出的变更通知和有关要求，需要进行下列的变更：

① 更改工程有关部分的标高、基线、位置和尺寸。

② 增减合同中约定的工程量。

③ 改变有关工程的施工时间和施工顺序。

④ 其他有关工程变更需要的附加工作。

因变更导致的合同价款增减及造成的承包方损失由发包方承担，延误工期相应顺延。

2）承包人对设计进行变更。施工中承包方不得随意变更，因承包方擅自变更设计发生的费用和由此导致的发包方损失，由承包方承担，延误的工期不予顺延。

承包人在施工过程中提出的合理化建议涉及设计图纸或施工组织设计的更改及对材料、设备的换用，须经工程师同意。工程师同意采用承包人合理化建议，所发生的费用和获得的收益，发承包双方另行约定分担或分享。

（2）其他变更的程序

除设计变更外，还有其他变更，如双方对工程质量要求的变化；双方对工期、施工条件和环境的变化导致的施工机械和材料的变化等。这些变更的程序：首先应由一方提出，与双方协商一致签署补充协议后，方可进行变更。

3. 工程变更价款的确定

承包人在工程变更确定后 14 天内，提出变更工程价款的报告，经工程师确认后调整合同价款。承包人在双方确定变更后 14 天内不向工程师提出变更工程价款报告，视为该项变更不涉及合同价款的变更。变更合同价款按下列方法进行：

1）已标价工程量清单中有适用于变更工程项目的，应采用该项目的单价。

直接采用已有的综合单价的前提是其采用的材料、施工工艺和方法相同，不增加关键线路上工程的时间。

2）已标价工程量清单中没有适用但有类似于变更工程项目的，可在合理范围内参照类似项目的单价。

参照类似的综合单价的前提是其采用的材料、施工工艺和方法基本相似，不增加关键线路上工程的时间，可仅就其变更后的差异部分，参考类似的项目单价由发、承包双方协商新的项目单价。

3）已标价工程量清单中没有适用也没有类似于变更工程项目的，应采用招投标时的基础资料，按成本加利润的原则，由承包人提出综合单价，经发包人确认后执行。

工程师应在收到变更工程价款报告之日起 14 天内予以确认，工程师无正当理由不确认时，自变更工程价款报告送达之日起 14 天后视为变更价款报告已被确认。工程师不同意承包人提出的变更价款，按争议的约定处理。经工程师确认的变更价款作为追加合同价款，与工程款同期支付。

二、工程索赔及价款的确定

1. 工程索赔的定义

工程索赔是指在施工合同履行过程中，合同一方因对方不履行或没有全面适当地履行合同所规定的义务而遭受损失时，向对方提出索赔或补偿要求的行为。

索赔是双向的，可以是承包方向业主的索赔，也可以是业主向承包方的索赔。在实际工作中，工程索赔主要指承包方向业主的索赔。承包商方提出工程索赔，是因业主或其他方面的原因，致使承包商在工程施工过程中付出了额外的费用或造成了损失，承包商在监理工程师的协调下达成和解，或通过调解、诉讼或仲裁等途径和程序，要求业主对承包商在施工中的费用损失给予补偿或赔偿。对于业主向承包方提出的索赔则称为反索赔。

2. 工程索赔产生的原因

（1）当事人违约

当事人违约是指合同当事人没有按照合同约定履行自己的义务。如业主未按合同规定提供施工条件（现场、道路、水电和图纸等）、下达错误指令、拖延下达指令和未按合同支付工程款。

（2）合同变更

合同变更包括设计变更、施工方法变更、追加或取消某些工作等。如双方协商达成新的附加协议、修正案、备忘录、会议纪要及业主下达指令修改设计、施工进度、施工方案等。

（3）不可抗力事件

不可抗力事件可分为自然事件和社会事件。自然事件主要是不利的自然条件和客观障碍，如在施工过程中遇到了经现场调查无法发现、业主提供的资料中也未提到的和无法预料的情况，如地下水、地质断层等。社会事件则包括国家政策、法律、法令的变更以及战争、罢工等。

（4）合同缺陷

合同缺陷表现为合同文件规定不严谨甚至矛盾，合同存在遗漏或错误等情况。在这种情况下，工程师应当给予解释，如果这种解释导致成本增加或工期延长，发包人应当给予补偿。

（5）工程师指令

工程师指令也会产生索赔，如工程师指令承包人加速施工、进行某项工作、更换某些材料、采取某些措施等。

（6）其他第三方原因

其他第三方原因常常表现为与工程有关的第三方问题而引起的对本工程的不利影响。

3. 工程索赔的依据

① 招标文件、施工合同文本及附件，经认可的工程施工计划、各种施工图纸、技术规范等。

② 双方往来信件及各种会议纪要。

③ 进度计划和具体的进度以及项目现场的有关文件。

④ 气象资料、工程检查验收报告和各种技术鉴定报告，停水、停电通知，道路封闭开通记录和证明。

⑤ 国家有关法律、法令、政策文件、官方造价指数，材料采购、订货、运输、进场、使用方面的凭证等。

4. 工程索赔费用的计算

索赔费用的计算方法主要有以下几种：

（1）总成本法

总成本法就是用实际成本扣减承包商的计划成本的差额作为费用索赔值。这种计算是非常粗略的，仅在下列条件下才能使用：

① 索赔值不可能用准确的方法计算。

② 承包商的计划成本是合理的。

③ 承包商的实际成本是科学的。

④ 承包商对增加的费用不负责任。

以上②③④三条在实际工程中是不可能出现的，因此总成本法很少使用。

（2）修正总成本法

该方法要对计划成本和实际成本作一些处理。计划成本中应扣除承包商投标失误部分，实际成本中应扣除承包商组织管理不善、质量达不到要求返工等原因增加的成本。因此，在使用修正总成本法时，监理工程师应着重分析这两部分，以确保索赔费用都是由业主方原因引起的。

（3）实际比较法

如果有相同或类似的未受影响的工程，以受到影响的工程的实际成本和未受影响的相同或类似的工程的实际成本相比较，差值作适当调整，即为承包商有权获得的索赔费用。实际比较法必须能找到相同或类似的未受影响的工程，这一点在实际工程中也并不容易满足，故常用的方法是分项法。

三、工程价款结算

工程价款结算，是指施工单位在工程施工过程中依据合同中关于付款的规定和已经完成的工程量，以预付备料款和工程进度款的形式，按照规定的程序向建设单位收取工程价款的一项经济活动。

1. 工程价款结算的方式

我国现行工程价款结算根据不同情况，可采取多种方式：

（1）按月结算

实行旬末或月中预支，月终结算，竣工后清算的办法。跨年度竣工的工程，在年终进行工程盘点，办理年度结算。我国现行建筑安装工程价款结算中，相当一部分是实行这种按月结算。

（2）竣工后一次结算

建设项目或单位工程全部建筑安装工程建设期在 12 个月以内，或者工程承包合同价值在 100 万元以下的，可实行工程价款每月月中预支，竣工后一次结算。

（3）分段结算

当年开工、当年不能竣工的单项工程或单位工程按照工程形象进度，划分不同阶段进行结算。采用分段结算方式时，应在合同中约定具体工程分段划分，付款周期应与计量周期一致。

（4）双方约定的其他结算方式

结算双方约定并经过开户建设银行同意的其他结算方式。

2. 工程预付款

工程预付款是建设工程施工合同订立后由发包人按照合同约定，在正式开工前预先支付给承包人的工程款。它是承包商进行施工准备和所需材料、结构构件等流动资金的主要来源。发包人按合同约定支付工程预付款，支付的工程预付款按合同约定在工程进度款中抵扣。当合同对工程预付款的支付没有约定，按财政部、住建部有关规定办理：

（1）工程预付款的额度

包工包料工程的预付款的支付比例不得低于签约合同价（扣除暂列金额）的 10%，不宜高于签约合同价（扣除暂列金额）的 30%。

（2）工程预付款的支付时间

承包人应在签订合同或向发包人提供与预付款等额的预付款保函后向发包人提交预付款支付申请。发包人应在收到支付申请的 7 天内进行核实，向承包人发出预付款支付证书，并在签发支付证书后的 7 天内向承包人支付预付款。发包人没有按合同约定按时支付预付款的，承包人可催告发包人支付；发包人在预付款期满后的 7 天内仍未支付的，承包人可在付款期满后的第 8 天起暂停施工。发包人应承担由此增加的费用和延误的工期，并应向承包人支付合理利润。

（3）工程预付款的扣回

预付款应从每一个支付期应支付给承包人的工程进度款中扣回，直到扣回的金额达到合同约定的预付款金额为止。承包人的预付款保函的担保金额根据预付款扣回的数额相应递减，但在预付款全部扣回之前一直保持有效。发包人应在预付款扣完后的 14 天内将预付款保函退还给承包人。

3. 工程进度款

施工企业在施工过程中，按逐月（或形象进度或控制界面等）完成的工程数量计算各项费用，向建设单位办理工程进度款支付（即中间结算）。

以按月结算为例，现行中间结算办法是，施工企业在旬末或月中向建设单位提出预支工程款账单，预支一旬或半月的工程款，月终一再提出工程款结算账单和已完工程月报表，收取当月工程价款，并通过银行结算。按月进行结算，要对现场已施工完毕的工程逐一进行清点，资料提出的要交监理工程师和建设单位审查签证。为简化手续，多年来采用的办法是施工企业提出统计进度月报表为支取工程款的凭证，即通常所称的工程进度款。工程进度款支付步骤如下图所示。

（1）工程量计算

1）承包人应按合同约定的方法和时间，向发包人提交已完工程量的报告。发包人接到报告后 14 天内核实已完工程量，并在核实前 1 天通知承包人，承包人应提供条件并派人参加核实，承包人收到通知后不参加核实，以发包人核实的工程量作为工程价支付的依据。发包人不按约定时间通知承包人，致使承包人未能参加核实，核实结果无效。

2）发包人收到承包人报告 14 天内未核实完工程量，从第 15 天起，承包人报告的工程量即视为被确认，作为工程价款支付的依据，双方合同另约定的，按合同执行。

3）对承包人超出设计图纸（含设计变更）范围和因承包人原因造成返工的工程量，发包人不给予计量。

（2）工程进度款的计算

工程进度款的计算主要涉及工程量的计量和对应单价确定。

承包人按合同约定，向发包人提交已完工程量报告。发包人在接到报告后按合同约定进行核对。承包人在每个付款周期末，向发包人递交进度款支付申请，并附相应证明文件。除合同另有约定外，进度款支付申请应包括下列内容：

1）累计已完成的合同价款。

2）累计已实际支付的合同价款。

3）本周期合计完成的合同价款：

①本周期已完成单价项目的金额。

②本周期应支付的总价项目的金额。

③本周期已完成的计日工价款。

④本周期应支付的安全文明施工费。

⑤本周期应增加的金额。

4）本周期合计应扣减的金额：

①本周期应扣回的预付款。

②本周期应扣减的金额。

5）本周期实际应支付的合同价款。

（3）工程进度款的支付

1）除专用合同条款另有约定外，监理人应在收到承包人进度付款申请单以及相关资料后 7 天内完成审查并报送发包人，发包人应在收到后 7 天内完成审批并签发进度款支付证书。发包人逾期未完成审批且未提出异议的，视为已签发进度款支付证书。

发包人和监理人对承包人的进度付款申请单有异议的，有权要求承包人修正和提供补充资料，承包人应提交修正后的进度付款申请单。监理人应在收到承包人修正后的进度付款申请单及相关资料后 7 天内完成审查并报送发包人，发包人应在收到监理人报送的进度付款申请单及相关资料后 7 天内，向承包人签发无异议部分的临时进度款支付证书。存在争议的部分，按照争议解决的约定处理。

2）除专用合同条款另有约定外，发包人应在进度款支付证书或临时进度款支付证书签发后 14 天内完成支付，发包人逾期支付进度款的，应按照中国人民银行发布的同期同类贷款基准利率支付违约金。

3）发包人签发进度款支付证书或临时进度款支付证书，不表明发包人已同意、批准或接受承包人完成的相应部分的工作。

4. 工程竣工结算

工程竣工结算是一个单位工程完工，通过验收，竣工报告被批准后，承包人按国家有关规定和协议条款约定的时间、方式向发包人代表提出结算报告，办理竣工结算。竣工结算一般由承包人编制，经发包方审查无误，由承发包双方共同办理竣工结算确认手续。竣工结算意味着承发包双方经济关系的结束而办理的工程财务结算，结清价款。

（1）工程竣工结算的要求

《建设工程施工合同（示范文本）》规定：

1）竣工结算申请：除专用合同条款另有约定外，承包人应在工程竣工验收合格后 28 天内向发包人和监理人提交竣工结算申请单，并提交完整的结算资料，有关竣工结算申请单的资料清单和份数等要求由合同当事人在专用合同条款中约定。

除专用合同条款另有约定外，竣工结算申请单应包括以下内容：

① 竣工结算合同价格。

② 发包人已支付承包人的款项。

③ 应扣留的质量保证金。

④ 发包人应支付承包人的合同价款。

2）竣工结算审核：

① 除专用合同条款另有约定外，监理人应在收到竣工结算申请单后 14 天内完成核查并报送发包人。发包人应在收到监理人提交的经审核的竣工结算申请单后 14 天内完成审批，并由监理人向承包人签发经发包人签认的竣工付款证书。监理人或发包人对竣工结算申请单有异议的，有权要求承包人进行修正和提供补充资料，承包人应提交修正后的竣工结算申请单。

发包人在收到承包人提交竣工结算申请书后 28 天内未完成审批且未提出异议的，视为发包人认可承包人提交的竣工结算申请单，并自发包人收到承包人提交的竣工结算申请单后第 29 天起视为已签发竣工付款证书。

②除专用合同条款另有约定外，发包人应在签发竣工付款证书后的 14 天内，完成对承包人的竣工付款。发包人逾期支付的，按照中国人民银行发布的同期同类贷款基准利率支付违约金；逾期支付超过 56 天的，按照中国人民银行发布的同期同类贷款基准利率的两倍支付违约金。

③承包人对发包人签认的竣工付款证书有异议的，对于有异议部分应在收到发包人签认的竣工付款证书后 7 天内提出异议，并由合同当事人按照专用合同条款约定的方式和程序进行复核，或按照第 20 条（争议解决）约定处理。对于无异议部分，发包人应签发临时竣工付款证书，并按本款第②项完成付款。承包人逾期未提出异议的，视为认可发包人的审批结果。

（2）工程竣工结算的审查

工程竣工结算审查是竣工结算阶段的一项重要工作。经审核定的工程竣工结算是核定建设工程造价的依据，也是建设项目验收后编制竣工决算和核定新增固定资产价值的依据。因此，建设单位、监理单位及审计部门等，都十分重视竣工结算的审核把关。工程竣工结算的审查一般从以下几下方面入手：

①核对合同条款。首先，应核对竣工工程内容是否符合合同条件要求，工程是否竣工验收合格，只有按合同要求完成全部工程并验收合格才能竣工结算；其次，应按合同规定的结算方法、计价定额、取费标准、主材价格和优惠条款等，对工程竣工结算进行审核，若发现合同开口或有漏洞，应请建设单位认真研究，明确结算要求。

②检查隐蔽验收记录。所有隐蔽工程均需进行验收，两人以上签证；实行工程监理的项目应经监理工程师签认。审核竣工结算时应核对隐蔽工程施工记录和验收签证，手续完整，工程量与竣工图一致方可列入结算。

③落实设计变更签证。设计修改变更应由原设计单位出具设计变更通知和修改的设计图纸、校审人员签字加盖公章，经建设单位和监理单位审查同意、签证；重大设计变更应经原审批部门审批，否则不应列入结算。

④按图核实工程数量。竣工结算的工程量应依据竣工图、设计变更单和现场签证等进行核算，并按国家统一的计算规则计算工程量。

⑤执行定额单价。结算单价应按合同约定或招标规定的计价定额与计价原则执行。

⑥防止各种计算误差。工程竣工结算子目多、篇幅大，往往有计算误差，应认真核算。

5. 保修金的返还

（1）保修和质量保证金

建设工程质量保修制度是国家规定的重要法律制度，它是指建设工程在办理交工验收手续后，在规定的保修期限内（按合同有关保修期的规定），因勘察设计、施工、材料等原因造成的质量缺陷，应由责任单位负责维修的一种制度。项目竣工验收交付使用后，在一定期限内由施工单位到建设单位或用户进行回访，对于工程发生的确实是由于施工单位施工责任造成的建筑物使用功能不良或无法使用的问题，由施工单位负责修理，直到达到正常使用标准。

质量保证金是指在保修期间和保修范围内所发生的维修、返工等各项费用支出。质量保证金应按合同和有关规定合理确定和控制。发包人应按照合同约定的质量保证金比例从结算款中预留质量保证金，当合同没有约定时，质量保证金比例为工程结算价的 3%～5%。

（2）质量保证金的返还

在合同约定的缺陷责任期终止后，发包人应按规定将剩余的质量保证金返还给承包人。合同没有约定的，质量保证金分两次返还承包人：第一次返还的时间及金额：发包人在工程竣工验收合格之日起满两年后 14 天内将保修金的 70% 返还给承包人。第二次返还的时间及金额：发包人在竣工验收合格之日起满五年后 14 天内返还剩余部分。质量保证金的返还，并不能免除承包人按照合同约定应承担的质量保修责任和应履行的质量保修义务。

参考文献

[1] 全国造价师执业资格考试培训教材编审委员会. 工程造价计价与控制[M]. 北京：中国计划出版社，2006.

[2] 钱昆润，等. 建筑工程定额与预算[M]. 南京：东南大学出版社，2006.

[3] 代学灵，等. 建筑工程计量与计价[M]. 郑州：郑州大学出版社，2007.

[4] 姜早龙，等. 施工企业定额编制及应用指南[M]. 大连：大连理工大学出版社，2005.

[5] 中华人民共和国住房和城乡建设部. 建设工程工程量清单计价规范[M]. 北京：中国计划出版社，2013.

[6] 中华人民共和国住房和城乡建设部. 房屋建筑与装饰工程工程量计算规范[M]. 北京：中国计划出版社，2013.

[7] 广西壮族自治区建设工程造价管理总站. 广西壮族自治区建筑装饰装修工程消耗量定额（上、下）[M]. 北京：中国建材工业出版社，2013.

[8] 广西壮族自治区建设工程造价管理总站. 广西壮族自治区建筑装饰装修工程人工材料配合比机械台班基期价[M]. 北京：中国建材工业出版社，2013.

[9] 广西壮族自治区建设工程造价管理总站. 广西壮族自治区建筑装饰装修工程费用定额[M]. 北京：中国建材工业出版社，2013.

[10] 中国建设监理协会. 建设工程投资控制[M]. 北京：中国建筑工业出版社，2014.

[11] 吴志超. 造价员[M]. 北京：中国环境出版社，2013.

[12] 莫良善. 建筑装饰装修工程计量与计价（上、下）[M]. 北京：中国建材工业出版社，2014.

[13] 张囡囡，等. 土建造价员岗位实务知识 [M]. 北京：中国建筑工业出版社，2012.

[14] 李建峰，等. 建设工程定额原理与实务 [M]. 北京：机械工业出版社，2013.

[15] 沈详华. 建筑工程概预算 [M]. 武汉：武汉理工大学出版社，2010.

[16] 中国建设监理协会. 建设工程监理相关法规文件汇编 [M]. 北京：中国建筑工业出版社，2014.

附　录

《〈建设工程工程量清单计价规范〉（GB 50500—2013）广西壮族自治区实施细则》

1 总　则

1.0.1　为规范我区建设工程造价计价行为，统一建设工程计价文件的编制原则和计价方法，维护发包人和承包人的合法权益，促进建设市场的健康发展，根据国家计价规范、《广西壮族自治区建设工程造价管理办法》（广西壮族自治区人民政府令第 43 号）等规章，结合我区工程造价计价实际情况，制定本计价规范细则。

1.0.2　本计价规范细则适用于广西壮族自治区行政区域内的建设工程发承包及实施阶段的计价活动。建设工程包括：房屋建筑与装饰工程、仿古建筑工程、通用安装工程、市政工程、园林绿化工程、构筑物工程、城市轨道交通工程、爆破工程等。

　　发承包及实施阶段的计价活动包括：工程量清单编制、招标控制价编制、投标报价编制、合同价款的约定、工程计量、合同价款调整、合同价款期中支付、竣工结算与支付、合同解除的价款结算与支付、合同价款争议的解决、工程造价鉴定等活动。

1.0.3　建设工程发承包及实施阶段的工程造价由分部分项工程费、措施项目费、其他项目费、规费、税前项目费和税金组成。

1.0.4　招标工程量清单、招标控制价、投标报价、工程计量、合同价款调整、合同价结算与支付以及工程造价鉴定等工程造价文件的编制与核对，应由具有专业资格的工程造价人员承担。

1.0.5　承担工程造价文件的编制与核对的工程造价人员及其所在单位，应对工程造价文件的质量负责。工程造价咨询人和执业（或从业）人员在编制、审查工程造价成果文件时，不得弄虚作假、抬价、压价，或者附加其他不合理条件。

1.0.6　建设工程发承包及实施阶段的计价活动应遵循客观、公正、公平的原则。

1.0.7　建设工程发承包及实施阶段的计价活动，应符合国家计价规范、国家标准及本计价规范细则的规定。

1.0.8　广西壮族自治区住房和城乡建设主管部门负责全自治区建设工程计价活动的监督和管理，日常工作由广西壮族自治区建设工程造价管理机构负责。

2 术 语

2.0.1 工程量清单

载明建设工程分部分项工程项目、措施项目、其他项目、税前项目的名称和相应数量以及规费、税金项目等内容的明细清单。

2.0.2 招标工程量清单

招标人依据国家标准、招标文件、设计文件以及施工现场实际情况编制的，随招标文件发布供投标人投标报价的工程量清单，包括其说明和表格。

2.0.3 已标价工程量清单

构成合同文件组成部分的投标文件中已标明价格，经算术性错误修正（如有）且承包人已确认的工程量清单，包括其说明和表格。

2.0.4 分部分项工程

分部工程是单项或单位工程的组成部分，是按结构部位、路段长度及施工特点或施工任务将单项或单位工程划分为若干分部的工程；分项工程是分部工程的组成部分，是按不同施工方法、材料、工序、路段长度等将分部工程划分为若干个分项或项目的工程。

2.0.5 措施项目

为完成工程项目施工，发生于该工程施工准备和施工过程中的技术、生活、安全、环境保护等方面的项目，包括单价措施项目和总价措施项目。

1 单价措施项目：措施项目中以单价计价的项目，即根据工程施工图（含设计变更）和相关工程现行国家计量规范及广西计量规范细则规定的工程量计算规则进行计量，与已标价工程量清单相应综合单价进行价款计算的项目。

2 总价措施项目：措施项目中以总价计价的项目，即此类项目在现行国家计量规范及广西计量规范细则中无工程量计算规则，以总价（或计算基础乘费率）计算的项目。

2.0.6 项目编码

分部分项工程和措施项目清单名称的阿拉伯数字标识。

2.0.7 项目特征

构成分部分项工程项目、措施项目自身价值的本质特征。

2.0.8 综合单价

完成一个规定清单项目所需的人工费、材料和工程设备费、施工机械使用费、企业管理费、利润以及一定范围内的风险费用。

2.0.9 风险费用

隐含于已标价工程量清单综合单价中，用于化解发承包双方在工程合同中约定内容和范围内的市场价格波动风险的费用。

2.0.10 工程成本

承包人为实施合同工程并达到质量标准，在确保安全施工的前提下，必须消耗或使用的人工、材料、工程设备、施工机械台班及其管理等方面发生的费用和按规定缴纳的规费和税金。

2.0.11 单价合同

发承包双方约定以工程量清单及其综合单价进行合同价款计算、调整和确认的建设工程施工合同。

2.0.12 总价合同

发承包双方约定以施工图及其预算和有关条件进行合同价款计算、调整和确认的建设工程施工合同。

2.0.13 成本加酬金价合同

发承包双方约定以施工工程成本再加合同约定酬金进行合同价款计算、调整和确认的建设工程施工合同。

2.0.14 工程造价信息

工程造价管理机构根据调查和测算发布的建设工程人工、材料、工程设备、施工机械台班的价格信息，以及各类工程的造价指数、指标。

2.0.15 工程造价指数

反映一定时期的工程造价相对于某一固定时期的工程造价变化程度的比值或比率。包括按单位或单项工程划分的造价指数，按工程造价构成要素划分的人工、材料、机械价格指数等。

2.0.16 工程变更

合同工程实施过程中由发包人提出或由承包人提出经发包人批准的合同工程任何一项工作的增、减、取消或施工工艺、顺序、时间的改变；设计图纸的修改；施工条件的改变；招标工程量清单的错、漏从而引起合同条件的改变或工程量的增减变化。

2.0.17 工程量偏差

承包人按照合同工程的图纸（含经发包人批准由承包人提供的图纸）实施，按照现行国家计量规范及广西计量规范细则规定的工程量计算规则计算得到的完成合同工程项目应予计量的工程量与相应的招标工程量清单项目列出的工程量之间出现的量差。

2.0.18 暂列金额

招标人在工程量清单中暂定并包括在合同价款中的一笔款项。用于工程合同签订时尚未确定或者不可预见的所需材料、工程设备、服务的采购，施工中可能发生的工程变更、合同约定调整因素出现时的合同价款调整以及发生的索赔、现场签证等确认的费用。

2.0.19 暂估价

招标人在工程量清单中提供的用于支付必然发生但暂时不能确定价格的材料、工程设备的单价以及专业工程的金额。

2.0.20 计日工

在施工过程中，承包人完成发包人提出的工程合同范围以外的零星项目或工作，按合同中约定的单价计价的一种方式。计日工综合单价应包含除税金以外的全部费用。

2.0.21 总承包服务费

总承包人为配合协调发包人进行的专业工程发包，对发包人自行采购的材料、工程设备等进行保管以及施工现场管理、竣工资料汇总整理等服务所需的费用。

2.0.22 安全文明施工费

在合同履行过程中，承包人按照国家法律、法规、标准等规定，为保证安全施工、文明施工，保护现场内外环境和搭拆临时设施等所采用的措施而发生的费用。

安全文明施工费包括环境保护费、文明施工费、安全施工费、临时设施费。

2.0.23 索赔

在工程合同履行过程中，合同当事人一方因非己方的原因而遭受损失，按合同约定或法律法规规定应由对方承担责任，从而向对方提出补偿的要求。

2.0.24 现场签证

发包人现场代表（或其授权的监理人、工程造价咨询人）与承包人现场代表就施工过程中涉及的责任事件所做的签认证明。

2.0.25 提前竣工（赶工）费

承包人应发包人的要求而采取加快工程进度措施，使合同工程工期缩短，由此产生的应由发包人支付的费用。

2.0.26 误期赔偿费

承包人未按照合同工程的计划进度施工，导致实际工期超过合同工期（包括经发包人批准的延长工期），承包人应向发包人赔偿损失的费用。

2.0.27 不可抗力

发承包双方在工程合同签订时不能预见的，对其发生的后果不能避免，并且不能克服的自然灾害和社会性突发事件。

2.0.28 工程设备

工程设备指构成或计划构成永久工程一部分的机电设备、金属结构设备、仪器装置及其他类似的设备和装置。

2.0.29 缺陷责任期

缺陷责任期指承包人对已交付使用的合同工程承担合同约定的缺陷修复责任的期限。

2.0.30 质量保证金

发承包双方在工程合同中约定，从应付合同价款中预留，用于保证承包人在缺陷责任期内履行缺陷修复义务的金额。

2.0.31 费用

承包人为履行合同所发生或将要发生的所有合理开支，包括管理费和应分摊的其他费用，但不包括利润。

2.0.32 利润

承包人完成合同工程获得的盈利。

2.0.33 企业定额

施工企业根据本企业的施工技术、机械装备和管理水平而编制的人工、材料和施工机械台班等的消耗标准。

2.0.34 规费

根据国家法律、法规规定，由省级政府或省级有关权力部门规定施工企业必须缴纳的，应计入建筑安装工程造价的费用。

2.0.35 税金

国家税法规定的应计入建筑安装工程造价内的营业税、城市维护建设税、教育费附加和地方教育费附加。

2.0.36 发包人

发包人是指具有工程发包主体资格和支付工程价款能力的当事人以及取得该当事人资格的合法继承人，本计价规范细则有时又称招标人。

2.0.37 承包人

承包人是指被发包人接受的具有工程施工承包主体资格的当事人以及取得该当事人资格的合法继承人，本计价规范细则有时又称投标人。

2.0.38 工程造价咨询人

取得工程造价咨询资质等级证书，接受委托从事建设工程造价咨询活动的当事人以及取得该当事人资格的合法继承人。

2.0.39 造价工程师

取得造价工程师注册证书，在一个单位注册、从事建设工程造价活动的专业人员。

2.0.40 造价员

取得全国建设工程造价员资格证书，在一个单位注册、从事建设工程造价活动的专业人员。

2.0.41 单价项目

工程量清单中以单价计价的项目，即根据合同工程图纸（含设计变更）和相关工程现行国家计量规范及广西计量规范细则规定的工程量计算规则进行计量，与已标价工程量清单相应综合单价进行价款计算的项目。

2.0.42 总价项目

工程量清单中以总价计价的项目，即此类项目在现行国家计量规范及广西计量规范细则中无工程量计算规则，以总价（或计算基础乘费率）计算的项目。

2.0.43 工程计量

发承包双方根据合同约定，对承包人完成合同工程的数量进行的计算和确认。

2.0.44　工程结算

　　发承包双方根据合同约定，对合同工程在实施中、终止时、已完工后进行的合同价款计算、调整和确认。包括期中结算、终止结算、竣工结算。

2.0.45　招标控制价

　　招标人根据国家或省级、行业建设主管部门颁发的有关计价依据和办法，以及拟定的招标文件和招标工程量清单，结合工程具体情况编制的招标工程的最高投标限价。

2.0.46　投标价

　　投标人投标时响应招标文件要求所报出的对已标价工程量清单汇总后标明的总价。

2.0.47　签约合同价（合同价款）

　　发承包双方在工程合同中约定的工程造价，即包括分部分项工程费、措施项目费、其他项目费、税前项目费、规费和税金的合同总金额。

2.0.48　预付款

　　在开工前，发包人按照合同约定预先支付给承包人用于购买合同工程施工所需的材料、工程设备，以及组织施工机械和人员进场等的款项。

2.0.49　进度款

　　在合同工程施工过程中，发包人按照合同约定对付款周期内承包人完成的合同价款给予支付的款项，也是合同价款期中结算支付。

2.0.50　合同价款调整

　　在合同价款调整因素出现后，发承包双方根据合同约定，对其合同价款进行变动的提出、计算和确认。

2.0.51　竣工结算价

　　发承包双方依据国家有关法律、法规和标准规定，按照合同约定确定的，包括在履行合同过程中按合同约定进行的合同价款调整，是承包人按合同约定完成全部承包工作后，发包人应付给承包人的合同总金额。

2.0.52　工程造价鉴定

　　工程造价咨询人接受人民法院、仲裁机关委托，对施工合同纠纷案件中的工程造价争议，运用专门知识进行鉴别、判断和评定，并提供鉴定意见的活动。也称为工程造价司法鉴定。

2.0.53　税前项目费

　　在费用计价程序的税金项目前，根据交易习惯按市场价格进行计价的项目费用。税前项目的综合单价不按定额和清单规定程序组价，而按市场规则组价，其内容为包含除税金以外的全部费用。

2.0.54　建筑安装劳动保险费

　　企业按照规定标准为职工缴纳的养老保险、失业保险费、医疗保险费；服务和保障建筑业务工人员合法权益，符合劳动保障政策的其他相关费用。

3 一般规定

3.1 计价方式

3.1.1 使用国有资金投资的建设工程发承包，必须采用工程量清单计价。

国有资金投资的工程建设项目包括使用国有资金投资和国家融资投资的工程建设项目。

1 使用国有资金投资项目的范围包括：

（1）使用各级财政预算资金的项目；

（2）使用纳入财政管理的各种政府性专项建设基金的项目；

（3）使用国有企事业单位自有资金，并且国有资产投资者实际拥有控制权的项目。

2 国家融资项目的范围包括：

（1）使用国家发行债券所筹资金的项目；

（2）使用国家对外借款或者担保所筹资金的项目；

（3）使用国家政策性贷款的项目；

（4）国家授权投资主体融资的项目；

（5）国家特许的融资项目。

国有资金（含国家融资资金）为主的工程建设项目是指国有资金占投资总额的50%以上，或虽不足50%但国有投资者实质上拥有控股权的工程建设项目。

3.1.2 非国有资金投资的建设工程，宜采用工程量清单计价。

3.1.3 不采用工程量清单计价的建设工程，应执行本计价规范细则除工程量清单等专门性规定外的其他规定。

3.1.4 工程量清单应采用综合单价计价。

3.1.5 措施项目中的安全文明施工费必须按国家或自治区建设主管部门的规定计算，不得作为竞争性费用。

3.1.6 规费和税金必须按国家或自治区建设主管部门的规定计算，不得作为竞争性费用。

3.2 发包人提供材料和工程设备

3.2.1 发包人提供的材料和工程设备（以下简称甲供材料）应在招标文件中填写《发包人提供材料和工程设备一览表》，明确甲供材料的名称、规格、数量、单价、交货方式、交货地点等。

承包人投标时，应按发包人提供甲供材料单价计入相应项目的综合单价中。

发包人向承包人支付工程预付款、进度款和竣工结算价款时，应按合同约定扣除甲供材料款，不予支付。

3.2.2 承包人应根据合同工程进度计划的安排，向发包人提交甲供材料交货的日期计划。发包人应按计划提供。

3.2.3 发包人提供的甲供材料如规格、数量或质量不符合合同要求，或由于发包人原因发生交货日期延误、交货地点及交货方式变更等情况的，发包人应承担由此增加的费用和（或）工期延误，并应向承包人支付合理利润。

3.2.4 发承包双方对甲供材料的数量发生争议不能达成一致的，应按照相关工程的计价定额同类项目规定的材料消耗量计算。

3.2.5 若发包人要求承包人采购已在招标文件中确定为甲供材料的，材料价格应由发包双方根据市场调查确定，并应另行签订补充协议。

3.3 承包人提供材料和工程设备

3.3.1 除合同约定的发包人提供的甲供材料外，合同工程所需的材料和工程设备应由承包人提供，承包人提供的材料和工程设备均应由承包人负责采购、运输和保管。

3.3.2 承包人应按合同约定将采购材料和工程设备的供货人及品种、规格、数量和供货时间等提交发包人确认，并负责提供材料和工程设备的质量证明文件，满足合同约定的质量标准。

3.3.3 对承包人提供的材料和工程设备经检测不符合合同约定的质量标准，发包人应立即要求承包人更换，由此增加的费用和（或）工期延误应由承包人承担。对发包人要求检测承包人已具有合格证明的材料、工程设备，但经检测证明该项材料、工程设备符合合同约定的质量标准，发包人应承担由此增加的费用和（或）工期延误，并向承包人支付合理利润。

3.4 计价风险

3.4.1 建设工程发承包，必须在招标文件、合同中明确计价中的风险内容及其范围，不得采用无限风险、所有风险或类似语句规定计价中的风险内容及范围。

3.4.2 由于下列因素出现，影响合同价款调整的，应由发包人承担：

　　1 国家法律、法规、规章和政策发生变化；

　　2 自治区建设主管部门发布的人工费调整，但承包人对人工费或人工单价的报价高于发布的除外；

　　3 由政府定价或政府指导价管理的原材料等价格进行了调整。

　　因承包人原因导致工期延误的，应按本计价规范细则第 9.2.2 条、第 9.8.3 条的规定执行。

3.4.3 由于市场物价波动影响合同价款的，应由发承包双方合理分摊，按本计价规范细则表–22 或表–23 填写《承包人提供主要材料和工程设备一览表》作为合同附件；当合同中没有约定，发承包双方发生争议时，应按本计价规范细则第 9.8.1 条～第 9.8.3 条的规定调整合同价款。

　　发承包双方应在合同中约定市场物价波动的调整，材料价格的风险宜控制在 5% 以内，超过者予以调整。

3.4.4 由于承包人使用机械设备、施工技术以及组织管理水平等自身原因造成施工费用增加的，应由承包人全部承担。

3.4.5 当不可抗力发生，影响合同价款时，应按本计价规范细则第9.10节的规定执行。

4 工程量清单编制

4.1 一般规定

4.1.1 招标工程量清单应由具有编制能力的招标人或受其委托、具有相应资质的工程造价咨询人编制。

4.1.2 招标工程量清单必须作为招标文件的组成部分，其准确性和完整性应由招标人负责。

4.1.3 招标工程量清单是工程量清单计价的基础，应作为编制招标控制价、投标报价、计算或调整工程量、索赔等的依据之一。

4.1.4 招标工程量清单应以单位（项）工程为单位编制，应由分部分项工程项目清单、措施项目清单、其他项目清单、税前项目清单、规费和税金项目清单组成。

4.1.5 编制招标工程量清单依据：

　　1 国家计价规范及本计价规范细则；

　　2 国家计量规范及广西计量规范细则；

　　3 自治区建设主管部门颁发的相关定额和计价规定；

　　4 建设工程设计文件及相关资料；

　　5 与建设工程有关的标准、规范、技术资料；

　　6 拟定的招标文件；

　　7 施工现场情况、地勘水文资料、工程特点及常规施工方案；

　　8 其他相关资料。

4.2 分部分项工程项目

4.2.1 分部分项工程项目清单必须载明项目编码、项目名称、项目特征、计量单位和工程量。

4.2.2 分部分项工程项目清单必须根据相关工程现行国家计量规范及广西计量规范细则规定的项目编码、项目名称、项目特征、计量单位和工程量计算规则进行编制。

4.3 措施项目

4.3.1 措施项目清单必须根据相关工程现行国家计量规范和广西计量规范细则的规定编制。

4.3.2 措施项目清单应根据拟建工程的实际情况列项。

　　单价措施项目。措施项目清单中按分部分项工程项目清单的方式进行编制的项目，应载明项目编码、项目名称、项目特征、计量单位和工程量。

　　总价措施项目。措施项目清单中采用总价项目的方式，以"项"为计量单位进行编制的项目，应列出项目的工作内容和包含范围。

4.4 其他项目

4.4.1 其他项目清单应按照下列内容列项：

　1 暂列金额；

　2 暂估价，包括材料暂估单价、工程设备暂估单价、专业工程暂估价；

　3 计日工，包括计日工人工、材料、机械；

　4 总承包服务费。

4.4.2 暂列金额：应根据工程的复杂程度、设计深度、工程环境条件（包括地质、水文、气候条件等）等进行估算，可按分部分项工程费和措施项目费合计的 5%～10%作为参考。

4.4.3 暂估价中的材料、工程设备暂估单价应根据工程造价信息或参照市场价格估算，列出明细表；专业工程暂估价应分不同专业，列出明细表，按有关计价规定估算，应包含除税金以外的全部费用。

4.4.4 计日工应列出项目名称、计量单位和暂估数量。

4.4.5 总承包服务费应列出服务项目及其内容等。

4.4.6 出现本计价规范细则第 4.4.1 条未列的项目，应根据工程实际情况补充。

4.5 税前项目清单

　　税前项目清单由招标人根据拟建工程特点进行列项。应载明项目编码、项目名称、项目特征、计量单位和工程量。

4.6 规费

4.6.1 规费项目清单应按照下列内容列项：

　1 建筑安装劳动保险费：是指企业按照规定标准为职工缴纳的养老保险、失业保险费、医疗保险费；服务和保障建筑业务工人员合法权益，符合劳动保障政策的其他相关费用；

　2 生育保险费：是指企业按照规定标准为职工缴纳的生育保险费；

　3 工伤保险费：是指企业按照规定标准为职工缴纳的工伤保险费；

　4 住房公积金：是指企业按规定标准为职工缴纳的住房公积金；

　5 工程排污费：是指施工现场按规定缴纳的工程排污费。

4.6.2 出现本计价规范细则第 4.6.1 条未列的项目，应根据自治区政府或自治区有关部门的规定列项。

4.7 税金

4.7.1 税金项目清单应包括下列内容：

　1 营业税；

　2 城市维护建设税；

　3 教育费附加；

　4 地方教育费附加；

　5 水利建设基金。

4.7.2 出现本计价规范细则第 4.7.1 条未列的项目，根据税务部门的规定列项。

5 招标控制价

5.1 一般规定

5.1.1 国有资金投资的建设工程招标，招标人必须编制招标控制价。

5.1.2 招标控制价应由具有编制能力的招标人或受其委托具有相应资质的工程造价咨询人编制和复核。

5.1.3 工程造价咨询人接受招标人委托编制招标控制价，不得再就同一工程接受投标人委托编制投标报价。

5.1.4 招标控制价应按照本计价规范细则第 5.2.1 条的规定编制，不得上调或下浮。

5.1.5 当招标控制价超过批准的概算时，招标人应将其报原概算审批部门审核。

5.1.6 招标人应在发布招标文件时公布招标控制价的整套文件，同时应将招标控制价及有关资料报送工程所在地工程造价管理机构备查。

5.2 编制与复核

5.2.1 招标控制价应根据下列依据编制与复核：

1 本计价规范细则；

2 自治区建设主管部门颁发的计价定额及有关规定；

3 建设工程设计文件及相关资料；

4 拟定的招标文件及招标工程量清单；

5 与建设项目相关的标准、规范、技术资料；

6 施工现场情况、工程特点及常规施工方案；

7 建设工程造价管理机构发布的工程造价信息，当工程造价信息没有发布时，参照市场价；

8 其他的相关资料。

5.2.2 综合单价中应包括招标文件中划分的应由投标人承担的风险范围及其费用。招标文件中没有明确的，如是工程造价咨询人编制，应提请招标人明确；如是招标人编制，应予明确。

5.2.3 分部分项工程项目和单价措施项目，应根据拟定的招标文件和招标工程量清单项目中的特征描述及有关要求确定综合单价计算。

1 工程量应是招标工程量清单提供的工程量；

2 综合单价应按本计价规范细则第 5.2.1 条规定的依据确定；

3 综合单价应当包括招标文件中招标人要求投标人所承担的风险内容及其范围（幅度）产生的风险费用。

5.2.4 总价措施项目应根据拟定的招标文件和常规施工方案按本计价规范细则第 3.1.4 条和第 3.1.5 条、第 5.2.1 条的规定计价。

5.2.5 其他项目应按下列规定计价：

暂列金额应按招标工程量清单中列出的金额填写；

暂估价中的材料、工程设备单价应按招标工程量清单中列出的单价计入综合单价；

暂估价中的专业工程金额应按招标工程量清单中列出的金额填写；

计日工应按招标工程量清单中列出的项目，根据工程特点和有关计价依据确定综合单价计算。

计日工综合单价按计日工价格乘以综合费率计算，计日工价格应按当地工程造价管理机构发布的工程造价信息中的信息价计算，工程造价信息未发布的，按市场调查确定的单价计算；综合费率按自治区计价定额有关规定计算。

总承包服务费应根据招标工程量清单列出的内容和要求，按自治区建设主管部门颁发的计价定额及有关规定计算。

5.2.6 规费和税金应按本计价规范细则第 3.1.6 条的规定计算。

5.3 投诉与处理

5.3.1 投标人经复核认为招标人公布的招标控制价未按照本计价规范细则的规定进行编制的，应在招标控制价公布后 5 天内向招投标监督机构和工程造价管理机构投诉。

5.3.2 投诉人投诉时，应当提交由单位盖章和法定代表人或其委托人签名或盖章的书面投诉书。投诉书包括下列内容：

1 投诉人与被投诉人的名称、地址及有效联系方式；

2 投诉的招标工程名称、具体事项及理由；

3 投诉依据及有关证明材料；

4 相关的请求及主张。

5.3.3 投诉人不得进行虚假、恶意投诉，阻碍招投标活动的正常进行。

5.3.4 工程造价管理机构在接到投诉书后应在 2 个工作日内进行审查，对有下列情况之一的，不予受理：

1 投诉人不是所投诉招标工程招标文件的收受人；

2 投诉书提交的时间不符合本计价规范细则第 5.3.1 条规定的；

3 投诉书不符合本计价规范细则第 5.3.2 条规定的；

4 投诉事项已进入行政复议或行政诉讼程序的。

5.3.5 工程造价管理机构应在不迟于结束审查的次日将是否受理投诉的决定书面通知投诉人、被投诉人以及负责该工程招投标监督的招投标管理机构。

5.3.6 工程造价管理机构受理投诉后，应立即对招标控制价进行复查，组织投诉人、被投诉人或其委托的招标控制价编制人等单位人员对投诉问题逐一核对。有关当事人应当予以配合，并应保证所提供资料的真实性。

5.3.7 工程造价管理机构应当在受理投诉的 10 天内完成复查，特殊情况下可适当延长，并作出书面结论通知投诉人、被投诉人及负责该工程招投标监督的招投标管理机构。

5.3.8 当招标控制价复查结论与原公布的招标控制价误差大于±3%时，应当责成招标人改正。

5.3.9 招标人根据招标控制价复查结论需要重新公布招标控制价的，其最终公布的时间至招标文件要求提交投标文件截止时间不足 15 天的，应相应延长投标文件的截止时间。

6 投标报价

6.1 一般规定

6.1.1 投标价应由投标人或受其委托具有相应资质的工程造价咨询人编制。

6.1.2 投标人应依据本计价规范细则第 6.2.1 条的规定自主确定投标报价。投标人自主确定投标报价不得违反本计价规范细则的强制性条文规定。

6.1.3 投标报价不得低于工程成本。

投标人在进行工程量清单招标的投标报价时，不能进行投标总价优惠（或降价、让利），投标人对投标报价的任何优惠（或降价、让利）均应反映在相应清单项目的综合单价中。不得出现任意一项单价重大让利，低于成本报价。投标人不得以自有机械闲置、自有材料等不计成本为由进行投标报价，且不得低于工程成本报价。

6.1.4 投标人必须按招标工程量清单填报价格。项目编码、项目名称、项目特征、计量单位、工程量必须与招标工程量清单一致。投标人不得对招标工程量清单项目进行增减调整。

6.1.5 投标人的投标报价高于招标控制价的应予废标。

6.2 编制与复核

6.2.1 投标报价应根据下列依据编制和复核：

1 本计价规范细则；

2 国家建设主管部门颁发的计价办法；

3 企业定额，自治区建设主管部门颁发的计价定额及有关规定；

4 招标文件、招标工程量清单及其补充通知、答疑纪要；

5 建设工程设计文件及相关资料；

6 施工现场情况、工程特点及投标时拟定的施工组织设计或施工方案；

7 与建设项目相关的标准、规范等技术资料；

8 与市场价格信息或工程造价管理机构发布的工程造价信息；

9 其他的相关资料。

6.2.2 综合单价中应包括招标文件中划分的应由投标人承担的风险范围及其费用，招标文件中没有明确的，应提请招标人明确。

6.2.3 分部分项工程项目和单价措施项目，应根据招标文件和招标工程量清单项目中的特征描述确定综合单价计算。

在招投标过程中，出现招标工程量清单特征描述与设计图纸不符时，投标人应以招标工程量清单的项目特征描述为准，确定投标报价的综合单价。

6.2.4 总价措施项目的金额应根据招标文件及投标时拟定的施工组织设计或施工方案，按本计价规范细则第 6.2.1 条的规定自主确定。其中安全文明施工费应按照本计价规范细则第 3.1.5 条的规定确定。

6.2.5 其他项目应按下列规定报价：

 1 暂列金额应按招标工程量清单中列出的金额填写，不得变动；

 2 材料、工程设备暂估价应按照招标工程量清单列出的单价计入综合单价；

 3 专业工程暂估价应按照招标工程量清单中列出的金额填写；

 4 计日工应按招标工程量清单中列出的项目和数量，自主确定综合单价并计算计日工金额；

 5 总承包服务费应根据招标工程量清单中列出的内容和供应材料、设备情况，按照招标人提出的协调、配合与服务要求和施工现场管理需要自主确定。

6.2.6 规费和税金应按本计价规范细则第 3.1.6 条的规定确定。

6.2.7 招标工程量清单与计价表中列明的所有需要填写单价和合价的项目，投标人均应填写且只允许有一个报价。

6.2.8 投标总价应当与分部分项工程费、措施项目费、其他项目费和规费、税前项目费、税金的合计金额一致。

7 合同价款约定

7.1 一般规定

7.1.1 实行招标的工程合同价款应在中标通知书发出之日起 30 天内，由发承包双方依据招标文件和中标人的投标文件在书面合同中约定。

 合同约定不得违背招标、投标文件中关于工期、造价、质量等方面的实质性内容。招标文件与中标人投标文件不一致的地方，以投标文件为准。

7.1.2 不实行招标的工程合同价款，应根据自治区建设主管部门有关规定，在发承包双方认可的工程价款基础上，由发承包双方在合同中约定。

7.1.3 实行工程量清单计价的工程，应采用单价合同；建设规模较小，技术难度较低，工期较短，且施工图设计已审查批准的建设工程可采用总价合同；紧急抢险、救灾以及施工技术特别复杂的建设工程可采用成本加酬金合同。

7.2 约定内容

7.2.1 发承包双方应在合同条款中对下列事项进行约定：

 1 预付工程款的数额、支付时间及抵扣方式；

 2 安全文明施工措施的支付计划，使用要求等；

 3 工程计量与支付工程进度款的方式、数额及时间；

 4 工程价款的调整因素、方法、程序、支付及时间；

 5 施工索赔与现场签证的程序、金额确认与支付时间；

6 承担计价风险的内容、范围以及超出约定内容、范围的调整办法；

7 工程竣工价款结算编制与核对、支付及时间；

8 工程质量保证金的数额、预留方式及时间；

9 违约责任以及发生工程价款争议的解决方法及时间；

10 与履行合同、支付价款有关的其他事项等。

7.2.2 合同中没有按照本计价规范细则第 7.2.1 条的要求约定或约定不明的，若发承包双方在合同履行中发生争议，由双方协商确定；当协商不能达成一致时，应按本计价规范细则的规定执行。

8 工程计量

8.1 一般规定

8.1.1 工程量必须按照相关工程现行国家计量规范和广西计量规范细则规定的工程量计算规则计算。

8.1.2 工程计量可选择按月或按工程形象进度分段计量，具体计量周期应在合同中约定。除合同条款另有约定外，工程量的计量按月进行。

8.1.3 因承包人原因造成的超出合同工程范围施工或返工的工程量，发包人不予计量。

8.1.4 成本加酬金合同应按本计价规范细则第 8.2 节的规定计量。

8.2 单价合同的计量

8.2.1 工程量必须以承包人完成合同工程应予计量的工程量确定。

8.2.2 施工中进行工程计量，当发现招标工程量清单中出现缺项、工程量偏差，或因工程变更引起工程量增减时，应按承包人在履行合同义务中完成的工程量计算。

8.2.3 承包人应当按照合同约定的计量周期和时间向发包人提交当期已完工程量报告。发包人应在收到报告后 7 天内核实，并将核实计量结果通知承包人。发包人未在约定时间内进行核实的，承包人提交的计量报告中所列的工程量应视为承包人实际完成的工程量。

8.2.4 发包人认为需要进行现场计量核定时，应在计量前 24 小时通知承包人，承包人应为计量提供便利条件并派人参加。当双方均同意核实结果时，双方应在上述记录上签字确认。承包人收到通知后不派人参加计量，视为认可发包人的计量核实结果。发包人不按照约定时间通知承包人，致使承包人未能派人参加计量，计量核实结果无效。

8.2.5 当承包人认为发包人核实后的计量结果有误时，应在收到计量结果通知后的 7 天内向发包人提出书面意见，并应附上其认为正确的计量结果和详细的计算资料。发包人收到书面意见后，应在 7 天内对承包人的计量结果进行复核后通知承包人。承包人对复核计量结果仍有异议的，按照合同约定的争议解决办法处理。

8.2.6 承包人完成已标价工程量清单中每个项目的工程量并经发包人核实无误后，发承包双方应对每个项目的历次计量报表进行汇总，以核实最终结算工程量，并应在汇总表上签字确认。

8.3 总价合同的计量

8.3.1 采用工程量清单方式招标形成的总价合同，其工程量应按照本计价规范细则第 8.2 节的规定计算。

8.3.2 采用经审定批准的施工图纸及其预算方式发包形成的总价合同，除按照工程变更规定的工程量增减外，总价合同各项目的工程量应为承包人用于结算的最终工程量。

8.3.3 总价合同约定的项目计量应以合同工程经审定批准的施工图纸为依据，发承包双方应按合同中约定工程计量的形象目标或时间节点进行计量。

8.3.4 承包人应在合同约定的每个计量周期内对已完成的工程进行计量，并向发包人提交达到工程形象目标完成的工程量和有关计量资料的报告。

8.3.5 发包人应在收到报告后 7 天内对承包人提交的上述资料进行复核，以确定实际完成的工程量和工程形象目标。对其有异议的，应通知承包人进行共同复核。

9 合同价款调整

9.1 一般规定

9.1.1 下列事项（但不限于）发生，发承包双方应当按照合同约定调整合同价款：

 1 法律法规变化；

 2 工程变更；

 3 项目特征不符；

 4 工程量清单缺项；

 5 工程量偏差；

 6 计日工；

 7 物价变化；

 8 暂估价；

 9 不可抗力；

 10 提前竣工（赶工补偿）；

 11 误期赔偿；

 12 索赔；

 13 现场签证；

 14 暂列金额；

 15 发承包双方约定的其他调整事项。

9.1.2 出现合同价款调增事项（不含工程量偏差、计日工、现场签证、索赔）后的 14 天内，承包人应向发包人提交合同价款调增报告并附上相关资料；承包人在 14 天内未提交合同价款调增报告的，应视为承包人对该事项不存在调整价款请求。

9.1.3 出现合同价款调减事项（不含工程量偏差、索赔）后的 14 天内，发包人应向承包人提交合同价款调减报告并附相关资料；发包人在 14 天内未提交合同价款调减报告的，应视为发包人对该事项不存在调整价款请求。

9.1.4 发（承）包人应在收到承（发）包人合同价款调增（减）报告及相关资料之日起 14 天内对其核实，予以确认的应书面通知承（发）包人。当有疑问时，应向承（发）包人提出协商意见。发（承）包人在收到合同价款调增（减）报告之日起 14 天内未确认也未提出协商意见的，应视为承（发）包人提交的合同价款调增（减）报告已被发（承）包人认可。发（承）包人提出协商意见的，承（发）包人应在收到协商意见后的 14 天内对其核实，予以确认的应书面通知发（承）包人。承（发）包人在收到发（承）包人的协商意见后 14 天内既不确认也未提出不同意见的，应视为发（承）包人提出的意见已被承（发）包人认可。

9.1.5 发包人与承包人对合同价款调整的不同意见不能达成一致的，只要对发承包双方履约不产生实质影响，双方应继续履行合同义务，直到其按照合同约定的争议解决方式得到处理。

9.1.6 经发承包双方确认调整的合同价款，作为追加（减）合同价款，应与工程进度款或结算款同期支付。

9.2 法律法规变化

9.2.1 招标工程以投标截止日前 28 天、非招标工程以合同签订前 28 天为基准日，其后因国家的法律、法规、规章和政策发生变化引起工程造价增减变化的，发承包双方应按照自治区建设主管部门或其授权的工程造价管理机构发布的规定调整合同价款。

9.2.2 因承包人原因导致工期延误的，按本计价规范细则第 9.2.1 条规定的调整时间，在合同工程原定竣工时间之后，合同价款调增的不予调整，合同价款调减的予以调整。

9.3 工程变更

9.3.1 因工程变更引起已标价工程量清单项目中的分部分项工程量清单或其工程数量发生变化时，应按照下列规定调整：

1 已标价工程量清单中有适用于变更工程项目的，应采用该项目的单价；但当工程变更导致该清单项目的工程数量发生变化，且工程量偏差超过 15%时，该项目单价应按照本计价规范细则第 9.6.2 条的规定调整。

直接采用已有的综合单价的前提是其采用的材料、施工工艺和方法相同，不增加关键线路上工程的时间。

2 已标价工程量清单中没有适用但有类似于变更工程项目的，可在合理范围内参照类似项目的单价。

参照类似的综合单价的前提是其采用的材料、施工工艺和方法基本相似，不增加关键线路上工程的时间，可仅就其变更后的差异部分，参考类似的项目单价由发、承包双方协商新的项目单价。

3 已标价工程量清单中没有适用也没有类似于变更工程项目的，应采用招投标时的基础资料，按成本加利润的原则，由承包人提出综合单价，经发包人确认后执行。

9.3.2 工程变更引起施工方案改变并使措施项目费发生变化时，承包人提出调整措施项目费的，应事先将拟实施的方案提交发包人确认，并应详细说明与原方案措施项目相比的变化情况。如果承包人未事先将拟实施的方案提交给发包人确认，则应视为工程变更不引起措施项目费的调整或承包人放弃调整措施项目费的权利（不含以项计算的总价措施项目）。拟实施的方案经发承包双方确认后执行，并应按照下列规定调整措施项目费：

1 安全文明施工费应按照实际发生变化的措施项目，依据本计价规范细则第 3.1.5 条的规定计算。

2 单价措施项目应按照实际发生变化的措施项目，按本计价规范细则第 9.3.1 条的规定确定单价。

3 以项计算的总价措施项目应按照实际发生变化的措施项目进行调整。以计算基础乘费率计算的总价措施项目按照实际发生变化的计算基础及投标报价费率调整。

9.3.3 当发包人提出的工程变更非承包人原因删减了合同中的某项原定工作或工程，致使承包人发生的费用或（和）得到的收益不能被包括在其他已支付或应支付的项目中，也未被包含在任何替代的工作或工程中时，承包人有权提出并应得到合理的费用及利润补偿。

9.4 项目特征不符

9.4.1 发包人在招标工程量清单中对项目特征的描述，应被认为是准确的和全面的，并且与实际施工要求相符合。承包人应按照发包人提供的招标工程量清单，根据项目特征描述的内容及有关要求实施合同工程，直到项目被改变为止。

9.4.2 承包人应按照发包人提供的设计图纸实施合同工程，若在合同履行期间出现设计图纸（含设计变更）与招标工程量清单任何一个项目的特征描述不符，且该变化引起该项目工程造价增减变化的，应按照实际施工的项目特征，按本计价规范细则第 9.3 条相关条款的规定重新确定相应工程量清单项目的综合单价，并调整合同价款。

9.5 工程量清单缺项

9.5.1 合同履行期间，由于招标工程量清单中缺项，新增分部分项工程清单项目的，应按照本计价规范细则第 9.3.1 条的提定确定单价，并调整合同价款。

9.5.2 新增分部分项工程清单项目后，引起措施项目发生变化的，应按照本计价规范细则第 9.3.2 条的规定，在承包人提交的实施方案被发包人批准后调整合同价款。

9.5.3 由于招标工程量清单中措施项目缺项，承包人应将新增措施项目实施方案提交发包人批准后，按照本计价规范细则第 9.3.1 条、第 9.3.2 条的规定调整合同价款。

9.6 工程量偏差

9.6.1 合同履行期间，当应予计算的实际工程量与招标工程量清单出现偏差，且符合本计价规范细则第 9.6.2 条、第 9.6.13 条规定时，发承包双方应调整合同价款。

9.6.2 对于任何一个招标工程量清单项目（含分部分项工程量清单和单价措施项目清单），当因本节规定的工程量偏差和第 9.3 节规定的工程变更等原因导致工程量偏差超过 15%时，增加部分工程量或减少后剩余部分工程量的综合单价可进行调整，调整的具体办法应在合同中约定。

调整公式：

1 当 $Q_1 > 1.15Q_0$ 时：

$$S = 1.15Q_0 \times P_0 + (Q_1 - 1.15Q_0) \times P_1$$

2 当 $Q_1 < 0.85Q_0$ 时：

$$S = Q_1 \times P_1$$

式中： S——调整后的某一分部分项工程费结算价；

Q_1——最终完成的工程量；

Q_0——招标工程量清单中列出的工程量；

P_1——按照最终完成工程量重新调整后的综合单价；

P_0——承包人在工程量清单中填报的综合单价。

9.6.3 当工程量出现本计价规范细则第 9.6.2 条的变化，且该变化引起相关总价措施项目相应发生变化时，按照本计价规范细则第 9.3.2 条的规定调整合同价款。

9.7 计日工

9.7.1 发包人通知承包人以计日工方式实施的零星工作，承包人应予执行。

9.7.2 采用计日工计价的任何一项变更工作，在该项变更的实施过程中，承包人应按合同约定提交下列报表和有关凭证送发包人复核：

1 工作名称、内容和数量；

2 投入该工作所有人员的姓名、工种、级别和耗用工时；

3 投入该工作的材料名称、类别和数量；

4 投入该工作的施工设备型号、台数和耗用台时；

5 发包人要求提交的其他资料和凭证。

9.7.3 任何一个计日工项目持续进行时，承包人应在该项工作实施结束后的 24 小时内向发包人提交有计日工记录汇总的现场签证报告一式三份。发包人在收到承包人提交现场签证报告后的 2 天内予以确认并将其中一份返还给承包人，作为计日工计价和支付的依据。发包人逾期未确认也未提出修改意见的，应视为承包人提交的现场签证报告已被发包人认可。

9.7.4 任何一个计日工项目实施结束后，承包人应按照确认的计日工现场签证报告核实该类项目的工程数量，并应根据核实的工程数量和承包人已标价工程量清单中的计日工单价计算，提出应付价款；已标价工程量清单中没有该类计日工单价的，由发承包双方按本计价规范细则第 9.3 节的规定商定计日工单价计算。

9.7.5 每个支付期末，承包人应按照本计价规范细则第 10.3 节的规定向发包人提交本期间所有计日工记录的签证汇总表，并应说明本期间自己认为有权得到的计日工金额，调整合同价款，列入进度款支付。

9.8 物价变化

9.8.1 合同履行期间，因人工、材料、工程设备、机械台班价格波动影响合同价款时，应根据合同约定，选择以下方法之一调整合同价款。

9.8.1.1 价格指数调整价格差额

1 价格调整公式。因人工、材料和工程设备、施工机械台班等价格波动影响合同价格时，根据招标人提供的本计价规范细则表-23，并由投标人在投标函附录中的价格指数和权重表约定的数据，应按下式计算差额并调整合同价款：

$$\Delta P = P_0 \left[A + \left(B_1 \times \frac{F_{t1}}{F_{01}} + B_2 \times \frac{F_{t2}}{F_{02}} + B_3 \times \frac{F_{t3}}{F_{03}} + \cdots + B_n \times \frac{F_{tn}}{F_{0n}} \right) - 1 \right]$$

式中：ΔP——需调整的价格差额；

P_0——约定的付款证书中承包人应得到的已完成工程量的金额。此项金额应不包括价格调整、不计质量保证金的扣留和支付、预付款的支付和扣回。约定的变更及其他金额已按现行价格计价的，也不计在内；

A——定值权重（即不调部分的权重）；

B_1，B_2，B_3，…，B_n——各可调因子的变值权重（即可调部分的权重），为各可调因子在投标函投标总报价中所占的比例；

F_{t1}，F_{t2}，F_{t3}，…，F_{tn}——各可调因子的现行价格指数，指约定的付款证书相关周期最后一天的前 42 天的各可调因子的价格指数；

F_{01}，F_{02}，F_{03}，…，F_{0n}——各可调因子的基本价格指数，指基准日期的各可调因子的价格指数。招标工程以投标截止日前 28 天、非招标工程以合同签订前 28 天为基准日。

以上价格调整公式中的各可调因子、定值和变值权重，以及基本价格指数及其来源在投标函附录价格指数和权重表中约定。价格指数应首先采用工程造价管理机构提供的价格指数，缺乏上述价格指数时，可采用工程造价管理机构提供的价格代替。

2 暂时确定调整差额。在计算调整差额时得不到现行价格指数的，可暂用上一次价格指数计算，并在以后的付款中再按实际价格指数进行调整。

3 权重的调整。约定的变更导致原定合同中的权重不合理时，由承包人和发包人协商后进行调整。

4 承包人工期延误后的价格调整。由于承包人原因未在约定的工期内竣工的，对原约定竣工日期后继续施工的工程，在使用价格调整公式时，应采用原约定竣工日期与实际竣工日期的两个价格指数中较低的一个作为现行价格指数。

5 若可调因子包括人工在内，则不适用本计价规范细则第 3.4.2 条第 2 款的规定。

9.8.1.2 造价信息调整价格差额

1 施工期内，因人工、材料和工程设备、施工机械台班价格波动影响合同价格时，人工、机械使用费按照自治区建设主管部门或其授权的工程造价管理机构发布的人工调整文件、机械台班单价进行调整。需要进行价格调整的材料；其单价和采购数量由承包人提出，发包人复核，作为调整合同价款的依据；合同约定按工程造价管理机构发布市场价格信息调整且未明确计算方法的，其数量按实际完成工程的材料消耗量，单价按相应工程形象进度施工期间工程造价管理机构发布的市场价格信息加权平均计算。工程造价管理机构未发布市场价格信息的，其单价由发承包双方通过市场调查确定。

2 材料、工程设备价格变化按照发包人提供的本计价规范细则表–22，由发承包双方约定的风险范围按下列规定调整合同价款：

招标人应在招标文件中发布基准价。招标人应以投标截止日前 28 天工程造价管理机构发布的单价作为基准单价，未发布的，通过市场调查确定其基准单价。

1）承包人投标报价中材料单价低于基准单价：施工期间材料单价涨幅以基准单价为基础超过合同约定的风险幅度值，或材料单价跌幅以投标报价为基础超过合同约定的风险幅度值时，其超过部分按实调整。

2）承包人投标报价中材料单价高于基准单价：施工期间材料单价跌幅以基准单价为基础超过合同约定的风险幅度值，或材料单价涨幅以投标报价为基础超过合同约定的风险幅度值时，其超过部分按实调整。

3）承包人投标报价中材料单价等于基准单价：施工期间材料单价涨、跌幅以基准单价为基础超过合同约定的风险幅度值时，其超过部分按实调整。

4）承包人应在采购材料前将采购数量和新的材料单价报送发包人核对，确认用于本合同工程时，发包人应确认采购材料的数量和单价。发包人在收到承包人报送的确认资料后 3 个工作日不予答复的视为已经认可，作为调整合同价款的依据。如果承包人未报经发包人核对即自行采购材料，再报发包人确认调整合同价款的，如发包人不同意，则不作调整。

9.8.2 承包人采购材料和工程设备的，应在合同中约定主要材料、工程设备价格变化的范围或幅度；当没有约定，且材料、工程设备单价变化超过 5%时，超过部分的价格应按照本计价规范细则第 9.8.1 条的方法计算调整材料、工程设备费。

9.8.3 发生合同工程工期延误的，应按照下列规定确定合同履行期的价格调整：

1 因非承包人原因导致工期延误的，计划进度日期后续工程的价格，应采用计划进度日期与实际进度日期两者的较高者；

2 因承包人原因导致工期延误的，计划进度日期后续工程的价格，应采用计划进度日期与实际进度日期两者的较低者。

9.8.4 发包人供应材料和工程设备的，不适用本计价规范细则第 9.8.1 条、第 9.8.2 条的规定，应由发包人按照实际变化调整，列入合同工程的工程造价内。

9.9　暂估价

9.9.1　发包人在招标工程量清单中给定暂估价的材料、工程设备属于依法必须招标的，应由发承包双方以招标的方式选择供应商，确定价格，按照双方确认的结算价与暂估价的差额及其税金，调整合同价款。

9.9.2　发包人在招标工程量清单中给定暂估价的材料、工程设备不属于依法必须招标的，应由承包人按照合同约定采购，经发包人确认单价，按照双方确认的结算价与暂估价的差额及其税金，调整合同价款。

9.9.3　发包人在工程量清单中给定暂估价的专业工程不属于依法必须招标的，应按照本计价规范细则第 9.3 节相应条款的规定确定专业工程价款，并应以此为依据取代专业工程暂估价，调整合同价款。

9.9.4　发包人在招标工程量清单中给定暂估价的专业工程，依法必须招标的，应当由发承包双方依法组织招标选择专业分包人，接受有管辖权的建设工程招标投标管理机构的监督，还应符合下列要求：

　　1　除合同另有约定外，承包人不参加投标的专业工程发包招标，应由承包人作为招标人，但拟定的招标文件、评标工作、评标结果应报送发包人批准。与组织招标工作有关的费用应当被认为已经包括在承包人的签约合同价（投标总报价）中。

　　2　承包人参加投标的专业工程发包招标，应由发包人作为招标人，与组织招标工作有关的费用由发包人承担。在同等条件下，应优先选择承包人中标。

　　3　应以专业工程发包中标价为依据取代专业工程暂估价，调整合同价款。

9.10　不可抗力

9.10.1　因不可抗力事件导致的人员伤亡、财产损失及其费用增加，发承包双方应按下列原则分别承担并调整合同价款和工期：

　　1　合同工程本身的损害、因工程损害导致第三方人员伤亡和财产损失以及运至施工场地用于施工的材料和待安装的设备的损害，应由发包人承担；

　　2　发包人、承包人人员伤亡应由其所在单位负责，并应承担相应费用；

　　3　承包人的施工机械设备损坏及停工损失，应由承包人承担；

　　4　停工期间，承包人应发包人要求留在施工场地的必要的管理人员及保卫人员的费用应由发包人承担；

　　5　工程所需清理、修复费用，应由发包人承担。

9.10.2　不可抗力解除后复工的，若不能按期竣工，应合理延长工期。发包人要求赶工的，赶工费用应由发包人承担。

9.10.3　因不可抗力解除合同的，应按本计价规范细则第 12.0.2 条的规定办理。

9.11　提前竣工（赶工补偿）

9.11.1　招标人应依据相关工程的工期定额合理计算工期，压缩的工期天数不得超过定额工期的 20%。

9.11.2 发包人要求合同工程提前竣工的，应征得承包人同意后与承包人商定采取加快工程进度的措施，并应修订合同工程进度计划。发包人应承担承包人由此增加的提前竣工（赶工补偿）费用。

9.11.3 发承包双方应在合同中约定提前竣工每日历天应补偿额度或按合同价款的百分比补偿额度，此项费用应作为增加合同价款列入竣工结算文件中，应与结算款一并支付。

9.12 误期赔偿

9.12.1 承包人未按照合同约定施工，导致实际进度迟于计划进度的，承包人应加快进度，实现合同工期，承包人因此采取了赶工措施，赶工费用应由承包人承担。

合同工程发生误期，承包人应赔偿发包人由此造成的损失，并应按照合同约定向发包人支付误期补偿费。即使承包人支付误期赔偿费，也不能免除承包人按照合同约定应承担的任何责任和应履行的任何义务。

9.12.2 发承包双方应在合同中约定误期赔偿费，并应明确每日历天应赔额度。误期赔偿费应列入竣工结算文件中，并应在结算款中扣除。

9.12.3 在工程竣工之前，合同工程内的某单项（位）工程已通过了竣工验收，且该单项（位）接收征书中表明的竣工日期并未延误，而是合同工程的其他部分产生了工期延误时，误期赔偿费应按照已颁发工程接收证书的单项（位）工程造价占合同价款的比例幅度予以扣减。

9.13 索赔

9.13.1 当合同一方向另一方提出索赔时，应有正当的索赔理由和有效证据，并应符合合同的相关约定。

索赔证据包括：

1 招标文件、工程合同、发包人认可的施工组织设计、工程图纸、技术规范等。
2 工程各项有关的设计交底记录、变更图纸、变更施工指令等。
3 工程各项经发包人或合同中约定的发包人现场代表或监理工程师签认的签证。
4 工程各项往来信件、指令、信函、通知、答复等。
5 工程各项会议纪要。
6 施工计划及现场实施情况记录。
7 施工日报及工长工作日志、备忘录。
8 工程送电、送水、道路开通、封闭的日期及数量记录。
9 工程停电、停水和干扰事件影响的日期及恢复施工的日期。
10 工程预付款、进度款拨付的数额及日期记录。
11 工程图纸、图纸变更、交底记录的送达份数及日期记录。
12 工程有关施工部位的照片及录像等。
13 工程现场气候记录，有关天气的温度、风力、雨雪等。
14 工程验收报告及各项技术鉴定报告等。
15 工程材料采购、订货、运输、进场、验收、使用等方面的凭据。

16 国家和自治区建设主管部门有关影响工程造价、工期的文件、规定等。

9.13.2 根据合同约定，承包人认为非承包人原因发生的事件造成了承包人的损失，应按下列程序向发包人提出索赔：

1 承包人应在知道或应当知道索赔事件发生后 28 天内，向发包人提交索赔意向通知书，说明发生索赔事件的事由。承包人逾期未发出索赔意向通知书的，丧失索赔的权利。

2 承包人应在发出索赔意向通知书后 28 天内，向发包人正式提交索赔通知书。索赔通知书应详细说明索赔理由和要求，并应附必要的记录和证明材料。

3 索赔事件具有连续影响的，承包人应继续提交延续索赔通知，说明连续影响的实际情况和记录。

4 在索赔事件影响结束后的 28 天内，承包人应向发包人提交最终索赔通知书，说明最终索赔要求，并应附必要的记录和证明材料。

9.13.3 承包人索赔应按下列程序处理：

1 发包人收到承包人的索赔通知书后，应及时查验承包人的记录和证明材料。

2 发包人应在收到索赔通知书或有关索赔的进一步证明材料后的 28 天内，将索赔处理结果答复承包人，如果发包人逾期未做出答复，视为承包人索赔要求已被发包人认可。

3 承包人接受索赔处理结果的，索赔款项应作为增加合同价款，在当期进度款中进行支付；承包人不接受索赔处理结果的，应按合同约定的争议解决方式办理。

9.13.4 承包人要求赔偿时，可以选择下列一项或几项方式获得赔偿：

1 延长工期；

2 要求发包人支付实际发生的额外费用；

3 要求发包人支付合理的预期利润；

4 要求发包人按合同的约定支付违约金。

9.13.5 当承包人的费用索赔与工期索赔要求相关联时，发包人在做出费用索赔的批准决定时，应结合工程延期，综合做出费用赔偿和工程延期的决定。

9.13.6 发承包双方在按合同约定办理了竣工结算后，应被认为承包人已无权再提出竣工结算前所发生的任何索赔。承包人在提交的最终结清申请中，只限于提出竣工结算后的索赔，提出索赔的期限应自发承包双方最终结清时终止。

9.13.7 根据合同约定，发包人认为由于承包人的原因造成发包人的损失，宜按承包人索赔的程序进行索赔。

9.13.8 发包人要求赔偿时，可以选择下列一项或几项方式获得赔偿：

1 延长质量缺陷修复期限；

2 要求承包人支付实际发生的额外费用；

3 要求承包人按合同的约定支付违约金。

9.13.9 承包人应付给发包人的索赔金额可从拟支付给承包人的合同价款中扣除，或由承包人以其他方式支付给发包人。

9.14 现场签证

9.14.1 承包人应发包人要求完成合同以外的零星项目、非承包人责任事件等工作的，发包人应及时以书面形式向承包人发出指令，并应提供所需的相关资料；承包人在收到指令后，应及时向发包人提出现场签证要求。

9.14.2 承包人应在收到发包人指令后的 7 天内向发包人提交现场签证报告，发包人应在收到现场签证报告后的 48 小时内对报告内容进行核实，予以确认或提出修改意见。发包人在收到承包人现场签证报告后的 48 小时内未确认也未提出修改意见的，应视为承包人提交的现场签证报告已被发包人认可。

9.14.3 现场签证的工作如已有相应的计日工单价，现场签证中应列明完成该类项目所需的人工、材料、工程设备和施工机械台班的数量。

　　如现场签证的工作没有相应的计日工单价，应在现场签证报告中列明完成该签证工作所需的人工、材料设备和施工机械台班的数量及单价。

9.14.4 合同工程发生现场签证事项，未经发包人签证确认，承包人便擅自施工的，除非征得发包人书面同意，否则发生的费用应由承包人承担。

9.14.5 现场签证工作完成后的 7 天内，承包人应按照现场签证内容计算价款，报送发包人确认后，作为增加合同价款，与进度款同期支付。

9.14.6 在施工过程中，当发现合同工程内容因场地条件、地质水文、发包人要求等不一致时，承包人应提供所需的相关资料，并提交发包人签证认可，作为合同价款调整的依据。

　　现场签证应包括时间、地点、原由、事件后果、如何处理等内容，并由发承包双方授权的现场管理人签章。

9.15 暂列金额

9.15.1 已签约合同价中的暂列金额应由发包人掌握使用。

9.15.2 发包人按照本计价规范细则第 9.1 节至第 9.14 节的规定支付后，暂列金额余额归发包人所有。

10 合同价款期中支付

10.1 预付款

10.1.1 承包人应将预付款专用于合同工程。

10.1.2 包工包料工程的预付款的支付比例不得低于签约合同价（扣除暂列金额）的 10%，不宜高于签约合同价（扣除暂列金额）的 30%。

10.1.3 承包人应在签订合同或向发包人提供与预付款等额的预付款保函后向发包人提交预付款支付申请。

10.1.4 发包人应在收到支付申请的 7 天内进行核实，向承包人发出预付款支付证书，并在签发支付证书后的 7 天内向承包人支付预付款。

10.1.5 发包人没有按合同约定按时支付预付款的，承包人可催告发包人支付；发包人在预付款期满后的 7 天内仍未支付的，承包人可在付款期满后的第 8 天起暂停施工。发包人应承担由此增加的费用和延误的工期，并应向承包人支付合理利润。

10.1.6 预付款应从每一个支付期应支付给承包人的工程进度款中扣回，直到扣回的金额达到合同约定的预付款金额为止。

10.1.7 承包人的预付款保函的担保金额根据预付款扣回的数额相应递减，但在预付款全部扣回之前一直保持有效。发包人应在预付款扣完后的 14 天内将预付款保函退还给承包人。

10.2 安全文明施工费

10.2.1 安全文明施工费包括的内容和使用范围，应符合国家和自治区现行有关文件和计量规范的规定。

10.2.2 除专用合同条款另有约定外，发包人应在工程开工后 28 天内预付安全文明施工费总额的 50%，其余部分与进度款同期支付。

10.2.3 发包人没有按时支付安全文明施工费的，承包人可催告发包人支付；发包人在付款期满后的 7 天内仍未支付的，若发生安全事故，发包人应承担相应责任。

10.2.4 承包人对安全文明施工费应专款专用，在财务账目中应单独列项备查，不得挪作他用，否则发包人有权要求其限期改正；逾期未改正的，造成的损失和延误的工期应由承包人承担。

10.3 进度款

10.3.1 发承包双方应按照合同约定的时间、程序和方法，根据工程计量结果，办理期中价款结算，支付进度款。

10.3.2 进度款支付周期应与合同约定的工程计量周期一致。

10.3.3 已标价工程量清单中的单价项目，承包人应按工程计量确认的工程量与综合单价计算；综合单价发生调整的，以发承包双方确认调整的综合单价计算进度款。

10.3.4 已标价工程量清单中的总价项目和按照本计价规范细则第 8.3.2 条规定形成的总价合同，承包人应按合同中约定的进度款支付分解，分别列入进度款支付申请中的安全文明施工费和本周期应支付的总价项目的金额中。

1 已标价工程量清单中的总价项目进度款支付分解方法可选择以下之一（但不限于）：

（1）将各个总价项目的总金额按合同约定的计量周期平均支付；

（2）按照各个总价项目的总金额占签约合同价的百分比，以及各个计量支付周期内所完成的单价项目的总金额，以百分比方式均摊支付；

（3）按照各个总价项目组成的性质（如时间、与单价项目的关联性等）分解到形象进度计划或计量周期中，与单价项目一起支付。

2 按本计价规范细则第 8.3.2 条规定形成的总价合同，除由于工程变更形成的工程量增减予以调整外，其工程量不予调整。

10.3.5 发包人提供的甲供材料金额，应按照发包人签约提供的单价和数量从进度款支付中扣除，列入本周期应扣减的金额中。

10.3.6 承包人现场签证和得到发包人确认的索赔金额应列入本周期应增加的金额中。

10.3.7 进度款的支付比例按照合同约定，付款比例为：合同内按工程计量周期内完成工程量的 80%～90%，合同外（设计变更和现场签证引起的费用）按工程计量周期内完成工程量的 70%～75%。

10.3.8 承包人应在每个计量周期到期后的 7 天内向发包人提交已完工程进度款支付申请一式四份，详细说明此周期认为有权得到的款额，包括分包人已完工程的价款。支付申请应包括下列内容：

　　1 累计已完成的合同价款；

　　2 累计已实际支付的合同价款；

　　3 本周期合计完成的合同价款：

　　（1）本周期已完成单价项目的金额；

　　（2）本周期应支付的总价项目的金额；

　　（3）本周期已完成的计日工价款；

　　（4）本周期应支付的安全文明施工费；

　　（5）本周期应增加的金额。

　　4 本周期合计应扣减的金额：

　　（1）本周期应扣回的预付款；

　　（2）本周期应扣减的金额。

　　5 本周期实际应支付的合同价款。

10.3.9 发包人应在收到承包人进度款支付申请后的 14 天内，根据计量结果和合同约定对申请内容予以核实，确认后向承包人出具进度款支付证书。若发承包双方对部分清单项目的计量结果出现争议，发包人应对无争议部分的工程计量结果向承包人出具进度款支付证书。发包人签发进度款支付证书，不表明发包人已同意、批准或接受了承包人完成的相应部分的工作。

10.3.10 发包人应在签发进度款支付证书后的 14 天内，按照支付证书列明的金额向承包人支付进度款。

10.3.11 若发包人逾期未签发进度款支付证书，则视为承包人提交的进度款支付申请已被发包人认可，承包人可向发包人发出催告付款的通知。发包人应在收到通知后的 14 天内，按照承包人支付申请的金额向承包人支付进度款。

10.3.12 发包人未按照本计价规范细则第 10.3.9 条～第 10.3.11 条的规定支付进度款的，承包人可催告发包人支付，并有权获得延迟支付的利息；发包人在付款期满后的 7 天内仍未支付的，承包人可在付款期满后的第 8 天起暂停施工。发包人应承担由此增加的费用和延误的工期，向承包人支付合理利润，并应承担违约责任。

10.3.13 发现已签发的任何支付证书有错、漏或重复的数额，发包人有权予以修正，承包人也有权提出修正申请。经发承包双方复核同意修正的，应在本次到期的进度款中支付或扣除。

11 竣工结算与支付

11.1 一般规定

11.1.1 工程完工后，发承包双方必须在合同约定时间内办理工程竣工结算。

11.1.2 工程竣工结算应由承包人或受其委托具有相应资质的工程造价咨询人编制，并应由发包人或受其委托具有相应资质的工程造价咨询人核对。

11.1.3 当发承包双方或一方对工程造价咨询人出具的竣工结算文件有异议时，可向工程造价管理机构投诉，申请对其进行执业质量鉴定。

11.1.4 工程造价管理机构对投诉的竣工结算文件进行质量鉴定，宜按本计价规范细则第14章的相关规定进行。

11.1.5 竣工结算办理完毕，发包人应将竣工结算文件报送工程所在地的工程造价管理机构备案，竣工结算文件应作为工程竣工验收备案、交付使用的必备文件。

11.2 编制与复核

11.2.1 工程竣工结算应根据下列依据编制和复核：

1 本计价规范细则；

2 工程合同；

3 发承包双方实施过程中已确认的工程量及其结算的合同价款；

4 发承包双方实施过程中已确认调整后追加（减）的合同价款；

5 建设工程设计文件及相关资料；

6 投标文件；

7 其他依据。

11.2.2 分部分项工程和单价措施项目应依据发承包双方确认的工程量与已标价工程量清单的综合单价计算；发生调整的，应以发承包双方确认调整的综合单价计算。

11.2.3 以项计算的总价措施项目应依据已标价工程量清单的项目和金额计算；发生调整的，应以发承包双方确认调整的金额计算，以计算基础乘费率计算的总价措施项目按照实际发生变化的计算基础及投标报价费率计算。

11.2.4 其他项目应按下列规定计价：

1 暂估价应按本计价规范细则第9.9节规定计算；

2 总承包服务费应依据已标价工程量清单的金额计算，计费基础发生变化的做相应调整；

3 索赔费用应依据发承包双方确认的索赔事项和金额计算；

4 现场签证费用应依据发承包双方签证资料确认的金额计算，其中签证工程量有计日工单价的应按其单价计算现场签证费用；

5 暂列金额应减去合同价款调整（包括索赔、现场签证）金额计算，如有余额归发包人；

6 合同中约定风险外的人工、材料调整费用为包含除税金之外的所有费用，按合同约定或有关规定进行调整。

11.2.5 规费和税金应按本计价规范细则第 3.1.6 条的规定计算，计费基础发生变化的做相应调整。

11.2.6 发承包双方在合同工程实施过程中已经确认的工程计量结果和合同价款，在竣工结算办理中应直接进入结算。

11.3 竣工结算

11.3.1 合同工程完工后，承包人应在经发承包双方确认的合同工程期中价款结算的基础上汇总编制完成竣工结算文件，并应在提交竣工验收申请的同时向发包人提交竣工结算文件。

工程发承包双方应在合同中约定竣工结算的程序和期限，如未约定或约定不明确时，应按本条第 2 款～第 11.3.8 条的规定执行。

承包人未在合同约定的时间内提交竣工结算文件，经发包人催告后 14 天内仍未提交或没有明确答复的，发包人有权根据已有资料编制竣工结算文件，作为办理竣工结算和支付结算款的依据，承包人应予以认可。

11.3.2 发包人应在收到承包人提交的竣工结算文件后的 28 天内核对。发包人经核实，认为承包人还应进一步补充资料和修改结算文件，应在上述时限内向承包人提出核实意见，承包人在收到核实意见后的 28 天内应按照发包人提出的合理要求补充资料，修改竣工结算文件，并应再次提交给发包人复核后批准。

11.3.3 发包人应在收到承包人再次提交的竣工结算文件后的 28 天内予以复核，将复核结果通知承包人，并应遵守下列规定：

1 发包人、承包人对复核结果无异议的，应在 7 天内在竣工结算文件上签字确认，竣工结算办理完毕；

2 发包人或承包人对复核结果认为有误的，无异议部分按照本条第 1 款规定办理不完全竣工结算；有异议部分由发承包双方协商解决；协商不成的，应按照合同约定的争议解决方式处理。

11.3.4 发包人在收到承包人竣工结算文件后的 28 天内，不核对竣工结算或未提出核对意见的，应视为承包人提交的竣工结算文件已被发包人认可，竣工结算办理完毕。

11.3.5 承包人在收到发包人提出的核实意见后的 28 天内，不确认也未提出异议的，应视为发包人提出的核实意见已被承包人认可，竣工结算办理完毕。

11.3.6 发包人委托工程造价咨询人核对竣工结算的，工程造价咨询人应在 28 天内核对完毕，核对结论与承包人竣工结算文件不一致的，应提交给承包人复核：承包人宜在 14 天内将同意核对结论或不同意见的说明提交工程造价咨询人。工程造价咨询人收到承包人提出的异议后，应再次复核，复核无异议的，应按本计价规范细则第 11.3.3 条第 1 款的规定办理，复核后仍有异议的，应按本计价规范细则第 11.3.3 条第 2 款的规定办理。

承包人逾期未提出书面异议的，应视为工程造价咨询人核对的竣工结算文件已经承包人认可。

11.3.7　对发包人或发包人委托的工程造价咨询人指派的专业人员与承包人指派的专业人员经核对后无异议并签名确认的竣工结算文件，除非发承包人能提出具体、详细的不同意见，发承包人都应在竣工结算文件上签名确认，如其中一方拒不签认的，按下列规定办理：

　　1　若发包人拒不签认的，承包人可不提供竣工验收备案资料，并有权拒绝与发包人或其上级部门委托的工程造价咨询人重新核对竣工结算文件。

　　2　若承包人拒不签认的，发包人要求办理竣工验收备案的，承包人不得拒绝提供竣工验收资料，否则，由此造成的损失，承包人承担相应责任。

11.3.8　合同工程竣工结算核对完成，发承包双方签字确认后，发包人不得要求承包人与另一个或多个工程造价咨询人重复核对竣工结算。

11.3.9　发包人对工程质量有异议，拒绝办理工程竣工结算的，已竣工验收或已竣工未验收但实际投入使用的工程，其质量争议应按该工程保修合同执行，竣工结算应按合同约定办理；已竣工未验收且未实际投入使用的工程以及停工、停建工程的质量争议，双方应就有争议的部分委托有资质的检测鉴定机构进行检测，并应根据检测结果确定解决方案，或按工程质量监督机构的处理决定执行后办理竣工结算，无争议部分的竣工结算应按合同约定办理。

11.4　结算款支付

11.4.1　承包人应根据办理的竣工结算文件向发包人提交竣工结算款支付申请。申请应包括下列内容：

　　1　竣工结算合同价款总额；

　　2　累计已实际支付的合同价款；

　　3　应预留的质量保证金；

　　4　实际应支付的竣工结算款金额。

11.4.2　发包人应在收到承包人提交竣工结算款支付申请后 7 天内予以核实，向承包人签发竣工结算支付证书。

11.4.3　发包人签发竣工结算支付证书后的 14 天内，应按照竣工结算支付证书列明的金额向承包人支付结算款。

11.4.4　发包人在收到承包人提交的竣工结算款支付申请后 7 天内不予核实，不向承包人签发竣工结算支付证书的，应视为承包人的竣工结算款支付申请已被发包人认可；发包人应在收到承包人提交的竣工结算款支付申请 7 天后的 14 天内，按照承包人提交的竣工结算款支付申请列明的金额向承包人支付结算款。

11.4.5　发包人未按照本计价规范细则第 11.4.3 条、第 11.4.4 条规定支付竣工结算款的，承包人可催告发包人支付，并有权获得延迟支付的利息。发包人在竣工结算支付证书签发后或者在收到承包人提交的竣工结算款支付申请 7 天后的 56 天内仍未支付的，除法律另有规定外，承包人可与发包人协商将该工程折价，也可直接向人民法院申请将该工程依法拍卖。承包人应就该工程折价或拍卖的价款优先受偿。

11.5 质量保证金

11.5.1 发包人应按照合同约定的质量保证金比例从结算款中预留质量保证金，当合同没有约定时，质量保证金比例为工程结算价的 3%～5%。

11.5.2 承包人未按照合同约定履行属于自身责任的工程缺陷修复义务的，发包人有权从质量保证金中扣除用于缺陷修复的各项支出。经查验，工程缺陷属于发包人原因造成的，应由发包人承担查验和缺陷修复的费用。

11.5.3 在合同约定的缺陷责任期终止后，发包人应按照本计价规范细则第 11.6 节的规定，将剩余的质量保证金返还给承包人。合同没有约定时，质量保证金分两次返还承包人：第一次返还的时间及金额：发包人在工程竣工验收合格之日起满两年后 14 天内将保修金的 70%返回给承包人。第二次返还的时间及金额：发包人在竣工验收合格之日起满五年后 14 天内返还剩余部分。质量保证金的返还，并不能免除承包人按照合同约定应承担的质量保修责任和应履行的质量保修义务。

11.6 最终结清

11.6.1 缺陷责任期终止后，承包人应按照合同约定向发包人提交最终结清支付申请。发包人对最终结清支付申请有异议的，有权要求承包人进行修正和提供补充资料。承包人修正后，应再次向发包人提交修正后的最终结清支付申请。

11.6.2 发包人应在收到最终结清支付申请后的 14 天内予以核实，并应向承包人签发最终结清支付证书。

11.6.3 发包人应在签发最终结清支付证书后的 14 天内，按照最终结清支付证书列明的金额向承包人支付最终结清款。

11.6.4 发包人未在约定的时间内核实，又未提出具体意见的，应视为承包人提交的最终结清支付申请已被发包人认可。

11.6.5 发包人未按期最终结清支付的，承包人可催告发包人支付，并有权获得延迟支付的利息。

11.6.6 最终结清时，承包人被预留的质量保证金不足以抵减发包人工程缺陷修复费用的，承包人应承担不足部分的补偿责任。

11.6.7 承包人对发包人支付的最终结清款有异议的，应按照合同约定的争议解决方式处理。

12 合同解除的价款结算与支付

12.0.1 发承包双方协商一致解除合同的，应按照达成的协议办理结算和支付合同价款。

12.0.2 由于不可抗力致使合同无法履行解除合同的，发包人应向承包人支付合同解除之日前已完成工程但尚未支付的合同价款，此外，还应支付下列金额：

　　1 本计价规范细则第 9.11 节规定的应由发包人承担的费用；

　　2 已实施或部分实施的措施项目应付价款；

　　3 承包人为合同工程合理订购且已交付的材料和工程设备货款；

　　4 承包人撤离现场所需的合理费用，包括员工遣送费和临时工程拆除、施工设备运离现场的费用；

　　5 承包人为完成合同工程而预期开支的任何合理费用，且该项费用未包括在本款其他各项支付之内。

　　发承包双方办理结算合同价款时，应扣除合同解除之日前发包人应向承包人收回的价款。当发包人应扣除的金额超过了应支付的金额，承包人应在合同解除后的 56 天内将其差额退还给发包人。

12.0.3 因承包人违约解除合同的，发包人应暂停向承包人支付任何价款。发包人应在合同解除后 28 天内核实合同解除时承包人已完成的全部合同价款，以及按施工进度计划已运至现场的材料和工程设备货款，按合同约定核算承包人应支付的违约金以及造成损失的索赔金额，并将结果通知承包人。发承包双方应在 28 天内予以确认或提出意见，并办理结算合同价款。如果发包人应扣除的金额超过应支付的金额，承包人应在合同解除后的 56 天内将其差额退还给发包人。发承包双方不能就解除合同后的结算达成一致的，按照合同约定的争议解决方式处理。

12.0.4 因发包人违约解除合同的，发包人除应按照本计价规范细则第 12.0.2 条的规定向承包人支付各项价款外，应按合同约定核算发包人应支付的违约金以及给承包人造成损失或损害的索赔金额费用。该笔费用应由承包人提出，发包人核实后应与承包人协商确定后的 7 天内向承包人签发支付证书。协商不能达成一致的，应按照合同约定的争议解决方式处理。

13　合同价款争议的解决

13.1　监理或造价工程师暂定

13.1.1　若发包人和承包人之间就工程质量、进度、价款支付与扣除、工期延期、索赔、价款调整等发生任何法律上、经济上或技术上的争议，首先应根据已签约合同的规定，提交合同约定职责范围内的总监理工程师或造价工程师解决，并应抄送另一方。总监理工程师或造价工程师在收到此提交件后 14 天内应将暂定结果通知发包人和承包人。发承包双方对暂定结果认可的，应以书面形式予以确认，暂定结果成为最终决定。

13.1.2　发承包双方在收到总监理工程师或造价工程师的暂定结果通知之后的 14 天内未对暂定结果予以确认也未提出不同意见的，应视为发承包双方已认可该暂定结果。

13.1.3　发承包双方或一方不同意暂定结果的，应以书面形式向总监理工程师或造价工程师提出，说明自己认为正确的结果，同时抄送另一方，此时该暂定结果成为争议。在暂定结果对发承包双方当事人履约不产生实质影响的前提下，发承包双方应实施该结果，直到按照发承包双方认可的争议解决办法被改变为止。

13.2　管理机构的解释或认定

13.2.1　合同价款争议发生后，发承包双方可就工程造价计价依据、办法以及相关政策规定的争议以书面形式提请工程造价管理机构对争议以书面文件进行解释或认定。

13.2.2　工程造价管理机构应按我区相关规定，就发承包双方提请的争议问题进行解释或认定。

13.2.3　发承包双方或一方在收到工程造价管理机构书面解释或认定后仍可按照合同约定的争议解决方式提请仲裁或诉讼。除工程造价管理机构的上级管理部门做出了不同的解释或认定，或在仲裁裁决或法院判决中不予采信的外，工程造价管理机构做出的书面解释或认定应为最终结果，并应对发承包双方均有约束力。

13.3　协商和解

13.3.1　合同价款争议发生后，发承包双方任何时候都可以进行协商。协商达成一致的，双方应签订书面和解协议，和解协议对发承包双方均有约束力。

13.3.2　如果协商不能达成一致协议，发包人或承包人都可以按合同约定的其他方式解决争议。

13.4　调解

合同当事人可以就争议请求建设行政主管部门、行业协会或其他第三方进行调解，调解达成协议的，经双方签字并盖章后作为合同补充文件，双方均应遵照执行。

13.5　仲裁、诉讼

13.5.1　发承包双方的协商和解或调解均未达成一致意见，其中的一方已就此争议事项根据合同约定申请仲裁，应同时通知另一方。

13.5.2　仲裁可在竣工之前或之后进行，但发包人、承包人、调解人各自的义务不得因在工程实施期间进行仲裁而有所改变。当仲裁是在仲裁机构要求停止施工的情况下进行时，承包人应对合同工程采取保护措施，由此增加的费用应由败诉方承担。

13.5.3　在本计价规范细则第 13.1 节至第 13.4 节规定的期限之内，暂定或和解协议或调解书已经有约束力的情况下，当发承包中一方未能遵守暂定或和解协议或调解书时，另一方可在不损害其他可能具有的任何其他权利的情况下，将未能遵守暂定或不执行和解协议或调解书达成的事项提交仲裁。

13.5.4　发包人、承包人在履行合同时发生争议，双方不愿和解、调解或者和解、调解不成，又没有达成仲裁协议的，可依法向人民法院提起诉讼。

14　工程造价鉴定

14.1　一般规定

14.1.1　在工程合同价款纠纷案件处理中，需做工程造价司法鉴定的，应委托具有相应资质的工程造价咨询人进行。

14.1.2　工程造价咨询人接受委托提供工程造价司法鉴定服务，应按仲裁、诉讼程序和要求进行，并应符合国家关于司法鉴定的规定。

14.1.3 工程造价咨询人进行工程造价司法鉴定时，应指派专业对口、经验丰富的注册造价工程师承担鉴定工作。

14.1.4 工程造价咨询人应在收到工程造价司法鉴定资料后 10 天内，根据自身专业能力和证据资料判断能否胜任该项委托，如不能，应辞去该项委托。工程造价咨询人不得在鉴定期满后以上述理由不做出鉴定结论，影响案件处理。

14.1.5 接受工程造价司法鉴定委托的工程造价咨询人或造价工程师如是鉴定项目一方当事人的近亲属或代理人、咨询人以及其他关系可能影响鉴定公正的，应当自行回避；未自行回避，鉴定项目委托人以该理由要求其回避的，必须回避。

14.1.6 工程造价咨询人应当依法出庭接受鉴定项目当事人对工程造价司法鉴定意见书的质询。如确因特殊原因无法出庭的，经审理该鉴定项目的仲裁机关或人民法院准许，可以书面形式答复当事人的质询。

14.2 取证

14.2.1 工程造价咨询人进行工程造价鉴定工作时，应自行收集以下（但不限于）鉴定资料：

1 适用于鉴定项目的法律、法规、规章、规范性文件以及规范、标准、定额；

2 鉴定项目同时期同类型工程的技术经济指标及其各类要素价格等。

14.2.2 工程造价咨询人收集鉴定项目的鉴定依据时，应向鉴定项目委托人提出具体书面要求，其内容包括：

1 与鉴定项目相关的合同、协议及其附件；

2 相应的施工图纸等技术经济文件；

3 施工过程中的施工组织、质量、工期和造价等工程资料；

4 存在争议的事实及各方当事人的理由；

5 其他有关资料。

14.2.3 工程造价咨询人在鉴定过程中要求鉴定项目当事人对缺陷资料进行补充的，应征得鉴定项目委托人同意，或者协调鉴定项目各方当事人共同签认。

14.2.4 根据鉴定工作需要现场勘验的，工程造价咨询人应提请鉴定项目委托人组织各方当事人对被鉴定项目所涉及的实物标的进行现场勘验。

14.2.5 勘验现场应制作勘验记录、笔录或勘验图表，记录勘验的时间、地点、勘验人、在场人、勘验经过、结果，由勘验人、在场人签名或者盖章确认。绘制的现场图应注明绘制的时间、测绘人姓名、身份等内容。必要时应采取拍照或摄像取证，留下影像资料。

14.2.6 鉴定项目当事人未对现场勘验图表或勘验笔录等签字确认的，工程造价咨询人应提请鉴定项目委托人决定处理意见，并在鉴定意见书中做出表述。

14.3 鉴定

14.3.1 工程造价咨询人在鉴定项目合同有效的情况下应根据合同约定进行鉴定，不得任意改变双方合法的合意。

14.3.2 工程造价咨询人在鉴定项目合同无效或合同条款约定不明确的情况下应根据法律法规、相关国家标准和本计价规范细则的规定，选择相应专业工程的计价依据和方法进行鉴定。

14.3.3 工程造价咨询人出具正式鉴定意见书之前，可报请鉴定项目委托人向鉴定项目各方当事人发出鉴定意见书征求意见稿，并指明应书面答复的期限及其不答复的相应法律责任。

14.3.4 工程造价咨询人收到鉴定项目各方当事人对鉴定意见书征求意见稿的书面复函后，应对不同意见认真复核，修改完善后再出具正式鉴定意见书。

14.3.5 工程造价咨询人出具的工程造价鉴定书应包括下列内容：

    1 鉴定项目委托人名称、委托鉴定的内容；

    2 委托鉴定的证据材料；

    3 鉴定的依据及使用的专业技术手段；

    4 对鉴定过程的说明；

    5 明确的鉴定结论；

    6 其他需说明的事宜；

    7 工程造价咨询人盖章及注册造价工程师签名盖执业专用章。

14.3.6 工程造价咨询人应在委托鉴定项目的鉴定期限内完成鉴定工作，如确因特殊原因不能在原定期限内完成鉴定工作时，应按照相应法规提前向鉴定项目委托人申请延长鉴定期限，并应在此期限内完成鉴定工作。

经鉴定项目委托人同意等待鉴定项目当事人提交、补充证据的，质证所用的时间不应计入鉴定期限。

14.3.7 对于已经出具的正式鉴定意见书中有部分缺陷的鉴定结论，工程造价咨询人应通过补充鉴定做出补充结论。

15 工程计价资料与档案

15.1 计价资料

15.1.1 发承包双方应当在合同中约定各自在合同工程中现场管理人员的职责范围，双方现场管理人员在职责范围内签字确认的书面文件是工程计价的有效凭证，但如有其他有效证据或经实证证明其是虚假的除外。

    1 发承包双方现场管理人员的职责范围。发承包双方的现场管理人员，包括受其委托的第三方人员，如发包人委托的监理人、工程造价咨询人，仍然属于发包人现场管理人员的范畴；管理人员的职责范围应明确在合同中约定，施工过程中如发生人员变动，应及时以书面形式通知对方，涉及合同中约定的主要人员变动需经对方同意的，应事先征求对方的意见，同意后才能更换。

    2 现场管理人员签署的书面文件的效力。双方现场管理人员在合同约定的职责范围签署的书面文件是工程计价的有效凭证，如双方现场管理人员对工程计量结果的确认、对现场签证的确认等；双方现场管理人员签署的书面文件如有其他有效证据或经实证证明（如现场测量等）其是虚假的，则应更正。

15.1.2　发承包双方不论在何种场合对与工程计价有关的事项所给予的批准、证明、同意、指令、商定、确定、确认、通知和请求，或表示同意、否定、提出要求和意见等，均应采用书面形式，口头指令不得作为计价凭证。

15.1.3　任何书面文件送达时，应由对方签收，通过邮寄应采用挂号、特快专递传送，或以发承包双方商定的电子传输方式发送、交付、传送或传输至指定的接收人的地址。如接收人通知了另外地址时，随后通信信息应按新地址发送。

15.1.4　发承包双方分别向对方发出的任何书面文件，均应将其抄送现场管理人员，如系复印件应加盖合同工程管理机构印章，证明与原件相同。双方现场管理人员向对方所发任何书面文件，也应将其复印件发送给发承包双方，复印件应加盖合同工程管理机构印章，证明与原件相同。

15.1.5　发承包双方均应当及时签收另一方送达其指定接收地点的来往信函，拒不签收的，送达信函的一方可以采用特快专递或者公证方式送达，所造成的费用增加（包括被迫采用特殊送达方式所发生的费用）和延误的工期由拒绝签收一方承担。

15.1.6　书面文件和通知不得扣压，一方能够提供证据证明另一方拒绝签收或已送达的，应视为对方已签收并应承担相应责任。

15.2　计价档案

15.2.1　发承包双方以及工程造价咨询人对具有保存价值的各种载体的计价文件，均应收集齐全，整理立卷后归档。

15.2.2　发承包双方和工程造价咨询人应建立完善的工程计价档案管理制度，并应符合国家和有关部门发布的档案管理相关规定。

15.2.3　工程造价咨询人归档的计价文件，保存期不宜少于五年。

15.2.4　归档的工程计价成果文件应包括纸质原件和电子文件，其他归档文件及依据可为纸质原件、复印件或电子文件。

15.2.5　归档文件应经过分类整理，并应组成符合要求的案卷。

15.2.6　归档可以分阶段进行，也可以在项目竣工结算完成后进行。

15.2.7　向接收单位移交档案时，应编制移交清单，双方应签字、盖章后方可交接。